新编五年制高等职业教育教材

# 物 理（第三版）

（全一册）

牛金生 主编



北京师范大学出版集团
BEIJING NORMAL UNIVERSITY PUBLISHING GROUP
安 徽 大 学 出 版 社

**图书在版编目(CIP)数据**

物理/牛金生主编. —3版.—合肥:安徽大学出版社，2011.8(2016.6重印)
新编五年制高等职业教育教材
ISBN 978-7-5664-0290-5

Ⅰ.①物… Ⅱ.①牛… Ⅲ.①物理学—高等职业教育—教材 Ⅳ.①O4

中国版本图书馆CIP数据核字(2011)第165321号

**物 理**(全一册) 牛金生 主编

**出版发行:** 北京师范大学出版集团
安 徽 大 学 出 版 社
(安徽省合肥市肥西路3号 邮编230039)
www.bnupg.com.cn
www.ahupress.com.cn

**印 刷:** 合肥远东印务有限责任公司
**经 销:** 全国新华书店
**开 本:** 184mm×260mm
**印 张:** 23.5
**字 数:** 434千字
**版 次:** 2011年8月第3版
**印 次:** 2016年6月第7次印刷
**定 价:** 38.00元
ISBN 978-7-5664-0290-5

**责任编辑:** 钟 蕾 **装帧设计:** 张同龙 李 军 **责任印制:** 赵明炎

# 编写说明

安徽省五年制高等职业教育《物理》教材为全一册，内容为力学、热学、电磁学、几何光学、波动光学和近代物理知识.

为了尽可能地体现五年制高职教育物理课程的特色，便于学生的学习理解，切实提高学生的文化科学素质，本教材改变了传统教材过于强调知识体系的做法，减少了某些繁杂的理论推导，删旧增新，增加了与近代科学技术密切相联的知识内容，使教材的基础性、实用性和科学性更加突出. 教材在适当的地方设置了一些与专业课程或现代技术的“接口”，交代一下由此延伸出去的领域，这对将来从事职业技术工作的学生是大有裨益的. 此外，我们在“科技之窗”栏目中为学生开辟了一些了解近代前沿课题的“窗口”，引导读者去看看窗外那精彩的世界，以开阔他们的眼界、启迪他们的思维和提高他们的学习兴趣.

学生的认知过程与物理学的发展过程有许多相似之处，因此书中物理概念的引入都尽可能从自然现象、实验、生活和生产实例等方面入手. 每节内容都设计了联系实际、极具启发性的“现象与思考”栏目，以引起学生对物理现象的注意和思考，从而提高他们探索未知世界的科学素质和能力.

本教材主要适用于五年制高等职业教育，同时也可作为对物理知识要求较高的中专学校的教材或参考书.

参加本教材修订的人员有安徽电子信息职业技术学院牛金生；安徽职业技术学院乔德宝；安徽机电职业技术学院储克森；安徽国防科技职业学院李麟书；合肥铁路工程学校苏培光；安徽化工学校杨光，刘立杰；安徽省第一轻工业学校邵龙；安徽理工学校张先进. 具体分工如下：主编牛金生；第1，2章乔德宝，杨光；第3，4章乔德宝，刘立杰；第5章牛金生，刘立杰；第6～8章储克森，邵龙；第9～11章牛金生，张先进. 实验李麟书；审稿苏培光.

根据我省五年制高职的发展现状并结合学生的实际水平，本次修订中删除了一些繁杂的内容，增添了一些新的科技动态，给出了部分习题答案.

限于我们的经验和水平，加上编写时间仓促，教材中的错误、疏漏和不妥之处在所难免，恳请使用本教材的师生及同行们不吝指正，使该教材在实践中不断完善.

《物理》编写组

2011 年 6 月

# 前言

2000年起,安徽省教育厅在部分重点中等专业学校举办初中起点的五年制高等职业教育,这一举措对安徽省职业教育的发展和提高起到了很大的促进作用。为了适应五年制高等职业教育的发展,确保五年制高等职业教育的教学质量,在教育厅的关心支持下,我们于2000年组织了部分举办五年制高等职业教育的试点学校编写了数学、物理、化学、语文四门公共课教材。该套教材于2000年9月开始试用,根据试用的情况,我们于2001年组织了对教材的第一次修订,修订后的教材由安徽大学出版社正式出版,并被安徽省教育厅教秘[2001]330号文件规定为安徽省五年制高等职业教育的推荐教材。

2003年7月,为了进一步提高本套教材的质量,在安徽大学出版社的组织下,我们根据教育厅2003年下发的安徽省五年制高等职业教育公共课程教学大纲,在充分吸取使用教材各方意见的基础上,对本套教材进行了第二次修订。安徽省教育厅领导对本次教材修订提出了三点具体要求:1. 参加修订教材工作的人员要根据社会对五年制高职毕业生的专业需求和素质要求,认真研究五年制高职人才的培养目标,以此作为修订这套教材的指导方针。五年制高职培养的是技术应用型专门人才,文化知识教育要服务于人才整体发展目标,文化课教材的修订应把握实现整体培养目标所要求的知识、能力和素质结构的统一要求。2. 要认真学习五年制高等职业教育指导意见和课程教学大纲,在编写教材时要有全局观念,坚持五年一贯制,处理好文化基础知识与专业知识的关系,统筹考虑高等教育和中等教育的课程安排,精选教学内容,构建五年一贯、相互协调的教材体系。3. 教材编写、内容组织、教学形式要符合招生学生特点。要总结教育教学方法,根据学生特点调整教材组织形式,不要过于强调知识体系的完整、科学性,而应强调教材的实用性。根据教育厅的要求,在本次教材修订中,我们遵循"突出实际应用,强化能力培养,坚持必须够用"的原则。在总结本套教材编写经验的基础上,尽量吸取同类、同层次教材的长处，贴近五年制高职学生文化基础的实际，力求做到立足实践应用，强化能力培养训练。修订后的第二版教材增加了《英语》1—4册和《数学》第四册，配备了《英语学习指导》、英语教学磁带、《数学学习指导》和《语文学习指导》，夏国斌、储克森为总主编。我们期望修订后的教材能够保证五年制高职学生应有的文化素养，同时也能为后续职业技术课程的学习打下必须的基础，教材本身更趋完善、更加适应安徽省五年制高等职业教育的实际。

本套教材主要适用于五年制高等职业教育，同时也可作为中等专业学校、中等职业学校的教材或教学参考书。组织编写五年制高职教材是一种尝试，如何提高教材的质量是我们孜孜不倦的探索，尽管我们已经作出了很大的努力，但由于我们的经验、学识有限，教材中出现种种的局限、疏漏和不完善之处在所难免，敬请使用本教材的师生提出批评指正。

安徽省五年制高职教育教材编审委员会

2006年8月

# 目　录

## 绪　论

## 第 1 章 匀变速运动

1.1　运动的相对性　质点　位移 ……………………（6）
1.2　直线运动　速度 ……………………（9）
1.3　匀变速直线运动　加速度 ……………………（14）
1.4　自由落体运动 ……………………（21）
1.5　运动叠加原理　平抛物体的运动 ……………………（24）
第 1 章小结 ……………………（29）
第 1 章自测题 ……………………（30）

## 第 2 章 牛顿运动定律

2.1　力 ……………………（34）
2.2　力的合成与分解 ……………………（42）
2.3　牛顿第一定律　质量 ……………………（51）
2.4　牛顿第二定律 ……………………（53）
2.5　牛顿第三定律 ……………………（57）
2.6　力学单位制 ……………………（59）
2.7　牛顿运动定律的应用 ……………………（60）
2.8　动量 ……………………（63）
第 2 章小结 ……………………（69）
第 2 章自测题 ……………………（71）

## 第 3 章 机械能

3.1 功 功率 …………………………………………（74）
3.2 动能 动能定理 ……………………………………（78）
3.3 势能 ………………………………………………（82）
3.4 机械能守恒定律 功能原理 ………………………（86）
3.5 碰撞 ………………………………………………（91）
第 3 章小结 ……………………………………………（96）
第 3 章自测题 …………………………………………（97）

## 第 4 章 周期运动

4.1 常见的周期运动 …………………………………（101）
4.2 匀速圆周运动 ……………………………………（102）
4.3 向心力 向心加速度 ………………………………（105）
4.4 万有引力定律 ……………………………………（111）
4.5 地球上物体重量的变化 人造地球卫星 …………（114）
4.6 简谐运动 …………………………………………（120）
第 4 章小结 ……………………………………………（125）
第 4 章自测题 …………………………………………（126）

## 第 5 章 气体 液体 热力学能

5.1 分子动理论 ………………………………………（130）
5.2 气体的状态参量 …………………………………（134）
5.3 理想气体状态方程 ………………………………（140）
5.4 物体的热力学能 …………………………………（144）
5.5 热力学第一定律 …………………………………（147）
第 5 章小结 ……………………………………………（152）
第 5 章自测题 …………………………………………（153）

## 第 6 章 静电场

6.1 电荷 库仑定律 …………(156)
6.2 电场 电场强度 电场线 …………(159)
6.3 电势能 电势 电势差 …………(164)
6.4 等势面 匀强电场中电势差和场强的关系 …………(167)
6.5 电容器 电容 …………(175)
第 6 章小结 …………(180)
第 6 章自测题 …………(181)

## 第 7 章 恒定电流

7.1 一段电路的欧姆定律 电阻 …………(183)
7.2 电阻的串联和并联 …………(189)
7.3 电流的功和功率 焦耳定律 …………(193)
7.4 电动势 全电路欧姆定律 …………(197)
7.5 路端电压 电源输出功率 …………(199)
7.6 相同电池的串联和并联 …………(202)
第 7 章小结 …………(204)
第 7 章自测题 …………(206)

## 第 8 章 磁场 电磁感应

8.1 电流的磁场 …………(208)
8.2 磁感应强度 磁通量 …………(212)
8.3 磁场对通电直导线的作用力 …………(214)
8.4 磁场对运动电荷的作用力 …………(218)
8.5 电磁感应 …………(224)
第 8 章小结 …………(234)
第 8 章自测题 …………(236)

## 第 9 章
## 光的折射与应用

9.1 光的折射定律 折射率 ……………… (238)
9.2 光的全反射 ……………… (242)
9.3 光学元件 ……………… (246)
9.4 透镜成像 ……………… (250)
9.5 常用光学仪器 ……………… (253)
第 9 章小结 ……………… (257)
第 9 章自测题 ……………… (259)

## 第 10 章
## 波 动

10.1 机械波 ……………… (261)
10.2 电磁振荡 电磁波 ……………… (267)
10.3 电磁波的发射和接收 ……………… (271)
10.4 波的干涉和衍射 ……………… (275)
10.5 光的波动性 ……………… (278)
第 10 章小结 ……………… (290)
第 10 章自测题 ……………… (292)

## 第 11 章
## 近代物理

11.1 光谱 原子模型 ……………… (294)
11.2 核反应 原子核的组成 ……………… (301)
11.3 核能 ……………… (307)
第 11 章小结 ……………… (315)
第 11 章自测题 ……………… (317)

## 实 验

实验的任务和要求 …………………………………………… (319)
实验的误差和有效数字简介 ………………………………… (321)
实验 1 长度的测量 ………………………………………… (327)
实验 2 固体密度的测定 …………………………………… (333)
实验 3 气垫导轨的调整和使用 …………………………… (335)
实验 4 用气垫导轨测匀加速直线运动的瞬时速度和
加速度 …………………………………………………… (338)
实验 5 用小型水银气压计验证定质量理想气体
状态方程 ………………………………………………… (340)
实验 6 电阻的串联和并联 ………………………………… (342)
实验 7 (1) 扩大电流表的量程 …………………………… (343)
(2) 把电流表改装成电压表 ………………………… (344)
实验 8 测定电源的电动势和内电阻 ……………………… (346)
实验 9 用伏安法测导体电阻 ……………………………… (347)
实验 10 楞次定律的研究 ………………………………… (349)
实验 11 测定玻璃的折射率 ……………………………… (351)
实验 12 测定凸透镜的焦距 ……………………………… (354)

## 附 录

部分习题参考答案 …………………………………………… (357)

# 绪论

初中阶段我们学到了一些初步的物理知识，开始懂得了科学知识在认识自然现象和应用于生产技术中的重要意义，使我们对周围世界的认识比以前要主动而深刻得多. 然而，要扩大和加深对世界的认识，能动地去改造世界，仅有初中阶段学过的那些浅显的物理知识是远远不够的，还有待于我们更系统、更深入地学习物理学.

**物理学的研究对象和方法**

世界是由物质构成的，物质都有一定的结构又都在运动变化着. 物理学就是研究物质结构和运动的基本规律的科学. 物理学既探索物质最深层次的原子、原子核和夸克等粒子的结构，又在最大尺度上追寻宇宙的演化和起源. 从最小的微观世界到最大的宏观世界，物理学横跨了宇宙的“45 级台阶”($10^{-18}$m—$10^{27}$m). 从我们乘坐的汽车到太空遨游的宇宙飞船，从飞轮的转动到电子计算机的运算，从简单的化学反应到复杂的生命活动，无不包含着机械运动、分子热运动、电磁运动、原子及原子内部的运动等，而这些最普遍、最基本的运动形式正是物理学所研究的对象. 因此，与其他科学相比，物理学更着重于对物质世界最普遍的基本规律的追求. 也正因为如此，千百年来物理学对人类物质文明和精神文明的发展，产生了任何其他学科所不可替代的重大而深远的影响. 由此可见，物理学是我们认识世界、改造世界最基本的必修课.

理论和实验高度结合的物理学是自然科学中最早真正进入定量化并预言未来的科学，它是最能体现当代科学方法的一门学科.

物理学的研究主要以实验为基础，经过一系列的科学抽象，运用数学工具总结出规律，形成理论，再经实验检验来不断修改理论. 因此，实验方法、逻辑思维方法和数学方法等都是物理学中重要的科学方法.

观察与实验是物理学研究和发展的基础，物理学中的许多定律就是直接在观察和实验的基础上建立的. 众所周知，伽利略自由落体定律确立的同时也开创了物理学科学实验方法的先河. 焦耳花了近 40 年时间，先后进行了 400 多次实验，终于测出了热功当量，为能量守恒定律的发现奠定了基础. 瑞利对实验结果中小数点后的第三位数字的误差紧抓不放，穷追不舍地实验分析，终于发现了第一个惰性元素——氩.

在物理学的发展过程中，科学的思维方法贯穿于物理研究的始末，理想模型法就是常用的一种.这种方法可以使我们抓住事物主要因素和本质的东西,建立起理想的物理模型,使问题得以简化,研究和计算起来更加方便和简洁.质点、刚体、匀速直线运动、理想气体、等值过程、点电荷、稳恒电流、匀强电场、点光源、光线等都是常用的物理模型.这种用理想的模型代替客观实体、用理想过程代替实际过程的方法,使我们更准确、更深刻地抓住了事物的本质.正如马克思所说:“物理学家是在自然过程表现得最确定、最少受干扰的地方考察自然过程的,是在保证过程以其纯粹形态进行的条件下从事实验的.”

类比方法也是人们研究物理学的一种重要的思维方法,它是从一类事物的某些已知特征去推测另一类事物的相应特征的方法.库仑根据静电力与万有引力的类比,建立了库仑定律;安培从环形电流的磁现象类比提出了分子环形电流的假说;卢瑟福则把原子内部结构与太阳系进行类比提出了原子行星结构模型;等等.这些都是物理学家们成功应用类比方法的范例.可以说,广泛而又恰当地应用类比推理,是衡量人的创造性思维能力的标志之一.

科学假说的思维方法在物理学的研究和发展中起到了巨大的推动作用.假说是以客观事实和科学知识为基础,为解决新问题而提出的一种试探性和猜测性的看法.例如麦克斯韦在建立电磁场理论时就大胆提出电磁波的存在和光是电磁波的假说、牛顿关于地球形状的假说、阿伏加德罗假说等都一一为实验所证实并极大地推动了物理学的发展.正如恩格斯所说:“只要自然科学在思维着,它的发展形式就是假说.”

此外,分析与综合、归纳与演绎等也是物理学中常用的科学思维方法.牛顿在前人工作的基础上综合许多表面看来截然无关的现象,经过繁杂的分析推理、寻根究源、反复计算,终于建立了牛顿力学,实现了自然科学史上“第一次伟大的综合”,而人们通过笔头计算而发现海王星则是演绎法应用的成功例证.

数学是研究物理学的有力工具,物理学只是在它开始运用数学方法以后才得到长足的发展.开普勒三大行星运动定律代表了应用数学方程表达物理定律的成功与开始.此后,各种数学方法在物理学中的应用,产生了一首首美妙和谐的“数学的诗”.正如人们对爱因斯坦所创立的广义相对论所赞誉的:它是人类思索自然中的最伟大的功绩,是哲学领悟、物理直觉和数学技巧最惊人的结合,它是20世纪数学与物理学相结合的一个最优美的纪念碑.

在物理学发展的长河中,科学家们有着各自不同的研究历程,但百折不挠的科学精神和巧妙娴熟的研究方法却是他们所共同具有的.物理学创立和发展的本身就是人类科学精神和方法相结合的产物,是历代物理学家们坚持唯物主义、坚持理论联系实际、坚持科学的研究方法和追求真理、献身科学的结果.

**物理学在科学技术中的作用**

我们只要对人类科学技术最近几百年的发展历史作一简单回顾,便可见物理学对其巨大的推动作用.17 世纪、18 世纪,由于牛顿力学的建立和热力学的发展,适应了研制蒸汽机和发展机械工作的需要,使人类完成了第一次工业革命,进入了蒸汽机时代.到19 世纪,在法拉第一麦克斯韦电磁理论的推动下,引发了第二次工业革命,使人类进入了应用电能的时代.20 世纪以来,由于爱因斯坦的相对论和量子力学的建立,引发了第三次工业革命,使人类进入了以原子能、激光以及信息技术为代表的高新技术时代.数百年来,几乎所有重大的新技术领域的创立,都经过了物理学中的长期酝酿和积累,凝聚着无数物理学家的心血.正因为有了牛顿的万有引力定律,所以才有人造卫星遨游太空;正因为有卢瑟福 α 粒子散射的实验,所以才有今天核能的利用;也正因为有爱因斯坦受激发射的理论,所以才有 1960 年世界上第一台激光器的诞生.在近代物理学中,用量子力学来研究凝聚态内微观粒子运动规律的凝聚态物理导致了各种半导体、磁性材料、液晶、超导体等新材料的开发和利用,进而导致了电子计算机、机器人、音像信息传递等技术的突飞猛进.原子核理论和核试验的成就,对核能的开发和比光谱分析更先进的活化分析技术的产生起到了决定性的作用.科学家们预言,21 世纪将是生命科学的世纪.然而在生物遗传工程中最引人关注的基因的基本成分 DNA(脱氧核糖核酸)中的“遗传密码”正是一位微生物学家在物理学家的帮助下才发现的.方兴未艾的生物物理学这一前沿学科,就是利用物理学的知识和实验方法来开展对生物学的研究,使得生物学从纯描述性科学跨入了精确的定量分析阶段.可以说,人类的科学技术文明主要是由物理学创造出来的.

古代中国曾对世界物理学的发展作出过较大的贡献.我国很早就有比较集中地记载物理知识的文献,如春秋战国时期齐国人写的《考工记》、墨家学派写的《墨经》、东汉王充的《论衡》、北宋沈括的《梦溪笔谈》、明末宋应星的《天工开物》等.其中很多物理现象和规律的发现和阐述领先欧洲数百年甚至上千年,并产生了中国人民引以骄傲和对世界科学技术作出重大贡献的“四大发明”.

19 世纪中叶,正当西方世界以物理学为重要基础的科学技术迅速发展的时候,我国却处在清朝科举盛行时期.学者文人追求的是“三篇文章似锦绣,一举成名天下知”的成功,使我们这个曾先于欧美拥有浑天仪、地动仪和以“四大发明”著称于世的文明古国在科学技术中落伍了.正如世界著名物理学家杨振宁先生所说:“中国封闭自守的科举制度,使人们形成了学问就是人文哲学的观念,自然科学的缺乏使人们缺乏准确逻辑的习惯,成了阻碍萌生近代科学的原因.”

新中国成立后,特别是改革开放30多年来,科教兴国的战略方针已初见成效,我国的科学技术取得了举世瞩目的成就:原子反应堆、原子弹、氢弹、卫星、计算机、大规模集成电路、光纤通信、信息技术等高新科技已经接近、赶上甚至超过世界上发达国家的发展速度和水平.我国涌现出了一批杰出物理学家,如周培源、钱学森、王淦昌、钱三强、钱伟长等.美籍华裔物理学家杨振宁、李政道、丁肇中、朱棣文等还获得了世界科学界最高奖——诺贝尔物理学奖.

今天,在人们认识世界、改造世界的一系列重大课题上,现代物理学的各个分支都孕育着新的突破,而物理学中每一个重大突破都将给人类的生活及各个科学技术领域带来巨大的影响.可以预言,未来的生产技术必将继续从现代物理学这片肥沃广阔的科学土壤中汲取营养,结出硕果.

社会主义建设事业的飞速发展,需要大批德才兼备、具有较高素质的职业技术人才.学习物理将有助于我们树立辩证唯物主义的世界观,养成正确的科学态度,掌握良好的科学方法,提高分析和解决问题的能力,训练娴熟的实验操作技能,并为我们学习许多后续的专业课程奠定良好的理论基础.因此,为实现祖国的富强,为使自己成为新时代所需要的人才,我们一定要努力学好物理知识.

**怎样学好物理学**

物理是实验的科学,很多物理知识都是从实验、实践中发源的.我们今天学习物理学跟前人探索物理知识的过程有很多相似之处.通过实验我们可以看到一些物理现象和规律的再现.因此,认真观察自然现象,自己动手做好实验,将有助于我们形成正确的物理概念,有利于加深对物理规律的理解,并增强观察物理现象和实际操作的能力.我们在实验前要认真预习,弄清实验的原理,了解仪器的性能.实验中应认真观察各种实验现象和过程,记录好各种必要的数据,掌握从实验中找出规律的方法.实验后要认真分析,找出产生误差的主要原因,作出合理的结论,进一步研究某些尚不清楚的问题等.除实验课之外,我们还应尽可能动手做一些简单易行的小实验.

学好物理的另一个关键是认真阅读,培养自学能力.首先我们要树立信心:人类在长期科学研究中积累下来的物理知识我们是能够学懂的.但又要认识到,物理知识和其他科学知识一样,并不是一看就懂,一学就会的.这就要求我们对物理课本反复阅读、深入思考,逐渐培养和提高自学能力.据联合国教科文组织的调查,发达国家中平均每人一生要转换4—5次职业,一生只受一次教育适应不了社会迅速变革的需要.在现代社会中我们必须具备较强的自学能力，以适应继续教育和终身教育的需要.

要学好物理知识并掌握研究方法是离不开老师的传授和指导的. 老师能系统地讲解物理知识，指导我们做好实验，组织我们讨论探索新知识，纠正我们易犯的错误，指明重点、点拨思路，在科学方法的运用中作出良好的示范. 我们只要注意听课，虚心学习，就可以少走弯路，真正提高学习效率.

要学好物理尤其要勤于思考，掌握科学方法. 无论在阅读课本还是在听课中，对新的物理概念、定义、公式不要死记硬背，要用自己的语言加以陈述. 要多向自己提问：哪些是事实？哪些是结论？结论是怎样得来的？它成立的条件是什么？做物理习题贵在于精，习题做完后应认真想一想，答案所反映的物理过程是否合理？还有没有别的解法？这样，就有充分的理由相信自己作出的答案是对的. 在你未被老师或同学说服之前要敢于和他们争辩，培养与别人科学地交换意见和讨论问题的能力. 在实际学习中，提高思维能力，掌握科学方法，比获取知识的本身更重要. 具体的知识也许会被遗忘，需要时可以去查阅资料，而思维能力和科学方法将使你受益终生.

总之，学习物理的过程是一个观察分析能力、实践动手能力、阅读理解能力、逻辑思维能力和想象创新能力等全方位提高的过程. 学习中可能会遇到比其他课程更多的困难，但只要我们有物理学家们那种锲而不舍、百折不挠的治学精神，不断地掌握良好的学习方法，就一定能学好物理，同时使自己的科学素质和综合能力得到较大的提高，从而把扎实的基础知识转化为快速的应变能力，以适应毕业后面临的市场经济中激烈的竞争和社会主义现代化建设的需要.

# 第1章 匀变速运动

在物体的各种运动形式中，其位置常常会发生相应的变化，这种位置的变化称为机械运动. 例如，行星的运动、飞机的航行、机床的转动，大气、河水的流动等等都是机械运动. 可以说宇宙间的任何现象、生产和生活中的任何过程，都与机械运动相联系.

本章是从几何的观点来研究和描述物体的机械运动的，即研究如何描述物体间的位置随时间的变化. 具体地说，就是研究任一时刻物体在哪儿？朝什么方向运动？运动的快慢如何？下一时刻又将怎样运动？

## 1.1 运动的相对性 质点 位移

**【现象与思考】** 在中国的古文献和诗词中早已有了许多关于运动相对性的生动描述. 例如近代天文学家束晳(261－365年)谈到，他在仰观天上游云时，常常误认为是日月在动而云不移. 医学家葛宏(284－364年)也写到："见游云西行，而谓月之东驰."在这里，任何人也不会否定，急速飘动着的是云，而不是月球. 但当人们不自觉地以游云作为参考系来观察时，得到的结论正相反. 这相反的结论，恰恰是运动描述的相对性的生动写照.

**运动的相对性** 在自然界中，没有不运动的物体，宇宙万物，大到天体小至原子、电子，都在按照自身的规律变动着位置. 例如地球的自转与公转、河水的流淌与涨落、火箭的升空、汽车的行驶、机器的运转、人们的行走等等，尽管这些运动形式不尽相同，却都表现为一个共同的特点：**物体的位置随时间发生变动，这种变动叫做机械运动，简称运动.**

对各种机械运动的描述都是相对的，如果我们只考虑某一物体而不注意它与其他物体的相对位置的关系，那就无从判断这一物体是否在运动，也就是说从物体本身是看不出它运动与否的. 前述若以月球为参考物体，云彩就在急速的飘动；若以云彩作为参考物体，那么看上去月球在运动. 可见，一个物体的运动，只能相对于参考物体而言，这就是运动描述的相对性. 静止在地面上的物体似乎是不动的，但由于地球的自转与公转，物体也随之运动；有人认为太阳似乎是不动的，但从整个银河系来看，太阳以 200 km/s 的速度在运动；就连我们所在的银河系，从另一个星系来看也在运动. 宇宙中找不到绝对不动的物体，所以运动是普遍的、绝对的.

**参照物** 判断船是否在航行或航行的快慢，必须选择岸或岸上静止的物体作为参考标准；静止在地面上的人看到的雨点是竖直落下，而骑车前进的人看到的雨点则是从前上方斜落下来的，这是因为选其自身作为参考标准. **被选作参考标准的物体，叫做参照物.**

**质点** 机械运动有各种形式，要详细描述物体的运动，仍然不是一件容易的事情. 我们来分析两种最基本的运动形式，即物体的平动和转动. 火车在平直轨道上运动、平面刨床上刨刀的运动、桌子中抽屉的运动，等等，这些运动有个共同的特点：运动过程中，物体上任意两点连成的线段是平行移动的，这种运动叫**平动**. 图 1-1 中小车的运动就是平动.

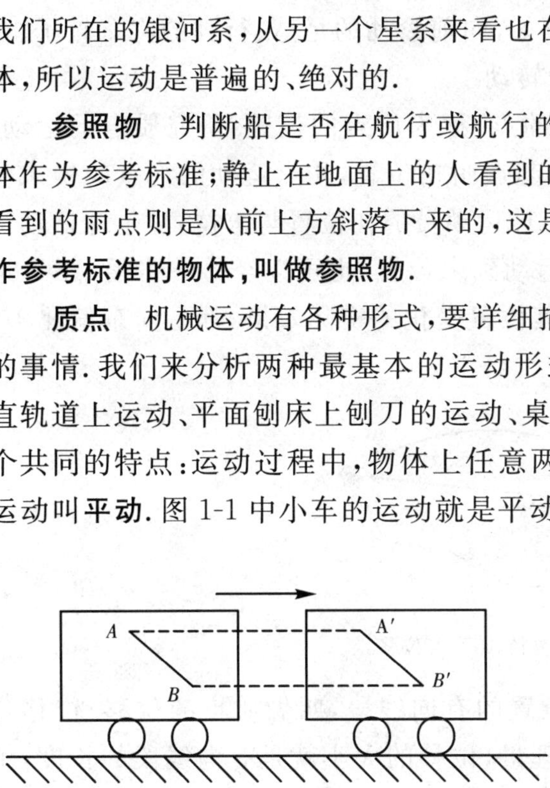

图 1-1 小车的平动

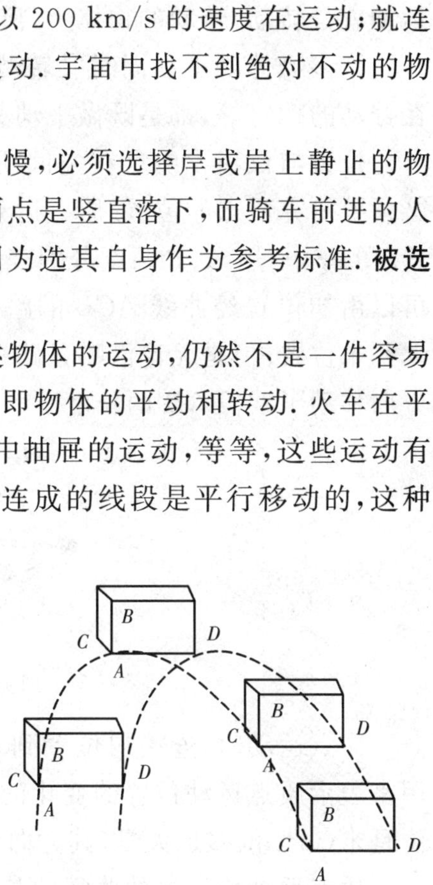

图 1-2 木块的平动

物体作平动时不一定都是直线运动，也可以沿曲线进行，图 1-2 中木块的运动也是平动.

显然，平动物体上各点的运动情况都相同，那么整个物体的运动可由物体上任意一点的运动情况来代表，这时可以**不考虑物体的形状和大小，用一个具有该物体全部质量的点来代替整个物体，这样的点称为质点.**

能否把物体看成质点，要视所研究问题的性质而定. 例如，当我们研究地球绕太阳公转时，因地球到太阳的距离（$1.5\times10^{11}$ m）是地球直径（$1.3\times10^{7}$ m）

的 1 万多倍，地球上各点的运动情况相对于太阳来说可以看做是相同的，从而可以将地球作为质点去研究. 当研究地球自转时，各点的运动情况大不相同，自然是不能视为质点了. 在第一章至第四章中，如不特别指明，都将物体视为质点来处理.

电风扇工作时扇叶的运动，砂轮机工作时，转子的运动等，这些运动也有共同的特点：物体上各点都围绕同一中心直线(称为转轴)做圆周运动. 这样的运动就是**转动**. 转动的物体上，离转轴距离不同的点运动的情况不相同.

许多物体既平动同时又转动，例如，向前滚动的足球、行驶的汽车轮子、正在拧动的螺钉等，都是既做平动又做转动.

**位置与位移** 质点在空间所处的点，称为质点的位置. 研究质点的运动，必须要研究质点的位置. 质点运动的起点叫初位置，质点运动的终点叫做末位置. 图1-3中，用 $A$、$B$ 两点分别表示足球运动员的初位置与末位置. 足球运动员可以由初位置经曲线 $ACB$ 的路径运动到末位置，也可以经另一路径 $ADB$ 运动到末位置. 但是无论沿哪条路径，其位置变化的实际效果，都是向东偏北 $10°$ 方向移动了线段 $AB$ 的长度.

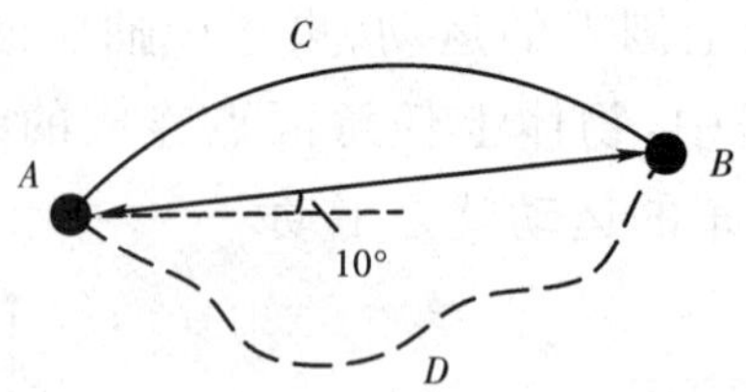


图 1-3　路径、路程与位移

质点运动时，连接初位置到末位置的有向线段，叫做质点的位移. 位移是用来表示质点运动位置的变化的物理量，位移的大小就是有向线段的长度，单位是米(m). 位移是矢量，其方向由初位置指向末位置.

质点运动所经过的路径的长度叫做路程. 图 1-3 中，曲线 $ACB$ 和 $ADB$ 的长度就是运动员经过的路程. 路程是标量，单位也是米(m). 通常，位移的大小不等于路程. 如果质点沿直线朝一个方向运动时，位移的大小等于路程.

**时间与时刻** 我们常说 6 点起床，7 点 30 分上课，火车 16 点从北京西站发车等，这些指的是时刻. 一节课是 45 分钟，飞机由甲地飞往乙地需 3 小时 15 分，而乘船需 3 天整(72 小时)，这些指的是时间. 在图1-4的时间坐标轴上，时刻对应的是一个点，而时间对应的是一段间隔.

质点运动中初位置和末位置所对应的时刻，分别叫做初时刻和末时刻. 初时刻就是计时起点，末时刻就是计时终点. 末时刻与初时刻之差就是质点发生位移所用的时间.

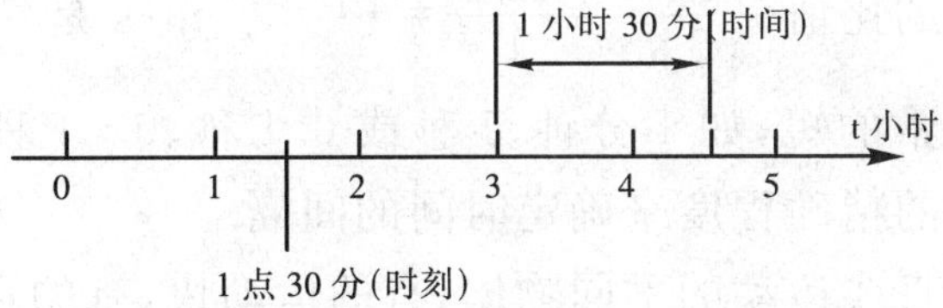


图 1-4 时间与时刻

## 练 习 1.1

1. 甲、乙两辆汽车同向平行并列行驶在高速公路上. 试说明选什么物体作参照物时,甲汽车是静止的;选什么物体作参照物时,甲汽车是运动的.
2. 在下列哪些情况下,所研究的运动物体可以看做质点:
(1)在地球地面卫星控制中心观察宇宙飞船的运动;
(2)计算压路机对地面的压强;
(3)在太平洋上航行的轮船通过卫星导航,确定轮船在太平洋上的位置.
3. 路程和位移有何不同?在怎样的情况下两者大小相等?
4. 某同学沿着大街向北走了 300 m,又折向西走了 400 m,求该同学的路程和位移.
5. 时间和时刻有何不同?我国运动员王军霞在万米跑比赛中,以 29 分 31.78 秒的成绩破该项世界记录,这个成绩的数据是时间还是时刻?

# 1.2 直线运动 速度

**【现象与思考】** 你知道什么是物体运动的轨迹吗?夏夜,流星划过夜空形成清晰的流线;节日燃放焰火在空中爆炸的场面;雨点落下形成的线条;在雪地行走留下的足迹. 这些都是物体运动的轨迹. 再细心地想一想,虽然物体运动的轨迹各种各样,不尽相同,但不外乎直线和曲线两类. 类似的例子你一定会举出很多.

**匀速直线运动** 物体沿着直线运动,在任意相等的时间内位移均相同的运动叫做匀速直线运动,简称匀速运动. 例如,火车在平直的铁路上行驶,若每分钟的位移都是 2100 m 或每秒位移都是 35 m…，则火车的运动是匀速运动，其位移与所需时间的比值$\frac{2100\ \text{m}}{60\ \text{s}}=\frac{35\ \text{m}}{1\ \text{s}}=\cdots=35\ \text{m/s}$是一个恒量.所谓相等时间的间隔可以非常的短，如 1 分钟、1 秒或 0.1 秒、0.01 秒等，可根据所研究问题的性质和要求的精确程度来确定时间的间隔.

**速度** 做匀速直线运动的不同物体，有的运动快，有的运动慢.图 1-5 是在高速公路上行驶的载重卡车与小汽车的快慢情况.由图看出，载重卡车的位移与时间的比值是 20 m/s，是个恒量；小汽车的位移与时间的比值是 40 m/s，也是个恒量.这说明它们都做匀速运动.比值越大，单位时间内位移越大，表示物体运动得越快.

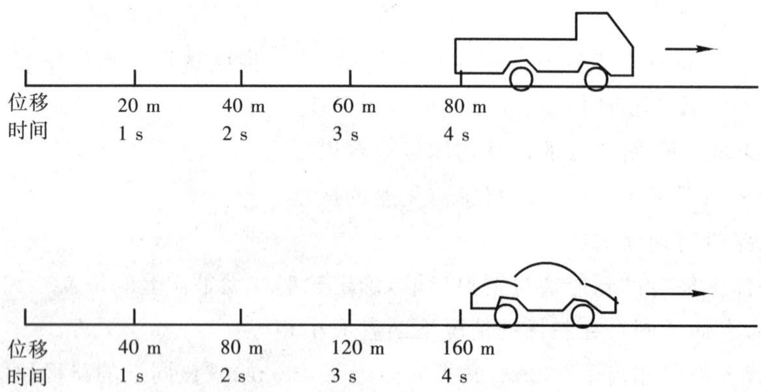


图 1-5 卡车与小汽车行驶快慢比较

在匀速直线运动中，位移跟时间的比值，叫做匀速直线运动的**速度**.速度是用来描述物体运动快慢的物理量.

做匀速直线运动的物体，在时间 $t$ 内的位移是 $x$，速度 $v$ 为

$$v=\frac{x}{t} \tag{1-1}$$

速度的法定单位是米每秒(m/s)，常用的单位还有千米每小时(km/h)、厘米每秒(cm/s)等.

速度是个矢量，不但有大小，而且还有方向，速度的大小常称作**速率**.

匀速直线运动是速度的大小和方向都不变的运动.在匀速直线运动中，知道了物体运动的速度和物体运动的时间，就可求得物体在该时间内的位移.

$$x=vt \tag{1-2}$$

这个公式叫做匀速直线运动的**位移公式**.

**匀速直线运动的图像** 匀速直线运动的规律不但可以用公式表示，还可以用图像来表示.表示位移与时间关系的图像叫做位移—时间图像，简称位移

图像.表示速度与时间关系的图像叫做速度—时间图像,简称速度图像.

在平面直角坐标系中,用纵轴表示运动物体的位移($x$),横轴表示物体运动所用的时间($t$),可得到运动物体的位移图像($x$-$t$ 图像).位移图像通常是由实验测定作出的.图 1-6 是某人骑自行车的位移图像,图的左边是测量记录的数据.图中有的点偏离直线是测量误差引起的.

| $t$(s) | $x$(m) |
|---|---|
| 0 | 0 |
| 5 | 19.8 |
| 10 | 40.4 |
| 15 | 61.0 |
| 20 | 80.0 |

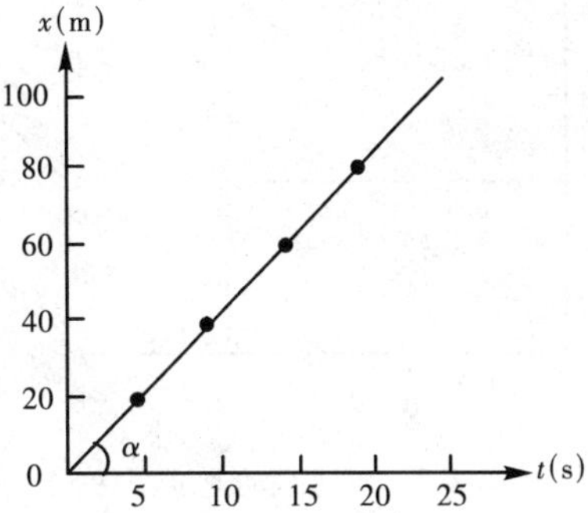


图 1-6　匀速直线运动位移图像

匀速直线运动的位移图像是通过原点的一直线,这样一条倾斜的直线,在数学中表示正比例函数,即位移 $x$ 与时间 $t$ 成正比,比值是速度 $v$,其大小也可用直线的斜率表示:

$$v=\frac{x}{t}=\tan\alpha$$

图 1-7 是前面提到的载重卡车和小汽车的位移图像.你知道哪一条直线表示的是小汽车的位移与时间之间的关系吗?

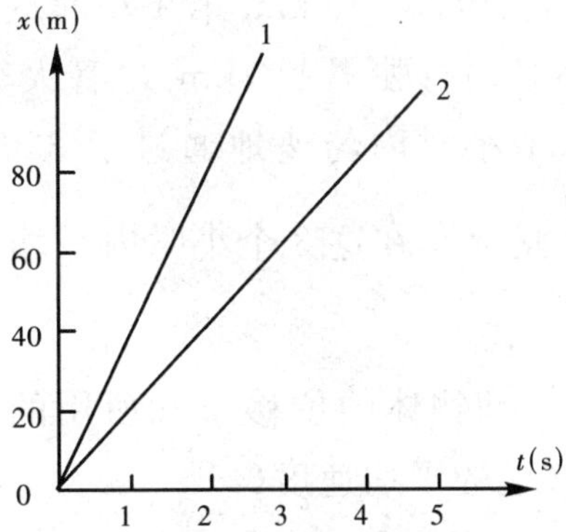


图 1-7　卡车与小汽车位移图像

在平面直角坐标系中,用纵轴表示物体的运动速度 $v$,横轴表示物体运动的时间 $t$,可以得到运动物体的速度图像($v$—$t$ 图像).匀速直线运动的速度是一个恒定值,不随时间变化,所以它的速度图像是平行于时间轴的直线(图 1-8).

在速度图像中横轴与纵轴围成的面积大小表示匀速直线运动的物体在某段时间中的位移.

图 1-9 是载重卡车和小汽车的速度图像.

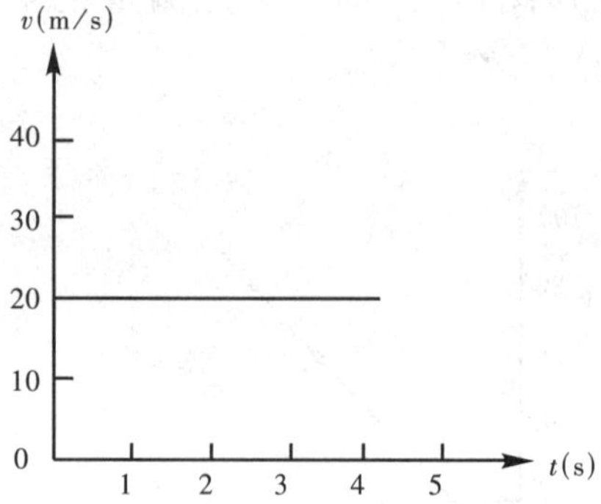


图 1-8 匀速运动速度图像

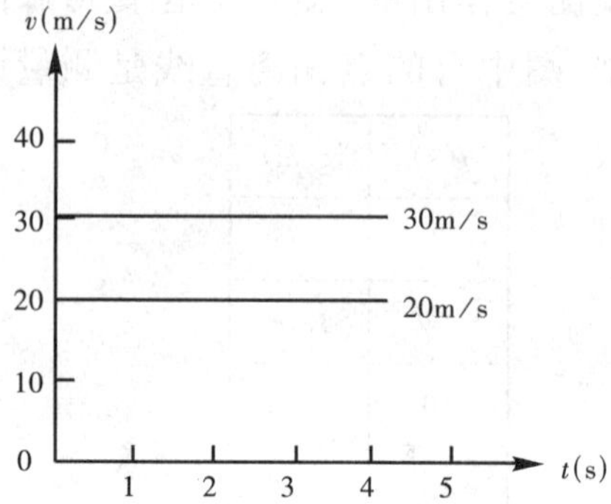


图 1-9 卡车与小汽车速度图像

**用图像直观表示物理量及其变化的方法,叫做图像法.**

**变速直线运动** 做直线运动的物体,一般都有从静止到运动或由运动到静止的过程,在这一过程中,它们运动的快慢是在变化的.飞机起飞时的运动是越来越快;火车进站时的运动是越来越慢,起重机垂直起落重物时,同样会出现物体运动快慢的变化.这些运动的共同点就是在相等时间内的位移不相等.物体在一直线上运动,如果在相等时间内的位移不相等,这种运动叫做变速直线运动.

**平均速度** 在变速直线运动中,物体运动的速度是变化的,如何来描述物体运动的快慢呢?粗略的办法是将它看做匀速运动来处理.设想一列火车从甲地驶往乙地,用了 3 小时,位移 330 km.第 1 小时内行驶了 90 km,第 2 小时内行驶了 130 km,第 3 小时内行驶了 110 km.尽管火车在 3 个小时内运动快慢不一,但我们设想它在 3 个小时内匀速地通过了 330 km,因此火车的速度是 $\frac{330\ \text{km}}{3\ \text{h}}=110\ \text{km/h}$,这就是火车在这 3 个小时内平均运动的快慢,即运动的平均速度.

在变速直线运动中,运动物体的位移 $x$ 和所用的时间 $t$ 的比,称为运动物体在该段时间或该段位移里的平均速度($\bar{v}$)

$$\bar{v}=\frac{x}{t} \tag{1-3}$$

据此,我们还可以求出上述的这列火车在每小时内的平均速度分别是 90 km/h、130 km/h、110 km/h.这就是说,计算物体运动的平均速度,必须指明哪一个时间段(或对应的位移段)内的平均速度.

**例题 1-1**　北京西客站至香港九龙的铁路(京九线)全长 2397 km,由北京西客站驶往香港九龙的 105 次直通快车途中停靠 214 个站,全程运行时间是 38 h,求列车的平均速度.

**解**　把列车在京九铁路全程中的运动近似看做匀速运动,所需时间(包括各停靠时间)是 38 h,粗略计算列车平均速度的大小为

$$\bar{v}=\frac{x}{t}=\frac{2397\times10^{3}}{38\times60\times60}$$

$$=17.52(\mathrm{m/s})$$

$$\approx63.1(\mathrm{km/h})$$

**表 1-1　部分物体的运动速度(m/s)**

| | | | |
|---|---|---|---|
| 光 | $3.0\times10^{8}$ | 汽车 | 10—55 |
| 地球绕太阳 | $3.0\times10^{4}$ | 火车(快车) | 17—33 |
| 远程炮弹 | $2.0\times10^{3}$ | 野兔 | 可达 18 |
| 普通炮弹 | $1.0\times10^{3}$ | 远洋轮船 | 8—17 |
| 步枪子弹 | 900 | 比赛用马 | 可达 15 |
| 一般军用喷气式飞机 | 650 | 自行车(一般) | 5 |
| 一般飞机 | 80—250 | 人步行 | 1—1.5 |

**瞬时速度**　平均速度只能粗略地描述变速直线运动的快慢,要精确地描述变速直线运动的快慢情况,还应该知道物体在某一时刻或某一位置的运动速度.

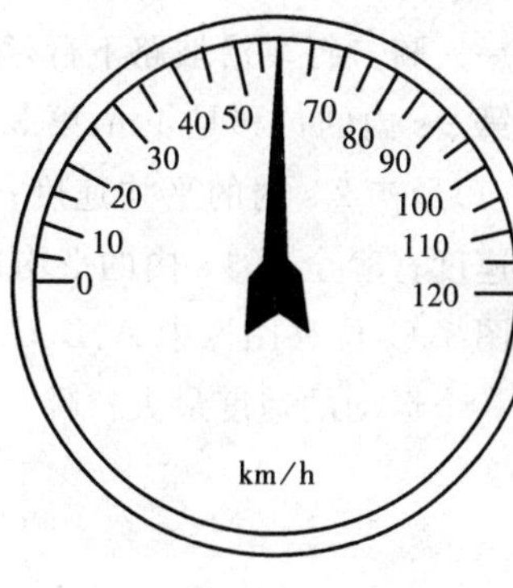

图 1-10　速度计

做变速直线运动的物体在某一时刻(或某一位置)的速度,叫做瞬时速度.

要知道变速直线运动在某一时刻的瞬时速度,有多种办法,最直接直观的办法是使用测速仪表.图1—10是用来测速的仪表——速度计.汽车驾驶室的仪表台上、摩托车前的仪表盘、汽车制造厂检验车速的控制室都安装有速度计.汽车行驶时,驾驶员根据速度计指示的示数就知道汽车的瞬时速度的大小.如果指针指向 54 km/h,在该时刻的速度的大小就是 54 km/h,或 15 m/s.随着汽车行驶快慢的变化,速度计也不断指示出对应速度的大小.

瞬时速度是矢量,瞬时速度的方向就是物体在该点的运动方向,瞬时速度的大小叫做瞬时速率,简称速率.

同学们再深入思考,如果做变速运动物体的运动轨迹不是直线而是曲线,那么速度计指针的示数是不是瞬时速度的大小呢?

## 练　习　1.2

1. 一个运动物体的速率恒定，但速度有变化，是否可能？一个运动物体的速度恒定，但速率有变化，是否可能？
2. 飞机起飞离开跑道时的速度是 150 km/h，子弹以 900 m/s 的速度从枪筒射出，这里指的是什么速度？
3. 光在真空中的速率是 $3.0\times10^{8}$ m/s，太阳距地球 $1.5\times10^{11}$ m 远. 问光从太阳传到地球需用多长时间？
4. 喷气客机的飞行速度为 900 km/h，火车行驶的速度是 20 m/s. 问该飞机飞行的速度是火车行驶速度的多少倍？
5. 请你用一只带秒针的钟表，测出自己的脉搏跳动一次的平均时间. 如果汽车的速率是 80 km/h，飞机的速率是 900 km/h，在你脉搏跳动一次的平均时间里，汽车和飞机的位移是多少？
6. 某物体做匀速直线运动，速度为 $v$. 试问各段位移内的平均速度以及整个运动的平均速度各是多大？每一时刻的瞬时速度是多大？
7. 一人骑自行车沿坡路下行，第 1 s 内的位移是 1 m，第 2 s 内的位移是 4 m，第 3 s 内的位移是 7 m. 求：(1)最初 2 s 内的平均速度；(2)最后 2 s 内的平均速度；(3)全部 3 s 内的平均速度.

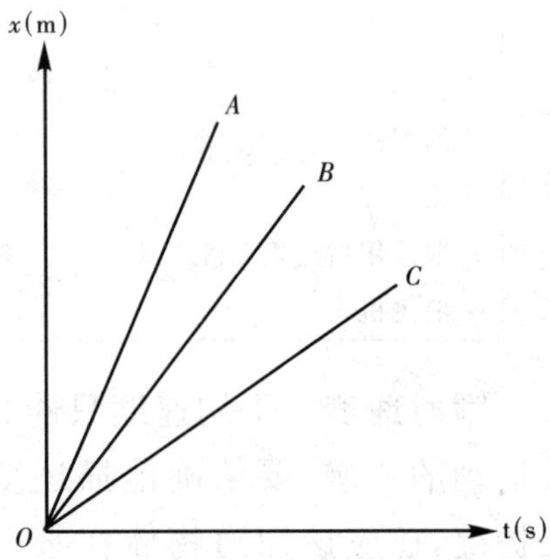

图 1-11　位移图像

8. 图 1-11 位移图像中 $A$、$B$、$C$ 表示三个不同速度的运动. 它们各属于什么类型的运动？哪一个运动的速度最大？哪一个运动的速度最小？

## 1.3　匀变速直线运动　加速度

**【现象与思考】**　田径运动员在比赛过程中有三个阶段的速度变化最大. 起跑时运动员奋力加速，使自己的速度在尽可能短的时间内由零达到某一速度(例如 9 m/s—10 m/s)；运动员接近终点，有一个冲刺阶段，即继续加速，使自己的速度在原来速度基础上再加速，并以最快的速度(例如 10 m/s—11 m/s)冲向终点；冲过终点后，运动员立即减速，使自己的速度为零.

类似这样的运动很多，如自行车赛、汽车赛、飞机起飞、火车离站、物体下落或竖直上抛等. 想一想，这些运动有什么共同的规律？

**匀变速直线运动**　在变速直线运动中，最简单的一种运动是速度随时间均匀变化的直线运动.

做直线运动的物体，如果在相等的时间内速度的变化相等，这种运动叫做匀变速直线运动，简称匀变速运动.

现在利用图 1-12 的装置来说明匀变速直线运动的两种情况. 让小钢球沿斜槽下行，通过测量，测得小钢球在第 1、2、3 秒末的位置分别是 $a_1$、$a_2$，$a_3$，速度分别是 0.3 m/s、0.6 m/s、0.9 m/s. 显然小钢球在每一秒内速度增加 0.3 m/s. 像这样速度均匀增加的变速直线运动称为匀加速直线运动.

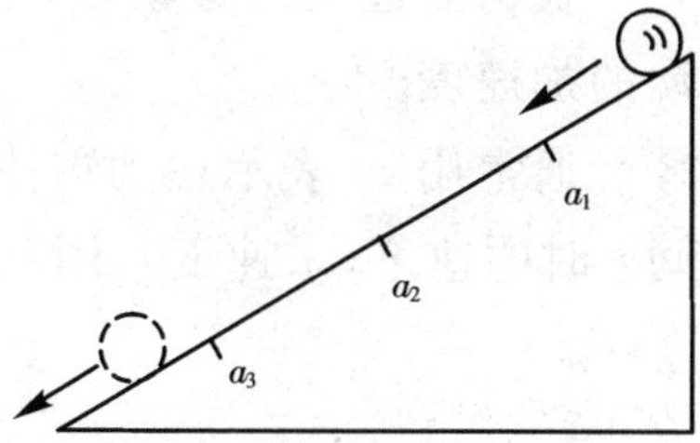

图 1-12　小球做匀加速直线运动

如果使小钢球以某一速度沿斜槽做上行运动，你会观察到，小钢球在上行运动过程中，速度同样在变化，且每秒内速度变化也是 0.3 m/s，所不同的是速度越来越慢. 像这样速度均匀减小的变速直线运动则称为匀减速直线运动.

前面提到的飞机起飞、火车离站、物体下落的运动可看成匀加速直线运动，而物体被竖直上抛、火车进站的运动可看成匀减速直线运动.

**加速度**　不同的物体做匀变速运动，在相等的时间内速度的变化（增加或减小）不尽相同. 汽车启动时，通常要 5 s 的时间，才能使速度达到 10 m/s；而军用步枪大约在 $1.2\times10^{-3}$ s 时间内，就可使原来静止的子弹以 900 m/s 的速度离开枪口. 汽车的速度改变得慢，子弹的速度改变得快，同是匀变速运动，怎样表示它们的速度改变的快慢呢？

表 1-2 是一列火车和一辆汽车在开始计时及每经过一秒的速度（$v_1$ 和 $v_2$）的值.

**表 1-2**

| t(s) | 0 | 1 | 2 | 3 | … |
|---|---|---|---|---|---|
| 火车 $v_1$(m/s) | 6.0 | 5.7 | 5.4 | 5.1 | … |
| 汽车 $v_2$(m/s) | 12 | 14 | 16 | 18 | … |

由表中可以看出，火车进站时速度以每秒 0.3 m/s 减小，汽车在启动过程中，速度以 2 m/s 增加. 而速度的变化与所用时间的比值却保持不变. 火车在

1 s、2 s、3 s…内的比值：$\frac{0.3\ \text{m/s}}{1\ \text{s}}=\frac{0.6\ \text{m/s}}{2\ \text{s}}=\frac{0.9\ \text{m/s}}{3\ \text{s}}$…是个恒量；汽车在 1 s、2 s、3 s…内的比值：$\frac{2\ \text{m/s}}{1\ \text{s}}=\frac{4\ \text{m/s}}{2\ \text{s}}=\frac{6\ \text{m/s}}{3\ \text{s}}$…也是个恒量. 可见，单位时间内汽车的速度变化较大，也就是汽车运动速度变化较快. 为了描述速度变化的快慢，引入新的物理量——加速度.

**在匀变速直线运动中，速度的变化与所用时间的比值叫做匀变速直线运动的加速度.**

通常用 $v_0$ 表示运动物体开始时刻的速度（初速度），用 $v_t$ 表示经过一段时间 $t$ 时的速度（末速度），用 $a$ 表示运动物体的加速度，那么

$$a=\frac{v_t-v_0}{t} \tag{1-4}$$

加速度的单位由速度单位和时间单位确定. 在国际单位制中，加速度的单位是 $\text{m/s}^2$（米每二次方秒）.

加速度是矢量，它的大小（数值）由（1-4）式决定（即单位时间内速度的改变量），它的方向要根据速度的变化情况来定. 若 $v_t>v_0$，物体运动速度越来越大，$a>0$（为正），加速度方向与物体运动方向一致；若 $v_t<v_0$，物体运动速度越来越小，$a<0$（为负），则加速度方向与物体运动方向相反，如图 1-13 所示.

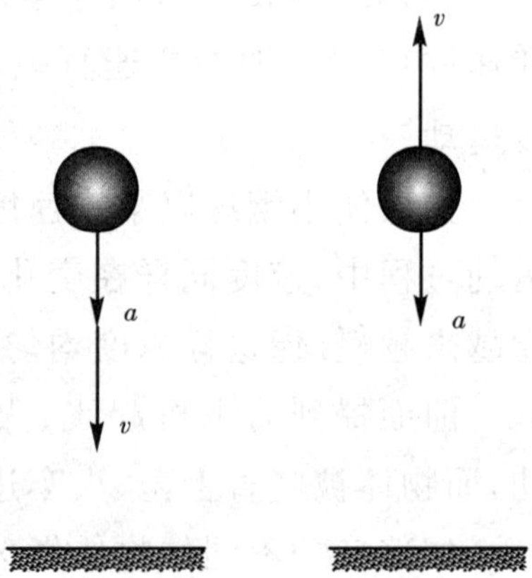

(a) $a$ 与 $v$ 同向；(b) $a$ 与 $v$ 反向

图 1-13　直线运动中的加速度与速度的方向

在匀变速直线运动中，加速度的大小和方向都不变，因此匀变速直线运动就是加速度不变的运动.

必须注意，加速度的大小$\frac{v_t-v_0}{t}$描述的是速度变化的快慢，而不是速度变化的多少（$v_t-v_0$）. 比如，速度变化很大的物体，若所用时间很长，那么该物体的加速度可以很小；而速度变化很小的物体，若所用时间很短，该物体的加速度却可以很大. 还必须注意，加速度的大小与速度的大小没有直接的关系. 如光在真空中传播的速度很大，但光是匀速传播，加速度为零；枪筒里的子弹，在撞针（扳机）击发火药刚刚爆发的瞬间，子弹的速度接近于零，但加速度很大，可达 $4\times10^5\ \text{m/s}^2$. 表 1-3 列出部分物体运动的加速度.

表 1-3　部分物体运动的加速度 $a$(m/s$^2$)

| 炮弹在炮筒内 | $5\times10^5$ | 竞赛汽车加速 | 4.5 |
|---|---|---|---|
| 跳伞着陆 | $-24.5$ | 汽车加速 | 可达 2 |
| 喷气式飞机着陆 | $-5$—$-8$ | 无轨电车加速 | 可达 1.8 |
| 汽车急刹车 | $-4$—$-6$ | 旅客列车加速 | 可达 0.35 |

**例题 1-2**　做匀加速运动的火车，在 40 s 内速度从 10 m/s 增加到 20 m/s，求火车加速度的大小. 汽车紧急刹车时做匀减速运动，在 2 s 内速度从 10 m/s 减小到零，求汽车加速度的大小.

**解**　(1) $v_0=10$ m/s，$v_t=20$ m/s，$t=40$ s，则火车加速度的大小为

$$a=\frac{v_t-v_0}{t}=\frac{20-10}{40}=0.25(\text{m/s}^2)$$

(2)已知 $v_0'=10$ m/s，$v_t'=0$，$t'=2$s，则汽车加速度的大小为

$$a'=\frac{v_t'-v_0'}{t'}=\frac{0-10}{2}=-5(\text{m/s}^2)$$

负号表示汽车做匀减速运动，加速度的方向与运动的方向相反.

**匀变速直线运动的速度**　做匀变速直线运动的物体，它的瞬时速度随着时间不断地变化，由 $a=\frac{v_t-v_0}{t}$ 可得瞬时速度 $v_t$ 随时间变化的关系是

$$v_t=v_0+at \tag{1-5}$$

**例题 1-3**　抛向水平冰面的石块，以初速度为 20 m/s 做匀减速运动，它的加速度大小为 0.6 m/s$^2$，经过 20 s，石块的速度是多大？

**解**　已知 $v_0=20$ m/s，$a=-0.6$ m/s$^2$，$t=20$ s，石块在 20 s 末的瞬时速度为

$$\begin{aligned}v_t&=v_0+at\\&=20+(-0.6\times20)=8(\text{m/s})\end{aligned}$$

**匀变速直线运动的速度图像**　测量一辆做匀加速直线运动的汽车，计时开始时的速度是 10 m/s. 然后每隔 5s 测量一次，根据记录的数据，作出汽车的速度图像(图 1-14). 速度图像是一条向上倾斜的直线，说明汽车是做匀加速运动.

图 1-15(a)是初速度为零的匀加速直线运动的速度图像；(b)是初速度为 $v_0$ 的匀减速直线运动的速度图像.

利用匀变速直线运动的图像，可以方便地求出在加速运动过程中任意时刻的速度，也可以求出到达某一瞬时速度所需的时间. 从图 1-14 中可以求得 6s 末的速度是 22m/s，而运动到速度是 35m/s 时，所需的时间是 12.5s.

| $t$(s) | $v$(m/s) |
| --- | --- |
| 0 | 10 |
| 5 | 20 |
| 10 | 30 |
| 15 | 40 |

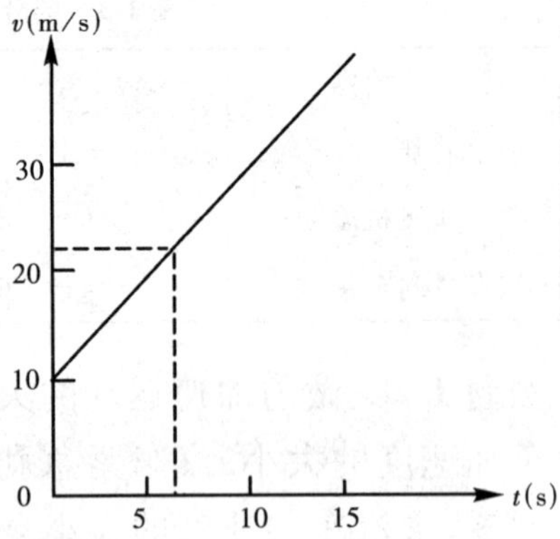


图 1-14　匀变速直线运动速度图像

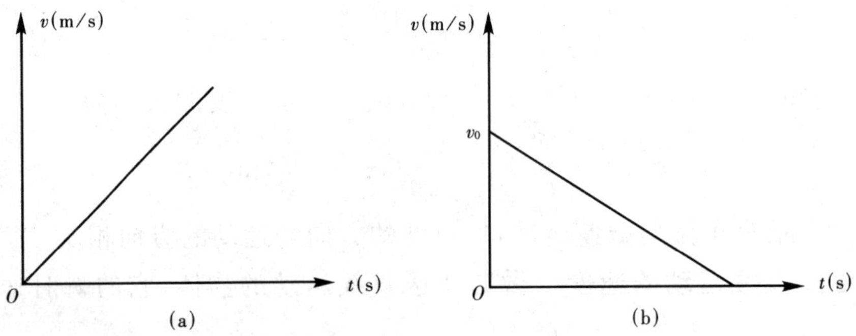


图 1-15　(a) $a>0$　(b) $a<0$

**匀变速直线运动的位移**　图 1-16 是匀变速直线运动速度图像，它与纵轴、横轴之间围成的面积大小表示了初速度为 $v_0$，加速度为 $a$，经过时间 $t$，末速度为 $v_t$ 的匀加速直线运动的位移 $x$，它等于 $x_1$ 与 $x_2$ 之和. 图中 $x_1=v_0t$，$x_2=\frac{1}{2}at\cdot t=\frac{1}{2}at^2$，那么

$$x=v_0t+\frac{1}{2}at^2 \tag{1-6}$$

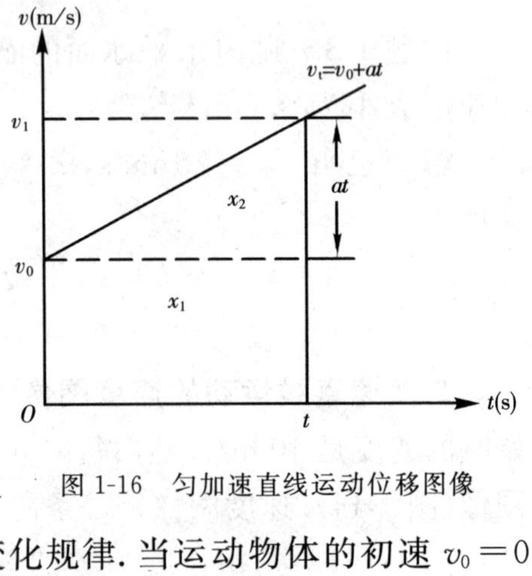


图 1-16　匀加速直线运动位移图像

式(1-6)就是匀变速直线运动的**位移公式**，它描述了匀变速直线运动位移随时间的变化规律. 当运动物体的初速 $v_0=0$ 时，位移公式成为$x=\frac{1}{2}at^2$.

应当注意，做匀变速直线运动的物体，当运动方向不变时，其位移的大小与路程的数值相等，由$x=v_0t+\frac{1}{2}at^2$ 计算；当运动方向发生改变时，位移的大小与路程的数值一般不相等.

**例题 1-4**　飞机着陆后沿跑道做匀减速运动，若初速度是 60 m/s，加速度的大小是 $6\ m/s^2$，飞机着陆后滑行多远才能停止下来？

**解**　已知 $v_0=60\ m/s, v_t=0, a=-6\ m/s^2$.

由 $a=\frac{v_t-v_0}{t}$ 可得

$$t=\frac{v_t-v_0}{a}=\frac{0-60}{-6}=10(s)$$

飞机位移　$x=v_0t+\frac{1}{2}at^2$

$$=60\times10+\frac{1}{2}\times(-6)\times10^2=300(m)$$

由式(1-5)$v_t=v_0+at$ 和式(1-6)$x=v_0t+\frac{1}{2}at^2$ 可以得到另外两个有用的推论. 把 $v_t=v_0+at$ 写成 $t=\frac{v_t-v_0}{a}$，代入 $x=v_0t+\frac{1}{2}at^2$，整理可得匀变速直线运动的速度位移公式：

$$v_t^2-v_0^2=2ax \tag{1-7}$$

若初速度 $v_0=0$，则 $v_t^2=2ax$.

将 $a=\frac{v_t-v_0}{t}$ 代入 $x=v_0t+\frac{1}{2}at^2$，得 $x=\frac{1}{2}(v_0+v_t)t$，再代入平均速度公式 $\bar{v}=\frac{x}{t}$，可得匀变速直线运动在时间 t 内的**平均速度公式**为

$$\bar{v}=\frac{v_0+v_t}{2} \tag{1-8}$$

**例题 1-5**　发射的枪弹在枪筒中的运动可以看成匀加速运动，如果它的加速度是 $5.0\times10^5\ m/s^2$，枪弹射出枪口时的速度是 900 m/s，这支枪的枪筒有多长？枪弹在枪筒内的平均速度是多大？

**解**　枪弹在枪筒中的运动可以看做初速度为零的匀加速运动，枪筒的长度就是枪弹的位移 $x$.

(1)已知 $v_0=0, v_t=900\ m/s, a=5.0\times10^5\ m/s^2$，可以直接利用公式 $v_t^2-v_0^2=2ax$，求得

$$x=\frac{v_t^2}{2a}=\frac{900^2}{2\times5.0\times10^5}=0.81(m)$$

(2)枪弹在枪筒内的平均速度为

$$\bar{v}=\frac{v_0+v_t}{2}=\frac{0+900}{2}=450(m/s)$$

# 练　习　1.3

1. 下面三种运动的加速度各有什么特点？

(1)匀速直线运动；(2)匀加速直线运动；(3)匀减速直线运动.

2. 下列叙述中有无错误？为什么？

(1)运动物体的速度大，它的加速度也一定大；

(2)物体的速度变化大，它的加速度也一定大；

(3)若运动物体的加速度为零，则物体的速度必为零；

(4)若运动物体的加速度为零，则物体的速度改变量为零.

3. 火车在通过桥梁时，需要提前减速. 一列以 72 km/h 的速度行驶的火车，在到一座钢铁大桥前 90 s 开始做匀减速运动，加速度大小是 0.1 $m/s^2$. 试求火车到达大桥时的速度是多大？

4. 一辆小汽车进行刹车制动试验. 在时间为 1 s 内，速度由 8 m/s 减到零. 按规定速度 8 m/s 的小汽车刹车后滑行距离不得超过 5.9 m. 假定刹车时，小汽车做匀减速运动，试问这辆小汽车刹车性能是否符合要求？

5. 一辆机车原来的速度是 36 km/h，在一段下坡路上做匀加速运动，加速度是0.20 $m/s^2$，行驶到下坡末端时速度增加到 54 km/h. 试求机车通过这段下坡路所用的时间.

6. 质点运动的速度图像如图 1-17 所示，质点在哪一段时间内做匀速运动？在哪一段时间内做匀加速直线运动？在哪一段时间内做匀减速直线运动？加速度各是多大？在0 s－70 s 时间内的位移是多大？

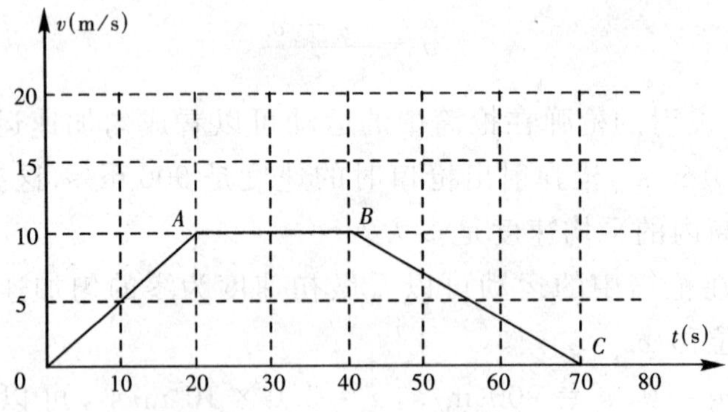


图 1-17

## 1.4 自由落体运动

**【现象与思考】** 你一定见过各种物体的下落运动，如下落的雨滴、飘落的树叶、工地上打桩重锤的下落等. 一不小心，你手中的物体也会落向地面. 进入施工现场必须戴安全帽，就是防止下落的建筑材料(或工具)击伤人体. 在你看来，可能是较重的物体下落得快，较轻的物体下落得慢，那么你可以做一个小实验，让一个较重的粉笔头与一较轻的纸片同时从高处落下，结果是粉笔头先落地. 如果把纸片捏成一小团，再与粉笔头同时落下，结果是它们几乎同时落地. 可见并不是较重的物体先落地，这是什么原因呢？

**自由落体运动** 物体下落的运动是一种常见的运动，并且是在重力作用下沿着竖直方向下落. 显然物体下落的运动是直线运动.

在重力作用下，人们很容易认为，越重的物体，下落得越快. 16 世纪以前，许多学者就是这样认为的. 其实这样的结论是错误的，因为他们忽略了空气阻力的影响. 粉笔头和纸片在下落过程中，同时受到空气阻力作用，只不过在于空气阻力对纸片影响较大而已.

用钱毛管实验可以很好地说明这个问题. 图 1-18 是一个长约1.5 m，一端封闭，另一端有开关的玻璃筒. 把形状和质量都不同的硬币和羽毛放入筒内. 如果筒内有空气，把筒倒立过来，发现重的硬币下落得快. 如果把筒内的空气抽去，再把筒倒立过来，羽毛和硬币下落的快慢相同，同时到达筒的底部.

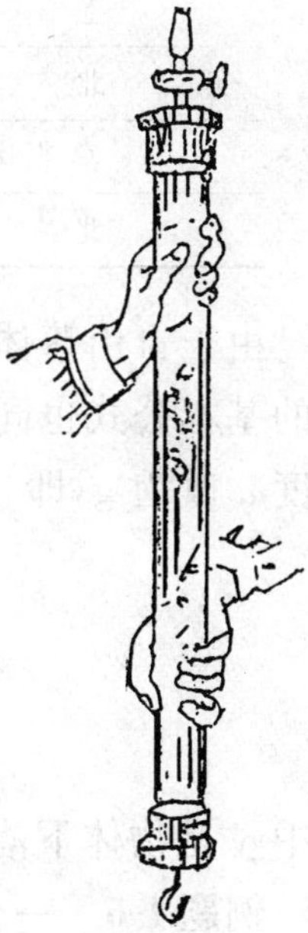

图 1-18 钱毛管实验

物体只在重力作用下由静止开始下落的运动，叫做自由落体运动. 这种运动只有在真空中才能发生. 在有空气的空间里，如果空气阻力作用较小，可以忽略不计，此时物体的下落也可近似看做是自由落体运动. 不同物体的自由落体运动，其规律是相同的.

意大利物理学家伽利略(1564－1642)在仔细研究过物体的下落运动以后指出：**自由落体运动是初速度为零的匀加速直线运动.**

**自由落体的加速度** 在同一地点、同一高度,同时自由下落的物体同时到达地面,这说明了这些初速度为零的匀加速直线运动,在相同的时间内速度的变化是相同的,所以他们具有相同的加速度.

在同一地点,一切物体在自由落体运动中的加速度都相同,这个加速度叫做自由落体加速度,也叫做重力加速度.用 g 表示.

重力加速度 g 的方向总是竖直向下的,其大小可以用实验的方法来测定.在地球表面不同纬度的地方它略有差异.表 1-4 给出了部分地区的重力加速度值.在国际单位制中,g 的单位是 $m/s^2$,其标准值 $g=9.80665\ m/s^2$,通常取 9.8 $m/s^2$,在粗略分析的问题中,常取 $g=10\ m/s^2$.

**表 1-4 某些地区的重力加速度数值($m/s^2$)**

| 地 区 | 纬 度 | 重力加速度数值 |
|---|---|---|
| 赤 道 | 0° | 9.780 |
| 广 州 | 23°06′ | 9.788 |
| 上 海 | 31°12′ | 9.794 |
| 北 京 | 39°56′ | 9.801 |
| 莫斯科 | 55°45′ | 9.816 |
| 北 极 | 90° | 9.832 |

由于自由落体运动是初速度为零的匀加速直线运动,因此,匀变速直线运动的基本公式也同样适用于自由落体运动,所不同的是将初速度 $v_0$ 取作零,加速度 $a$ 改为 g,即

$$v_t = gt$$

$$y = \frac{1}{2}gt^2$$

$$v_t^2 = 2gy \tag{1-9}$$

式中 $y$ 是物体下落的位移(或下落的高度).

**例题 1-6** 一个自由下落的物体,从高 78.35 m 处下落,到达地面的速度是 39.20 m/s.求重力加速度和物体落地所需时间.

**解** (1)已知 $y=78.35\ m$,$v_t=39.20\ m/s$,$v_t^2=2gy$ 得,

$$g = \frac{v_t^2}{2y} = \frac{39.20^2}{2\times 78.35} = 9.80(m/s^2)$$

(2)由 $v_t=gt$ 得,

$$t = \frac{v_t}{g} = \frac{39.20}{9.8} = 4(s)$$

**【动手做实验】**

(1)测定某新楼房的高度.用一只小钢球和一块秒表,站在楼房顶的某平台处,从手中放开小钢球让其自由下落,同时按秒表计时,听到小钢球击地的声音,立即按停秒表.秒表上的计时示数 $t$ 就是小钢球自由下落的时间 $t_1$ 与击地的声音传到人耳所需时间 $t_2$ 的和.设被测高度为 $h$,则 $h=\frac{1}{2}gt_1^2$.

声音的速度为 $v$(一般取 $v=340\ \mathrm{m/s}$),则

$$h = vt_2$$

秒表记录到的时间

$$t = t_1 + t_2 = \sqrt{\frac{2h}{g}} + \frac{h}{v}$$

解上式即可求出被测楼房的高度 h.

在楼房不太高的情况下,被则高度近似为

$$h = \frac{1}{2}gt^2$$

(2)测算你的反应时间.运动员、飞行员、战士都需要反应灵敏,当遇到某种不利情况时能立即作出反应.从发现情况到采取相应的措施所用的时间叫做反应时间.这里介绍一种测算反应时间的方法.

图 1-19 所示,请一位同学用两个指头捏住木尺顶端,你自己在木尺的下部做握住木尺的准备,要求手的任何部位都不得碰到木尺.当看到捏住木尺的同学松开手时,你立即握住木尺.测出木尺降落的高度,根据自由落体运动的规律,可以算出你的反应时间.

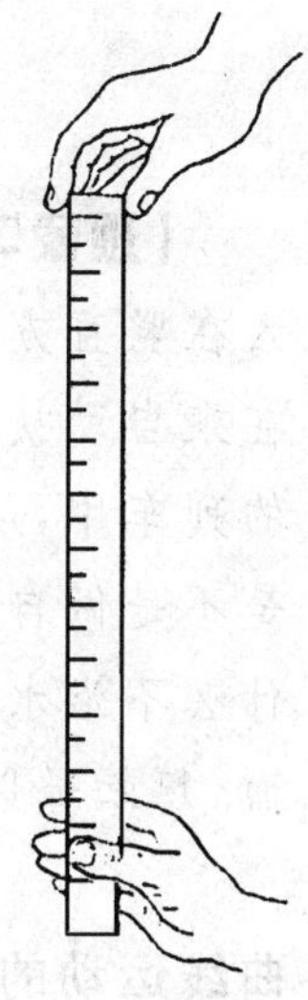

图 1-19　测算反应时间

## 练　习　1.4

1. 伽利略以前的学者按照亚里士多德的理论认为“物体越重,落得越快”.那么,如果一个重物和一个轻物从同一高度下落的时间分别是 $t_1$ 和 $t_2$,必有 $t_1<t_2$.如果将重物和轻物捆在一起,从同一高度下落,那么它下落的时间 $t$ 应有两种答案:

(1)因为重物带动轻物下落,使 $t<t_2$,但轻物又拖累重物,使 $t>t_1$.故有 $t_1<t<t_2$,即捆在一起下落的时间介于原来各自下落所用时间 $t_1$ 与 $t_2$ 之间.

(2)因捆在一起,总重量增大,所以应该下落得更快,故有 $t<t_1$,$t<t_2$.

显然以上结果互相矛盾,而且都出于亚里士多德的观点.你是如何看这个问题的?

2. 为了测出井口到井里水面的距离,让一个小石块从井口自由下落,经过 2 s 后听到石块击水面的声音.试问井口到井里水面的距离(不计声音传播所用时间).

3. 一个物体从高为 20 m 的地方下落,到达地面时的速度是多大?落到地面用了多少时间?

4. 一物体自由下落到地面时的速度是 30 m/s,物体开始下落的地方离地面的高度是多少?落地前 1 s 时的高度和速度是多少?(g 取 10 m/s$^2$).

5. 自由落下的物体在某点的速度是 19.6 m/s,在另一点的速度是 39.2 m/s,试求这两点的距离和经过这两点距离所用的时间.

## 1.5 运动叠加原理　平抛物体的运动

**【现象与思考】** 去商场购物乘自动扶梯上楼时,你注意到没有,人在竖直方向上升的同时,在水平方向也前进了一段距离;那么,人在乘自动扶梯上楼时,实际的运动轨迹会是什么样呢?在匀速前进的列车中,从窗口落下一物体,那么在地面的观察者看来,这个物体是不是做自由落体运动呢?如果你沿水平方向扔出去一石块,它为什么不沿水平方向永远运动下去,而是沿曲线运动,石块最终落向地面.想知道以上问题的答案吗?

**曲线运动的条件** 物体做直线运动时,它所受到的作用力总是跟它运动的方向位于同一直线上.如果物体受到的作用力跟它运动的方向成一角度时,物体将怎样运动呢?图 1-20 所示的实验可以回答这个问题.

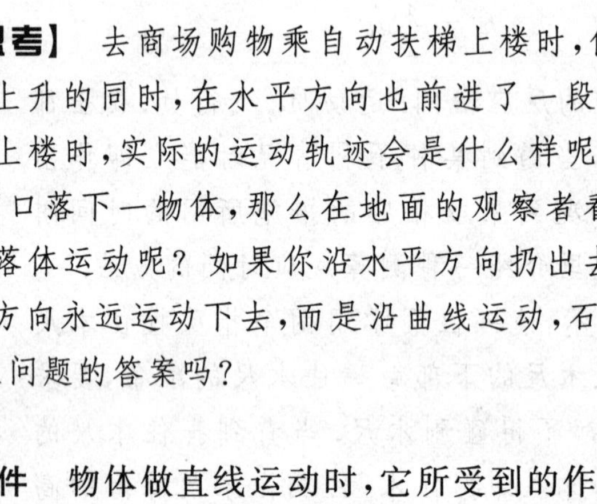

图 1-20　小钢球受磁力作用做曲线运动

将小钢球从斜面上滚到水平桌面上,在没有磁铁作用的情况下,小钢球会沿着桌面上的虚线做直线运动.如果在虚线的一侧放置一块磁铁,钢球从斜面滚到水平桌面后，受到磁铁的吸引力作用，钢球便改变原运动方向做曲线运动. 可见，当物体受到的合外力的方向与它运动的方向不在同一直线上，而是成一角度时，物体做曲线运动，这就是物体做曲线运动的条件.

**曲线运动速度的方向**　物体做曲线运动时，其运动方向不断地变化，就是说物体运动速度的方向时刻在变化，如何确定物体在各处位置（或各个时刻）速度的方向呢？图 1-21 显示了在砂轮机上磨削刀具，刀具与砂轮机的接触处有炽热的火星微粒沿接触处的砂轮切线方向飞出. 火星微粒飞出的方向表示砂轮上与刀具接触处的速度方向. 如果将刀具在砂轮机上移动，你会发现在任何位置，火星微粒都从接触处沿砂轮边缘的切线方向飞出. 生活常识也证明，在雨天旋转手中的雨伞，水滴会沿雨伞边缘的切线方向飞出. 以上表明物体做曲线运动时，速度的方向时刻在变化. 物体在某一点速度的方向就是沿该点的切线方向. 图 1-22 示意物体由 $A$ 到 $B$ 的运动中，一些点的速度方向.

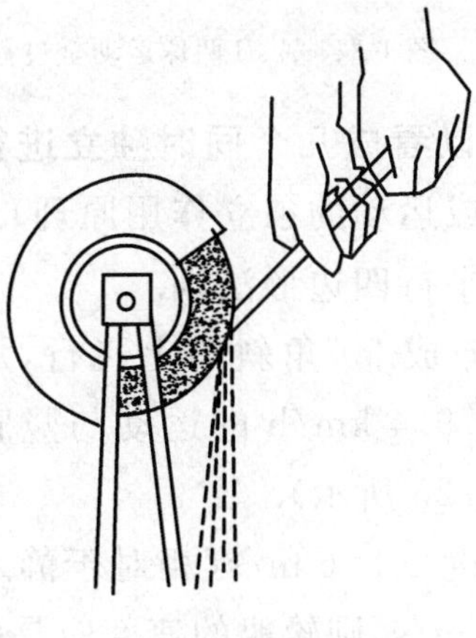

图 1-21　磨削粉末沿切线方向飞出

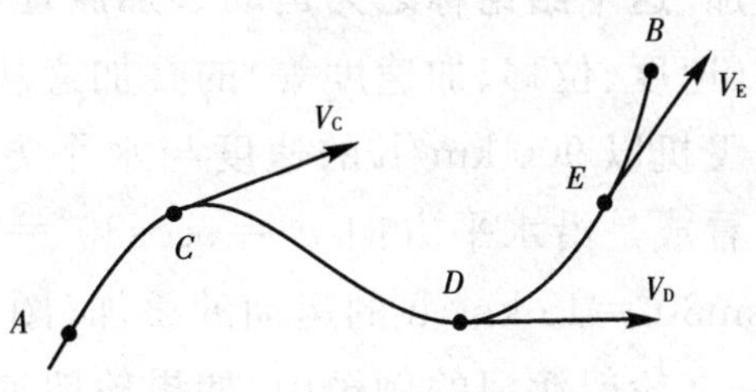



图 1-22　曲线运动速度方向

**运动叠加原理**　我们先观察图 1-23 的演示实验，当小锤摆下打击弹性金属片时，$A$、$B$ 两球同时开始运动，$A$ 球被水平弹出作平抛运动，$B$ 球由于弹片松开而做自由落体运动. 演示的结果是 $A$、$B$ 两球同时落地（只听见一个落地声）. 图 1-24 是 $A$、$B$ 两球运动全过程的等时闪光照片，从照片上看到，在竖直方向上的任意时刻，两球均处于同一水平高度. 这说明 $A$ 球在竖直方向上的运动与 $B$ 球的自由落体运动是相同的. 通过测量知道，$A$ 球在水平方向的运动是匀速运动.

实验表明，无论演示器处在什么样的高度，$A$ 球水平抛出时初速度的大小如何变化，两球总是同时落地. 这就说明，$A$ 球在水平方向的运动与它在竖直方向的运动互不影响.

由此可以证明，沿水平方向抛出物体的运动，可以看成是同时进行的彼此独立的水平方向的匀速运动和竖直方向的自由落体运动的叠加(或合成).

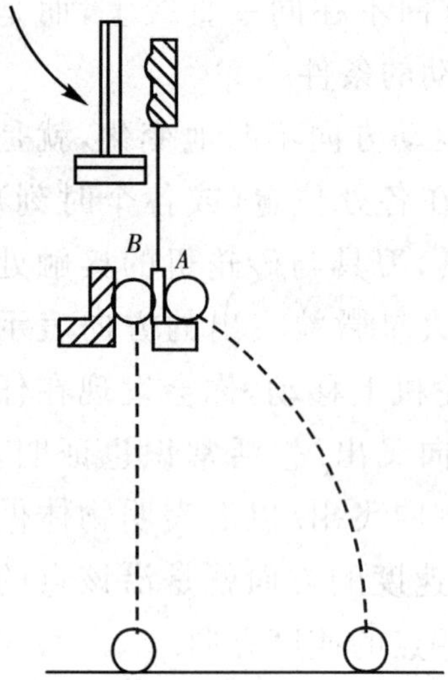


图 1-23 演示运动叠加原理

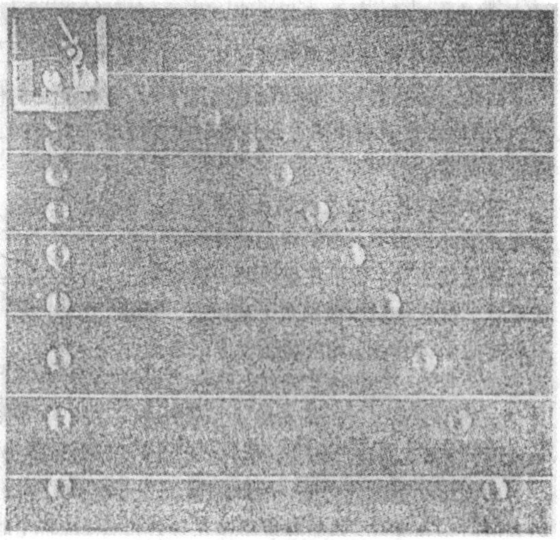

图 1-24 $A$、$B$ 两球运动全过程

大量的实验证明,**任何复杂的运动,都可以看成几个同时独立进行的简单运动的叠加.这个结论称之为运动叠加原理**(或运动的独立作用原理).

运动(速度、位移、加速度等)的叠加遵从平行四边形法则.

例如飞机以 900 km/h 的速度与水平方向成 30°角斜向上飞行,那么飞机的运动可看成是沿水平方向 $v_x=v\cos30°=779.4$ km/h 的运动与竖直向上方向 $v_y=v\sin30°=45$ km/h 的运动的叠加(图 1-25 所示).

同样,在轮船渡河的例子中,如果轮船速度 $v_1=6$ m/s(相对于静水时速度的大小,方向垂直于河岸),水流的速度 $v_2=2$ m/s,则轮船的速度应是船自身速度 $v_1$ 与水流速度 $v_2$ 的叠加.在岸上看来,轮船以速度 $v=\sqrt{v_1^2+v_2^2}=6.32$ m/s 向北偏东方向航行(图 1-26 所示).

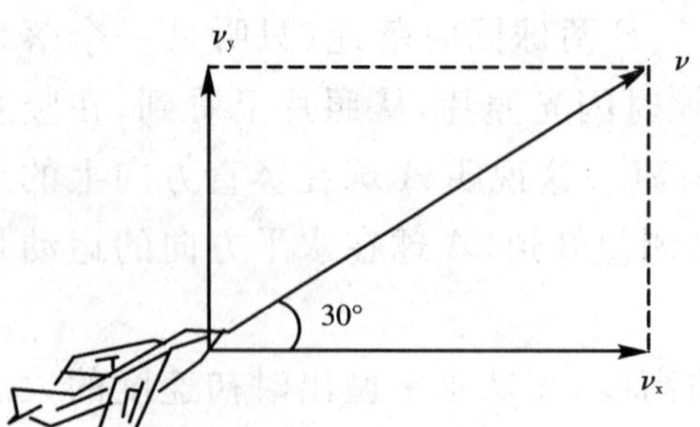


图 1-25 飞机的运动

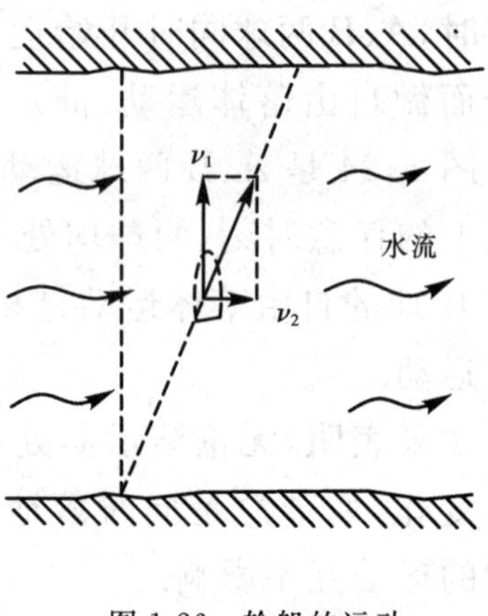


图 1-26 轮船的运动

**平抛运动**　在不计空气阻力的情况下,沿水平方向以初速度 $v_0$ 抛出物体的运动,叫平抛运动. 图 1-27 中,由 $xOy$ 坐标系的原点以初速度 $v_0$ 水平抛出一物体,该物体在竖直方向做自由落体运动,沿水平方向做匀速直线运动. 由运动学公式,$t$ 时刻在 $x$、$y$ 方向的位移分别为

$$x = v_0 t, y = \frac{1}{2}gt^2 \tag{1-10}$$

$t$ 时刻在 $x$、$y$ 方向的速度分别为

$$v_x = v_0, v_y = gt \tag{1-11}$$

由(1-10)式消去时间 $t$,可得

$$y = \frac{1}{2}g\frac{x^2}{v_0^2} = \frac{g}{2v_0^2}x^2 \tag{1-12}$$

上式 $y$ 是 $x$ 的二次函数,它的图像是抛物线. 若不考虑空气阻力对物体的影响,平抛运动的轨道就是一条抛物线. 式(1-12)称为平抛运动物体的轨道方程. 根据轨道方程,如果知道物体某时刻水平位移为 $x$,则可知物体在该时刻竖直方向的位移 $y$.

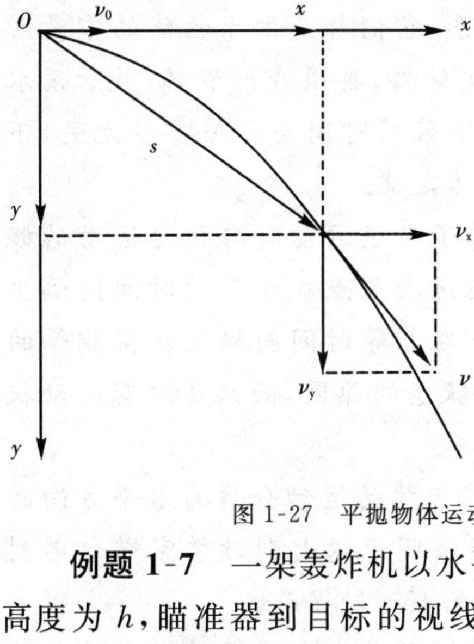

图 1-27　平抛物体运动

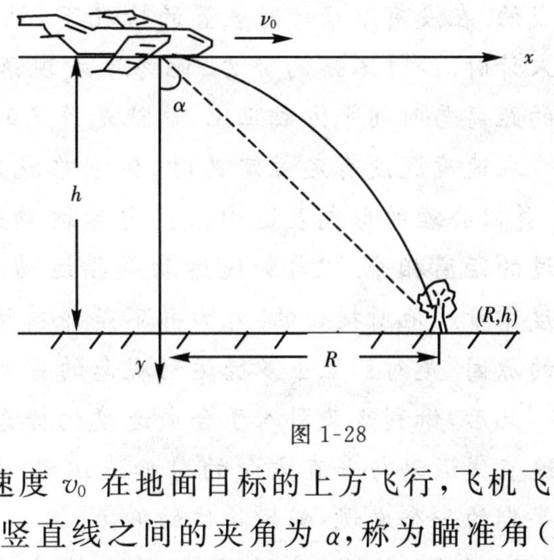

图 1-28

**例题 1-7**　一架轰炸机以水平速度 $v_0$ 在地面目标的上方飞行,飞机飞行高度为 $h$,瞄准器到目标的视线与竖直线之间的夹角为 $\alpha$,称为瞄准角(图 1-28). 试求投弹时的瞄准角为多大时,才能命中地面目标?

**解**　炸弹从飞机中抛出时,只具有水平方向的初速度,所以做平抛运动. 取坐标系 $xOy$ 如图 1-28 所示. 地面的目标必须满足轨道方程,才能被命中. 设目标点的坐标为($R$、$h$),代入 $y=\frac{g}{2v_0^2}x^2$,得

$$R = v_0\sqrt{\frac{2h}{g}}$$

由图可知 $\tan\alpha=\frac{R}{h}=v_0\sqrt{\frac{2}{gh}}$，

求得瞄准角 $\alpha$

$$\alpha=\tan^{-1}\left[v_0\sqrt{\frac{2}{gh}}\right]$$

## 阅读材料

### 近代物理学之父——伽利略

伽利略(1564—1642)生于意大利比萨，童年时代是在托斯坎纳大公国的比萨城和佛罗伦萨城度过的. 17 岁时被送进比萨大学学医学. 1583 年受欧几里德几何学影响而着迷. 1589 年，伽利略获得比萨大学数学教授职位.

伽利略早期工作主要是有关动力学的，此间他进行了单摆的实验，并敏锐地感觉到单摆问题与自由落体问题有内在联系，它们都是由于物体的重量所造成的. 在没有准确计时装置的情况下，他先用脉搏，再用音乐节拍，最后用水钏来计时. 经过不懈的努力，他终于发现落体下落的时间与物体重量无关，下落的距离与时间平方成正比，这就是著名的落体定律.

在速度还没有定量定义时，伽利略就建立了匀速运动与匀加速运动的概念，并以公理的形式表述出来："匀速运动是指运动质点在相等的时间间隔里经过的距离相等.""匀加速运动是指运动质点在相等时间间隔里获得相等的速度增量."他所提出的"外力并不是维持运动状态的原因，而只是改变运动状态的原因"是对亚里士多德运动观念的重大变革.

此后，伽利略又引入了合成速度的概念，将抛体的运动分解为水平方向的匀速直线运动与垂直方向的匀加速运动. 从而证明了意大利数学家塔尔塔利亚早期的一个发现：斜抛物体的仰角(抛射角)在 45°，射程最远.

1609 年，伽利略制造了放大 20 倍的望远镜，并首先发现了月亮上的山脉和火山口，次年又发现了木星的 4 颗卫星. 这一发现对支持哥白尼的日心说具有重大意义. 第三年他又用望远镜观察太阳，发现了太阳黑子，并从黑子的缓慢移动推断太阳是在自转，周期是 25 天. 以上发现被发表在《星界的报告》和《关于太阳黑子的信札》中. 这在知识界引起了巨大反响，人们争相传诵："哥伦布发现了新大陆，伽利略发现了新宇宙."

伽利略的这些重大发现和科学著作，从根本上动摇了罗马基督教会的统治势力，尖锐地抵触了所谓地球中心说，上帝创造天地、日月星辰的宇宙观和基督教义，他遭到了教会的强烈反对和传讯. 1633 年因他发表了《关于托勒密和哥白尼两大世界体系的对话》一文而被判处终身监禁，然而教会却无法禁锢他的思想，在监禁期间，伽利略又完成了《两门新科学》书稿. 罗马教廷不许任何人出版伽利略的任何著作. 在朋友的帮助下，1638 年《两门新科学》在荷兰莱顿出版，这是物理学史上的一个里程碑.

在罗马教会的监禁下，伽利略的晚年是非常悲惨的. 1637 年，这位开拓了人类的眼界，打开通向整个物理学大门的科学家，自己却双目失明，陷入了无边的黑暗之中，直到 1642 年去世. 300 多年后的 1979 年，在世界主教会议上，罗马教皇提出重新审理“伽利略案件”. 其实，还用得着教皇来审理吗？人造卫星的上天、宇宙飞船在太空飞行、人类漫步在月球表面、宇宙探测器飞出太阳系发回的电波……所有这些现代科技的进步，早已宣告了宗教神学的彻底失败. 人类将永远记住伽利略这个光辉夺目的名字，并和他一样地认为：“思考是人类最大的快乐！”

## 练　习　1.5

1. 什么是运动叠加原理？为什么又可以说成是运动的独立作用原理？
2. 有人说：“平抛运动的物体在空间运动的时间总是和在同样高度的自由落体运动的时间相同，而与抛出时的初速度无关.”这种说法对吗？为什么？
3. 试画出平抛物体运动的轨迹，并求出任一点的速度.
4. 棒球运动员将棒球以 60 m/s 的速度水平掷出，如果掷出点到击球运动员之间的水平距离是 17 m，问：当球到达击球员位置时，它下落的垂直距离 $h$ 是多大？
5. 飞机在离地面 360 m 的高空飞行，在 $A$ 处投下一枚炸弹，炸弹着地处距 $A$ 的水平距离是 720 m，求飞机投下炸弹时的速度.

# 第 1 章小结

### 一、要求理解、掌握并能运用的内容

1. 运动的相对性、参照物、质点

(1)物体的位置随时间发生变动叫做机械运动，描述任何物体的运动只能相对于参考物体而言，这就是物体运动的相对性.

(2)为了描述物体的运动，被选作参考标准的物体称为参照物.

(3)如果整个物体的运动可以由物体上任意一点的运动情况来代表，这个点就是质点，质点具有该物体的全部质量.

2. 位移、速度、平均速度、瞬时速度、加速度

(1)质点运动时，连接初位置到末位置的有向线段叫做该质点的位移.

(2)在匀速直线运动中，位移($x$)与所用时间($t$)的比定义为速度$v=\frac{x}{t}$.

(3)在变速直线运动中，其位移($x$)与所用时间($t$)的比定义为平均速度$\bar{v}=\frac{x}{t}$.

(4)做变速直线运动的物体在某一时刻(或某一位置)的速度叫做瞬时速度.

(5)在匀变速运动中，速度的变化($v_t-v_0$)与所用时间($t$)的比定义为加速度 $a=\frac{v_t-v_0}{t}$.

3. 自由落体运动、运动叠加原理、平抛物体运动

(1)物体只在重力作用下由静止开始下落的运动叫做自由落体运动，自由落体运动是加速度为 g、初速度为零的匀加速直线运动.

(2)任何复杂的运动都可以看成几个同时独立进行的简单运动的叠加.沿水平方向以速度 $v_0$ 抛出物体的运动叫做平抛物体运动，平抛运动可视为沿水平方向的匀速直线运动与沿竖直方向的自由落体运动的叠加.

4. 运动学公式 $x=v_0t+\frac{1}{2}at^2$，$v_t=v_0+at$，$v_t^2-v_0^2=2ax$，$\bar{v}=\frac{v_0+v_t}{2}$的物理意义并运用其解题

**二、要求了解的内容**

1. 平动与转动
2. 时间与时刻
3. 位移图像、速度图像
4. 物体做曲线运动的条件

## 第 1 章自测题

**一、填空题**

1. 一列长 300 m 的队伍以 2 m/s 的速度匀速前进，通讯员从排尾以 3 m/s 的速度走到

排头传令后，立即以同速率返回，则通讯员所用的时间是______s. 如果通讯员传令后就地休息，那么，从通讯员出发到排尾的士兵走到就地休息的通讯员身旁所需的时间是______s.

2. 一辆汽车在行驶过程中经历了三个运动阶段，第一个阶段由静止开始逐步达到某一速度；第二个阶段以这一速度匀速行驶；第三个阶段紧急刹车很快停止. 在第______阶段，汽车的平均速度最大；第______阶段，汽车的加速度最大；第______阶段，汽车的加速度最小.

3. 物体由静止作匀加速直线运动，它在最初一分钟内运动了 540 m，那么它在最初一分钟的后半分钟内运动了______m.

4. 作匀加速直线运动的物体，初速度是 50 cm/s，加速度是 10 $cm/s^2$，那么第 4 秒末的瞬时速度 $v_4=$______，头 4 s 内的平均速度 $\overline{v_4}=$______，4 s 内通过的位移 $x_4=$______，第 4 秒内通过的位移 $x=$______.

5. 以速度为 10 m/s 作匀速直线行驶的汽车，在第 2 秒末关闭发动机，在第 3 秒内的平均速度为 9 m/s，则汽车的加速度是______，汽车在 10 s 内的位移是______.

6. 一个做匀加速运动的物体，它在第 1 秒内通过的位移是 3 m，在第 2 秒内通过的位移是 5 m，则它的初速度为______，加速度为______. 在第 3 秒内通过的位移是______，在第 4 秒末的瞬时速度为______，在第 4 秒内的平均速度是______，前 3 s 内的平均速度是______.

## 二、选择题

1. 图 1-29 中，物体沿两个半径为 $R$ 的半圆弧由 $A$ 到 $C$，则它的位移和路程分别是：(　　)

(1)0、0；(2)$4R$ 向东、$2\pi R$ 向东；

(3)$4\pi R$ 向东、$4R$；(4)$4R$ 向东、$2\pi R$；

(5)$4R$、$2\pi R$.

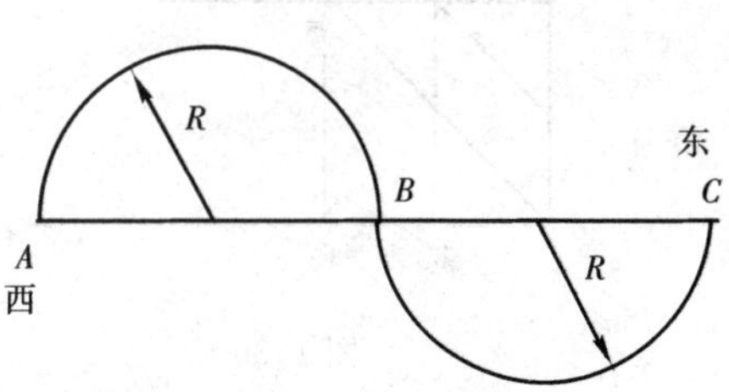


图 1-29

2. 两辆汽车在平直公路上同向行驶，甲车内一个人看见窗外树木向东移动，乙车内一个人发现甲车没有运动. 如果以大地作为参照物，上述事实说明：(　　)

(1)甲车向西运动，乙车不动；　(2)乙车向西运动，甲车不动；

(3)甲车向西运动，乙车向东运动；　(4)甲乙两车以相同的速度同时向西运动.

3. 两辆汽车从同一车站出发，由于出发时间有先后，它们一前一后在公路上行驶，当后面的车追上前面的车时，两车：(　　)

(1)速度一样；　(2)驶过的路程一样；

(3)速度、驶过的路程都不一样；　(4)速度、驶过的路程都一样.

4. 下列关于速度和加速度的说法中，哪些是正确的：(　　)

(1)速度是描述运动物体位置变化大小的物理量，而加速度是指描述运动物体速度变化大小的物理量；

(2)速度是描述运动物体位置变化快慢的物理量，而加速度是描述运动物体速度变化快慢的物理量；

(3)运动物体的速度变化大小跟速度变化快慢实质上是同一个意思；

(4)速度的变化率表示速度变化的快慢，而不表示速度变化的大小.

5.物体由 $A$ 沿直线运动到 $B$，前一半时间内是速度为 $v_1$ 的匀速运动；后一半时间内是速度为 $v_2$ 的匀速运动，则整个运动过程的平均速度是：(　　)

(1)$\frac{v_1+v_2}{2}$；　(2)$\frac{v_1v_2}{v_1+v_2}$；　(3)$\frac{2v_1v_2}{v_1+v_2}$；　(4)$\frac{v_1+v_2}{v_1v_2}$.

6.作直线运动的物体，前一半路程的速度为 $v_1$，后一半路程的速度为 $v_2$，则全程的平均速度是：(　　)

(1)$\frac{v_1+v_2}{2}$；　(2)$\frac{v_1v_2}{v_1+v_2}$；　(3)$\frac{2v_1v_2}{v_1+v_2}$；　(4)$\frac{v_1+v_2}{v_1v_2}$

7.质点做匀变速直线运动时：(　　)

(1)相等的时间内位移的变化相等；

(2)相等的时间内速度的变化相等；

(3)瞬时速度的大小不断改变，但方向一定是不变的；

(4)加速度是恒量.

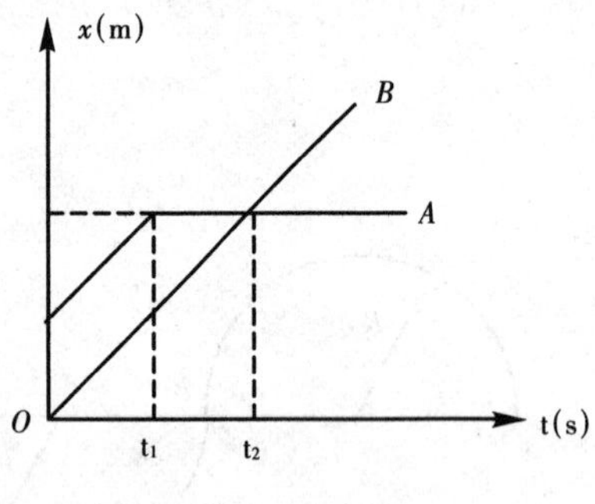


图 1-30

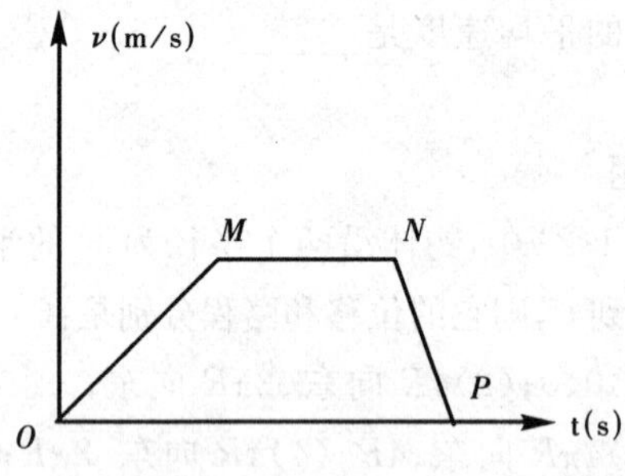


图 1-31

8.图 1-30 是 $A$、$B$ 两个质点的位移图像，由图可见：(　　)

(1)开始时($t=0$)，$A$ 在前，$B$ 在后；

(2)$B$ 运动的速度比 $A$ 运动的速度大；

(3)$B$ 在 $t_2$ 时刻追上 $A$，然后运动到 $A$ 的前面；

(4)$B$ 开始运动的速度比 $A$ 小，$t_2$ 秒后 $B$ 的速度才超过 $A$.

9.图 1-31 是物体运动的速度图像，下列哪些结论可以由此推出：(　　)

(1)$O$ 到 $M$ 的加速度数值小于 $N$ 到 $P$ 的加速度数值；

(2)加速期间的位移大于减速期间的位移；

(3)梯形 $OMNP$ 的面积表示在时间 $OP$ 内运动的位移；

(4)$M$ 到 $N$ 的加速度是负的；

(5)$M$ 到 $N$ 这段时间内物体是静止的.

10. 物体从高 $H$ 处自由落下，经过 $\frac{H}{2}$ 高度处的速度为：(　　)

(1) $\sqrt{2gH}$；　　(2) $\frac{1}{2}\sqrt{gH}$；　　(3) $\sqrt{gH}$；　　(4) $\sqrt{\frac{gH}{2}}$.

**三、计算题**

1. 某人向东行 6000 m，再向北行 10000 m，又向南行 2000 m，试计算他的路程和位移的大小.
2. 火车铁路的钢轨每根长 12.5 m，如果火车车厢内乘客在 80 s 内听到火车轮撞击钢轨接头处的声音 100 次，那么火车行驶的速度是多少？
3. 作匀加速直线运动的物体，某一段时间 $t$ 内经过的路程为 $x$，而且这段路程的末速度为初速度的 $n$ 倍，求加速度的大小.
4. 一物体从静止开始作匀变速直线运动，它在第 4 秒内的平均速度为 14 m/s. 试求(1)加速度；(2)第 1 秒末的瞬时速度；(3)第 2 秒内的平均速度.
5. 矿井里的升降机从静止开始作匀加速运动，经过 3 s，它的速度达到 3 m/s；然后做匀速运动，经过 6 s 后，做匀减速运动，3 s 后停止. 求升降机上升的高度，并画出它的速度图像.

# 第 2 章　牛顿运动定律

丰富的自然现象不断引发我们新的思索. 为什么有的物体会静止在地面上? 成熟的苹果为什么会落向地面? 火车在两站之间行驶,离站时由静止开始加速,当达到某一速度时,则保持匀速行驶,而进站时必须要减速,直到停止,是什么原因引起它们的运动状态发生改变的呢? 物体运动状态的改变又服从什么样的规律呢? 这就要研究运动和力的关系,这门学科叫做动力学. 本章学习的牛顿运动定律就是研究动力学的基础. 此外,本章还要从动量的角度来分析运动和力的关系,从而阐述动量定理和动量守恒定律.

## 2.1　力

**【现象与思考】** 我国春秋时代的墨翟在他所著的《墨经》中说:"力,刑之所以奋也.""刑"通"形",表示物体,奋字表示由不动变为动. 因此墨翟的意思是说,作用在物体上的力,使物体的状态发生改变. 可见在两千多年以前,当时的人们已从实践中认识了力的意义. 今天在我们周围时刻都发生着与力有关的现象. 例如张紧的绳子、伸长的弹簧、流动的河水、下落的雨点、行驶的车辆、人们的步行……

**力是物体之间的相互作用**　力是物体对物体的作用. 人推车,人对车施加了力;马拉犁,马对犁施加了力;机车牵引列车,机车对列车施加了力;绳子吊起货物,绳子对货物施加了力;磁铁吸引铁块,磁铁对铁块施加了力. 可见,力是物体之间的相互作用.

一个物体受到力的作用,一定有另一个物体对它施加这种作用. 力是不能离开施力物体和受力物体而独立存在的. 我们有时为了方便,只说物体受到了力，而没有指明施力物体，但施力物体一定是存在的.

力的大小通常可用测力计（如弹簧秤）测定. 在国际单位制中，力的单位是牛顿（N）.

力不仅有大小，而且有方向. 树上的苹果受到的重力方向是向下的，水里的船舶受到的浮力方向是向上的，马对车的拉力方向是向前的，地对犁的阻力方向是向后的. 经验指出，要完全地确定一个力，必须同时指出力的大小、力的方向和它作用在物体上的作用点，这就是力的三要素.

在画物体的受力图时，可以用一根带箭头的线段来表示. 线段的长短表示力的大小，箭头的指向表示力的方向，线段的起点画在力的作用点上.

**力的种类**　我们在日常生活中会遇到各种各样的力，如重力、绳子中的张力、摩擦力、地面的支撑力、空气的阻力等. 从最基本的层次来看，上述各种力属于两大范畴：(1)引力（这里重力是引力的唯一例子）；(2)电磁力（所有其他的力）. 不要以为只有摩擦过的胶木棒吸引通草球、磁石吸铁才是电磁力，其实从微观上看，绳子中的张力、摩擦力、地面的支撑力、空气阻力等，无不是原子、分子间电磁相互作用的宏观表现.

除引力、电磁力外，目前我们只知道自然界还有另外的两种基本的力：弱力（与某些放射性衰变有关的力）和强力（将原子核内的质子和中子“胶合”在一起的力，以及强子内部更深层次的力）. 由于后两种力的力程①太短，我们的感官不可能直接感受到它们. 我们在本章中介绍几种力学中常见的力：重力、弹力和摩擦力.

**重力**　地球上的任何物体都受到地球的吸引作用，由此而产生的作用力叫做重力. 重力的方向总是竖直向下的，物体所受重力的大小 $G$ 跟物体的质量 $m$ 成正比，用关系式 $G=mg$ 表示. 通常在地球表面附近，$g=9.8\ \mathrm{m/s^2}$. 那么 $m=1\ \mathrm{kg}$ 的物体受到的重力 $G=1\times9.8\ \mathrm{kg\cdot m/s^2}=9.8\ \mathrm{N}$.

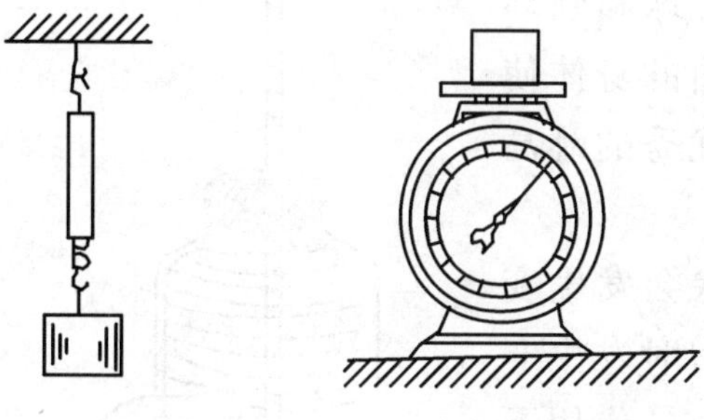

图 2-1　用弹簧秤或台秤称量

物体所受重力的大小可用图 2-1 所示的弹簧秤或台秤来测定.

一个物体的各部分都受到地球的作用力，为了讨论和分析问题方便，常认为重力的作用集中于一点，这一点就是物体的重心.

①力程——力的作用距离称为力程，弱力或强力力程的数量级为 $10^{-15}$ m，所以又叫短程力. 与此对照，万有引力和电磁力都是所谓长程力.

质量分布均匀的物体，重心的位置只与物体的形状有关. 如果物体的质量分布均匀且有规则形状，则重心的位置在其几何中心. 图2-2中分别画出均匀直棒、均匀球体、均匀圆柱体的重心 $C$ 点.

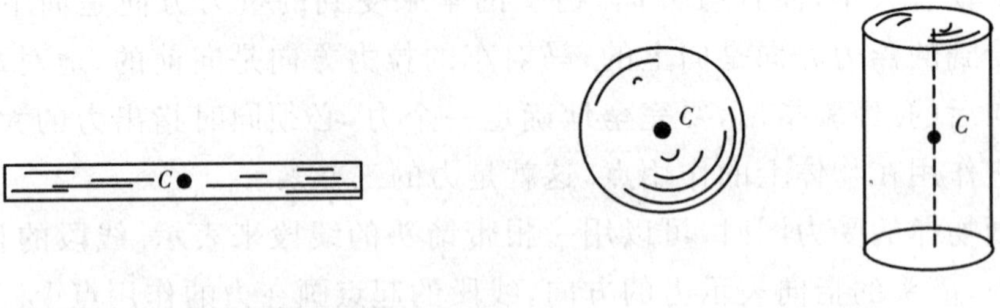


图 2-2　物体的重心

质量分布不均匀的物体，重心的位置除跟物体的形状有关以外，还跟物体的质量分布有关. 图 2-3 中小推车的重心随装货物的多少而变化着. 起重机随起吊重物的升高或下降，其重心位置也发生变化.

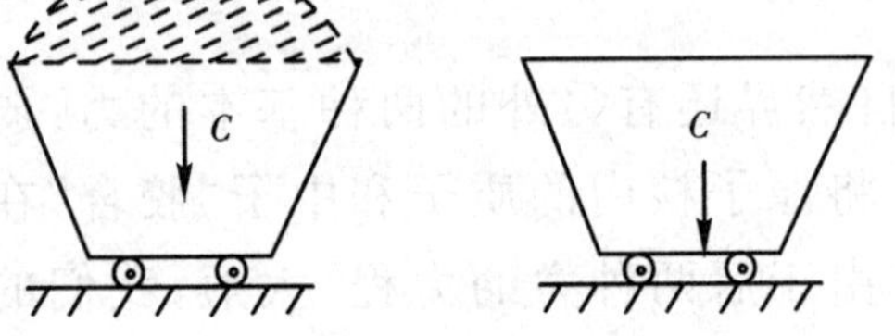


图 2-3　物体重心的变化

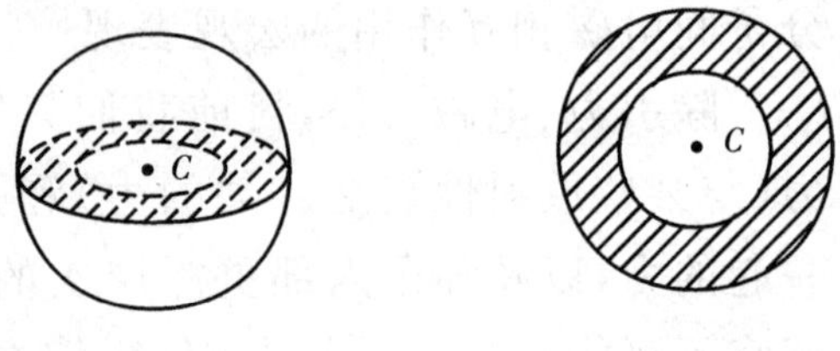


图 2-4　一些物体的重心不在自身

某些物体的重心并不在物体的自身上，例如图 2-4 中的空心球和圆环的重心就不在空心球和圆环上. 跳高运动员在进行背越式跳高时，弯曲的身体使重心降低，并且重心不位于运动员自身，优秀的跳高运动员能将其重心从横杆的下面通过.

**弹性力**　物体受力时，其体积或形状会发生变化，这种形状的改变称为形变. 例如弓受力时发生弯曲，弹簧受力时发生压缩或拉伸. 物体在力的作用下发生形变，有的很明显并能够直接看到，有的则不明显并不能直接观察到. 例如放在桌面上的物块对桌面的压力产生的形变、用手挤压玻璃瓶时玻璃瓶产生的形变. 如果我们照图 2-5 那样挤压玻璃瓶时，就会发现细管中的液面会上升，松开手时，液面又回到

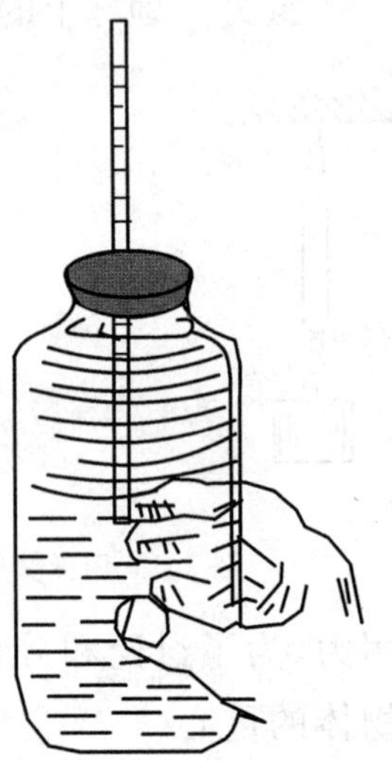

图 2-5　挤压玻璃瓶产生形变

原位.这说明玻璃瓶在受到挤压时确实产生了形变.

**在力的作用下产生形变的物体,在除去外力后能够恢复原来形状的性质,叫做弹性.在外力停止作用后,能够恢复原状的形变叫做弹性形变.**

发生弹性形变的物体,总有恢复原状的趋势,会对跟它接触的物体产生力的作用,这种力叫做弹力.例如撑船时竹竿弯曲对撑船人的作用力,弹簧秤称物时,伸长的弹簧对被称物的作用力.可见,弹力产生在直接接触并发生弹性形变的物体之间.书放书桌上,书和书桌都会产生微小的形变,书对桌面产生垂直向下的弹力常称为压力,桌面对书产生垂直向上的弹力常称为支撑力.绳子在受到拉伸时,其内部各部分也同样出现弹性力,常称为拉力或张力,方向指向绳子收缩的方向.

实验证明,弹簧形变时产生的弹力 $f$ 的大小与形变时的伸缩量 $x$ 成正比,即

$$f = kx \tag{2-1}$$

式中的 $k$ 称为弹簧的劲度系数,它和弹簧的材质、形状、几何尺寸等因素有关.因此,不同的弹簧其劲度系数是不同的.这是英国科学家胡克(1635—1703)发现的规律,称为胡克定律.

**摩擦力** 行驶的汽车关闭发动机后,经过一段距离就会停下来.当我们去推静止的桌子时,如果用较小的力,就推不动桌子.这些都说明了相互接触的物体做相对运动或有相对运动趋势时,它们之间就产生摩擦力.摩擦力又分为静摩擦力和滑动摩擦力.

**静摩擦力** 发生在两个相对静止有相对运动趋势的物体的接触面上的摩擦力,称为静摩擦力.在图 2-6 中,斜面上的木块与斜面相对静止,木块相对于斜面有下滑趋势,但没有下滑是因为静摩擦力的作用.图 2-7 中,放在水平桌面上的木块跟跨过滑轮的绳子相连接,绳子的另一端悬挂吊盘,盘中放有砝码.如果盘中砝码较轻,桌面上的木块静止不动,这说明木块在受到绳子拉力的同时,还受到了一个与拉力大小相等、方向相反阻碍木块运动的力,这个力就是桌面对木块的静摩擦力.如果继续在盘中增加砝码,使木块受到的拉力增大,但木块仍然静止,这表明静摩擦力也随之增大.当吊盘中的砝码增加到某一数值时,木块就开始在拉力作用下沿桌面滑动.这说明静摩擦力有一个最大值.静摩擦力的最大值称为最大静摩擦力.因此,在不同的情况下,静摩擦力是由外力的大小决定的,可随外力的大小变化在零到最大静摩擦力之间变化.

静摩擦力是很常见的,人们能行走是由于脚与地面之间的静摩擦力;握在手中的瓶子或毛笔不会脱落,也是静摩擦力作用的结果;皮带输送机常利用货

物与皮带之间的静摩擦力，把货物送往高处.

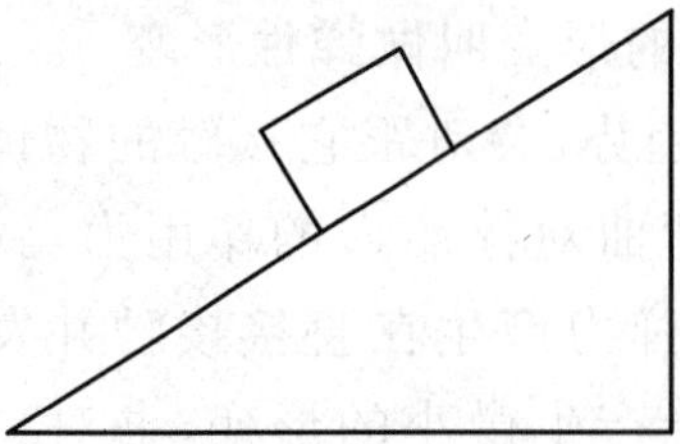

图 2-6

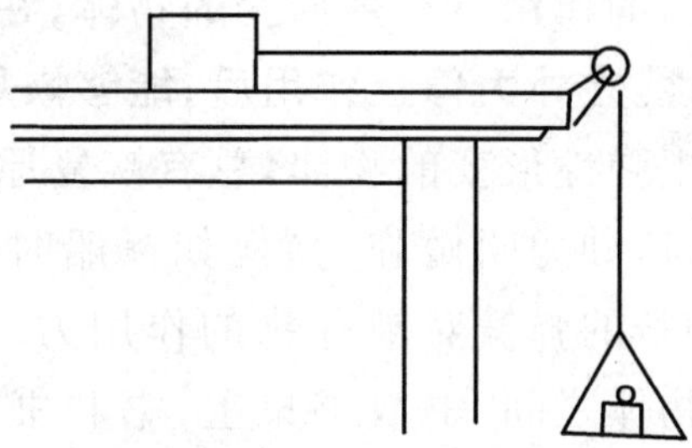

图 2-7

**滑动摩擦力** 当木块在桌面上滑动时，仍需要一个拉力才能维持它的匀速运动，否则木块会逐渐停下来，这表明滑动的物体也受到摩擦力的阻碍. 我们把物体间有相对滑动时受到的摩擦力叫做滑动摩擦力. 滑动摩擦力的方向和物体的相对运动方向相反，作用在物体的接触面上.

在图 2-7 所示的实验中我们会发现：质量大的木块对桌面压力大，必须增加盘中的砝码才能使木块做匀速运动；质量小的木块对桌面压力小，必须减少吊盘中的砝码，才能使木块做匀速运动. 可见木块与桌面的滑动摩擦力与它们之间的压力有关. 大量实验表明：两物体之间滑动摩擦力 $f$ 的大小跟两物体间的正压力 $N$ 的大小成正比，即

$$f = \mu N \tag{2-2}$$

式中 $\mu$ 称为动摩擦因数，它的数值由相互接触物体的质料和表面情况（如粗糙程度、干湿程度等）决定. 在相同压力的情况下，动摩擦因数的值越大，滑动摩擦力就越大.

表 2-1 给出几种材料间的动摩擦因数的数值.

**表 2-1 几种材料间的动摩擦因数数值**

| 材 料 | 动摩擦因数数值($\mu$) | 材 料 | 动摩擦因数数值($\mu$) |
|---|---|---|---|
| 钢—钢 | 0.15 | 铸铁—皮革 | 0.30 |
| 木材—木材 | 0.30 | 橡胶—路面 | 0.70 |
| 铜—铜 | 0.20 | 气垫导轨—滑块 | 0.0005 |
| 木材——金属 | 0.20 | 木材——冰 | 0.03 |
| 钢—冰 | 0.02 | | |

滑动摩擦力对人们来说，有其有利的一面，但也有不利的一面. 例如，汽车、火车等车辆的制动就是利用制动片与轮箍之间的滑动摩擦力来达到制动的目的；弦乐器靠弓与弦之间的滑动摩擦力而产生出美妙的音乐.

然而，在大多数情况下，滑动摩擦力会消耗大量有用能源，使机器运转部

件发热，甚至烧毁，因而必须进行冷却.减少滑动摩擦力的方法是采用滚动摩擦或加润滑剂.近年来已越来越多采用气垫悬浮和磁悬浮的先进技术来减小摩擦.

**例题 2-1** 东北的冬季人们常用雪橇在冰面上运货物，雪橇是用钢材制作的滑板，与冰面之间的动摩擦因数是 0.02.如果货物与雪橇的总质量是 5 吨，问需要多大的水平拉力才能使雪橇在水平冰面上匀速前进？

**解** 使雪橇匀速前进所需的水平拉力与雪橇受到的滑动摩擦力大小相等，滑动摩擦力可由 $f=\mu N$ 求得，其中正压力 $N$ 应等于雪橇和货物的重力$G=mg$.

已知 $\mu=0.02, N=G=mg=5\times10^3\times9.8=4.9\times10^4$(N)

求得水平拉力的大小

$$f=\mu N=0.02\times4.9\times10^4=9.8\times10^2(\text{N})$$

**物体的受力分析** 一个物体的运动状态及运动状态的改变主要取决于物体的受力情况.正确地和无遗漏地分析物体的受力情况是解决力学问题的前提.在实际问题中，一个物体往往同时受到几个物体的作用，因此通常把被研究的物体从周围的物体中隔离出来，将各物体的作用力示意性地画出来，这样的示意图叫做物体的受力图.这种分析物体受力的方法又叫隔离法.

考虑到本章所研究的是质点运动，所以画受力图时，可以将物体所受到的力集中画在一点上.

下面我们通过一些典型实例来分析物体的受力情况.

**例题 2-2** 如图 2-8 所示，在平直公路上行驶的汽车的受力分析.

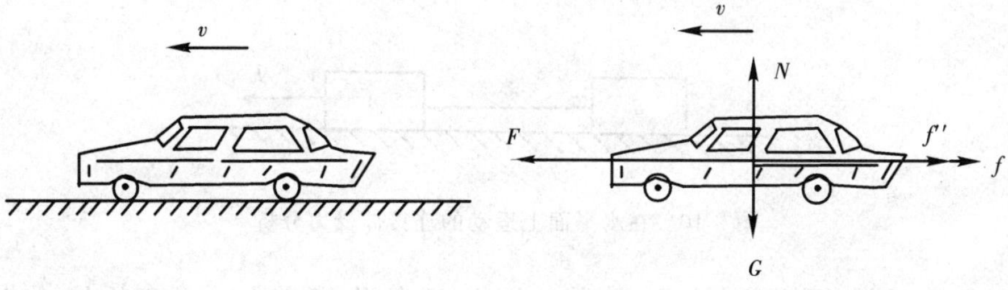


图 2-8 行驶在水平路面上汽车的受力分析

重力 $G$ 竖直向下，地面对汽车的支撑力 $N$ 垂直地面向上，汽车发动机产生的牵引力 $F$ 水平向左(汽车行驶的方向)，地面作用于汽车的摩擦阻力 $f$ 与运动方向相反，空气作用于汽车的摩擦阻力 $f'$ 与运动方向相反.

**例题 2-3** 如图 2-9 所示,斜面上的物体的受力分析.

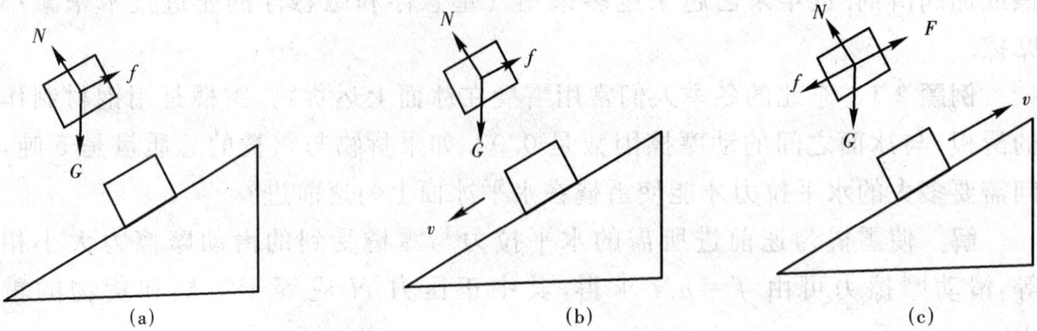


图 2-9 斜面上物体的受力分析

图 2-9(a),物体静止在斜面上.物体受重力 $G$ 竖直向下,斜面对物体的支撑力 $N$ 垂直于斜面向上,斜面作用于物体的静摩擦力 $f$ 沿斜面向上.

图 2-9(b),物体沿斜面下滑.物体受重力 $G$ 竖直向下,支撑力 $N$ 垂直斜面向上,滑动摩擦力 $f$ 沿斜面向上,与物体运动方向相反(不计空气阻力).

图 2-9(c),物体沿斜面向上运动.物体受重力 $G$ 竖直向下,使物体沿斜面向上的拉力 $F$,支撑力 $N$ 垂直斜面向上,滑动摩擦力 $f$ 与运动方向相反(不计空气阻力).

**例题 2-4** 如图 2-10 所示,为在平面上运动的连接体受力分析.

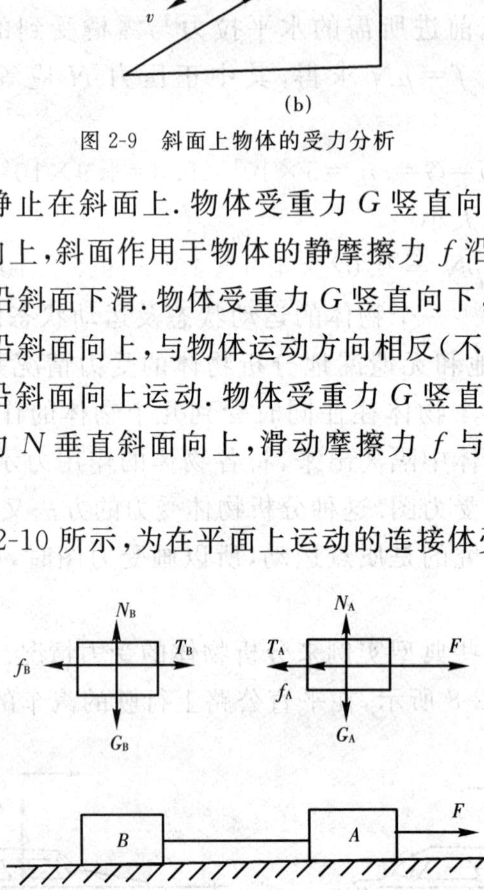


图 2-10 在水平面上运动的连接体受力分析

$A$、$B$ 两物体用绳连接,$A$ 物体在外力 $F$ 的作用下,$A$、$B$ 两物体在水平桌面上向右运动.$A$ 物体受力:重力 $G_A$、拉力 $F$、支撑力 $N_A$、绳子对 $A$ 物体的拉力(张力)$T_A$、滑动摩擦力 $f_A$.$B$ 物体受力:绳子对 $B$ 物体的拉力 $T_B$、重力 $G_B$、支撑力 $N_B$、滑动摩擦力 $f_B$(不计空气阻力).

由以上各例看出,分析物体受力和画物体受力图时,可按如下思路进行:

(1)明确研究对象,即确定要分析哪个物体的受力;

(2)把被研究的对象从周围的物体中隔离出来,保持原方位不变,画出代表该物体的简图；

(3)分析被研究对象的受力状况，可按重力、弹力、摩擦力的顺序逐步分析，也可以绕被研究的物体一周，找出各相互作用的物体的作用力，按照各力的大小、方向和作用点画在示意图(受力图)上.

画受力图时，要注意做到不多不漏，不能无中生有，凭空想象. 在任何情况下，物体都会受到重力的作用，方向竖直向下. 被研究的对象受周围几个物体挤压、拉伸而发生形变，它就会受到几个弹力. 被研究对象是否受摩擦力作用，首先要看接触面是否光滑，若接触面是光滑的，则没有摩擦力，若接触面不光滑，则可能有摩擦力. 当物体间有相对运动趋势时，则会受到静摩擦力作用. 物体间有相对运动时，则会受到滑动摩擦力作用. 既没有相对运动趋势，也没有相对运动，则不受摩擦力作用.

还应注意，画受力图时，只考虑作用在被研究对象上的力，该对象对周围物体的作用力不能画在该物体的受力图上.

## 练　习　2.1

1. 地面上放一质量为 12 kg 的物体，一小孩用 12 N 的方向向上的力提它，此时物体受几个力作用？各是多大？
2. 竖直电线下吊一盏静止的电灯，电灯和哪些物体间有相互作用力？电灯本身受哪些力的作用？它为什么能静止不动？
3. 画出行驶的汽车在关闭发动机以后，但仍在平直公路上运动的受力图.
4. 如图 2-11 所示，各物体都处于静止状态，各接触面都不是光滑的，$A$ 物体重 20 N，$B$ 物体重 30 N，拉力 $F=10$ N. 分析 $A$ 物体的受力，并作出受力图，标出每个力的大小和方向.

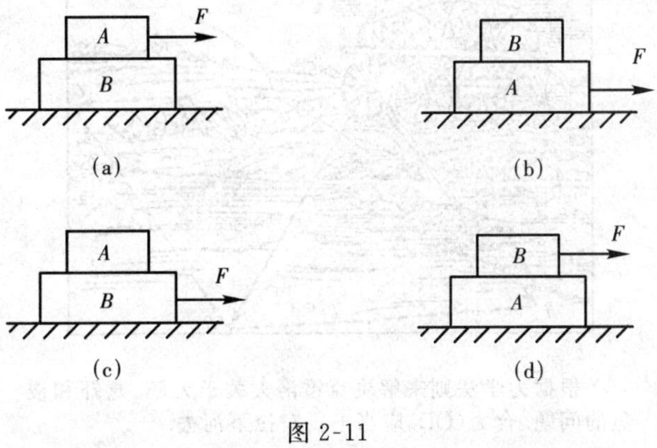


图 2-11

5. 画出图 2-12 中 $A$ 物体的受力图(图中的接触面为光滑平面).

6. 用 $F=19.6\ \mathrm{N}$ 的水平力将一质量 $m=1\ \mathrm{kg}$ 的物体压紧在竖直的墙壁上而不落下，如图2-13所示. 问物与墙壁之间的摩擦力有多大？在逐渐减小 F 时，会出现什么情况？画出受力图.

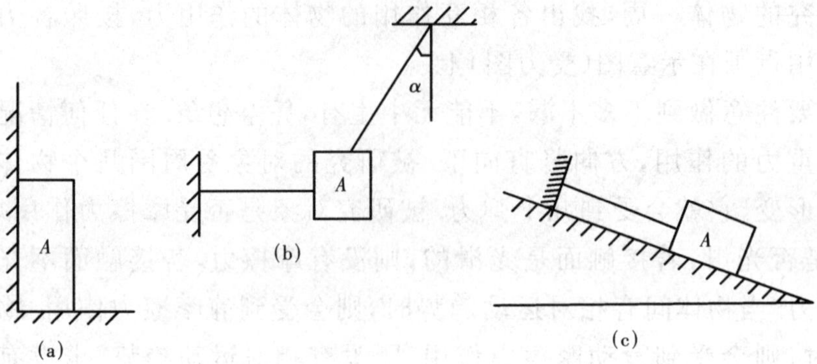


图 2-12

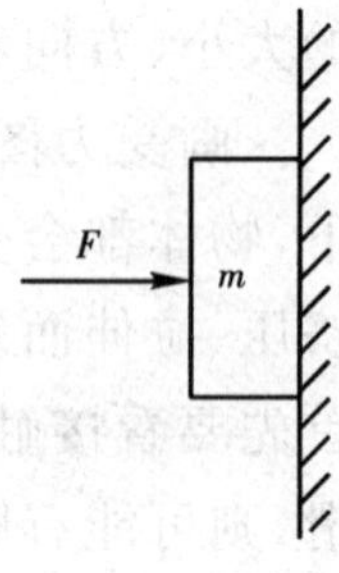


图 2-13

## 2.2 力的合成与分解

**【现象与思考】** 天鹅、龙虾和梭鱼拉一车货物的寓言(图2-14)是克雷洛夫用来比喻同志之间如果意见不一致，出现分歧，就将一事无成. 该寓言故事的结论是：货车还在原处不动.

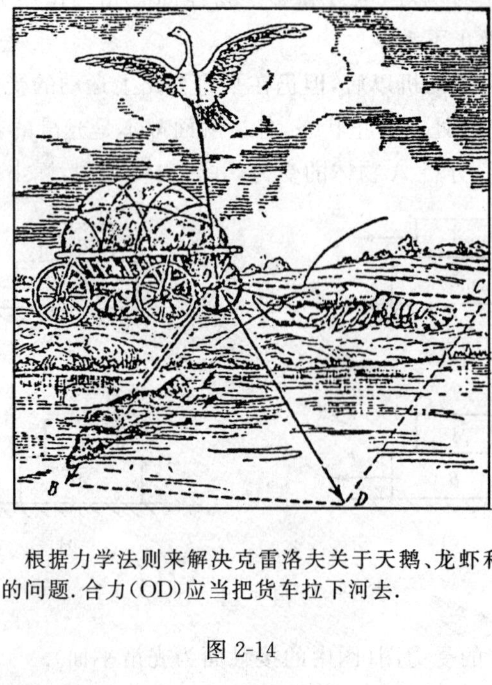


根据力学法则来解决克雷洛夫关于天鹅、龙虾和梭鱼的问题. 合力(OD)应当把货车拉下河去.

图 2-14

从力学的角度去分析，这是几个互成角度的力的合成问题. 图中，天鹅作用于货车的是向上的拉力，梭鱼作用于货车的是向旁边的拉力，龙虾作用于货车的是向右的拉力. 按力的合成法则，天鹅、梭鱼和龙虾对货车的作用力的合力应当能够移动货车，这与克雷洛夫的结论完全不同. 你会从力学的角度分析能够移动货车的原因吗？

**合力与分力**　一盏电灯可以用一根细绳悬挂起来，也可以用两根细绳分开一角度把灯悬挂在同一位置. 显然用一根细绳悬挂灯的效果与用两根细绳挂灯的效果相同. 那么，一根细绳的作用力的大小和方向与两根细绳的作用力的大小和方向有什么关系呢？

动手做一个简单的实验，如图 2-15 中橡皮筋的原长为 $GE$，在力 $F_1$（三只砝码）与 $F_2$（四只砝码）的作用下（图 2-15(a)），橡皮筋伸长 $EO$. 仍然用这根橡皮筋，在力 $F$（五只砝码）的作用下（图 2-15(b)），橡皮筋仍伸长 $EO$. 这表明，$F_1$ 与 $F_2$ 共同作用的效果与 $F$ 作用的效果相同.

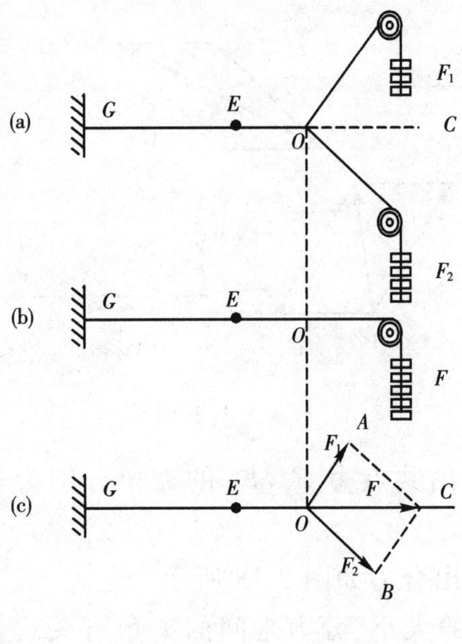

图 2-15　力的合成演示

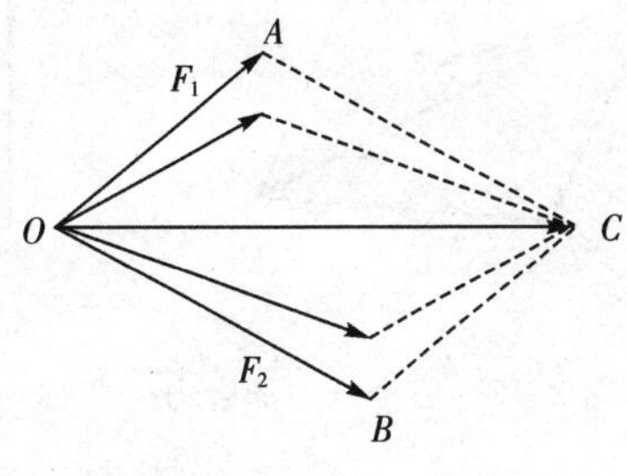

图 2-16　力的合成法则

在很多的实际问题中，物体受到的作用力不只是一个. 当一个物体同时受到几个力共同作用时，我们总可以求出一个力，这一个力的作用效果与原来几个力的作用效果相同. 在这种情况下，这一个力就叫做那几个力的**合力**，那几个力就叫做这一个力的**分力**. 在图 2-15(c)中，$F$ 是 $F_1$ 和 $F_2$ 的合力，$F_1$ 和 $F_2$ 是 $F$ 的分力.

几个力同时作用于物体上的同一点，或者力的作用线相交于一点，那么这几个力就叫做共点力.图 2-15 中的 $F_1$ 和 $F_2$ 就是共点力.在本书中，我们还常把作用在同一物体上的力均当成作用于其重心的共点力来处理.

**共点力的合成** 已知分力而求合力，叫做力的合成.图 2-16 中的 $O$ 点分别画出代表分力 $F_1$、$F_2$ 和合力 $F$ 的线段 $OA$、$OB$ 和 $OC$，作 $F_1$、$F_2$ 和 $F$ 的端点连接线 $AC$ 和 $BC$.我们发现，四边形 $OACB$ 是一个平行四边形，代表合力 $F$ 的有向线段 $OC$ 就是平行四边形的对角线.如图 2-16 所示，改变 $F_1$ 和 $F_2$ 的方向和大小，结果是合力 $F$ 总是以分力为邻边的平行四边形的对角线.

由此可见，求两个互成角度的分力的合力，可以用表示这两个分力的有向线段为邻边，作平行四边形，其对角线就表示合力的大小和方向，这叫做力的平行四边形定则.平行四边形定则是矢量合成的普遍法则.

两个以上共点力的合成时，仍可利用平行四边形定则.先求出任意两个分力的合力，再求出合力与第三个分力的合力，依次下去，直到求出所有力的合力为止.图 2-17 中的 $F$ 就是分力 $F_1$、$F_2$ 和 $F_3$ 的合力.

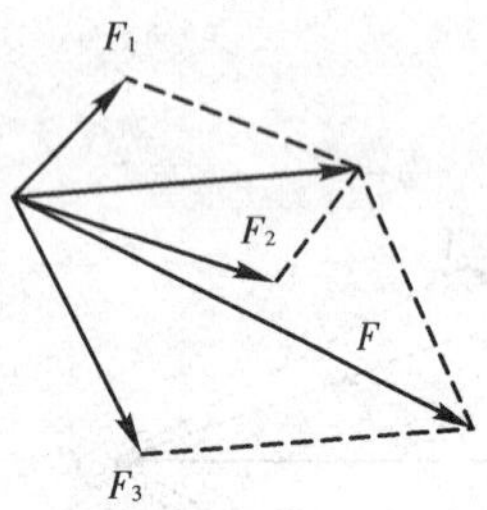


图 2-17 三个分力的合力

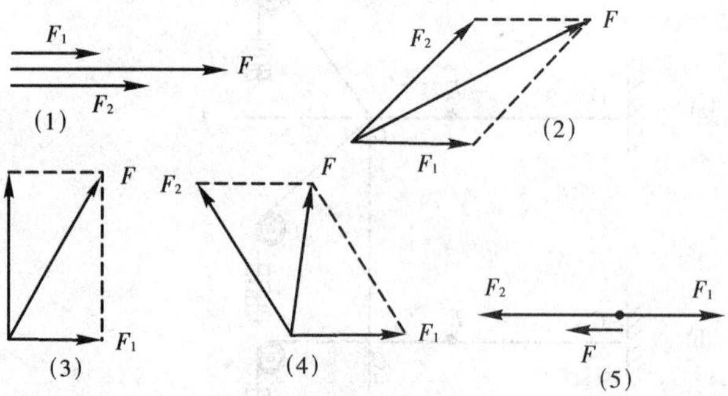


图 2-18

**例题 2-5** 用力的平行四边形定则画出共点力 $F_1$，$F_2$ 的夹角分别为 0°，45°，90°，120°，180°时的合力 F.

**解** 根据力的平行四边形定则分别画出合力如图 2-18 所示.

结果表明：合力的大小和方向与分力的大小、分力之间的夹角有关.当夹角为 0°时，合力最大，方向与分力相同；当夹角为 180°，合力最小，方向与较大一个分力的方向相同.可见，当两个分力的大小一定时，合力的大小随两分力的夹角的增大而减小.

**例题 2-6** 作用在同一物体上的两个力，一个大小是 60 N，水平向左，另一个大小是 80 N，竖直向下，求这两个力的合力(图 2-19).

**解** 用一点 $O$ 代表受力物体，作两个分力的图示.因为两个分力的夹角是 90°，所以 $OACB$ 是矩形，$OAC$ 是直角三角形，根据勾股定理，算出：

$$F = \sqrt{F_1{}^2 + F_2{}^2} = \sqrt{60^2 + 80^2} = 100(\text{N})$$

$$\tan\alpha = \frac{80}{60} = 1.33$$

$$\alpha = 53°$$

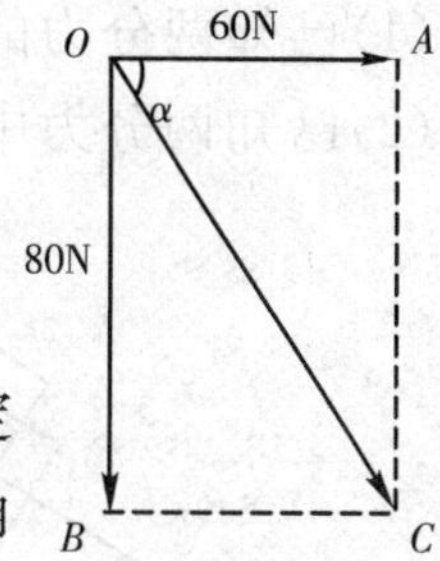


图 2-19

也可以用单位长度表示力的大小，根据平行四边形定则作图，根据其长度求得合力的大小，用量角器测量夹角 $\alpha$. 本题取 10 mm 表示 20 N，量得对角线长 50 mm，所以

$$F = 20 \times \frac{50}{10} = 100(\text{N})$$

测得 $F$ 与 $F_1$ 之间夹角 $\alpha = 53°$.

**共点力作用下的物体平衡** 物体在两个共点力作用下，如果这两个力大小相等、方向相反，物体保持平衡，物体受到的合力为零(图 2-20(a)).

物体在三个或三个以上共点力作用下，平衡的条件是什么呢？如图 2-20(b)所示那样悬挂一重物，从所挂砝码的数量可以知道 $T_1$ 和 $T_2$ 的大小，利用平行四边形定则求出 $T$ 与 $G$ 的大小相等、方向相反. 由此可见，**物体在共点力作用下平衡时，合力必定等于零**. 其中任何一个力都可看做是其余几个力的平衡力.

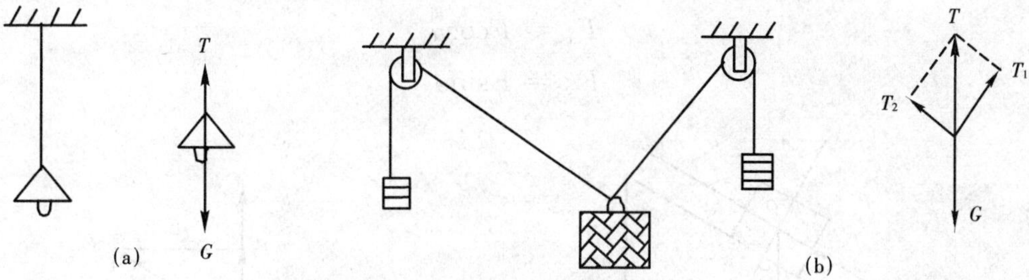


图 2-20 共点力作用下的物体的平衡

**力的分解** 已知合力求分力叫做力的分解. 力的分解可看做是力的合成的逆运算，同样遵从平行四边形定则，把一个已知的力(合力)作为平行四边形的对角线，那么与已知力共点的平行四边形的两个邻边就是这个已知力的分力. 如果没有其他条件约束，一条对角线可作出无数个平行四边形. 实际中往往根据力产生的效果来判断力的方向，从而作出确定的分力来. 在图2-21(a)中，斜面上的物体受到的重力 $G$ 产生了两个效果，一是使物体沿斜面向下滑的分力 $F_1$，另一个是垂直斜面向下的压力 $F_2$. 在图 2-21(b)中，悬挂的电灯受到的重力 $G$ 产生了将两根绳子拉紧的效果，即分力 $F_1$、$F_2$.

一般地，将一个已知的力分解为确定的两个分力应具备的条件为

(1)已知两分力的方向；

(2)已知两分力中一个分力的大小和方向.

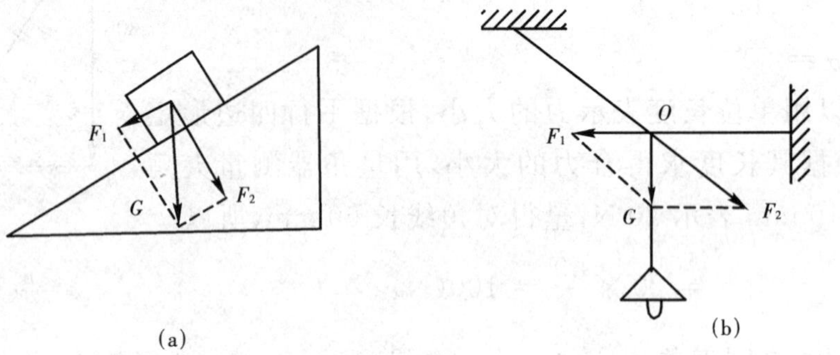


图 2-21　在不同情况合力产生的效果不同

为了研究的方便,我们常把力沿互相垂直的方向分解,这种方法叫做力的正交分解.通常是建立坐标 $xOy$,然后将已知力沿 $x$ 轴和 $y$ 轴分解.如图2-22(a)所示,放在斜面上的物体受到重力 $G$,可正交分解为:

$$F_x = G\sin\theta$$

$$F_y = G\cos\theta$$

图 2-22(b),放在水平面上的物体受到与平面成 $\alpha$ 角的力 $F$ 作用,沿水平方向和竖直方向将 $F$ 正交分解为:

$$F_x = F\cos\alpha$$

$$F_y = F\sin\alpha$$

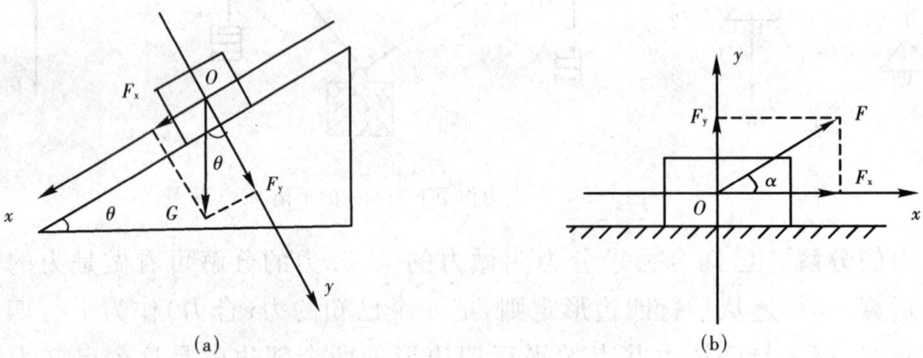


图 2-22　力的正交分解

**例题 2-7**　地面上物体重 700 N,物体与地面之间的摩擦因数 $\mu=0.52$,力 $F=400$ N.试分析(1)沿水平面成 $\theta=30°$ 的角度拉物体,(2)沿与水平面 $\theta=30°$ 的角度推物体,两种情况物体受到的摩擦力.

**解**　(1)如图 2-23(a),把 $F$ 正交分解为 $F_x=F\cos\theta$,$F_y=F\sin\theta$.如图 2-23(b)所示,在竖直方向物体受力平衡,即 $N+F_y=G$,物体对地面的压力 $N=G-F_y$

$=G-F\sin\theta$，由 $f=\mu N$ 得：

$$\begin{aligned} f &= \mu(G-F\sin\theta) \\ &= 0.52\times(700-400\times\sin30^\circ) \\ &= 260(\text{N}) \end{aligned}$$

物体在水平方向拉力 $F_x=F\cos30^\circ=400\times\cos30^\circ=346.4(\text{N})$，大于 $f=260\ \text{N}$，所以物体在 $F$ 作用下向右运动.

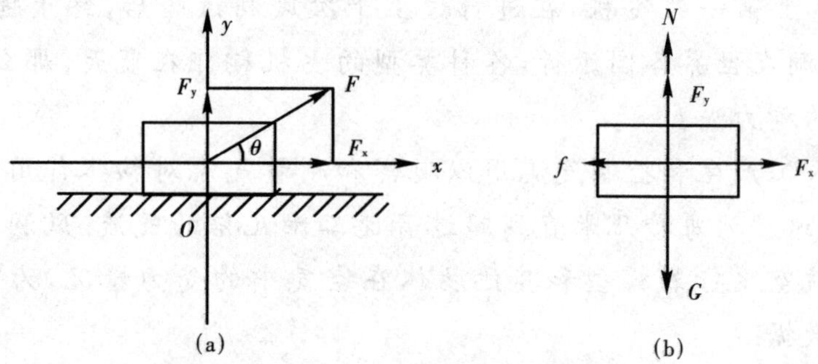


图 2-23

(2)如图 2-24(a)所示，把 $F$ 沿 $x$，$y$ 方向正交分解为 $F_x=F\cos\theta$，$F_y=F\sin\theta$. 如图2-24(b)所示，在竖直方向物体受力平衡，即 $N=G+F_y=G+F\sin\theta$，由 $f=\mu$N，得：

$$f=\mu(G+F\sin\theta)=0.52\times(700+400\times\sin30^\circ)=468(\text{N})$$

力 $F$ 沿水平方向分力 $F_x=F\cos\theta=400\times\cos30^\circ=346.4(\text{N})$ 小于468 N，所以物体不可能被推动. 由此我们应当考虑到，计算出来的摩擦力是不正确的，此时物体受到的是静摩擦力(有运动趋势). 由水平方向的受力平衡可知，静摩擦力的大小应等于346.4 N.

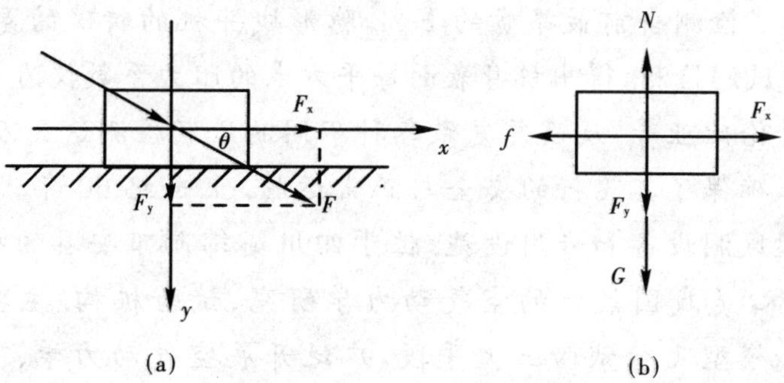


图 2-24

## 科技之窗

# 风　洞

1871年,人类为了研究运动物体与空气相互作用的关系,而制造了风洞.30年后,世界上第一架飞机,在进行过上千次风洞试验后,终于腾空而起.今天,几千座风洞在世界各国运行,各种类型的飞机翱翔在蓝天,那么,风洞为什么有这么大的神力呢?

风洞是人工产生和控制气流用以观察和测量气流对物体作用的管道状设备,它能产生速度为每秒几米直到超过音速二十几倍的气流.风洞的主要作用是测量航天航空飞行器模型和其他物体在空气中的受力情况,为飞行器的气动设计提供数据.

风洞在工作的时候,光学仪器可以直观地显示气流流动的形态,同时,天平和传感器采集被测物体的各种数据,送到计算机处理系统进行分析处理,获得气动性能数据和数值曲线,供科研人员使用.

物体在空气中运动时,由于外形和速度不同,会出现不同的空气绕流,并受到升力、阻力、侧力以及俯仰力矩、滚动力矩等气动力的影响.为了研究物体的这些气动特性,就要用模型或实物在风洞中进行吹风实验.只有通过风洞试验,才能确保飞机、火箭、汽车等运动物体具有良好的性能.

小型风洞采用高速风扇提供风力,其风速都在2小时1200 km之内.而中型与大型风洞采用事先储存的气体在短暂的几秒,甚至几毫秒中释放,形成威力巨大的冲击风力.测试的对象越是先进高级,其检测的难度越大,风洞的规模也越大.美国为了检测当前最昂贵的F-22隐形战斗机的特殊的菱形机身,动用了22种不同的风洞检测,得出机身表面每平方米的阻力系数仅为0.034.而美国的航天飞机"哥伦比亚号"反反复复做各种不同的风洞检测达3万多小时,点点滴滴丝毫无误,确保了其飞行的安全与正常运转.上世纪60年代以来,我国逐步建成了52座风洞设备和专用设施.位于四川省绵阳市安县的中国空气动力研究与发展中心是我国最大的空气动力学研究、试验机构.主要运用风洞试验、数值计算和模型飞行试验三大手段,广泛开展空气动力学、飞行力学和风工程诸领域的研究工作.中心建有一个总体规模居世界第三、亚洲第一的风洞群.其中2.4 m跨声速风洞等8座为世界领先量级,可开展从低速到24倍超高声速,从水下、地面到94 km高空范围的气动试验研究.此外,这个中心还具有每秒14万亿次运算能力的计算机系统及各类飞行器仿真计算的应用软件体系；具备飞机和飞艇带飞、火箭助推的模型飞行试验和飞行力学研究能力，我国自行研制的各种航空航天飞行器和导弹、火箭都要在这里进行风洞试验．成功解决了包括神舟载人飞船返回舱、逃逸飞行器的气动力和气动热等大量关键技术，以及其他航空航天飞行器和武器装备的关键气动问题．

汽车是人们日常使用的交通工具．早期的汽车速度慢，对外形的要求不高．随着汽车技术的发展以及人们对车速的追求，减低空气阻力成为设计人员的目标．大量的风洞试验，使得汽车的外形趋向于能使气流平滑通过、阻力最小的流线型．在风洞试验数据的基础上，计算机模拟技术也大显身手，使汽车的外形更加完善．据科研人员测算，现代轿车的风阻系数每降低10%，可以节约燃料5%，其经济效益是可观的．

风洞技术还可以广泛应用于人们生活方面．只要是与空气流动有关的问题，都可以在风洞中进行研究．功勋卓著的风洞，曾经为我国的航空、航天事业以及国防现代化作出过不可磨灭的贡献．今天，用电子、激光等高技术武装起来的风洞，将在国民经济建设中发挥更大的作用．

## 练　习　2.2

1. 用作图法求夹角分别为30°，60°，90°，120°，150°的两个力的合力（图2-25），再求夹角是0°和180°时的合力，比较结果，说出下列两种结论是否正确：(1)合力总是大于分力；(2)夹角在0°到180°之间，夹角越大，合力越小．

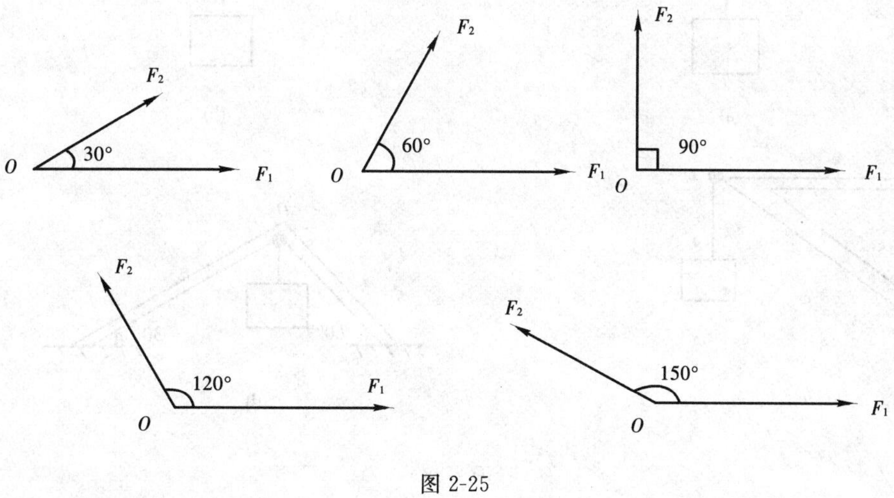


图2-25

2. 两人各用一只手共同提起一桶水，每人所用的力一定比一个人独自提起一桶水所用的力小吗？为什么？

3. 上海市建成的杨浦大桥是世界斜拉桥之冠. 图 2-26 是斜拉桥的结构原理图,试说说斜拉桥的特点.

4. 有三个共点力,$F_1=40$ N,$F_2=50$ N,$F_3=30$ N,它们之间夹角均为 120°,用作图法求出合力的大小和方向.

5. 图 2-27,已知合力 $F$ 及一个分力或两个分力的方向,用作图法求未知的分力.

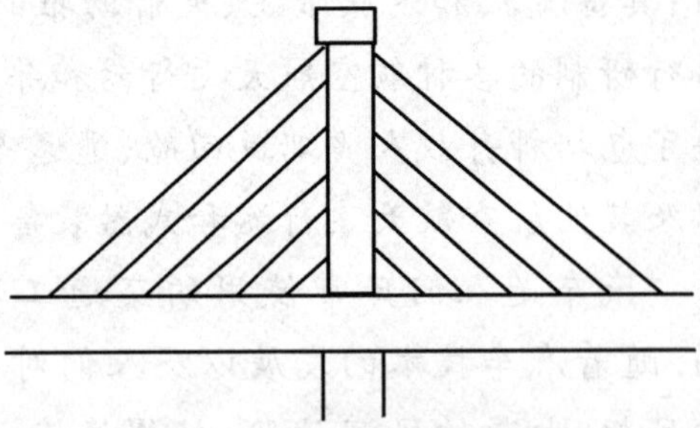

图 2-26 斜拉桥结构示意图

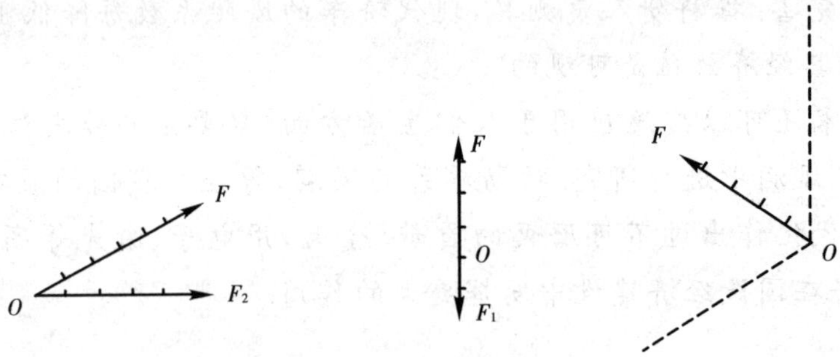


图 2-27

6. 试分析在图 2-28 中所示的几种情况中 $O$ 点的受力情况,并求出 $O$ 点所受各个力的大小. 已知重物的重量 $G=100$ N,细杆和绳的质量不考虑.

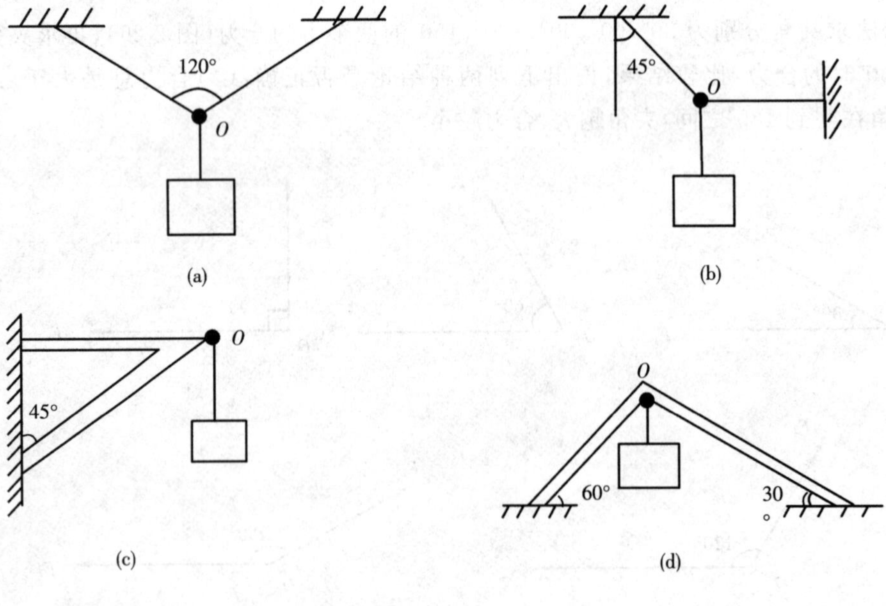


图 2-28

## 2.3　牛顿第一定律　质量

**【现象与思考】**　一位教授有这样一段回忆：我知道一位非常年轻的大学生，他考大学时的物理课成绩几乎是满分，但是在他兴高采烈地去大学报到的旅途上，他却一直在苦苦地思考一个问题，为什么从轮船上或火车上竖直跳起来后仍能落回原处，而轮船或火车在他跳离的这段时间中并没有从他的脚底下溜走一段距离.可怜的孩子，他在轮船上试了好多次，情况都差不多，轮船一点儿也没有溜走的意思.后来他突然想起，地球时时刻刻都在转动，而且转速极大，也从来没有发生过人竖直跳起来后落不回原地的事情，这是怎么回事呢？后来，他读了一门有关科学史的书，懂得了牛顿第一定律（惯性定律）的真实含义，才恍然大悟.这确是一个真实的故事，因为这位大学生就是这位教授自己.

**牛顿第一定律**　人们直觉地认为力是维持物体运动所不可缺少的，要改变一个静止物体的位置必须推它、提它或拉它.用力推车子，车子才能前进，停止用力车子就停下来.似乎物体运动是与提、拉等动作相联系的.如果你是这样认为的，你就重复了两千多年前古希腊哲学家亚里士多德的错误.

设想将两块相同的铁块以同样的水平速度分别抛向平坦的冰面和木地板面，我们会发现铁块在冰面上滑行的距离比在木板上滑行的距离大得多.这表明，铁块与冰面之间的摩擦力要比铁块与木块之间的摩擦力小得多.如果进一步减小它们之间的摩擦力，铁块滑行的距离会更远.若能消除它们之间的摩擦力，或使铁块所受到的外力相平衡，它们会保持原来抛出时的速度一直沿直线滑下去吗？英国物理学家牛顿（1642—1727）在伽利略等人研究的基础上建立了牛顿第一定律：**一切物体总保持静止状态或匀速直线运动状态，直到有外力迫使它改变这种状态为止**.物体保持静止或匀速直线运动状态的这种特性，叫做惯性.因此，牛顿第一定律又称惯性定律.

宇宙间不存在不受力的物体.因此，牛顿第一定律描述的是一种理想化的运动状态，事实上只要物体所受到的合外力为零时，物体的运动状态就能保持不变.

惯性在日常生活中十分常见.当汽车突然开动时，汽车里的乘客会向后倾倒，这是因为汽车已经开始前进，乘客坐在或站在车里，下半身随车前进，而上半身由于惯性还要保持静止状态的缘故. 同样当汽车突然停止时，汽车里的乘客会向前倾倒. 也正因为是惯性，当你在轮船或火车上竖直跳起以后，轮船或火车才不会从你脚下悄悄地溜走.

牛顿第一定律表明，一切物体都具有惯性，惯性是物体的固有属性. 物体的运动并不需要力来维持，而外力正是改变物体静止或匀速直线运动状态的原因.

**质量**　质量一词是17世纪初流行起来的，它的意思是“物质之量”. 我们在初中阶段就学过，组成物体的物质有多有少，通常把**物体所含物质的多少叫做物体的质量**.

一个物体的运动速度大小和方向确定时(例如做匀速直线运动)，我们就说该物体处于一定的运动状态，当物体的速度发生变化时，我们就说物体的运动状态改变了. 根据牛顿第一定律，运动状态不断改变的物体，总是受到外力的作用，换句话而言，外力是使物体产生加速度的原因.

物体运动状态改变的难易程度跟物体本身的质量有关. 实验证明，在同样力的作用下，质量小的物体比质量大的物体容易改变运动状态，这就告诉我们，质量越大的物体，其惯性就越大. 可见，**质量是物体惯性大小的量度**.

惯性的大小在实际中经常要加以考虑. 当我们要求物体的运动状态改变较快，应该尽可能减小物体的质量. 歼击机在战斗前抛掉副油箱(图 2-29)，就是要使歼击机的质量尽可能的小，从而减小它的惯性，提高战斗时的灵活性. 电子计算机的运算速度如此之快，就因为电子的质量非常的小($9.108\times10^{-31}$ kg)，极易改变其运动状态，能极其迅速地随着外界信号的变化而变化. 据说，科学家想到了研制光子①计算机，由于光子的质量更小，那么运算的速度将会更快. 当我们要求物体的运动状态不易改变时，应该尽可能增大物体的质量. 工厂里的机器和机床都固定在很重的机座上，就是为了增大它们的惯性，以减小振动.

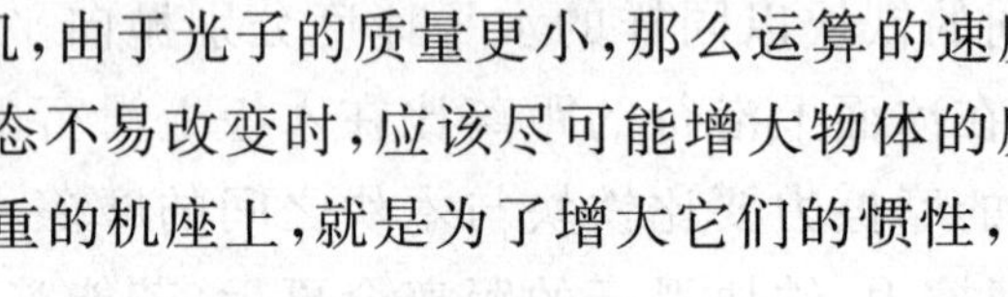

图 2-29　战斗机抛掉副油箱减小惯性

① 1905 年爱因斯坦提出光是质量为$\frac{hv}{c^2}$、能量为 $hv$ 的微粒子——光量子组成的. 其中 $h=6.6262\times10^{-34}$ J·s 为普朗克常数. 康普顿又证明了光量子具有动量$\frac{h}{\lambda}$. 因此，后来人们称光量子为光子.

【动手做实验】　如图 2-30 所示，用细绳系一本厚书（或其他重物）并悬挂起来，在其下面用同样的细绳拴一把小尺子. 如果小心翼翼慢慢地拉尺子，绳子会在厚书（或其他重物）的上部断开；如果迅速一拉，绳子就会在书的下部断开. 这是什么原因呢？

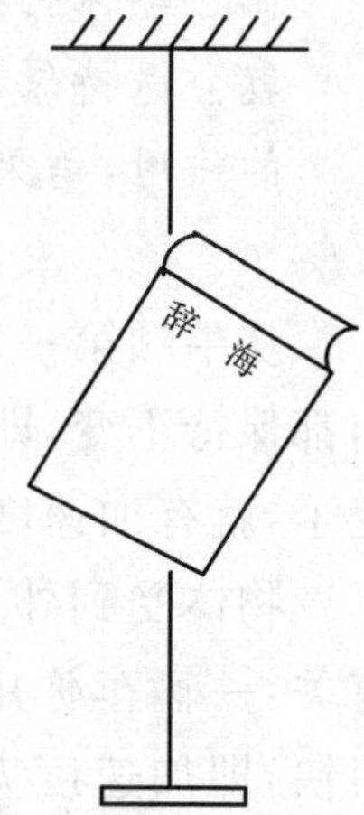

图 2-30　惯性演示

## 练　习　2.3

1. 判断下列各小题说法是否正确
 (1)只有静止或做匀速直线运动的物体才具有惯性；
 (2)物体由静止变成运动是克服惯性的结果；
 (3)作变速运动的物体没有惯性；
 (4)速度越大，惯性越大；
 (5)在匀速行驶的轮船上，沿轮船前进的方向比逆着轮船前进的方向跳得远；
 (6)因为地球由西往东转，所以人向上跳起来后会落到原地的西边；
 (7)任何物体都具有惯性.
2. 骑自行车快速下坡时，若遇到紧急情况需要刹车，为安全起见，不能只刹住自行车的前轮，为什么？
3. 在火车车厢的水平桌面上放着一个小球，在下列情况中，小球将如何运动？
 (1)火车匀速行驶时；
 (2)火车突然加速时；
 (3)火车突然减速时.

# 2.4　牛顿第二定律

【现象与思考】　我们共同来回顾伽利略著名的斜面实验. 伽利略让一个物体沿一个光滑斜面向下滑，物体将做加速运动；如果让物体沿斜面向上滑，物体将做减速运动，斜面的倾角越小，速度的变化越缓慢；如果将斜面换成光滑的水平面，那么物体沿光滑水平面运动既不会加速，也不会减速，它将保持其原来的速度一直运动下去. 显然这个沿水平面运动的物体，既没有受到拉力，也没有受到阻力，然而它却保持状态不变，可见只要物体原来就有速度，在不受外力时，就会保持原有的速度永远运动下去. 想一想，如果物体突然受到外力的作用，结果又会怎样呢？

从牛顿第一定律知道，如果物体没有受到外力作用，它的速度的大小和方向都保持不变，即物体的运动状态不变，没有加速度；如果物体的运动状态改变了，就有加速度，物体一定受到了外力的作用.

物体受到外力作用产生的加速度，不但跟外力有关，还跟物体本身的质量有关. 一辆车你用小力去推，它启动得慢，即加速度小；你用大力去推，它启动得快，即加速度大. 可见，同一个物体受到的外力越大，产生的加速度也越大. 若用相同的推力去推一辆空车和一辆装满货物的车，空车启动得快，即加速度大；装满货物的车启动得慢，即加速度小. 这说明，质量不同的物体运动状态改变的难易程度不同.

综上所述，物体的加速度 $a$ 既跟外力 $F$ 有关，又跟物体本身的质量 $m$ 有关. 为了研究这三个量之间的关系，可以先保持物体的质量 $m$ 不变，研究加速度 $a$ 跟外力 $F$ 的关系；再保持外力 $F$ 不变，研究加速度 $a$ 跟物体质量 $m$ 的关系. 然后把研究的结果综合起来，就可以得出 $a,F,m$ 这三个量之间的关系.

**加速度和力的关系**　取两个质量相同的小车，放在光滑的平面上，如图2-31所示. 小车的一端拴上细绳，跨过定滑轮，下面挂着小盘，盘里分别放着数目不同的砝码. 小车的另一端也拴上绳子，并用夹子夹住. 打开夹子，小车在绳子恒定拉力下做匀加速运动. 改变盘里所放砝码的数目，可以改变这个拉力的大小.

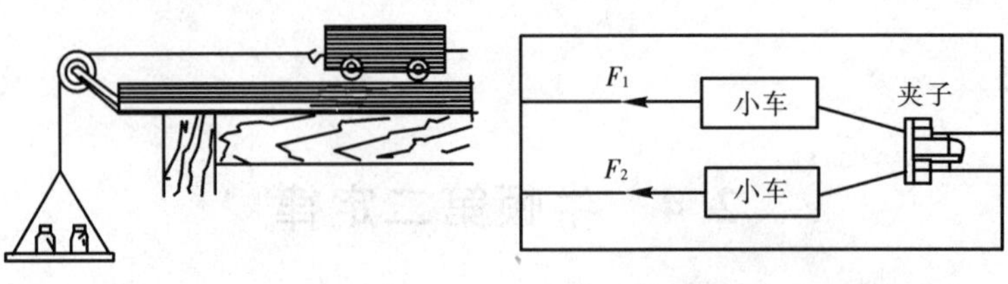


图 2-31　研究牛顿第二定律的实验装置

打开夹子，让两个质量相同的小车，在不同的拉力作用下，同时由静止做匀加速运动. 经过一段时间以后，合上夹子，让两个小车同时停下来. 我们看到，在打开和合上夹子这段时间里，两个小车发生的位移不同，受到拉力大的那个小车的位移大，根据公式 $x=\frac{1}{2}at^2$ 可以知道它的加速度大. 精确的实验表明：**对质量相同的物体来说，物体的加速度跟作用在它上面的力成正比.** 用数

学式表示就是

$$\frac{a_1}{a_2}=\frac{F_1}{F_2}$$

或者
$$a \propto F \tag{2-3}$$

**加速度和质量的关系**　现在来研究在相同的力作用下，加速度和质量存在着什么关系.

仍然用图 2-31 所示的装置来研究这个问题.这次在两个盘中放上相同数目的砝码，使两个小车受到绳子的拉力相同，而在其中的一个小车上加放砝码以增大它的质量.重做上面的实验，在相同的时间里，质量小的那个小车的位移大，说明它的加速度大.精确的实验表明：**在相同力的作用下，物体的加速度跟其质量成反比**.用数学式表示就是

$$\frac{a_1}{a_2}=\frac{m_2}{m_1}$$

或者
$$a \propto \frac{1}{m} \tag{2-4}$$

**牛顿第二定律及其公式**　根据以上研究，我们对力 $F$、质量 $m$、加速度 $a$ 三者关系得到结论：物体的加速度跟作用力成正比，跟物体的质量成反比.这就是牛顿第二定律.

加速度和力都是矢量，它们都是有方向的.牛顿第二定律不但确定了加速度和力的大小之间的关系，同时还确定了它们的方向之间的关系，即加速度的方向跟引起这个加速度的力的方向相同.

牛顿第二定律的数学式由式(2-3)和式(2-4)写成

$$F \propto ma$$

改写成等式 $F=\mathrm{k}ma$.式中的 k 是比例常数.在国际单位制中，力的单位是牛顿(N)、质量的单位是千克(kg)，加速度的单位是 $\mathrm{m/s^2}$，比例常数 k=1.使质量 1 kg 的物体产生 1 $\mathrm{m/s^2}$ 的加速度，所需的力的大小为 1 N.

即
$$1\mathrm{N}=1\mathrm{kg}\cdot\mathrm{m/s^2} \tag{2-5}$$

由此，牛顿第二定律的公式可表示为

$$F=ma \tag{2-6}$$

上面讲的是物体受到一个力作用的情况.物体受到几个共点力作用的时候，这时 $F$ 代表所受外力的合力.牛顿第二定律更一般的表述是：

**物体的加速度跟所受的外力的合力成正比，跟物体的质量成反比，加速度的方向跟合外力的方向相同.**即

$$F_{合}=ma \tag{2-7}$$

从牛顿第二定律的公式我们可以看到：合外力恒定不变时，加速度恒定不变，物体就做匀变速运动；合外力随时间改变的时候，加速度也会随着时间改变；合外力为零的时候，加速度为零，物体就处于静止状态或匀速直线运动状态.

物体处于静止状态或匀速直线运动状态又叫做平衡状态. 几个共点力共同作用的结果若使物体处于平衡状态，这种情形叫做力的平衡. 我们通常所看到的匀速直线运动状态或静止状态，都是物体受到平衡力作用的结果.

**例题 2-8** 质量为 2.0 kg 的物体，受到互成 90°角的两个力的作用，这两个力都是 14 N，求这个物体产生的加速度.

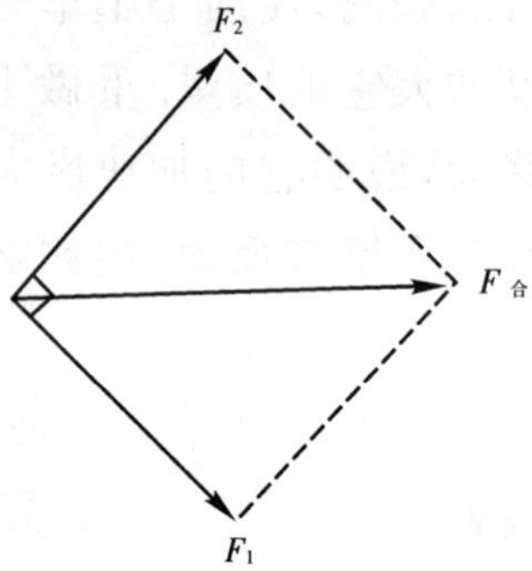

图 2-32

**解** 根据力的平行四边形定则求出合力，再根据牛顿第二定律求物体的加速度.

先求合力. 作 $F_1=F_2=14$ N 的图示. 根据平行四边形定则，画出合力 $F_合$ 的对角线，如图 2-32 所示，由勾股定理可知

$$F_合=\sqrt{F_1{}^2+F_2{}^2}=\sqrt{14^2+14^2}\approx 20(\text{N})$$

由 $F_合=ma$，求得

$$a=\frac{F_合}{m}=\frac{20}{2.0}=10(\text{m/s}^2)$$

加速度方向与合力的方向相同，与 $F_1$、$F_2$ 的夹角为 45°.

## 练　习　2.4

1. 如图 2-33 所示，甲乙两人分别站在地平面的两辆同样的小车上，甲的力气比乙大，他们分别拉着一条绳子的两头，全力以赴. 如果不考虑地面与车轮之间的摩擦力，试指出在下列两种情况中，甲乙两人是否同时到达中点？或者谁先到达中点？(1)甲的质量小于乙的质量；(2)两人的质量相等.

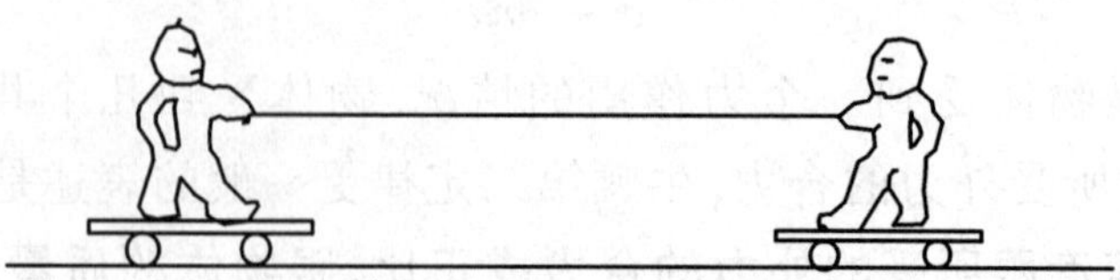

图 2-33

2. 从牛顿第二定律知道，无论怎样小的力都可以使物体产生加速度，可是我们用力提一个很重的物体时，却提不动它. 这跟牛顿第二定律有无矛盾？为什么？

3. 下面的哪些说法不对？为什么不对？

(1)物体受到的合外力越大，加速度越大；

(2)物体受到的合外力越大，速度越大；

(3)物体的加速度越大，速度越大；

(4)物体在外力作用下做匀加速直线运动，当合外力逐渐减小时，物体的速度逐渐减小.

4. 一个物体受到 4 N 的外力作用时，产生的加速度是 2 $m/s^2$. 要使它产生 3 $m/s^2$ 的加速度，需要施加多大的外力？

5. 一个铁块在 8 N 的外力作用下，产生的加速度是 4 $m/s^2$. 它在 12 N 的外力作用下，产生的加速度是多大？

6. 质量是 1.0 kg 的物体受到互成 120°角的两个力的作用，这两个力都是 10 N，这个物体产生的加速度是多大？

7. 试证明：$g=9.8\ N/kg=9.8\ m/s^2$.

8. 试证明：放在地面上的物体受到的重力 G 与地面对它的支撑力 N 大小相等.

## 2.5 牛顿第三定律

**【现象与思考】** 想一想，为什么当你用弹簧拉力器进行身体锻炼时，在拉弹簧的同时手臂的肌肉会紧张；拔河比赛中，当你用力拉对方时，对方也在用力拉你；在平静的湖面上，在一只船上推另一只船，另一只船也会推前一只船，两只船将同时向相反的方向运动；喜欢足球运动的同学知道，当你用大小不同的力去踢足球时，你自己也感受到足球对脚的作用力的大小也不同. 这说明了一个很重要的物理现象，即物体之间的作用是相互的.

**作用力与反作用力** 物体之间的作用是相互的. 当 $A$ 物体对 $B$ 物体有力的作用时，$B$ 物体同时对 $A$ 物体也一定有力的作用. 用脚踢足球时，脚对足球有一个作用力，同时足球对脚也有一个作用力(图 2-34). 用手拉弹簧，手对弹簧有一个作用力，同时弹簧对手也有一个作用力(图 2-35). 在水面上放两个软木塞，一个软木塞上放一个小磁铁，另一个软木塞上放一个小铁条，两个软木塞相向运动起来(图 2-36).

观察和实验表明，不存在这样的物体，它只对别的物体施加力，而同时不受到别的物体对它的作用力. 同样也不存在这样的物体，它只受到别的物体对它的作用力，而同时不对别的物体施加力.

图 2-34　脚与足球之间的相互作用

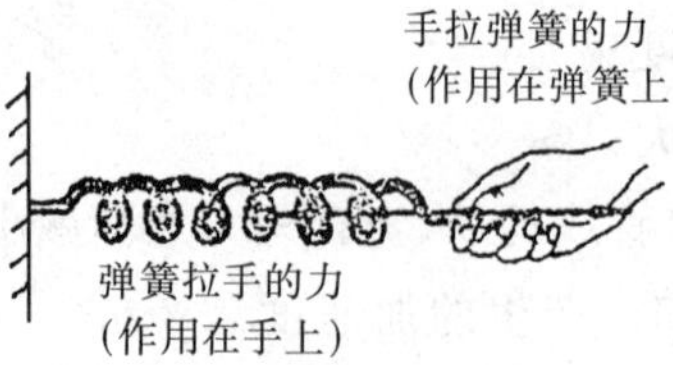


图 2-35　手与弹簧之间的相互作用

图 2-36　软木塞相向运动起来

两个物体间相互作用的这一对力，叫做作用力与反作用力. 我们可以把其中任一个视为作用力，另一个则为反作用力.

**牛顿第三定律**　作用力与反作用力之间的关系如何呢？我们把 $A$、$B$ 两只弹簧秤联结在一起，用手拉弹簧秤 $A$(图 2-37)，可以看到两个弹簧秤的指针同时移动. 这时，弹簧秤 $A$ 以向右的力 $F$ 拉弹簧秤 $B$，弹簧秤 $B$ 的读数指出了力 $F$ 的大小；同时，弹簧秤 $B$ 以向左的力 $F'$ 拉弹簧秤 $A$，弹簧秤 $A$ 的读数指出了力 $F'$ 的大小. 可以看到 $A$、$B$ 两个弹簧秤的读数是相等的. 如果改变手拉弹簧秤的力，两个弹簧秤的读数也随着改变，但 $F$ 与 $F'$ 的大小总是相等，$F$ 与 $F'$ 的方向总是相反.

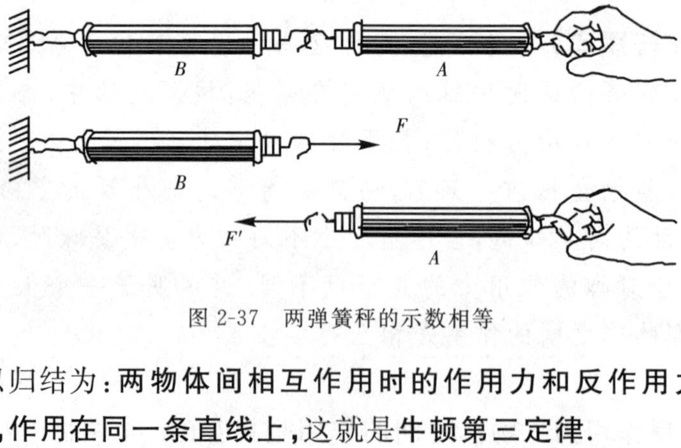


图 2-37　两弹簧秤的示数相等

由此可以归结为：**两物体间相互作用时的作用力和反作用力总是大小相等、方向相反，作用在同一条直线上**，这就是**牛顿第三定律**.

用公式表达为

$$F=-F'$$

式中负号表示 F 与 F′方向相反.

理解牛顿第三定律，必须注意：作用力与反作用力总是成对出现，同时存在、同时消失的. 也就是说，对每一个作用力，必有一等值反向的反作用力，它们的存在与消失是同时的；作用力与反作用力总属于同种性质的力；作用力与反作用力分别作用在两个不同的物体上.

牛顿第三定律在生活、生产和科学技术中的应用很广泛.人步行时，脚对地面施加一个作用力，地面同时给脚一个反作用力使人前进.划船时，桨对水一个作用力，水同时给桨一个反作用力推动船行.用来发射人造卫星或宇宙飞船的火箭，在火箭燃料被点燃后喷出气体时，喷出的气体同时给火箭一个反作用力推动火箭前进.

### 练　习　2.5

1.有人说："施力物体同时也一定是受力物体."这句话对吗？举例说明.

2.用牛顿第三定律判断下列说法是否正确：

(1)人走路时，只有地对脚的反作用力大于脚蹬地的作用力时，人才能前进；

(2)物体 $A$ 静止在物体 $B$ 上，$A$ 的质量是 $B$ 的质量的 10 倍，所以 $A$ 作用于 $B$ 的力大于 $B$ 作用于 $A$ 的力；

(3)以卵击石，石头没有损伤而鸡蛋破了，是因为鸡蛋对石头的作用力小于石头对鸡蛋的作用力；

(4)马之所以能拉动马车是因为马拉车的作用力大于车拉马的作用力.

3.跳高运动员从地面跳起，是由于地面给运动员的支撑力大于运动员对地面的压力，还是由于运动员给地面的压力大于运动员受的重力？如何正确解释？

## 2.6　力学单位制

物理学是一门实验科学，常常需要对各种物理量进行测量，例如位移、路程、时间、速度、加速度、质量和力等，对每一个物理量测量的结果一般包括所得的数值和所用的单位两个不可缺少的部分.

**单位制**　由于各物理量之间存在着规律性的联系，所以我们不必对每个物理量的单位都独立地予以规定.我们可以选定一些物理量(如长度、质量、时间)作为基本量，并为每个基本量规定一个单位，如米(m)、千克(kg)、秒(s)，叫做**基本单位**.其他物理量的单位则可按照它们与基本量之间的关系式(定义、定律或公式)导出来.例如，由速度公式 $v=x/t$ 可以得速度的单位是 m/s；由加

速度公式 $a=\frac{v_t-v_0}{t}$，可以得加速度单位是 $m/s^2$；根据力与加速度的关系式 $F=ma$，可以得力的单位是 $kg\cdot m/s^2$，即 N. 这样的一些物理量称为导出量，它们的单位称为导出单位. 基本单位与导出单位合在一起组成了单位制.

国际单位制　基本量和基本单位选择的不同，就构成了不同的单位制. 现今国际上以国际单位制为标准单位制. 在力学中，构成国际单位制（又称 MKS 单位制）的基本量是长度、质量、时间，采用 m，kg，s 为基本单位. 本书采用这种单位制.

掌握单位制的知识，对于物理量计算是很重要的. 计算的时候，如果所有的已知量都用同一种单位制来表示，那么，只要正确地应用物理公式，计算结果就总是用这个单位制的单位来表示的. 例如，力的单位是 N，质量的单位用 kg，那么加速度 $\left(a=\frac{F}{m}\right)$ 的单位就是 $m/s^2$.

这样，单位统一之后，解题时就没有必要在式子里一一写出各个物理量的单位，只要在计算结果中写出所求量的单位就可以了.

在力学单位制中，除了国际单位制以外，曾经使用过的还有厘米（cm）、克（g）、秒（s）单位制，即 CGS 制；还有米（m）、千克力（kgf）、秒（s）工程单位制. 这两种单位制已属被淘汰之列.

## 2.7　牛顿运动定律的应用

**【现象与思考】**　很久以前，人们就在寻找运动的原因. 在古希腊时代，人们把所看到的运动分作三类：一类是地面上物体的运动；一类是空中物体的下落运动；另一类就是天上星体的运动. 亚里士多德对各类运动的原因都曾作过说明. 对于第一类运动，他说力是维持物体运动的原因；对于第二类运动，他认为地球是宇宙的中心，所以物体都应该向地面落下来；至于天上星体的无休止的运行，他则认为天上物体与地上物体不同，具有特殊的本性，所以天上的物体能保持永恒的运动. 现在我们已经知道，亚里士多德的这些观点都是错误的. 你知道吗，历史上对这些问题首先作出正确、全面解答的是牛顿.

**牛顿三大定律的相互关系**　经典力学的核心就是牛顿三大定律，它们是互相联系的一个整体. 牛顿第一定律阐明了物质的惯性以及力的意义，它是第二定律的基础；牛顿第二定律则阐明了力、质量和加速度之间的关系，它偏重于说明一个特定的物体；牛顿第三定律阐明了力具有相互作用的性质，它着重说明物体间的相互联系和相互约束. 在研究物体的运动规律和运动状态改变时，只有将三个定律有机结合起来，才能正确理解和分析力与物体运动的关系.

应当明确，牛顿三大定律中所说的物体都是当作质点来看待的. 若所研究的对象的运动情况比较复杂，它的各部分之间有相对位移，则不能作为质点处理. 我们应该把它的各部分隔离开来，将牛顿定律运用到每一个隔离体上. 隔离法是应用牛顿定律分析问题时最常用的方法.

下面通过实例说明牛顿三定律的应用.

**例题 2-9**　一个静止在水平地面上的物体，质量 $m=2\ \text{kg}$，在水平方向受到拉力 $F=4.4\ \text{N}$，物体跟地面间的滑动摩擦力是 2.2 N. 求物体 4 s 末的速度和 4 s 内的位移.

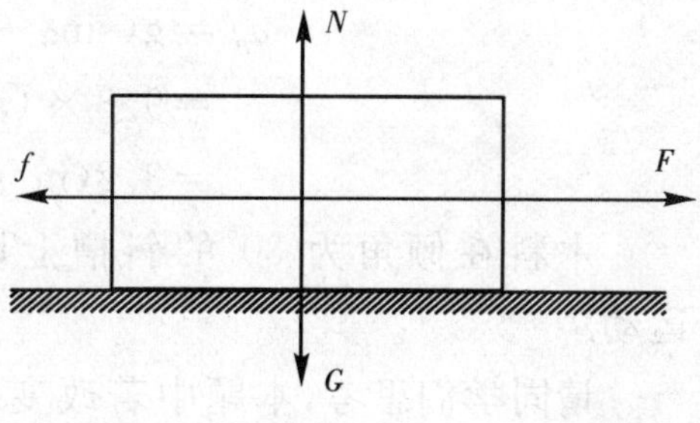

图 2-38

**解**　这是一个根据物体的受力来解决运动情况的问题. 分析受力如图 2-38 所示. 物体受到 4 个力的作用，水平拉力 $F$，滑动摩擦力 $f$，物体的重力 $G$，地面的支撑力 $N$.

物体在竖直方向没有加速度，重力 $G$ 和支撑力 $N$ 大小相等、方向相反，是一对平衡力. 合外力就是水平方向的拉力 $F$ 和摩擦力 $f$ 的合力.

取水平向右的方向作为正方向，则 $F_{合}=F-f$，根据牛顿第二定律 $F-f=ma$，得

$$a=\frac{F-f}{m}=\frac{4.4-2.2}{2}=1.1(\text{m/s}^2)$$

由运动学公式 $v_t=at$，$x=\frac{1}{2}at^2$

得

$$v_t=1.1\times 4=4.4(\text{m/s}),$$

$$x=\frac{1}{2}\times 1.1\times 4^2=8.8(\text{m})$$

$a$，$v_t$，$x$ 都为正值，表示它们的方向都是水平向右的，与拉力 $F$ 的方向相同，物体做初速为零的匀变速运动.

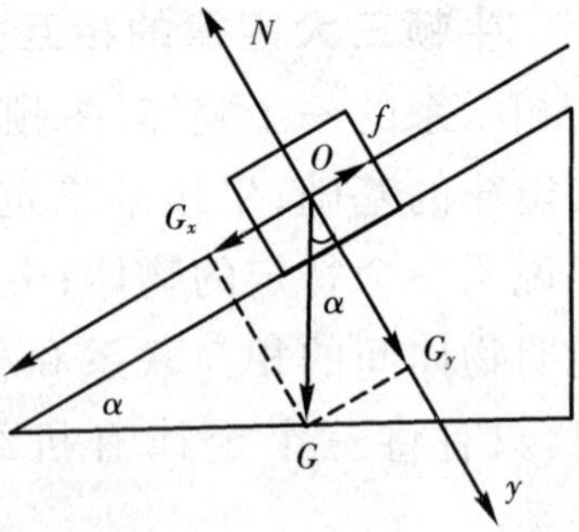


图 2-39

**例题 2-10** 如图 2-39 所示，把质量 $m=100$ kg 的木料沿滑槽滑向山下. 已知滑槽的水平倾角 $\alpha=30°$，木料与滑槽的动摩擦因数 $\mu=0.2$，试分析木料所受的力并求出其加速度.

**解** 坐标系选择和物体受力如图 2-39 所示，把重力 $G$ 沿 $x$、$y$ 方向正交分解：$G_x=G\sin\alpha$，$G_y=G\cos\alpha$. 木料沿 $y$ 方向没有加速度，所以 $N$ 与 $G\cos\alpha$ 大小相等、方向相反，相互平衡. 合外力 $F_合$ 沿斜面方向 $F_合=G\sin\alpha-f$. 摩擦力 $f=\mu N=\mu G\cos\alpha$，得

$$F_合=G\sin\alpha-\mu G\cos\alpha$$
$$=mg(\sin\alpha-\mu\cos\alpha),$$

根据牛顿第二定律有 $mg(\sin\alpha-\mu\cos\alpha)=ma_x$，由此求得

$$a_x=g(\sin\alpha-\mu\cos\alpha)$$
$$=9.8\times(\sin30°-0.2\times\cos30°)$$
$$=3.2(\text{m/s}^2)$$

木料在倾角为 30°的斜槽上以 $a=3.2\text{m/s}^2$ 的加速向下做匀加速直线运动.

请同学们思考，本题中若改变滑槽的倾角，那么当倾角为多大时，木料恰好不滑下去.

**例题 2-11** 图 2-40 中，细绳跨过一个定滑轮，绳的两端各悬质量为 $m_1$ 和 $m_2$ 的物体，其中 $m_1<m_2$. 设滑轮和绳子的质量以及它们之间的摩擦力均略去不计. 试求物体的加速度和绳子中的张力.

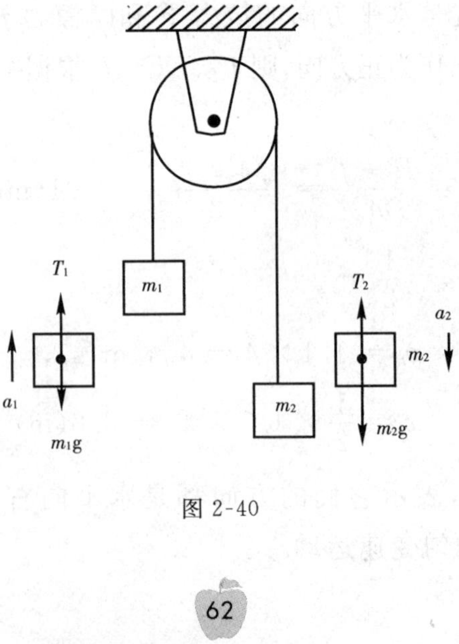


图 2-40

**解**　绳子中的张力可认为是物体与绳子间的相互作用力，分别选 $m_1$、$m_2$ 为隔离体，受力如图所示.

根据牛顿第二定律，对于 $m_1$ 物体取竖直向上为正方向，得

$$T_1 - m_1 g = m_1 a_1 \tag{1}$$

对于 $m_2$ 物体取竖直向下为正方向，得

$$m_2 g - T_2 = m_2 a_2 \tag{2}$$

设绳子无伸缩性，$m_1$ 向上的加速度与 $m_2$ 向下的加速度在数值上相等，即

$$a_1 = a_2 = a.$$

绳子各处的张力相等，即 $T_1 = T_2 = T$. 这样(1)、(2)两式可写成

$$T - m_1 g = m_1 a \tag{3}$$

$$m_2 g - T = m_2 a \tag{4}$$

联立(3)、(4)式，得

$$a = \frac{m_2 - m_1}{m_1 + m_2} g$$

$$T = \frac{2m_1 m_2}{m_1 + m_2} g$$

通过以上例子的分析可以看出，应用牛顿定律解题的步骤大致为：

(1)理解题意，确定要研究的对象；

(2)分析被研究对象的受力情况，必要时隔离出研究对象，画出受力图；

(3)建立坐标或选定正方向，根据牛顿第二定律写出方程；

(4)解方程，必要时加以讨论.

## 2.8　动　量

**【现象与思考】**　第二次世界大战期间，一架袭击德国的英国轰炸机突然起火了. 飞机后座的机枪手阿尔默奇德由于拿不到放在前舱的降落伞，又不愿意被活活烧死，便毅然从飞行高度为 5500 m 的飞机上无伞跳下来. 他着地时的速度比高速奔驰的列车还要快，但是落地后，身上只有轻微的划伤和挫伤. 前苏联空军中尉奇佐夫的伊柳辛-4飞机在和德国空军作战时被打坏后，被迫从 7000 m 的高空跳下，由于失去知觉降落伞没有打开，落下后 20 分钟(min)才恢复知觉，骨盆骨折，但三个半月后又重上蓝天.

原来，两位飞行员都幸运地落在深深的积雪中．阿尔默奇德先落在松树丛林的枝干上，然后才掉进厚 1 m 多的积雪里；奇佐夫则是沿着山谷的斜坡滑到积雪中的．你能解释其中的道理吗？

同样的道理，体育课练习跳高时，为什么要铺上厚厚的海绵垫？世界飞人柯受良驾车高速冲过黄河壶口后钻进纸箱堆中，为什么会安然无恙？

**动量** 虽然汽车与火车以同一速度运动，但刹停一列火车（在相同的时间或相同的位移情况下）要比刹停一辆汽车困难得多．同一高度自由下落的两块质量不同的石块，虽然落地时速度相同，但质量大的石块会把泥地砸陷得较深．可见，当我们考虑运动物体的作用效果时，只考虑物体运动的速度是不够的，还必须把物体的质量考虑进去．

物理学中，把运动物体的质量 $m$ 和速度 $v$ 的乘积 $mv$ 叫做动量，用来描述运动物体的作用效果．动量通常用字母 $P$ 表示，即

$$P = mv \tag{2-8}$$

动量 $P$ 的单位是千克·米/秒(kg·m/s)，动量是矢量，它的方向与速度方向相同．

**冲量** 力是改变物体运动状态的原因，但是在改变物体运动状态的过程中，仅仅只考虑力的大小是不全面的，还必须考虑力的作用时间的长短．例如，一辆行驶的汽车，如果紧急刹车，即对汽车施加很大的制动力，汽车在很短的时间内就会停止；如果只施加较小的制动力，却要经过较长的时间．

在物理学中，把合外力 $F$ 和力的作用时间 $t$ 的乘积 $Ft$ 叫做力的冲量，它表示了力对时间的积累效应．冲量 $Ft$ 的单位是牛顿秒(N·s)．可以证明

$$1\ \text{N}\cdot\text{s} = 1\ \text{kg}\cdot\text{m/s}$$

冲量也是矢量，它的方向与合外力的方向相同．

**动量定理** 假设质量为 $m$ 的物体，受到合外力 $F_{合}$ 的作用，经过时间 $t$，其加速度为 $a$，那么 $F_{合}=ma$．根据运动学公式 $v_t=v_0+at$，写成 $a=\frac{v_t-v_0}{t}$，代入 $F_{合}=ma$，得

$$F_{合} = m\frac{v_t - v_0}{t}$$

写成

$$F_{合}\,t = mv_t - mv_0 \tag{2-9}$$

式(2-9)可以表述为：**物体所受合外力的冲量，等于它的动量的改变量**，这就是**动量定理**．

上式还可简写成

$$F_{合}\Delta t = m\Delta v \tag{2-10}$$

**动量定理的应用** 如果某物体的动量改变量一定，那么作用时间越短，其作用力就越大；反之，则作用力就越小. 现在你会明白飞行员和机枪手从高空落在雪地上为什么能幸存的道理了. 这也是跳高运动员为什么要落在厚厚的海绵垫上才比较安全、柯受良驾车飞越黄河壶口后落地安然无恙的原因.

正因为如此，在生活和生产中经常采用延长物体间的作用时间来减少力的冲击作用. 例如，人从高处往下跳，着地时两腿总是先弯曲后伸直；搬运易碎物品时，木箱内常放纸屑、瓦楞纸、塑料泡沫；车辆或机器安装减震弹簧；等等.

有时又尽可能缩短物体的作用时间，使某物体的动量基本不变，来不及改变其运动状态. 杂技演员在极短的时间将图 2-41 中玻璃杯上的木板打去，而鸡蛋动量不变仍然留在原处以至于落入玻璃杯中.

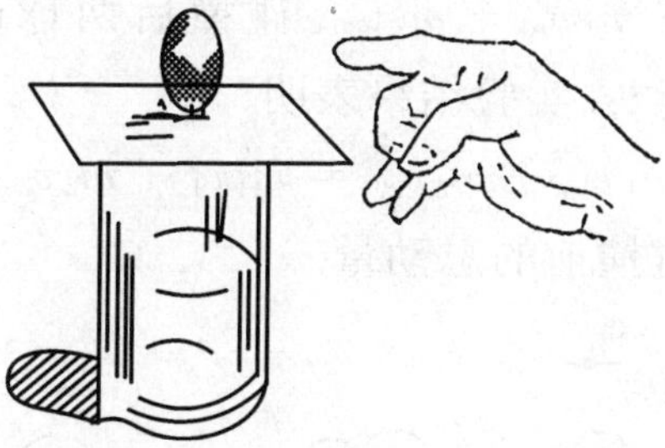

图 2-41 鸡蛋落入杯中

**例题 2-12** 质量为 10 g 的子弹，水平速度为 820 m/s，它射穿木块后仍沿原方向飞行，而速度减为 720 m/s，子弹在木块中穿行的时间是 $2\times10^{-4}$ s，试求木板对子弹的平均阻力.

**解** 在应用动量定理时通常选初速度 $v_0$ 的方向为正方向，其他各量如外力 $F$，末速度 $v$ 与所选方向相同时则为正，否则为负.

选取子弹的初速度 $v_0$ 的方向为正方向，则子弹的初动量 $mv_0=10\times10^{-3}\times820=8.2(\text{kg}\cdot\text{m/s})$，末动量 $mv=10\times10^{-3}\times720=7.2(\text{kg}\cdot\text{m/s})$.

木板对子弹的平均阻力（平均冲力）$\overline{F}$，由动量定理 $\overline{F}\Delta t=mv-mv_0$，得

$$\overline{F}=\frac{mv-mv_0}{\Delta t}=\frac{7.2-8.2}{2\times10^{-4}}=-5\times10^3(\text{N})$$

负号表示木板对子弹阻力的方向与子弹运动的方向相反.

**例题 2-13** 质量为 0.3 kg 的棒球，原以 20 m/s 的速度运动，被棒打击后，以 30 m/s 的速度反向弹回. 设球与棒的接触时间为 0.02 s. 求：

(1)棒作用球上的冲量；

(2)棒击球的平均冲力.

**解** (1)设棒击球的平均冲力为 $\overline{F}$,选取棒球初速度方向为正方向,则

球的初动量 $mv_0=0.3\times20=6(\text{kg}\cdot\text{m/s})$

球的末动量 $mv=0.3\times(-30)=-9(\text{kg}\cdot\text{m/s})$

根据动量定理,球的动量改变量就是球受到的冲量

$$\overline{F}\Delta t=mv-mv_0=-9-6=-15(\text{N}\cdot\text{s})$$

负号表示球受到的冲量方向与正方向相反.

(2)由 $\overline{F}\Delta t=mv-mv_0$,求得棒击球的平均冲力为 $\overline{F}=\frac{-15}{0.02}=-750(\text{N})$.负号表示棒击球的平均冲力的方向也与正方向相反.

**动量守恒定律** 动量定理研究了一个物体受力作用一段时间后,它的动量怎样变化的问题.物体相互作用时,情况又如何呢?图 2-42 是在光滑平面上进行的质量分别为 $m_1$ 和 $m_2$ 的两球碰撞实验.碰撞前,两球的动量分别是 $m_1v_{10}$ 和 $m_2v_{20}$,总动量是 $m_1v_{10}+m_2v_{20}$.碰撞后两球的动量分别是 $m_1v_1$ 和 $m_2v_2$,总动量是 $m_1v_1+m_2v_2$.实验结果表明

$$m_1v_{10}+m_2v_{20}=m_1v_1+m_2v_2 \tag{2-12}$$

即碰撞后的总动量等于碰撞前的总动量.

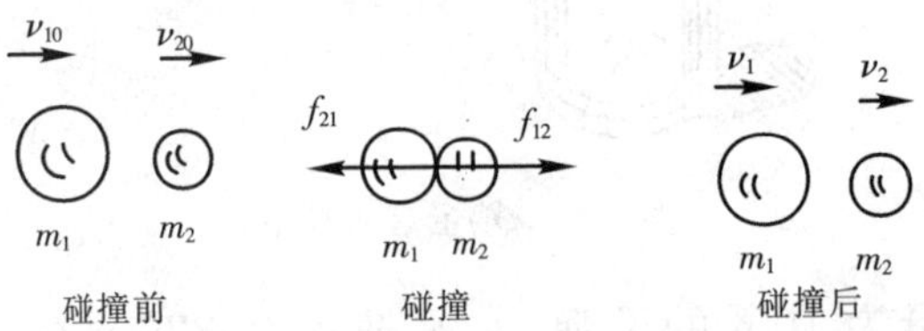


图 2-42 在光滑平面上两球的碰撞

我们注意到,在前述的实验中,两球碰撞相互作用时,没有其他物体影响它们的相互作用.于是我们得到结论:对于两个物体组成的物体系统,**如果系统不受外力或所受的合外力为零时,则该系统的总动量保持恒定**,即

$$P_1+P_2=\text{常量}$$

这就是动量守恒定律,它是物理学中最基本的定律之一.没有其他物体影响它们的相互作用是动量守恒定律成立的条件.大量事实证明,这个定律对于多个物体所组成的系统同样适用.

在当今的宇航时代里,火箭的运用恐怕算得上是动量守恒定律最重要的应用之一了.

**例题 2-14** 如图 2-43 所示,设人在车上行走时,车与地面之间的摩擦力可以忽略.已知人对地面的速度为 $v_1$,人的质量为 $m_1$,车的质量为 $m_2$,试计算车对地面的速度 $v_2$.设开始时人和车相对地面是静止的.

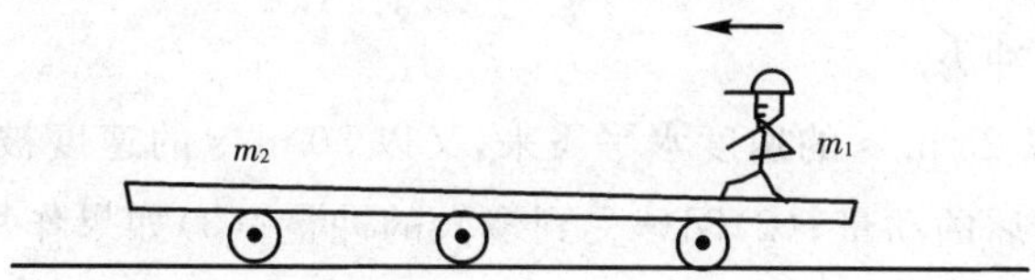


图 2-43　例题 2-14 图

**解**　本题研究的对象是人和车. 由于水平方向的摩擦力不计，人在车上行走时，该系统动量守恒.

行走前总动量为零；当人以速度 $v_1$（相对地面）在车上行走时，人与车的总动量为 $m_1v_1+m_2v_2$. 根据动量守恒定律，得

$$m_1v_1+m_2v_2=0$$

解得

$$v_2=-\frac{m_1}{m_2}v_1$$

$v_2$ 是车相对于地面的速度，式中负号说明车的速度方向与人行速度方向相反.

**例题 2-15**　质量为 0.01 kg 的子弹以 600 m/s 的速度水平射入静止在光滑水平桌面上的质量为 2 kg 的木块，然后以 100 m/s 的速度穿出木块. 试求木块的速度.

**解**　本题研究的对象是木块和子弹. 由于在水平方向没有其他物体的影响，子弹与木块相互作用时动量守恒.

选取子弹初速度方向为正方向，已知 $m_1=0.01$ kg，$v_{10}=600$ m/s，$m_2=2$ kg，$v_{20}=0$，$v_1=100$ m/s，求 $v_2$.

根据 $m_1v_{10}+m_2v_{20}=m_1v_1+m_2v_2$，得

$$v_2=\frac{m_1v_{10}-m_1v_1}{m_2}=\frac{0.01\times(600-100)}{2}$$
$$=2.5(\text{m/s})$$

子弹穿出木块后，木块的速度是 2.5 m/s，方向与子弹速度方向相同.

## 练　习　2.6

1. 钉钉子时为什么要用铁锤而不用橡皮锤？
2. 当你用双手去接住对方猛掷过来的球时，你用什么办法缓和球对你的冲力？这是什么道理？
3. 很轻的物体，例如一小团棉花，很难把它掷到较远的地方；而很重的物体，例如一个铅球，也不容易掷得很远，试解释这是为什么？

4. 质量为 10 g，速度为 400 m/s 的子弹射入钢板，经 0.01 s 后停止. 试求子弹受到的冲量和钢板对子弹的平均冲力.

5. 一只 50 g 的网球以 25 m/s 的速度水平飞来，又以 30 m/s 的速度被网球拍水平击回. 试求：(1)网球被击前后的动量；(2)网球受到多大的冲量；(3)如果作用在球上的平均冲力为 30 N，网球与球拍的接触时间是多少？

6. 手榴弹爆炸后，它的弹片是否向同一方向飞出？为什么？

7. 两个相向运动的物体，碰撞后都静止不动，说明在碰撞前两物体的动量有什么关系？

8. 一个不稳定的原子核原来是静止的，当它放射出一个质量为 m、速度为 $v$ 的粒子后，原子核剩余部分的动量是多大？

## 阅读材料

### 牛顿——一个时代的象征

依萨克·牛顿是近代科学史上最负盛名的英国物理学家、数学家和天文学家，是一个时代的象征.

1642 年 12 月 25 日，牛顿诞生在英国东海岸的一个小农场主家庭. 他的童年是在内战连绵不断、动荡不安的环境中度过的. 与伽利略少年时一样，牛顿喜欢摆弄一些机械零件和制作各种机械玩具. 在学校读书时，起初他并不显得十分聪明，学习成绩也很平常. 后来他出人意料地表现出对数学的强烈爱好，杰出的才能和勤奋的努力使牛顿很快通过了各年级的全部学位课程，成为学生中的佼佼者.

1661 年，牛顿以减费生的身份进入剑桥三一学院学习，这期间他阅读了开普勒、笛卡儿、伽利略以及胡克等人的主要著作，基本上掌握了当时的全部数学和光学知识. 1669 年他担任卢卡斯讲座教授，在剑桥大学讲授数学和光学，其余时间用于科研活动.

在欧洲流行的鼠疫传到伦敦期间(1665—1666 年)，牛顿回到故乡，在幽静的乡村里分秒必争，全身心地投入对天体运动和宇宙变化的研究. 这两年是牛顿创造发明最为旺盛的时期，他发明了级数近似法，并且将任何幂的二项式化为一个级数展开，即二项式定理；发明了正流数运算法，即积分法；思考了动力学与引力问题，并从开普勒第三定律推出行星维持轨道运行所需的力与它们到旋转中心的距离成平方反比关系. 以后的年代中，牛顿在他的科研园地里仍然是硕果累累. 他建立了当时第一流的光学实验室，最早用三棱镜做分解阳光的色散实验.他发表了《光和颜色的新理论》,介绍了对光色散现象创造性的研究结果.牛顿《光学》一书的出版,汇集了他对光现象的全部研究成果.这部著作直到今天仍然是严密又精确地描写物理实验的典范,而用三棱镜做实验也成了经典项目,被一如既往地应用于物理课的教学上.

当人们还在为他的光学研究成果惊叹不已的时候,他又转向了对力学的研究.著名的苹果落地的故事就发生在这个时期.那是一个炎热的中午,牛顿坐在他母亲农场里的一棵苹果树下思考着行星运动问题.一个苹果在他眼前落下,这使他想到促使苹果落地的重力,是不是也是促使月亮保持在它的轨道上而不掉下来的原因.这个在当时就流传开了的故事,今天已真假难考,然而,牛顿紧紧抓住这稍纵即逝的机遇而引发科学上的重大突破是完全令人信服的.

《自然哲学的数学原理》是牛顿的又一巨著,科学家们这样评价:"在自然科学史上从未有过比牛顿的这一著作出版更为重大的事件……随着《自然哲学的数学原理》的问世,'经典物理'也就产生了."牛顿三大运动定律就是这部巨著的核心内容.

牛顿之所以伟大,除了他辉煌的成就之外,还在于他严谨的科学态度,同时他的谦虚也为世人所推崇.牛顿自己也懂得,他所做的一切并不是人类智慧征服自然力量的最终胜利,对世界的认识是无穷的.他说:"我并不知道世人怎么看,但在我自己看来,我只不过是一个海滨玩耍的小孩,不时地为比别人多找到一个更光滑、更美丽的卵石和贝壳而感到高兴,而在我面前的真理的海洋,却完全是个谜.""如果我比别人看得远些,那是因为我站在巨人们的肩上."由此可以窥见这位伟大的科学家有多么博大深邃的精神境界.

# 第2章小结

## 一、要求理解、掌握并能运用的内容

1. 力、惯性、质量

(1)力是物体之间相互作用.

(2)物体保持静止或匀速直线运动的特性就是物体的惯性,物体的质量是物体所含物质的多少,是物体惯性的量度.

2. 重力、弹力、摩擦力

(1)地球对物体的吸引作用而产生的力叫做重力,其方向总是竖直向下的,质量为 $m$ 的物体,重力大小是 $mg$.

(2)物体相互作用时发生形变而产生的作用力叫做弹力,弹力的大小可

表示为 $f=kx$.

(3)相互接触的物体有相对运动的趋势或已经发生相对运动,它们之间产生阻碍运动的作用力叫做摩擦力.只有相对运动趋势,它们之间的摩擦力是静摩擦力.在不同的情况下,静摩擦力可在零与最大静摩擦力之间变化.当物体间已经发生相对运动,它们之间的摩擦力是滑动摩擦力.

3.牛顿运动三定律

(1)牛顿第一定律又称为惯性定律,一切物体总保持静止状态或匀速直线运动状态,直到有外力迫使它改变这种状态为止.

(2)$F=ma$ 是牛顿第二定律的数学形式,它描述了物体质量 $m$、所受的合外力 $F$、产生的加速度 $a$ 之间的关系.

(3)物体之间的相互作用总是大小相等、方向相反,分别作用在相互作用的两个物体上.

4.平行四边形定则、物体的受力分析

(1)力的合成与力的分解都服从平行四边形定则.应该注意的是,力的合成是唯一.的,力的分解可根据不同的情况有不同的分解结果.

(2)隔离物体,分别从重力、弹力、摩擦力去分析物体的受力情况.

5.动量定理、动量守恒定律

(1)物体所受合外力的冲量一定等于该物体动量的改变量,即 $F_{合}t=mv_t-mv_0$,它反映了合外力对时间的积累效应.

(2)如果相互作用的物体组成的系统不受外力作用或所受的合外力为零,那么系统在任一时刻总动量保持恒定,即 $P_1+P_2=$常量(两个物体的情况).

6.本章主要公式 $F=ma$,$F_{合}t=mv_t-mv_0$,$P_1+P_2=$常量的物理意义,并运用其解题

## 二、要求了解的内容

1.动量、冲量

2.共点力

3.力的正交分解法

4.单位制

# 第 2 章自测题

## 一、填空题

1. 物体＿＿＿＿＿＿的属性，叫惯性. 物体在＿＿＿＿＿＿条件下都具有惯性，由于惯性，原来静止的物体在没有外力作用下将保持＿＿＿＿＿＿状态.
2. 有人在匀速前进的火车上，跳起来以后仍能落回到原地，这是因为＿＿＿＿＿＿，＿＿＿＿＿＿.
3. 物体的＿＿＿＿＿＿和＿＿＿＿＿＿的＿＿＿＿＿＿叫做物体的动量.
4. 冲量的作用效果是＿＿＿＿＿＿＿＿＿＿.
5. 动量守恒的条件是＿＿＿＿＿＿＿＿＿＿.
6. 如果有几个大小和方向都不同的力同时作用在一个原来静止的物体上，则物体沿着＿＿＿＿＿＿的方向可能作加速运动，也可能处于＿＿＿＿＿＿的状态.
7. 图 2-44 所示，某质量为 2 kg 的物体 $A$ 受到 5 个力的作用，处于静止状态，已知其中 $F_1$ 的大小为 10 N，方向水平向右，现在 $F_1$ 突然停止作用，则物体 $A$ 将向＿＿＿＿＿＿方向运动，其加速度的大小是＿＿＿＿＿＿.

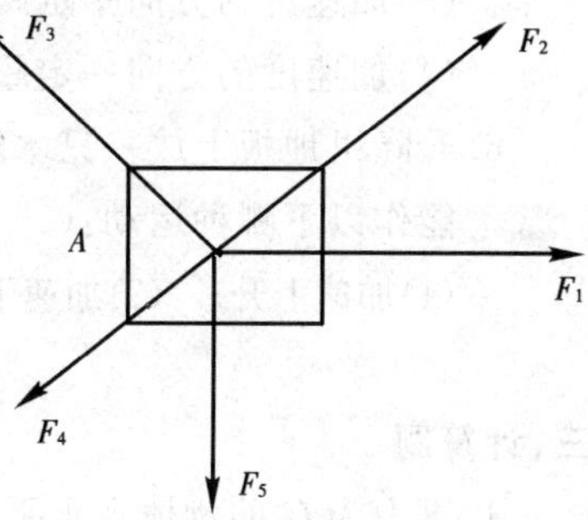

图 2-44

8. 用细线悬挂着的物体受到的力是＿＿＿＿＿＿和＿＿＿＿＿＿，它们分别是＿＿＿＿＿＿和＿＿＿＿＿＿对物体的作用. 它们的反作用力分别作用在＿＿＿＿＿＿和＿＿＿＿＿＿上.

   在水平地面上受到沿水平方向的绳子的牵引而做匀速运动的物体，它受到的力有＿＿＿＿＿＿、＿＿＿＿＿＿、＿＿＿＿＿＿和＿＿＿＿＿＿. 它们的反作用力分别作用在＿＿＿＿＿＿、＿＿＿＿＿＿、＿＿＿＿＿＿和＿＿＿＿＿＿上.

## 二、选择题

1. 下列关于力的叙述中，哪些是正确的：(　　)
   (1)施力物体同时一定是受力物体；
   (2)作用力和反作用力是一对平衡力；
   (3)作用力和反作用力是同一种性质的力；
   (4)一对平衡力一定是同一种性质的力.
2. 两人分别用 10 N 的力去拉弹簧的两端，那么弹簧秤的示数为：(　　)
   (1)0；　(2)10 N；　(3)20 N；　(4)5 N.
3. 关于力和运动的关系，下列说法正确的是：(　　)
   (1)力是物体运动的原因；

(2)力是维持物体运动的原因；

(3)力是改变物体运动状态的原因；

(4)力是物体获得速度的原因.

4. 下列说法中，正确的是：(　　)

(1)物体的速度越大，惯性越大；

(2)物体的质量越大，惯性越大；

(3)运动的物体受到的摩擦力越小，惯性越大；

(4)物体的加速度越大，惯性越大.

5. 物体在运动过程中：(　　)

(1)速度大，加速度一定大；

(2)速度为零，加速度一定为零；

(3)加速度的方向一定跟速度增量的方向一致；

(4)加速度的方向一定跟合外力的方向一致.

6. 升降机地板上放一只木箱，质量为 $m$，当它对地面的压力 $N=0.8\,mg$ 时，升降机可能作以下哪种运动：(　　)

(1)加速上升；(2)加速下降；(3)减速上升；(4)减速下降.

## 三、计算题

1. 重力为 $G$ 的物体在水平光滑面上受到一个水平方向恒力 $F$ 的作用做加速运动. 如果这个物体的初速度是 $v_0$，试问：经过多长时间以后，速度增加到 $nv_0$？

2. 质量 $m$ 为 1500t 的列车以 57.6km/h 的速度行驶，从制动到静止所经过的路程 $x$ 为 200m，试问制动力 $f$ 等于多大？如果使列车制动到静止所经过的路程减小一半，则制动力应增加多少？

3. 某火箭的质量为 $1.3\times10^3$ kg，发动机最初向上的推力为 $2.6\times10^4$ N，试求它最初向上的加速度(设 $g=10\ \text{m/s}^2$).

4. 质量为 2 kg 的物体从高处下落，经过某一位置时的速度为 5 m/s，再经过 2 s 测得的速度为 23.4 m/s，求空气的平均阻力.

5. 如图 2-45 所示，有人在冰面上用力推质量为 400 kg 的物体，力的方向与冰面成 30°角. 如果推力 $F=294$ N，冰面与物体的摩擦因数 $\mu=0.048$，求物体的加速度.

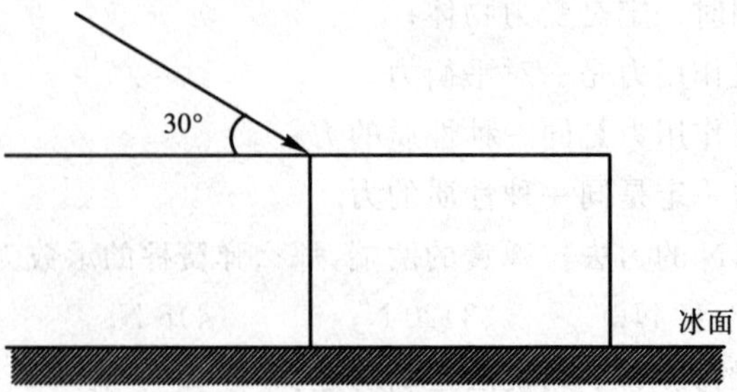


图 2-45

6. 如图 2-46 所示，物体 $A$ 和 $B$ 的质量都是 2 kg，求 $MN$ 段绳子的张力是多大？如果再在 $B$ 物体上放一个 0.5 kg 的物体，情况又会怎样？

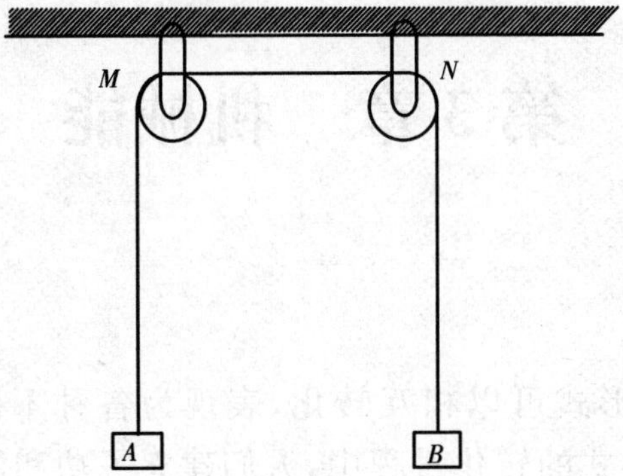


图 2-46

9. 试证明一个物体由光滑斜面自由下滑到底端时的速度大小，和它从同一高度自由落体到底端时所得的速度大小相等(图 2-47).

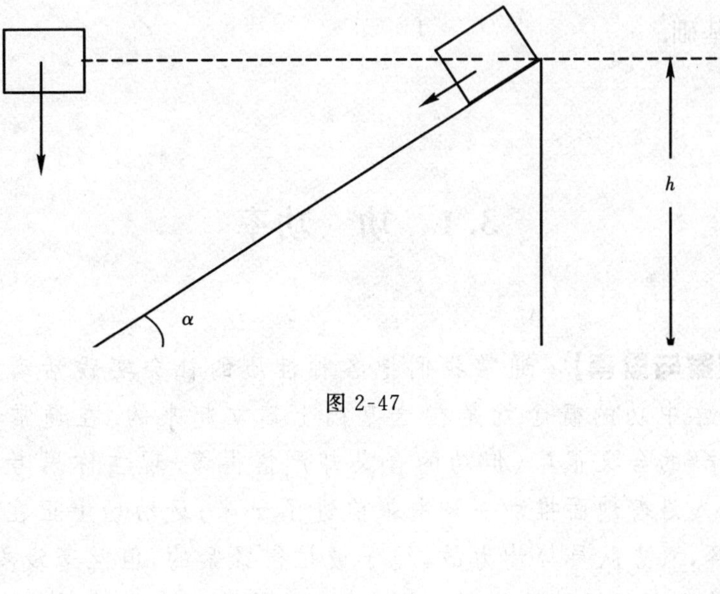


图 2-47

# 第3章　机械能

物质的各种运动形式可以相互转化，表现为各种不同形式的能量可以相互转化，在研究运动形式的转化过程中，人们建立了功和能的概念.

本章我们将从牛顿运动定律出发，得出物体在运动过程中机械能的改变与功的关系——动能定理和功能原理，讨论机械能守恒的条件，从而更深刻地认识机械运动，从整体上把握各种运动形式相互联系这把钥匙.

本章内容是前两章知识的发展，也是以后热、电、光、原子物理各部分有关功能内容的基础.

## 3.1　功　功率

**【现象与思考】**　通常我们把各种性质的社会实践活动叫做工作. 物理学中功的概念就是在这基础上建立起来的. 在通常的意义下，“工作”的含义很广，但功的含义却严格得多. 现在你思考下列现象：一个人沿着地面推动一只木箱前进了 $x$ 米；运动场上正在进行的拔河比赛，双方队员势均力敌，绳子被拉得紧紧的，但丝毫没有移动；某人推着小车沿运动场绕行一圈；技巧熟练的服务员一手托着盘子，不紧不慢地、平稳地送上菜来. 想一想，推木箱的人、拔河运动员、推车子的人、服务员等是否做了功? 他们都在工作吗?

**功的概念**　一个物体在力的作用下，沿力的方向发生一段位移，在物理学中就说这个力对物体做了功. 如果物体虽受到力的作用，而没有发生位移，或者在力的方向上没有位移，这个力就没有做功. 力和受力物体在力的方向上的位移是做功的两个缺一不可的因素. 因此，我们定义：力和受力物体在力的方向上位移的乘积,叫做力对物体做的功.

图 3-1 中,沿水平方向拉动木箱,如果拉力为 $F$,在力的方向位移为 $x$,那么力 $F$ 做的功 $W$ 是

$$W = F \cdot x \tag{3-1}$$

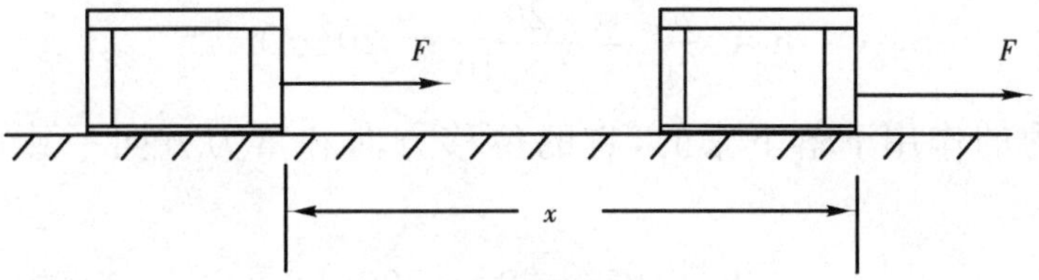


图 3-1 力 F 对木箱做功

在图 3-2 中,当拉力 $F$ 与水平方向(位移方向)之间夹角为 $\alpha$ 时,将力 $F$ 沿平行于位移 $x$ 的方向和垂直于位移方向进行正交分解.在沿水平(位移)方向的分力 $F_1$ 的作用下物体有位移 $x$,沿与位移方向垂直的分力 $F_2$ 的方向上物体没发生位移,所以力 $F$ 做的功就是分力 $F_1$ 的功,即

$$W = F_1 \cdot x = Fx\cos\alpha \tag{3-2}$$

其中的 $\alpha$ 是力 $F$ 与位移 $x$ 的夹角.

功是标量,只有大小,没有方向,但功有正负.由式(3-2)分析可知:

当 $\alpha<90°$ 时,$\cos\alpha>0$,$W>0$,功为正值,表明力对物体做正功;

当 $\alpha=90°$ 时,$\cos\alpha=0$,$W=0$,功为零,表明在力的方向没有位移,力不做功.此时力 F 方向变得垂直向上,这里不考虑力 F 大于重力 G 的情况;

当 $\alpha>90°$ 时,$\cos\alpha<0$,$W<0$,功为负值,表明力对物体做负功,这种情况又常常说成物体克服阻力做功.例如,起重机向上起吊重物时,可以说成重力做负功或物体克服重力做功.

图 3-3 中,$F$ 的水平分力做正功,$F$ 的垂直分力,还有重力 $G$、支撑力 $N$ 都不做功,摩擦力 $f$ 做负功或者说物体克服摩擦力 $f$ 做功.

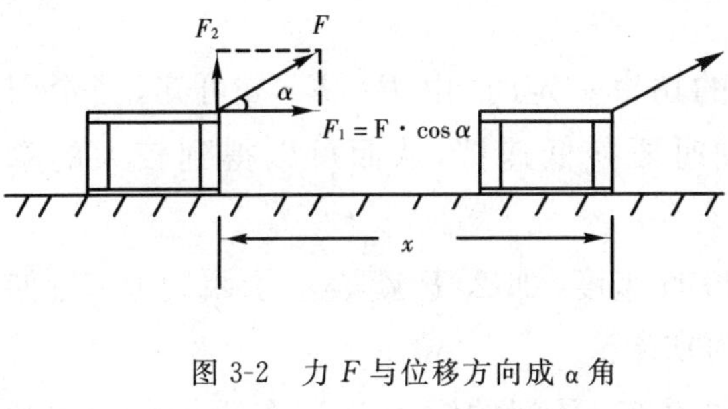


图 3-2 力 $F$ 与位移方向成 $\alpha$ 角

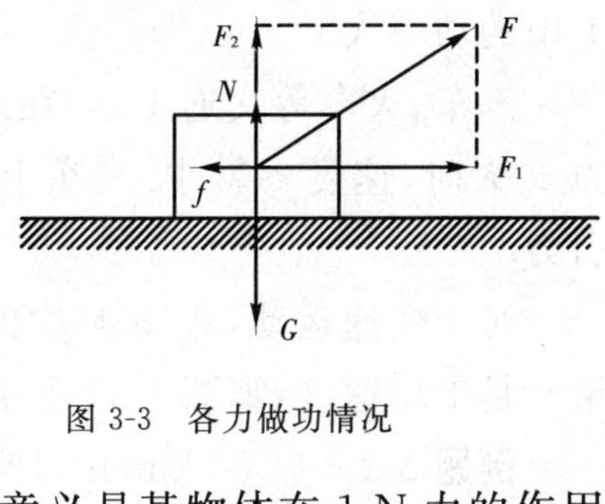


图 3-3 各力做功情况

功的单位是焦耳(J).1 J=1 N·m,其物理意义是某物体在 1 N 力的作用

下，在力的方向上发生 1 m 的位移，力做的功为 1 J.

**例题 3-1** 某建筑工地，一块重 25 N 的砖块从一高度自由落下，落到地面的速度是 20 m/s，求重力所做的功. 计算时取 $g=10\ m/s^2$，不考虑空气阻力.

**解**：应用自由落体运动公式求砖块下落的高度 $h$，由 $v^2=2gh$，得

$$h=\frac{v^2}{2g}=\frac{20^2}{2\times 10}=20(\mathrm{m})$$

砖块是在重力的作用下落下来的，它的位移方向和重力方向一致，所以重力所做的功为

$$W=25\times 20=500(\mathrm{J})$$

**功率** 在功的概念中，并没有考虑做功所用的时间. 在实际的工作中，物体做相同的功，所用的时间往往不同. 从井里提升一桶水，第一个人需用 60 s 的时间，第二个人只需用 40 s 的时间，虽然他们做的功相同，但做功的快慢不同.

在物理学中，表示做功快慢的物理量用功率表示. 功 W 跟完成这些功所用时间 t 的比值，叫做功率，用 $P$ 表示

$$P=\frac{W}{t} \tag{3-3}$$

功率的单位是瓦特，简称瓦(W). 由式(3-3)知，1 W＝1 J/s. 工程上通常用千瓦(kW)，1 kW＝1000 W. 旧的单位制中，还有的用马力作为功率单位，1 马力＝0.735 kW。

把 $W=F\cdot x$ 代入功率公式，可得 $P=\frac{F\cdot x}{t}$，由于 $v=\frac{x}{t}$，所以

$$P=F\cdot v \tag{3-4}$$

式(3-4)是在力 $F$ 与位移 $x$ 方向始终相同的情况下作出的，这表明功率等于力和物体速度的乘积. 我们在登山的时候，慢走和快跑要用力是同样的大(都等于我们的重力)，所不同的是快跑比慢走的速度大，因此快跑上山比慢走上山的功率大.

汽车、火车等交通工具，在发动机的功率一定时，由 $P=F\cdot v$ 可知，当牵引力 $F$ 大时，速度 $v$ 就小. 汽车上坡行驶时要换低速挡，从而可以得到较大的牵引力.

对于变速运动，式(3-4)中的 $v$ 是瞬时速度，那么 $P$ 就表示了瞬时功率；如果 $v$ 是平均速度，那么 $P$ 就表示了平均功率.

**例题 3-2** 以 60 km/h 匀速行驶的火车，受到的阻力是列车重量的 0.003 倍，如果此列车的质量为 $1800\times 10^3$ kg，求机车的功率($g=10\ m/s^2$)

**解** 列车匀速行驶时的牵引力的大小等于阻力的大小.

$$\begin{aligned}F &= 0.003\times mg\\ &= 0.003\times 1800\times 10^3\times 10\\ &= 5.4\times 10^4(\text{N})\end{aligned}$$

速度
$$v=\frac{60\times 10^3}{3600}=\frac{50}{3}(\text{m/s})$$

则由式(3-4)

得
$$\begin{aligned}P &= F\cdot v=5.4\times 10^4\times\frac{50}{3}\\ &= 9.0\times 10^5(\text{W})=900(\text{kW})\end{aligned}$$

**例题 3-3** 如图 3-4 所示,物块重 98 N,在与水平方向成 37°的拉力 F 作用下沿水平面移动 10 m. 已知物块与水平面之间的摩擦因数为 0.2,拉力的大小为 100 N,求:(1)作用在物块上的各力对物块做的总功;(2)合力对物块做的功.

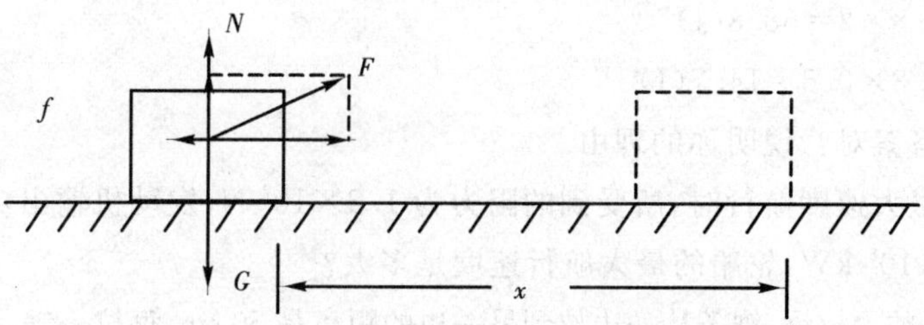


图 3-4

**解** (1)物块共受四个力作用. 重力、支撑力与运动方向垂直,所以 $W_G=0$, $W_N=0$. 拉力 $F$ 做的功

$$W_F=F\cdot x\cos 37^\circ=100\times 10\times 0.8=800(\text{J})$$

摩擦力 $f$ 的大小

$$\begin{aligned}f &= \mu N=\mu(G-F\sin 37^\circ)\\ &= 0.2\times(98-100\times 0.6)=7.6(\text{N})\end{aligned}$$

摩擦力的功

$$W_f=fx\cos 180^\circ=-7.6\times 10=-76(\text{J})$$

各力对物块做的总功

$$W_G+W_N+W_F+W_f=(800-76)=724(\text{J})$$

(2)作用在物块上合力的大小

$$\begin{aligned}F_{合} &= F\cos 37^\circ-f\\ &= (100\times 0.8-7.6)=72.4(\text{N})\end{aligned}$$

合力对物块做的功

$$W_{合} = F_{合} \cdot x = 72.4 \times 10 = 724(\text{J})$$

可以看出,合力对物块做的功等于各个分力对物块做的总功.

## 练　习　3.1

1. 试说明下列各作用力是否做功：

(1)起重机钢绳上挂着重物,当重物静止时,钢绳的拉力；

(2)沿光滑斜面下滑的物块,斜面对物块的支撑力；

(3)在水平路面上匀速行驶的汽车,牵引力和汽车受到的摩擦阻力；

(4)下落物体所受到的空气阻力.

2. 一个小孩把 3 kg 的货物沿着高 0.5 m、长 2 m 的光滑斜面,由底部匀速推到顶端.在计算小孩做功多少时,有两种不同的答案：

(1)$W=3\times9.8\times2=58.8(\text{J})$

(2)$W=3\times9.8\times0.5=14.7(\text{J})$

你认为哪个答案对?说明你的理由.

3. 一艘轮船以最大速度航行时,所受到的阻力为 $1.2\times10^7$ N,发动机输出功率等于它的额定功率 $1.7\times10^5$ kW,轮船的最大航行速度是多大?

4. 木工用 100 N 的力拉锯,锯条从一边拉到另一边的距离是 50 cm,每拉一锯,锯条深入 3 mm,要想把 30 cm 宽的木板锯断,至少需要做多少功?

5. 质量为 $m=4\times10^3$ kg 的汽车,在平地上以 $v_1=10$ m/s 的速度行驶,如果保持功率不变,匀速行驶到一斜坡上,坡度为每 100 m 升高 15 m,则汽车的速度需调至 $v_2=5$ m/s.假设汽车在斜坡上行驶所受的摩擦阻力是平地上的 0.8 倍,问汽车的功率是多大?(提示：应考虑重力沿斜坡的分力)

6. 一台发动机,若安装在汽车上,汽车匀速行驶速度可达到 90 km/h；若安装在船上,船匀速航行的速度可达到 20 km/h.问汽车和船哪个受到的阻力大?两者的阻力之比是多少?

# 3.2　动能　动能定理

**【现象与思考】**　我们知道,握在手里的子弹不会对人造成伤害,而射出的弹头却可能击穿钢板；在射击时,虽然枪的质量比子弹的质量大得多，但被枪撞击的危险要比被子弹击中小得多. 这是什么原因呢？有经验的骑车人往往要在上坡前提高车速；在体育比赛中，撑竿跳高运动员要有一段快速助跑才能用竿把自己举起，腾起初速度是增加跳高高度的关键之一. 想一想，这是为什么？

**能** 流动的河水可以推动水轮机而做功；提升到高处的重锤落下时会把木桩打进土里而做功；被压缩的弹簧放开后会把物体弹开而做功；内燃机气缸里的高温高压气体膨胀时，能够推动活塞对外做功；子弹在击穿钢板时要克服阻力做功. 当物体具有做功的本领时，我们就说，这些物体具有能量. 如果范围再扩大一些，平时我们看到的运动有快慢之分，发声有高低之别，发光有亮有暗，发热有多有寡，电流有强有弱，等等. 不同的运动形式可以用不同形式的能量来量度. 量度机械运动的能，叫做机械能.

物体做功的本领越大，它具有的能量就越多. 做功的过程总是伴随着能量的改变，而且做了多少功，能量会相应地改变多少. 功是能量转化的量度，这是人类经过长期的实践对功和能之间的关系所得到的基本认识.

**动能** 物体由于运动而具有的能量叫做动能. 现在我们通过对质量为 $m$ 的物体做功来定量地确定它的动能大小. 图 3-5 所示，在光滑的水平面上，质量为 $m$ 的物体原来静止，在外力 $F$ 的作用下发生位移 $x$，因此，外力对物体做了功 $W$. 由牛顿第二定律知道，物体在外力作用下产生加速度，经过位移 $x$ 时具有速度为 $v$，同时物体也获得了动能.

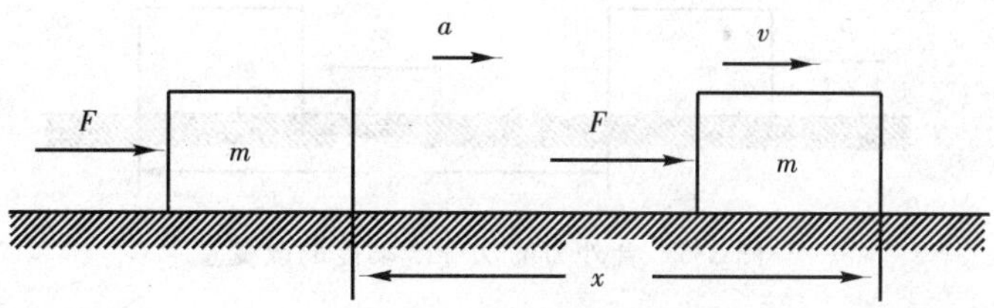


图 3-5　外力 F 的功使物体获得动能

外力 $F$ 的功 $W=F\cdot x$，由牛顿第二定律 $F=ma$，利用运动学公式 $v^2=2ax$，可得

$$W=F\cdot x=ma\frac{v^2}{2a}=\frac{1}{2}mv^2$$

我们把对应于运动物体的初速度和末速度所具有的动能叫做初动能和末动能，用 $E_{k0}$ 和 $E_k$ 表示. 由于功是能量变化的量度，即 $W=E_k-E_{k0}$，如图 3-5 所示初动能为零（$E_{k0}=0$），故

$$E_k = \frac{1}{2}mv^2 \tag{3-5}$$

即物体的动能等于它的质量跟它运动速度平方乘积的一半.

在物理学中,动能是描述物体运动状态的一个重要物理量,是能量的一种形式.动能是标量,而且不可能取负值.动能的单位与功的单位相同.

公式 $E_k=\frac{1}{2}mv^2$ 表明,质量越大、速度越大的物体动能也就越大,对外做功的本领也就越大.撑竿运动员要助跑一段距离,就是要在起跳时具有一定的动能,使其能在起跳后有足够的能量去克服重力做功.骑车人在上坡前加速也是这个原因.在射击中,虽然枪的质量较大,但它向后的速度并不大,所以不危险;但子弹离开枪膛的速度可达 900 m/s,具有很大的动能,因而具有较强的杀伤力.

**动能定理**　如果在光滑水平面上的物体原来不是静止的,而是以速度 $v_1$ 运动,在合外力 $F$ 的作用下位移了 $x$,物体速度由 $v_1$ 变为 $v_2$(图 3-6).力 $F$ 所做的功为

$$W = F\cdot x = max = ma\frac{v_2^2 - v_1^2}{2a}$$

即

$$\left.\begin{aligned} W &= \frac{1}{2}mv_2^2 - \frac{1}{2}mv_1^2 \\ W &= E_{k2} - E_{k1} = \Delta E_k \end{aligned}\right\} \tag{3-6}$$

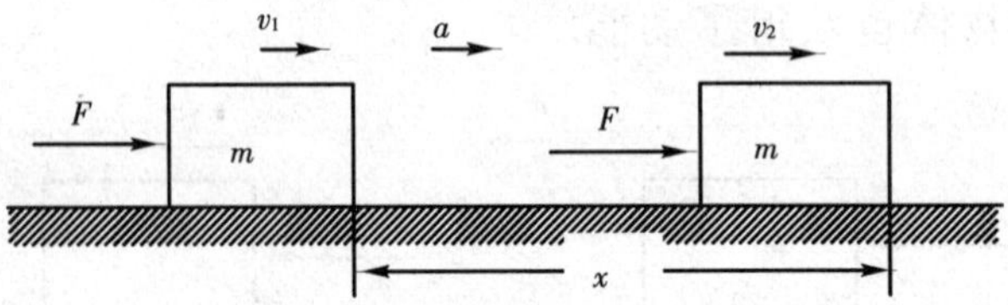


图 3-6　合外力的功等于动能的改变量

上式表明,**合外力对物体所做的功,等于物体动能的改变量**,这个结论称之为**动能定理**.动能定理说明了做功与物体动能变化之间的关系,它是力学中的基本原理之一.

由 $W=\frac{1}{2}mv_2^2-\frac{1}{2}mv_1^2$ 知道,当合外力做正功时($W>0$),物体动能增加;而当合外力做负功或者说物体克服阻力做功时($W<0$),物体的动能就减小.

应该指出,动能定理适用于物体的任何运动过程.物体在外力的持续作用下,在某段路程中,不论力是否变化(即变力),也不论物体运动状态的变化情况如何复杂,合外力对物体所做的功,总是等于物体动能的改变量;反过来,如果知

道了物体动能的变化，合外力的功也就确定了. 因此，动能定理只需讨论一个过程中力对物体做的功与物体始末运动状态之间的关系，而不必去详细分析过程中的细节. 这在解决某些力学问题时比直接运用牛顿运动定律要方便得多.

**例题 3-4**　质量为 8 g 的子弹，以 400 m/s 的速度水平射穿一块固定的木块(图 3-7). 子弹穿出木块后，速度变成 100 m/s，求木块阻力对子弹所做的功(不计空气阻力).

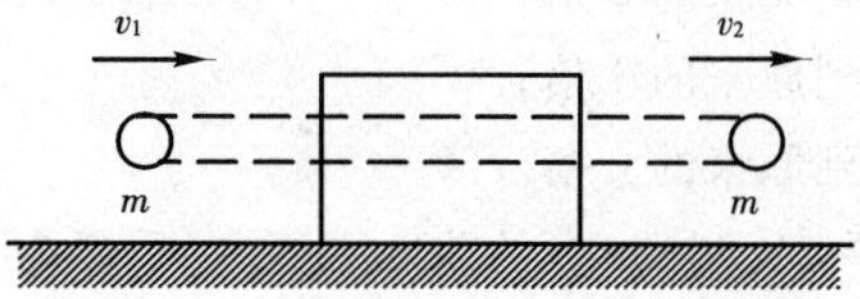


图 3-7

**解**　本题中，木块的阻力是未知的，子弹的位移也未知，不能直接应用功的定义式 $W=F\cdot x$ 来求阻力的功. 根据子弹击穿木块前后的速度和子弹的质量，可以应用动能定理来解.

$$W=E_{k2}-E_{k1}=\frac{1}{2}mv_2^2-\frac{1}{2}mv_1^2$$

$$=\frac{1}{2}m(v_2^2-v_1^2)$$

代入数值，得

$$W=\frac{1}{2}\times 8\times 10^{-3}\times(100^2-400^2)=-600(\text{J})$$

功为负值，表明阻力做功或者说子弹克服阻力(或反抗阻力)而做了 600 J 的功.

**例题 3-5**　质量 $m=0.5$ kg 的小球，从距地面高 $h=20$ m 处由静止落下，着地时小球的速度 $v=18$ m/s. 求小球下落过程中空气对小球的平均阻力(图 3-8).

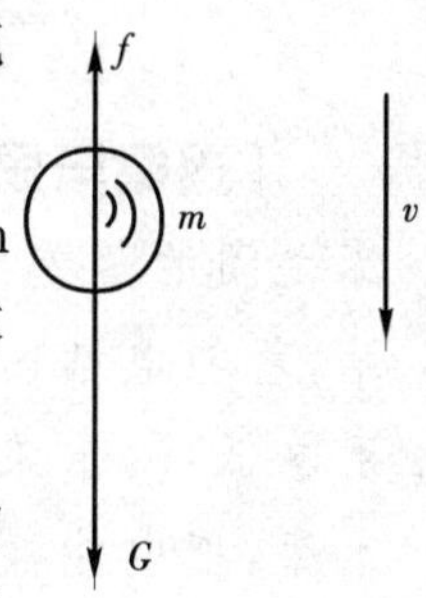


图 3-8

**解**　小球在下落过程中受重力 $G$ 和空气的平均阻力的作用，如图 3-8 所示. 其合外力是 $G-f=mg-f$. 根据动能定理，有

$$(mg-f)h=\frac{1}{2}mv^2$$

平均阻力

$$f=mg-\frac{mv^2}{2h}=0.5\times\left(9.8-\frac{18^2}{2\times 20}\right)=0.85(\text{N})$$

## 练 习 3.2

1. 改变运动物体的质量和速度，都能使物体的动能发生变化. 在下列几种情况中，物体的动能各是原来的几倍？

   (1)质量不变，速度增大到原来的 2 倍；

   (2)速度不变，质量增大到原来的 2 倍；

   (3)质量减半，速度增大到原来的 4 倍；

   (4)速度减半，质量增大到原来的 4 倍.

2. 一质量 $m=7.8$ g 的子弹，以 800 m/s 的速度飞行. 一质量为 60 kg 的人，以 3 m/s 的速度奔跑，哪个动能大？

3. 质量 $m=0.02$ kg 的子弹以 $v_1=600$ m/s 的速度射穿一块厚度 $s=10$ cm 的固定木块，已知木块对子弹的平均阻力 $f=2\times10^4$ N，试求子弹穿过木块后的速度 $v_2$ 是多大？

4. 质量 $m=4$ kg 的铅球，从离沙坑面高度 $h=1.9$ m 处自由下落，铅球落入沙坑后在沙坑中继续运动了 $s=0.1$ m 后停止. 试求沙坑对铅球的平均阻力($g=10\ \text{m/s}^2$).

5. 在长为 $2\times10^3$ m 的一段水平铁轨上，列车的速度由 10 m/s 均匀地增加到 15 m/s. 如果列车的质量为 $2\times10^6$ kg，列车与铁轨的动摩擦因数为 0.0025，求机车牵引力所做的功.

## 3.3 势 能

**【现象与思考】** 北京十三陵水库建有上水库和下水库，上、下水库之间的落差有 480 m，在上下水库之间的山体内建有抽水蓄能电站，蓄能电站内安装有水泵机组，也安装有发电机组. 在午夜之后的用电低谷，水泵机组运行，用电网内多余的电能把下水库的水抽到上水库，把电能换成水的势能(重力势能)贮存起来；在用电高峰时，发电机组由上水库向下库放水发电，像常规水电站一样，把水的势能换成电能向电网输送，补充电力的不足. 十三陵水库利用水的势能循环发电，每年可创产值 50—70 亿元.

许多小朋友喜欢玩弹弓打靶的游戏，被拉长的弹弓橡皮蓄势待发(弹性势能)，放手后会把小石子迅速地射出去，并且橡皮绳拉得越长，小石子射出去的速度也越大. 你知道上述现象中的重力势能和弹性势能在物理中是如何表述的吗？

**重力势能** 高处的物体落向地面，重力要做功. 物体离地面越高，落下时重力做的功也越多，这种做功的本领是由物体离开地面的高度来决定的. 我们把由物体和地球之间相对位置来决定的能，叫做**重力势能**. 例如高处的重锤、高空中的飞机、太空中的人造地球卫星等都具有重力势能.

必须指出，重力势能不是地面上的物体所独有，而是物体与地球所共有. 重力是地球与物体间相互作用的引力，没有重力（或引力）也谈不上重力做功和重力势能了. 不过我们常常习惯上说："重锤具有多大重力势能"或"飞机具有多大重力势能".

在计算重力势能的大小时，通常取物体在地面处的重力势能为零，即零势能面，物体在某一高度处的重力势能可以用它落回地面时重力所做的功来量度.

图 3-9 中，设物体的质量为 $m$，距地面的高度为 $h$，物体受到的重力 $G=mg$，当它落回地面时重力的功为

$$W_G = G \cdot h = mgh$$

这就是物体在高度 $h$ 处的重力势能，用 $E_p$ 表示重力势能，则

$$E_p = mgh \tag{3-7}$$

这就是说，重力势能等于物体的重量 $mg$ 和它离开地面高度 $h$ 的乘积，或者说：重力势能等于物体的质量、重力加速度和离开地面高度的乘积. 重力势能也是标量，它的单位是焦耳(J).

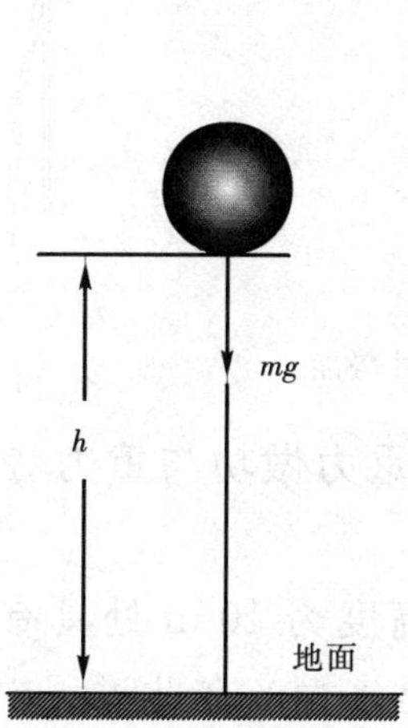


图 3-9 重力势能

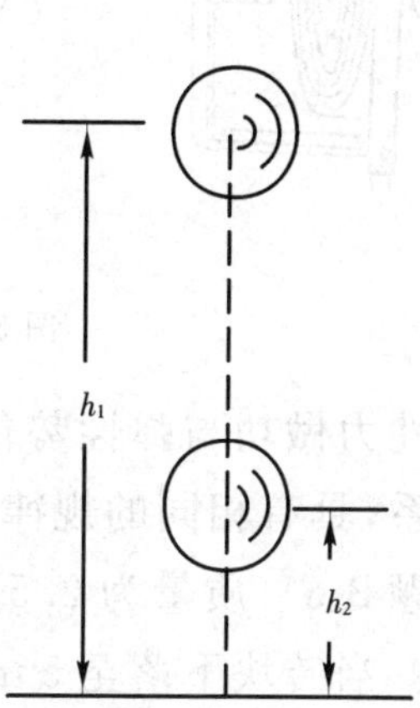


图 3-10 重力的功与重力势能的变化

现在应该清楚，相对于地面某一高度的物体，即便是静止的，也具有重力

势能,当它落回地面时或在下落的过程中,重力势能释放而对外做功,所以施工人员进入工地必须要佩带安全帽.

水电站发出的电在用电低谷期间,利用多余的电力把大坝下的水泵到大坝上的水库里,增加水的重力势能,达到储能的目的.

现在来分析重力做功与重力势能变化之间的关系.图 3-10 中,物体质量为 $m$,自距地面高为 $h_1$ 处开始下落,当物体至距地面高为 $h_2$ 时,重力做功 $W_G = mg(h_1 - h_2) = mgh_1 - mgh_2$,即

$$W_G = E_{p1} - E_{p2} \tag{3-8}$$

式(3-8)表明:重力做正功时($W_G > 0$),物体重力势能减小;重力做负功时($W_G < 0$),物体的重力势能增大.

**弹性势能** 被拉伸或压缩的弹簧、拧紧的发条等发生弹性形变的物体,它们的内部各部分之间的相对位置发生了变化,在它们恢复到原来状态的过程中,弹力要做功.例如被张紧后释放的弓、正在击球的球拍、撑竿运动员在起跳过程中的撑竿等(图 3-11).这种做功的本领是由物体的弹性形变而引起的,我们称为弹性势能.

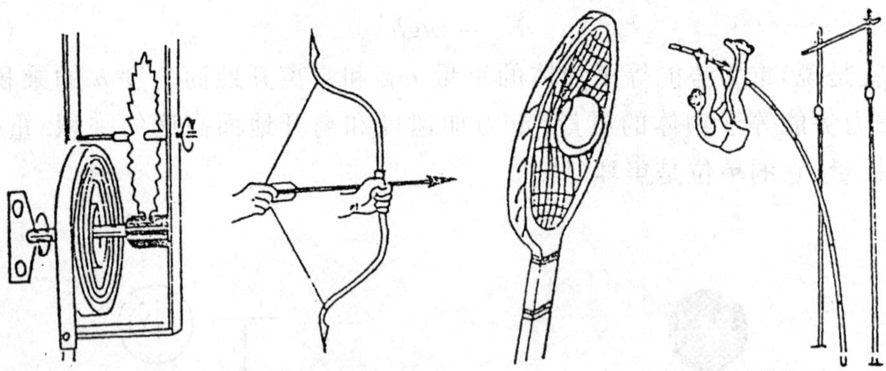

图 3-11 弹性形变的物体具有弹性势能

弹性力做功与弹性势能变化之间的关系,同重力做功与重力势能变化之间的关系,具有相同的规律.

**例题 3-6** 质量为 2.5 kg 的砖块,在距地面高度为 10 m 处具有多大的重力势能?当砖块下落至 5 m 高度时,重力势能又是多大?在此过程中重力势能减少了多少?重力对砖块做了多少功?

**解** 选地面为零势能面,在 10 m 高处的重力势能 $E_{p1}$ 为

$$E_{p1} = mgh_1 = 2.5 \times 9.8 \times 10 = 245(\text{J})$$

在 5 m 高处的重力势能 $E_{p2}$ 为

$$E_{p2} = mgh_2 = 2.5 \times 9.8 \times 5 = 122.5(\text{J})$$

重力势能的减少 $\Delta E_p$ 为

$$\Delta E_p = E_{p1} - E_{p2} = 245 - 122.5 = 122.5(\text{J})$$

重力做的功 $W_G$ 为

$$W_G = mgh_1 - mgh_2 = E_{p1} - E_{p2} = 122.5(\text{J})$$

**例题 3-7**　如图 3-12 所示，有一质量为 $m$ 的小球，分别从距地面高为 $h_1$ 的 $A$ 点和 $B$ 点沿直线路径 $AD$ 和 $BD$ 运动到距地面高度为 $h_2$ 的 $D$ 点，比较这两种情况重力对物体所做的功（$AD$ 与竖直方向夹角为 $\alpha$，$BD$ 与竖直方向夹角为 $\beta$）.

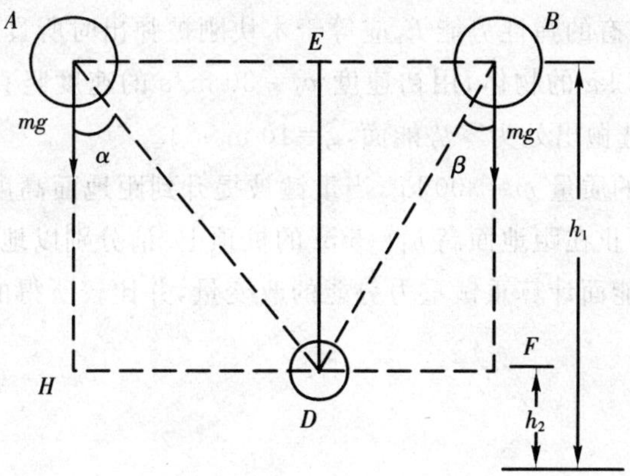


图 3-12

**解**　沿直线 $AD$ 移动到 $D$ 点物体重力所做的功为

$$W_{AD} = mg \cdot AD\cos\alpha = mg(h_1 - h_2) = mgh_1 - mgh_2$$

沿直线 $BD$ 移动到 $D$ 点物体重力所做的功为

$$W_{BD} = mg \cdot BD\cos\beta = mg(h_1 - h_2) = mgh_1 - mgh_2$$

我们进一步研究会发现，若将小球从 $A$ 点沿 $AED$ 路径和从 $B$ 点沿 $BFD$ 路径移到 $D$ 点，重力所做的功仍然是 $W_G = mgh_1 - mgh_2$. 这可以得到一个结论：对于一定质量的物体来说，不论物体沿任何路径移动，重力对物体所做的功，只跟起点和终点的位置有关.

## 练　习　3.3

1. 质量相同的正立方体木块和铁块，放在同一个水平桌面上，哪一个具有较大的重力势能？如果把它们从桌面搬到比桌面高的橱顶上，外力对它们做的功哪一个多？为什么？

2. 为什么说重力势能是一相对量？重力的功与零势能面的选择有没有关系？

3. 起重机把货物提升到相同的高度，在下列三种情况下，哪一种情况发动机做功最多？哪一种情况发动机做功最少？为什么？

(1)匀加速提升；

(2)匀速提升；

(3)匀减速提升.

4. 质量为 $m$ 的木块被压缩的弹簧弹出后，在水平桌面上滑行了距离 $s$ 后停止，若桌面与木块间的动摩擦因数为 $\mu$，试求木块刚被弹出时的速度和弹簧被压缩时的弹性势能.（提示：弹簧被压缩时具有的弹性势能 $E_p$ 应等于木块刚被弹出时所具有的动能 $E_k$).

5. 把一个质量 $m=0.2$ kg 的物体，用初速度 $v_0=30$ m/s 的速度竖直向上抛出.求抛出后 2 s 末的重力势能（选抛出处为零势能面，$g=10\ \text{m/s}^2$).

6. 某工地打桩机重锤的质量 $m=300$ kg，当重锤被提升到距地面高度 $h=12$ m 时，让其自由落下击桩，最后静止在距地面高 $h_1=5$ m 的桩顶上.请分别以地面为零势能面和以击桩后的桩顶为零势能面计算重锤重力势能的改变量，并比较所得的结果.

## 3.4 机械能守恒定律　功能原理

**【现象与思考】** 凡是在露天游乐场游玩的游客，不论是大人还是小孩，都想去尝试一下翻滚过山车的“滋味”，那可够刺激、够惊心动魄的.

当翻滚过山车缓缓从轨道一侧的顶端释放时速度为零，但到达底部时速度变得很大，过山车此时获得了巨大的动能，并且以这巨大的动能冲上环形轨道.随着过山车的升高，速度越来越小，动能相应减小，经过环形轨道的最高点时，过山车又获得了巨大的势能，随后动能又逐渐开始增大，最后冲向另一侧的顶端时停止.仔细观察不难发现，过山车在最高时势能最大，但动能最小.随着过山车的下降，势能也逐渐减小，但动能在逐渐增大.这就是动能与重力势能的相互转化，那么这种相互转化遵从什么样的规律呢？

**机械能守恒定律**　在本章第二节里曾经讲过：量度机械运动的能叫做机械能.前面我们已经学过的动能、重力势能、弹性势能都是量度机械运动的能，所以，动能、重力势能、弹性势能统称为**机械能**. 不同形式的机械能之间是可以相互转化的. 例如竖直上抛物体的运动，上升阶段动能逐渐减小，重力势能逐渐增大，动能转化为势能；下落阶段重力势能不断减小，动能逐渐增大，势能又转化为动能. 想一想，翻滚过山车也是这样吗？

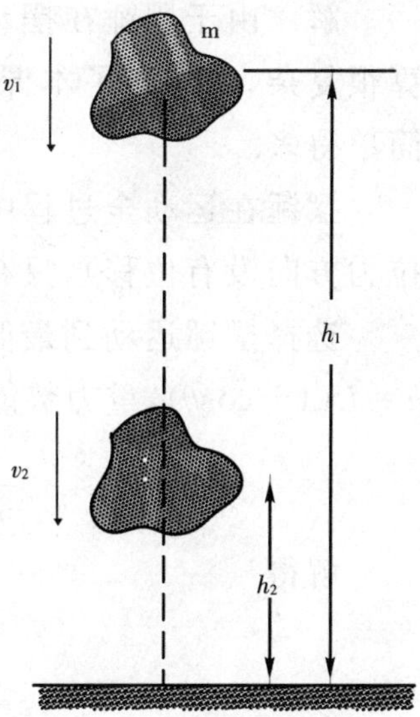


图 3-13　物体下落过程中动能与重力势能相互转化

在图 3-13 中，质量为 $m$ 的物体做下落运动，选地面为零势能面，当物体在 $h_1$ 高度时，速度为 $v_1$，在 $h_2$ 高度时，速度为 $v_2$，不计空气阻力，下落过程中只有重力做功. 由动能定理，重力做的功（正功）

$$W_G = \frac{1}{2}mv_2^2 - \frac{1}{2}mv_1^2$$

同时重力做的功，又使物体具有的重力势能减小，即

$$W_G = mgh_1 - mgh_2$$

可见物体在下落的过程中动能的增加量恰好等于重力势能的减少量，即

$$\frac{1}{2}mv_2^2 - \frac{1}{2}mv_1^2 = mgh_1 - mgh_2 \tag{3-9}$$

上式可改写为

$$\left.\begin{aligned} \frac{1}{2}mv_1^2 + mgh_1 &= \frac{1}{2}mv_2^2 + mgh_2 \\ \text{或}\quad E_{k1} + E_{p1} &= E_{k2} + E_{p2} \end{aligned}\right\} \tag{3-10}$$

式(3-10)表明，在物体下落过程中，动能和重力势能可以相互转化，但在任一时刻动能和重力势能之和是守恒的. 当动能增加某一数值时，重力势能必减少同一数值（或等量的减少），反之亦然. 例如物体在竖直上抛过程中，随着物体的升高，其重力势能逐渐变大而动能则逐渐变小，到达最高点时（$v=0$），动能全部转化为势能，重力势能达最大值. 可见，**只在重力做功的条件下，物体的动能和重力势能必相互转化，在任一位置或任一时刻，其总和（即机械能）保持恒定，这就是机械能守恒定律.**

不仅仅是重力做功，机械能总和保持不变. 其实当弹性力做功时，物体的动能和弹性势能相互转化，在任一位置或任一时刻机械能总和也保持不变，即机械能守恒.

**例题 3-8**　质量为 $m$ 的摆锤，由长为 $L$ 的细绳挂起，在竖直平面内摆动，如图 3-14 所示. 已知当摆角为 $\theta$ 时，摆锤的速度为零. 试求摆锤运动到最低点时的速率 $v$（空气阻力不计）.

**解** 由于摆锤在摆动过程中，速率在不断地变化，若用牛顿定律求解，计算很复杂，也超出了本课程要求的范围. 如果运用机械能守恒定律来求解，则简单得多.

摆锤在运动全过程中受绳子拉力（张力）和重力作用，绳子拉力不做功（沿拉力方向没有位移），只有重力做功，所以机械能守恒.

选择摆锤运动到最低点时的位置为零势能面，当摆角为 $\theta$ 时，摆锤的高度 $h=L(1-\cos\theta)$，重力势能为 $mgL(1-\cos\theta)$，根据机械能守恒定律式(3-10)，有

$$\frac{1}{2}mv^2+0=0+mgL(1-\cos\theta)$$

解得

$$v=\sqrt{2gL(1-\cos\theta)}$$

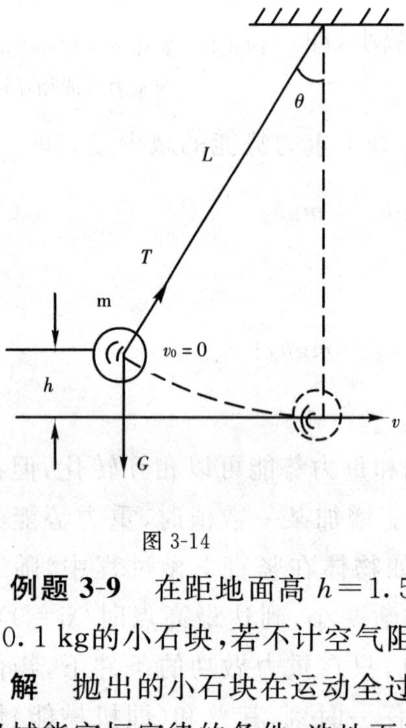


图 3-14

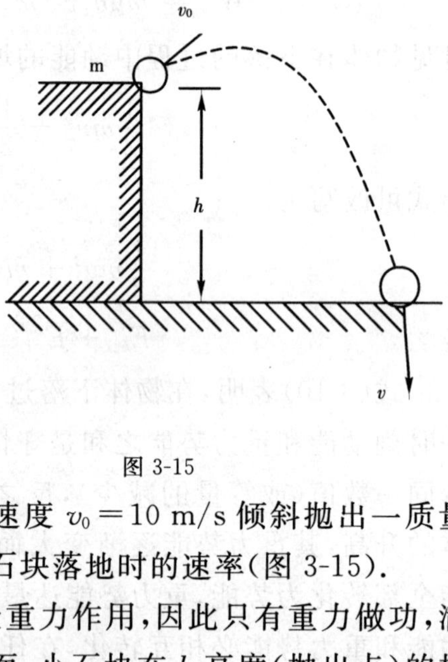


图 3-15

**例题 3-9** 在距地面高 $h=1.5$ m，以初速度 $v_0=10$ m/s 倾斜抛出一质量 $m=0.1$ kg的小石块，若不计空气阻力，求小石块落地时的速率(图 3-15).

**解** 抛出的小石块在运动全过程中只受重力作用，因此只有重力做功，满足机械能守恒定律的条件. 选地面为零势能面，小石块在 $h$ 高度（抛出点）的机械能为$\frac{1}{2}mv_0^2+mgh$，落到地面时的机械能$\frac{1}{2}mv^2$，根据式(3-10)，有

$$\frac{1}{2}mv_0^2+mgh=\frac{1}{2}mv^2+0$$

解得

$$v=\sqrt{v_0^2+2gh}=\sqrt{10^2+2\times9.8\times1.5}$$
$$=11.4(\text{m/s})$$

想一想，抛射的角度对落地速度的大小有影响吗？

**功能原理** 现在来思考这样一些现象，火车在水平轨道上加速，重力势能没有变化，动能却越来越大，机械能不断增加；跳伞运动员匀速下落，动能没有变化，重力势能却越来越小，机械能不断减小，它们的机械能为什么不守恒了？

类似上面机械能不守恒的现象很多. 但仔细观察你就会发现，除了重力对这些物体做功以外，还有其他的力对物体做功. 火车是由于牵引力做功，跳伞运动员是克服空气阻力做功，才使得它们的机械能发生变化而不守恒了. 功能原理就是描述除重力外的其他外力对物体做功与物体机械能变化之间的定量关系.

图 3-16 中，质量为 $m$ 的小车在沿斜面向上的外力 $F$ 的作用下，由高为 $h_1$ 的位置上行到高为 $h_2$ 的位置，速度由 $v_1$ 变化到 $v_2$. 在上行运动中，小车受到牵引力 $F$、重力 $G$、支撑力 $N$ 和摩擦力 $f$ 的作用. 可以看出支撑力 $N$ 不做功(沿 $N$ 方向没有位移)，牵引力的功是 $W_F$. 根据动能定理，合外力的功等于物体动能

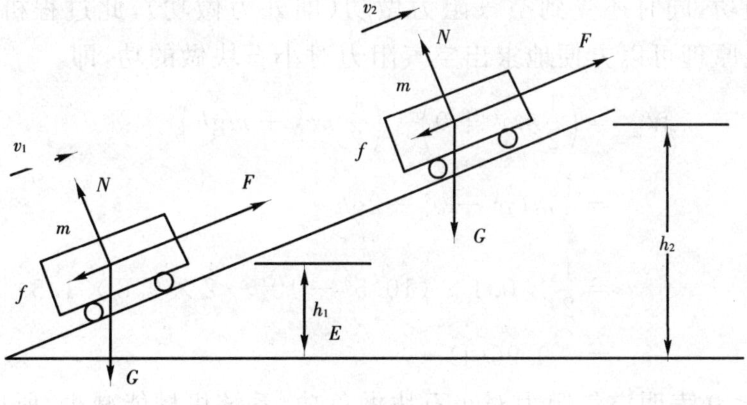


图 3-16 小车在 F 作用下沿斜面上行

的改变量，即

$$W_F + W_G + W_f = \frac{1}{2}mv_2^2 - \frac{1}{2}mv_1^2 \tag{3-11}$$

将重力的功与重力势能变化之间的关系 $W_G = mgh_1 - mgh_2$ 代入上式，并移项得

$$W_F + W_f = (\frac{1}{2}mv_2^2 + mgh_2) - (\frac{1}{2}mv_1^2 + mgh_1)$$

即

$$W_F + W_f = E_2 - E_1 \tag{3-12}$$

上式中 $E_1$ 和 $E_2$ 分别表示小车在高度 $h_1$ 和 $h_2$ 处的机械能. 通常将式(3-12)写成

$$W_{外} = E_2 - E_1 \tag{3-13}$$

$W_{外}$ 中不包括重力和弹性力所做的功，或者说除重力和弹性力的功之外的

所有外力的功之和.式(3-13)表明,除重力做功外,其他外力所做的功的总和等于物体机械能的改变量,这就是功能原理.

当$W_{外}>0$,即外力对物体所做功之和为正功时,物体的机械能增加;

当$W_{外}<0$,即外力对物体所做功之和为负功时,物体的机械能减少;

当$W_{外}=0$,即外力对物体所做功之和为零时,物体的机械能不变化,此时机械能守恒.

总之,物体机械能发生变化,都是因为外力对物体做了功,外力做了多少功,则机械能就相应增加多少;若物体克服外力做了多少功,则机械能就相应减小多少.

**例题 3-10** 仍以例题 3-9 为例,如果考虑空气阻力对抛出小石块的影响,且已知小石块落地时的速率为 10.5 m/s,求空气阻力对小石块做的功.

**解** 小石块从被抛出至落地过程中受空气阻力作用,因此小石块不但受到重力做功,同时还受到空气阻力做功(即外力做功),此过程机械能不守恒.运用功能原理可以方便地求出空气阻力对小石块做的功,即

$$\begin{aligned} W_{阻} &= \left(\frac{1}{2}mv^2+0\right)-\left(\frac{1}{2}mv_0^2+mgh\right) \\ &= \frac{1}{2}m(v^2-v_0^2-2gh) \\ &= \frac{1}{2}\times 0.1\times(10.5^2-10^2-2\times 9.8\times 1.5) \\ &= -0.96(\mathrm{J}) \end{aligned}$$

$W_{阻}<0$ 表明空气阻力对小石块做负功,系统机械能减少,所以小石块落地时的速率 10.5 m/s 小于不计空气阻力作用时落地的速率 11.4 m/s.

## 练　习　3.4

1. 机械能守恒定律的内容是什么?在什么条件下机械能守恒?举例说明.
2. 下列实例中,哪些机械能是守恒的?哪些机械能不守恒?简要说明理由.
   (1)抛出的小球作斜抛运动(不计空气阻力);
   (2)跳伞员带着张开的降落伞匀速下降;
   (3)小球沿光滑圆弧槽滑下.
3. 功能原理的内容是什么?运用功能原理时应注意什么?
4. 有人说:"自由落体在下落过程中,动能的增加量等于势能的减少值加上重力对落体所做功."这种说法对吗?为什么?

5. 竖直上抛一个物体，初速度为 19.6 m/s，求物体所能达到的最大高度（不计空气阻力）.
6. 质量 $m=2.5$ kg 的砖块，从离地面高 $h=18$ m 处自由落下. 求砖块落至离地面 2 m 高处的动能.
7. 图 3-17 所示，物块由静止开始沿半径为 $R$ 的光滑圆弧从 $A$ 点滑至最低点 $B$，求物块在 $B$ 点处具有的速率.

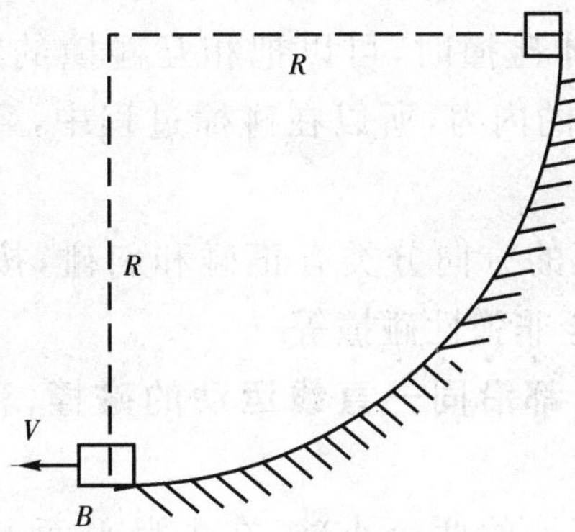

图 3-17

## 3.5　碰　撞

**【现象与思考】** 1995 年，一个著名的事件引起了全世界的关注，这就是一颗太阳系的彗星（苏梅克·利维）要撞向木星. 这是人类有史以来所能看到的最大的天体碰撞事件. 撞击时迸发出辉煌的亮光，其亮度已超过太阳表面的亮度，其温度达到了 10000℃ 以上.

日常生活中，碰撞对于我们来说并不陌生，玻璃弹子游戏或打桌球都是碰撞的例子. 玩玻璃弹子时，用一个弹子去撞另一个静止不动的、质量相同的弹子，撞击以后，原来运动的弹子会立即停下来，而静止的弹子差不多以撞击它的弹子所具有的速度飞开.

你可以动手做一个实验，把棋子摆成一行，即使摆得很长也没关系，只要相互紧挨着. 用另外一个棋子去撞击排成行的第一个棋子，结果如何呢？排成一行的最后一个棋子飞跑出去，而其他的棋子则没动. 为什么会出现这样的现象？物体间的相互撞击有什么样的规律呢？

**碰撞**　两个或两个以上物体相遇发生相互作用，在很短的时间内，它们的运动状态发生显著变化的过程，叫做碰撞.在生产实际和科学研究领域中，大量存在碰撞问题.例如打桩、冲压、锻铁以及中靶、击球、敲打、着地等过程都是碰撞过程.对碰撞问题的研究在物理学中占有重要的地位.

宏观的碰撞过程的主要特征是，在短促的时间内，碰撞物体之间相互作用力很大，而其他的作用力(例如重力、摩擦力等)相对来说是很小的，可以忽略不计.这样我们在处理物体碰撞时，可以把相互碰撞的物体作为一个系统，系统内仅有物体间相互作用的内力，所以在碰撞过程中，系统一般服从动量守恒定律.

碰撞如果按相对速度的方向分类有正碰和斜碰；按碰撞的性质分类有弹性碰撞、非弹性碰撞和完全非弹性碰撞等.

**两个物体相互作用后都沿同一直线运动的碰撞，称为正碰**.本节只讨论正碰.

设质量分别为 $m_1$ 和 $m_2$ 的两个小球，在光滑平面上自由运动时发生了正碰.图 3-18 中，把正碰过程分为两个阶段.第一阶段由两球开始接触，相互作用引起形变，从而产生弹力，使两球速度改变，直到两球具有相同的速度，这个阶段称为压缩阶段；第二阶段是两球形变减小，逐渐分离，形变完全消失，两球完全分离，这个阶段称为恢复阶段.

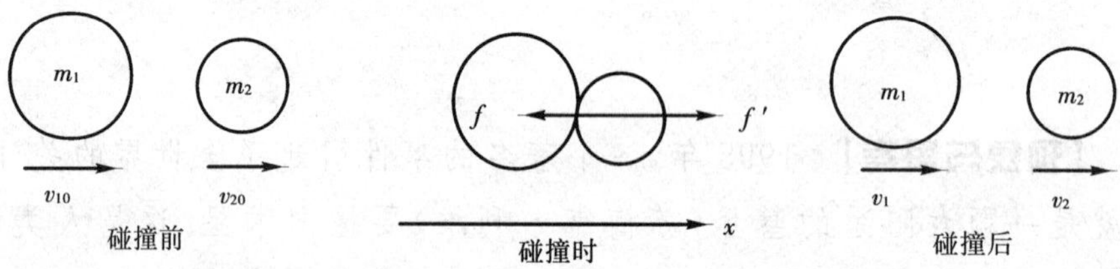


图 3-18　两球正碰

如果两个小球都是弹性体(例如钢球、玻璃球等)，那么两小球在压缩阶段动能转变为弹性势能，在恢复阶段弹性势能又全部转变为动能(形变完全消失).结果是碰撞前后的总动能保持不变(或动能守恒)，这样的碰撞称为弹性碰撞.

有的物体在碰撞后形变不能完全消失，一部分动能转变为其他形式的能量(如内能、势能等)，结果是碰撞前后的总动能不守恒，这样的碰撞称为非弹性碰撞.

如果在碰撞过程中两物体发生的形变全部保留为永久性形变，碰后两物体合为一体，这样的碰撞称为完全非弹性碰撞.显然该碰撞前后的总动能也是不守恒的.

**弹性碰撞** 如图 3-18 中，设两个弹性小球碰撞前的速度分别是 $v_{10}$ 和 $v_{20}$，碰撞后的速度分别是 $v_1$ 和 $v_2$，根据动量守恒定律，有

$$m_1 v_{10} + m_2 v_{20} = m_1 v_1 + m_2 v_2 \tag{1}$$

因为是弹性碰撞，碰撞前后动能守恒，即

$$\frac{1}{2}m_1 v_{10}{}^2 + \frac{1}{2}m_2 v_{20}{}^2 = \frac{1}{2}m_1 v_1^2 + \frac{1}{2}m_2 v_2^2 \tag{2}$$

联解(1)、(2)两式，可得弹性碰撞后两球的速度为

$$v_1 = \frac{(m_1 - m_2)v_{10} + 2m_2 v_{20}}{m_1 + m_2}$$

$$v_2 = \frac{(m_2 - m_1)v_{20} + 2m_1 v_{10}}{m_1 + m_2} \tag{3-14}$$

分析式(3-14)可得弹性碰撞的两种特殊情况：

(1)当 $m_1 = m_2$ 时，有 $v_1 = v_{20}$，$v_2 = v_{10}$，这表明两个质量相同的小球弹性碰撞后互换速度，玻璃球、台球等碰撞属于这种情形；

(2)当 $m_2 \gg m_1$，且 $v_{20} = 0$ 时，有 $v_1 = -v_{10}$，$v_2 = 0$，这表明碰撞以后，质量很小的物体将以原来同样大小的速度被反弹回去，而质量很大的物体仍保持静止. 弹性很好的球(例如乒乓球、排球等)在地面上弹跳或从墙面弹回都属于这种情形.

**完全非弹性碰撞** 这样的碰撞动能不守恒，碰撞后两球合为一体，以同一速度 $v$ 运动，即

$$v_1 = v_2 = v,$$

因为完全非弹性碰撞时合外力为零，所以动量仍然守恒，把 $v_1 = v_2 = v$ 代入(1)，得碰撞后的速度：

$$v = \frac{m_1 v_{10} + m_2 v_{20}}{m_1 + m_2}$$

碰撞前两球的动能之和：

$$E_{k0} = \frac{1}{2}m_1 v_{10}{}^2 + \frac{1}{2}m_2 v_{20}{}^2$$

碰撞后两球动能之和：

$$E_k = \frac{1}{2}(m_1 + m_2)v^2$$

由此可以证明，碰撞前后动能不守恒，且系统总动能是减少的，其动能损失为

$$E_{k0} - E_k = \frac{1}{2}\frac{m_1 m_2}{m_1 + m_2}(v_{10} - v_{20})^2 \tag{3-15}$$

同学们可以想一想，完全非弹性碰撞过程中，损失的动能有可能变成什么了？

**例题 3-11** 如图 3-19 所示，质量为 $m_1=10\times10^{-3}$ kg的子弹水平射入质量为 $m_2=5$ kg 的悬挂的静止沙箱，子弹留在沙箱内并和沙箱一同摆到高为 $h=10$ cm 处，求子弹射入沙箱前的速度和在此过程中机械能的损失.

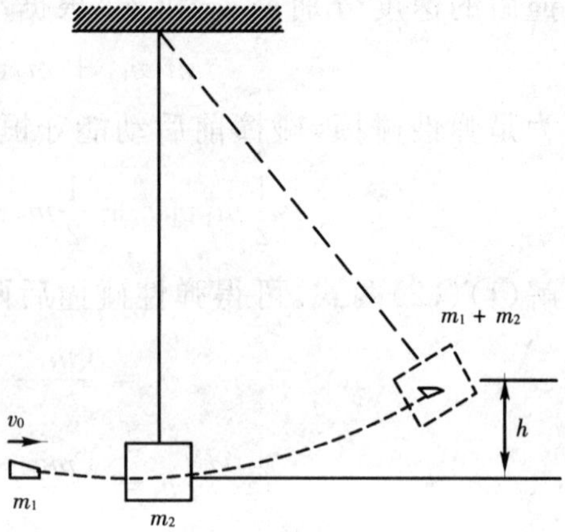

图 3-19

**解** 把整个过程分为两个阶段，第一阶段是完全非弹性碰撞，子弹射入沙箱后，两者以同一速度 $v$ 运动，系统总动量守恒，即

$$m_1v_0=(m_1+m_2)v \qquad (1)$$

第二阶段，子弹与沙箱一同运动上升至高为 $h$ 处，不考虑空气阻力，这一运动过程只有重力做功，子弹与沙箱组成的系统机械能是守恒的(根据机械能守恒定律条件)，选沙箱静止时的高度处为零势能面，则

$$\frac{1}{2}(m_1+m_2)v^2=(m_1+m_2)gh \qquad (2)$$

联立(1)、(2)两式解得

$$\begin{aligned} v_0&=\frac{m_1+m_2}{m_1}\sqrt{2gh} \\ &=\frac{10\times10^{-3}+5}{10\times10^{-3}}\times\sqrt{2\times9.8\times0.1} \\ &=701.4(\text{m/s}) \end{aligned}$$

子弹射入沙箱前系统的总机械能：

$$\begin{aligned} E_0&=\frac{1}{2}m_1v_0^2=\frac{1}{2}\times10\times10^{-3}\times701.4^2 \\ &=2459.8(\text{J}) \end{aligned}$$

子弹射入沙箱后系统的总机械能：

$$\begin{aligned} E&=\frac{1}{2}(m_1+m_2)v^2=\frac{1}{2}\times(10\times10^{-3}+5)\times2\times9.8\times0.1 \\ &=4.9(\text{J}) \end{aligned}$$

其中 $v^2$ 由(2)式得 $v^2=2gh$.

机械能的损失为：

$$E_0-E=2459.8-4.9=2454.9(\text{J})$$

本例中损失的机械能几乎全部转化为热能(子弹与砂摩擦而产生的热量).

## 阅读材料

# 飞机防飞鸟

2009 年 1 月 15 日，美国全美航空公司一架载有 155 人的空中客车 A320 客机，从纽约长岛拉瓜迪亚机场起飞后约 5 分钟时撞上飞鸟，两个发动机“瞬间死亡”. 幸运的是机长沉着应对，驾驶飞机在哈得孙河上成功实现了航空史上第一次大客机水面紧急迫降，机上人员全部获救.

飞机被鸟撞的事故常有发生，它已经成为威胁航空安全的重要因素之一，因飞鸟撞飞机而引发的事故已被国际航空联合会定为 A 类空难. 据了解，全世界每年约有 7500 架次飞机受到不同程度的鸟击，造成机毁人亡的事件偶有发生. 从 1960 年到 2007 年，“鸟击”至少造成了 78 架民用飞机损失、201 人丧生，250 架军用飞机损失、120 名飞行员丧生. 在美国，“鸟击”造成的经济损失高达每年 6 亿美元. 在我国，“鸟击”造成的飞行事故已占事故总数的 1/3，我国民航班机常受到鸟的威胁，从 2002 年到 2007 年共发生了 1025 次鸟击事件.

飞机这个庞然大物为什么经不起小鸟的撞击? 其实因为飞机速度很快，与鸟相撞，冲击力就大得惊人. 据估算，一只体重为 3 kg 左右的鸟儿与飞机相撞时，可以产生 16 t 的冲击力，对飞机来说无异于遭到一枚导弹的袭击. 所以飞机碰上飞鸟，就可能酿成惨祸.

研究如何防止鸟撞已经成为航空部门的一个重要课题. 研究发现，鸟主要在白天低空活动，特别是在春夏季节鸟类迁徙、繁殖期，大批鸟容易飞来飞去. 战斗机低空训练和民航客机起降过程中，容易与鸟相撞. 防鸟撞需要采取综合措施，如在飞机上涂猛禽图案等，但在机场利用设备驱鸟是民航飞机防鸟撞的主要途径，效果也最明显.

1999 年初，我国首都机场引进了一套驱鸟设备，是一套典型的综合驱鸟系统，分为 40 余组，分别安装在机场跑道两侧或鸟容易出没的草丛中.

第一种是被称为“驱鸟王”的声音驱鸟系统. 它可以交替发出 18—20 种本机场常见的鸟哀鸣，使鸟感到恐惧而离开.

第二种有点像气球和彩带，它是根据鸟怕大眼睛昆虫原理设计的，被称作“恐怖眼”，鸟一见到它就吓得纷纷离去.

第三种是煤气炮，它可以定时发出使鸟感到恐怖的爆响. 不但鸟怕它，人在它附近也会吓得捂上耳朵.

第四个措施，是由专人使用驱鸟枪，装上底火和声音弹，见到哪里有鸟，就打上一枪.鸟被吓得飞出了机场围栏，落荒而去.

有了这些先进的防鸟设备，减少了影响飞行安全的隐患，我们便可以放心地乘坐飞机出外旅游、办理公务、会亲访友，享受航空技术给我们带来的交通便利.

## 练 习 3.5

1. 碰撞过程的主要特征是什么？按碰撞性质分类，碰撞可分为哪几种？
2. 完全非弹性碰撞与弹性碰撞的区别是什么？
3. 一质量为 1.5 kg 的物体原来静止，另一个 0.5 kg，以 0.2 m/s 速度运动的物体与它发生弹性碰撞（正碰），求碰撞后两球的速度.
4. 两个质量分别为 $m_1=2$ kg，$m_2=4$ kg 的弹性球在一直线上运动，$m_1$ 球以 2 m/s 的速度向右运动，$m_2$ 球以 5 m/s 的速度向左运动，求对心碰撞后两球的速度.

## 第3章小结

### 一、要求理解、掌握并能运用的内容

1. 功　功率

(1) 物体在力 $F$ 的作用下，在力的方向位移了 $x$，则力 $F$ 所做的功 $W=F\cdot x$，$F$ 和 $x$ 是两个缺一不可的因素.若 $x$ 与 $F$ 方向一致则功为正，$x$ 与 $F$ 方向相反则功为负；若 $F$ 与 $x$ 之间的夹角为 $\alpha$，则功 $W=Fx\cos\alpha$.

(2) 功 $W$ 与完成这些功所用时间 $t$ 的比值称为功率 $P=\dfrac{W}{t}$，它反映了做功的快慢，即单位时间内所做的功.功率也可表示为 $P=F\cdot v$.

2. 动能　动能定理

(1) 物体因运动而具有的能量称为动能，其数学形式 $E_k=\dfrac{1}{2}mv^2$，动能只能是正值.

(2) 合外力对物体所做的功一定等于该物体动能的改变量，即 $W=\dfrac{1}{2}mv_2^2-\dfrac{1}{2}mv_1^2$，称为动能定理.运用动能定理去解决实际问题，

不必考虑其过程如何复杂，只需知道物体运动的始末状态.

3. 势能　机械能

(1)由物体和地球之间相对位置所决定的能称为重力势能.选地面为零势能面，高为 $h$ 的物体 $m$ 具有重力势能 $E_p=mgh$.由物体的形变(弹力)而引起被作用物体具有的能称为弹性势能.例如连接在弹簧上的小球，当弹簧被拉伸或压缩时，小球和弹簧组成的系统就具有弹性势能.

(2)因为动能、重力势能、弹性势能都是量度机械运动的能，所以统称为机械能.

4. 机械能守恒定律　功能原理

(1)在只有重力做功的条件下，物体的动能和重力势能必定要相互转化，但在任一位置或任一时刻，其动能与重力势能之和保持不变(即机械能保持不变) $E_{k1}+E_{p1}=E_{k2}+E_{p2}$.

(2)除了重力和弹力的功，其他外力对物体所做功的总和必定等于该物体机械能的改变量，即 $W_{外}=E_2-E_1$，这就是功能原理.

运用机械能守恒定律和功能原理解题，不必考虑复杂的中间过程，而只需知道初末状态.

## 二、要求了解的内容

1. 碰撞
2. 弹性碰撞、完全非弹性碰撞

# 第3章自测题

## 一、填空题

1. 放在粗糙水平地面上的某物体，在 10 N 的水平拉力作用下，以 3 m/s 的速度匀速移动 5 s，则拉力共做功__________，拉力的功率是__________.
2. 以 200 m/s 的水平速度，从离地面 30 m 高处抛出一质量为 1 kg 的物体，2 s 内重力做的功是__________；2 s 末时重力的功率是__________($g=10\ m/s^2$).
3. 一个原来静止的物体，在力 $F$ 的作用下，沿力的方向移动 $S$，得到速度 $v$.如果移动距离不变，力 $F$ 增至 $n$ 倍，那么得到的速度将增至__________.
4. 作自由落体运动的物体，当降落了 1 m 和 2 m 时，物体具有的动能比 $E_{k1}/E_{k2}$ =__________.

5. 以初速度 $v_0$ 沿着光滑斜面上升的物体，它能上升的最大高度为__________.

6. 质量为 $m$ 的物体从高为 $h$ 的斜面顶以初速度 $v_0$ 滑下，到斜面的底端时速度为 $v$，在此过程中，物体克服摩擦力所做的功为__________.

7. 以 14 m/s 的初速度竖直向上抛出一个质量为 1 kg 的物体，不计空气阻力时，物体上升的高度是__________m；如果空气阻力为 1.1 N，则物体上升的高度是__________m.

## 二、选择题

1. 同一物体在重力作用下沿着三条不同的轨道从 $A$ 滑行到 $B$(图 3-20)，已知物体和三条轨道间的动摩擦因数相同，则重力对物体做的功情况是：(　　)

(1)沿轨道Ⅰ做功最少；

(2)沿轨道Ⅱ做功最少；

(3)沿轨道Ⅲ做功最少；

(4)沿三条轨道做功都相同.

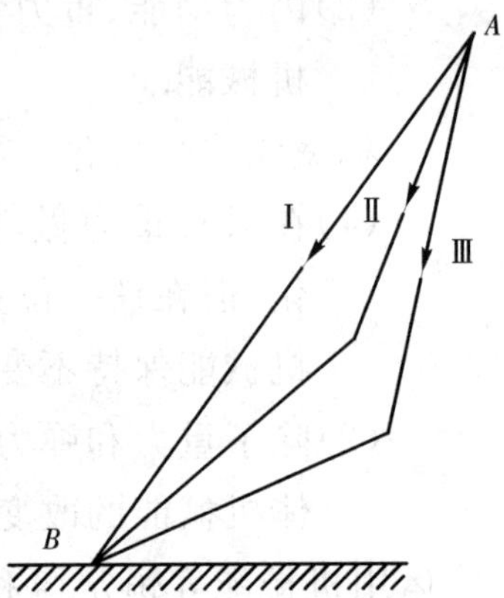


图 3-20

2. 起重机的吊钩下挂着质量为 $m$ 的木箱，如果木箱以加速度 $a$ 匀减速下降了高度 $h$，则木箱克服钢索拉力所做的功为：(　　)

(1)$mgh$；　(2)$m(g-a)h$；　(3)$m(g+a)h$；　(4)$m(a-g)h$.

3. 设汽车行驶时所受的阻力和它的速率成正比，如果汽车以速率 $v$ 匀速行驶时，发动机的功率为 $P$，那么当它以 $2v$ 的速率匀速行驶时，它的功率是：(　　)

(1)$P$；　(2)$2P$；　(3)$3P$；　(4)$4P$.

4. 一个恒力 $F$ 作用于在粗糙水平面上运动着的物体上，如果物体作减速运动，则：(　　)

(1)$F$ 对物体一定做负功；(2)$F$ 对物体可能做负功；

(3)$F$ 对物体一定做正功；(4)$F$ 对物体可能做正功；(5)$F$ 对物体可能不做功.

5. 质量不同但动能相同的两物体在动摩擦因数相同的水平面上滑行直到停止，则：(　　)

(1)质量大的物体滑行距离大；　(2)质量小的物体滑行距离大；

(3)它们滑行的距离一样大；　(4)质量大的滑行时间短；

(5)质量小的滑行时间短；　(6)它们克服摩擦力所做的功一样多.

6. 从离地面高 $h$ 的地方以 $v_0$ 的初速度，分别水平、竖直向上和斜向抛出质量相同的三个小球，若不计空气阻力，落地时它们的：(　　)

(1)速度的大小相同；　(2)动能相同；

(3)落地的时间相同；　(4)速度的大小和落地的时间都相同.

7. 如图 3-21 所示，在水平台面上的 $A$ 点，一个质量为 $m$ 的物体以初速度 $v_0$ 抛出，不

计空气阻力，则它到达 $B$ 点的动能是：(　　)

(1) $\frac{1}{2}mv_0^2+mgH$；　(2) $\frac{1}{2}mv_0^2+mgh$；

(3) $mgH-mgh$；　(4) $\frac{1}{2}mv_0^2+mg(H-h)$.

8. 如图 3-22 所示，$A$、$B$ 两球在光滑水平面上沿一直线发生正碰，碰前 $A$ 球动量为 10 kg·m/s，$B$ 球动量为零，碰撞过程 $A$ 球动量的变化是 −20 kg·m/s，$B$ 球的动量是：(　　)

(1) −20 kg·m/s；　(2) −10 kg·m/s；　(3) 20 kg·m/s；　(4) 10 kg·m/s

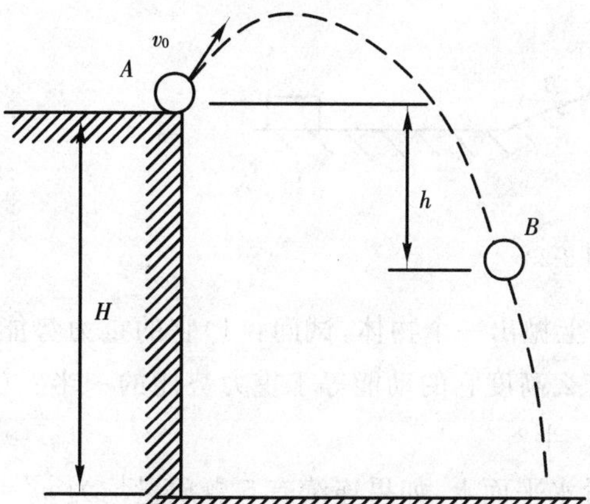

图 3-21

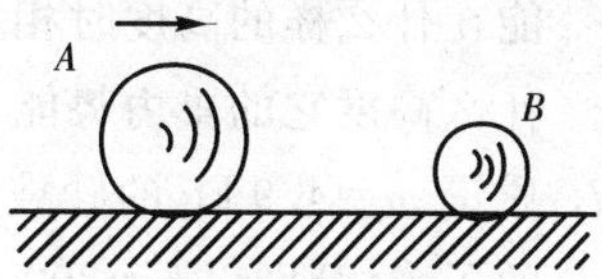

图 3-22

## 三、计算题

1. 用平行于斜面的力 $F$ 拉物体，使物体沿光滑斜面向上匀速移动了一段距离 $x$. 已知斜面的长 $L=10$ m，高 $h=2$ m，拉力所做的功 $W=40$ J，拉力的功率 $P=8$ W，物体受到的重力 $G=50$ N. 求(1)拉力的作用时间 $t$；(2)拉力 $F$ 的大小；(3)物体移动的距离 $x$；(4)物体运动的速度 $v$.
2. 32 吨自卸载重大卡车的最大输出功率 $P=400$ 马力，在水平路面上行驶的速度 $v=43.2$ km/h. 问它的最大牵引力是多少？上坡行驶时驾驶员应如何调节行驶速度的大小？
3. 一物体在空气中竖直下落，如果空气阻力是物体重力的 $\frac{1}{5}$，物体在 $A$ 点时的速度 $v_1=5$ m/s，再继续下落 $h=12.5$ m 时到达 $B$ 点. 求物体在 $B$ 点时的速度($g=10\ \text{m/s}^2$).
4. 质量 $m=4\times10^3$ kg 的卡车，由静止出发在水平公路上行驶 $x=100$ m 后，速度 $v$ 增加到 54 km/h，如果发动机的牵引力是 $5\times10^3$ N，求：(1)牵引力做了多少功？(2)卡车的动能增加了多少？(3)阻力做了多少功？
5. 图 3-23 所示，质量 $m=1$ kg 的物体从轨道的 $A$ 点静止下滑，轨道 $AB$ 段是弯曲的，$BC$ 段是水平的. $A$ 点高出 $B$ 点 $h=0.8$ m. 如果物体在 $B$ 点的速度 $v_B=2$ m/s，最

终停止在离 $B$ 点 $x=3\text{ m}$ 的 $C$ 点. 求:(1)物体在 $AB$ 轨道上克服摩擦力做的功;(2)物体与 $BC$ 轨道间的动摩擦因数.

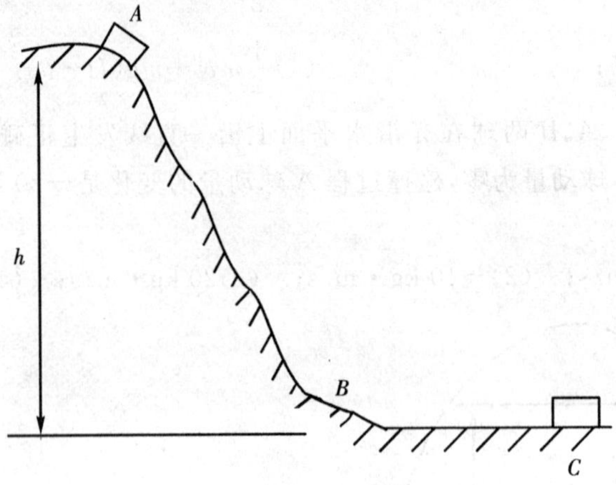


图 3-23

6. 以初速 $v_0=19.6\text{ m/s}$ 从地面竖直向上抛出一个物体,试问:(1)它的重力势能和动能在什么样的高度时相等?(2)在什么高度它的动能等于重力势能的一半?(3)在什么高度它的重力势能等于动能的一半?
7. 质量 $m=4.9\text{ kg}$ 的砂袋,静止在光滑水平面上,如果连续有 5 颗质量均为 $m'=20\text{ g}$ 的子弹,分别以 $v=200\text{ m/s}$ 的水平速度射入砂袋,并都留在砂袋内随砂袋一同运动. 假设 5 颗子弹射击砂袋的方向始终沿一直线,试求砂袋最后的速度.

# 第 4 章　周期运动

前面，我们已经学过在平衡力作用下的匀速直线运动，在大小和方向都不变的恒力作用下的匀变速运动. 本章研究物体在变力作用下的运动情况，分别讨论在大小不变而方向改变的变力作用下的匀速圆周运动和在大小、方向都改变的变力作用下的简谐运动. 这两种运动都是在变力作用下的周期性运动.

通过本章的学习，你将会进一步认识到牛顿运动定律对不同类型的机械运动都得到很好的运用，同时还可以体会到具体问题具体分析的思想方法. 当然，学习本章要注意联系前面各章学习的知识.

周期运动是自然界中常见的运动形式之一，它是机械原理、建筑力学、电工学、无线电技术、天体运动等所必需的基础知识.

## 4.1　常见的周期运动

**【现象与思考】**　自然界中经常可以看到周期运动，日出日落、潮涨潮落、春夏秋冬四季的交替变更、心跳和呼吸的节律、汽缸活塞的往复运动、手表指针不停地旋转，等等. 运动物体虽然不尽相同，但他们有着一个共同的特点，即周而复始，重复进行. 同学们都知道，这种特点被称为周期性.

**周期性运动**　物体经过一定的时间，回到原来的位置，又重复进行的运动，叫做周期性运动. 除了上面所提到的各种现象外，摆钟的摆锤来回的运动、转动的砂轮上某点的运动、行星绕太阳的公转运动、人造地球卫星绕地球旋转的运动以及地球的自转等都是周期性运动.

怎样描述物体周期性运动的快慢呢？

**周期**　做周期性运动的物体运动一周所用的时间叫做周期. 通常用 $T$ 表示,周期的单位是秒(s). 周期 $T$ 是描述物体往复运动快慢的物理量.

**频率**　单位时间内完成周期性运动的次数或循环数,叫做频率. 频率通常用 $f$ 来表示,频率的单位是赫兹(Hz),简称赫.

频率也是表示物体做周期性运动快慢的物理量,如果用 $T$ 表示周期,用 $f$ 表示频率,则有

$$f = \frac{1}{T}$$

或

$$T = \frac{1}{f} \tag{4-1}$$

物体做周期性运动时,来回往复循环的轨迹可以是曲线,也可以是直线. 物体在往复运动中速度的方向是变化的. 例如,汽缸活塞的运动(图 4-1),进气过程活塞向右运动,压缩过程活塞向左运动,活塞往复运动的过程中速度的方向是变化的. 所以周期性运动是一种变速运动.

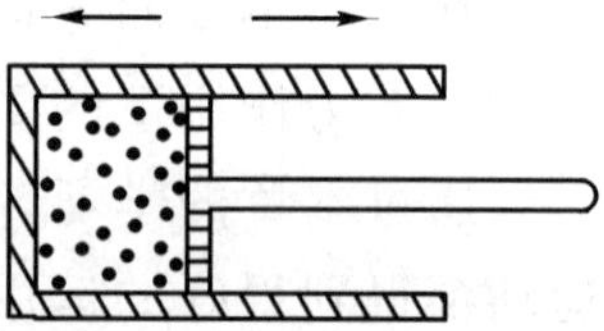


图 4-1　汽缸活塞的运动

## 4.2　匀速圆周运动

**【现象与思考】**观察我们的周围,时刻都有物体的圆周运动. 天体的运行如太阳系的九大行星围绕太阳的运动、月亮围绕地球的运动,汽车、火车车轮转动时轮上任一点的运动(轴心点除外),杂技节目中"水流星"中的"流星"的运动等. 别小看了这些普普通通的圆周运动,这些运动包含了丰富的学问. 试想,今天如果没有或者不去利用圆周运动,那我们的周围又会是个什么样的景象? 人们能用矩形或椭圆形的车轮吗?

**匀速圆周运动**　轨迹(或轨道)是圆周或圆周的一部分的运动,叫做圆周运动. 在圆周运动中,常见的和最简单的是匀速圆周运动. 质点沿圆周运动的速率不变,即在相等的时间里通过的圆弧长都相等的运动,叫做匀速圆周运动.

描述匀速圆周运动的物理量有周期、转速、线速度和角速度.

做匀速圆周运动的物体运动一周所用的时间就是周期 $T$. $T$ 越小,运动得越快;$T$ 越大,运动得越慢.

**转速**　在工程技术中,常常用转速来表示转动物体旋转的快慢.物体在单位时间内沿圆周运动的周数叫做转速,用 $n$ 表示.转速与周期的关系可表示为

$$n=\frac{1}{T} \tag{4-2}$$

转速的单位是转每秒(r/s)或转每分(r/min).例如,二极的三相异步电动机转速是 2900 r/min、四极的三相异步电动机转速是 1470 r/min.

**线速度**　质点做匀速圆周运动时,它所通过的弧长 $\Delta s$ 与所用的时间 $\Delta t$ 的比值,叫做线速度 $v$,即单位时间内所通过的弧长(如图 4-2所示).

$$v=\frac{\Delta s}{\Delta t} \tag{4-3}$$

质点做匀速圆周运动的半径是 $R$,一周弧长是 $2\pi R$,所用的时间是一个周期 $T$,线速度的大小又可表示为

$$v=\frac{2\pi R}{T} \tag{4-4}$$

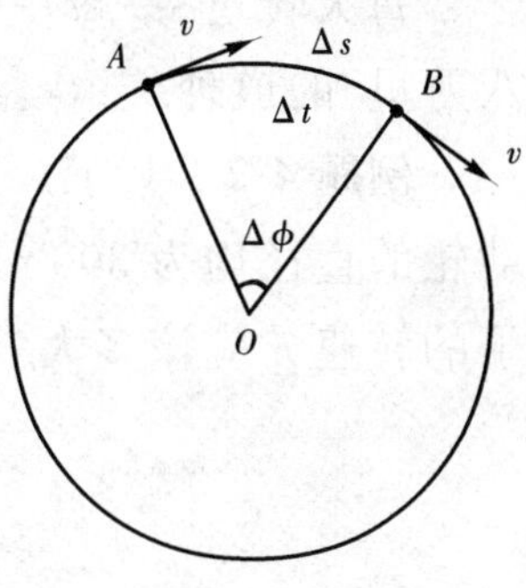


图 4-2　$\Delta t$ 时间内质点由 $A$ 运动到 $B$

线速度的方向是沿质点在圆周上任一点的切线方向.虽然线速度的大小不变,但线速度的方向在不断地变化(图 4-2),所以匀速圆周运动是变速运动.线速度常称为速度.

**角速度**　质点做匀速圆周运动时,连接运动质点和圆心的半径所转过的角度 $\Delta\phi$ 与所用时间 $\Delta t$ 的比值,叫做角速度 $\omega$(图 4-2),即

$$\omega=\frac{\Delta\phi}{\Delta t} \tag{4-5}$$

角速度的单位是弧度每秒(rad/s).质点运动一周,转过 $2\pi$ 弧度,所用的时间是周期 $T$,角速度大小又可表示为

$$\omega=\frac{2\pi}{T} \tag{4-6}$$

比较式(4-4)和(4-6),得角速度大小和线速度大小之间的关系为

$$v=\omega R \tag{4-7}$$

式(4-7)也常称为圆周运动中的角量与线量的关系.由此可以想到,对于匀速转动的圆盘(或飞轮),其上任一点的角速度 $\omega$ 的大小是相同的,但线速度的大小 $v$ 随半径 $R$ 的不同而不同.图 4-3 表示一根以角速 $\omega$ 转动的细棒,越往其

边缘,质点的线速度越大,图中 $v_A > v_B > v_C$.

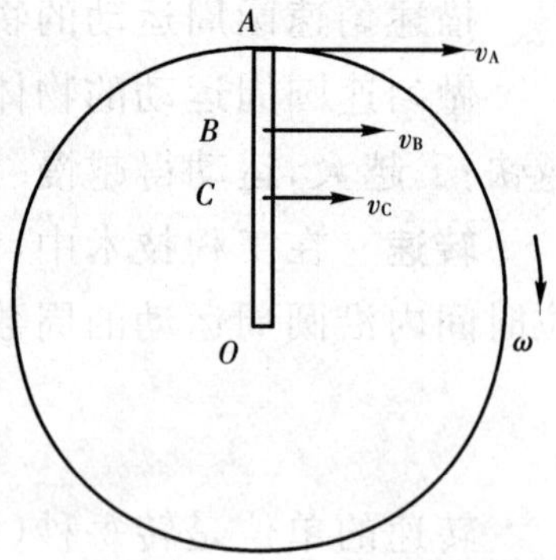

图 4-3　线速度与半径 $R$ 成正比

**例题 4-1**　试求地球表面赤道上的一点在地球自转中的线速度(地球的半径约为 6400 km).

**解**　地球每 24 h 自转一周,自转角速度 $\omega$ 为

$$\omega=\frac{2\pi}{T}=\frac{2\times 3.14}{24\times 60\times 60}(\mathrm{rad/s})$$

赤道上一点的线速度 $v$ 为

$$v=\omega R=\frac{2\times 3.14}{24\times 60\times 60}\times 6400\times 10^3$$

$$=465.2(\mathrm{m/s})$$

每天转过 $s=vt=4.02\times 10^4$ km,约 4 万 km,这就是人们常说的"坐地日行八万里"的道理.

**例题 4-2**　某工厂用传送带传送零件,要求传送速度为 15 m/min.两个传动轮的直径均为 300 mm,如图 4-4 所示.假设皮带和轮子之间不打滑,那么轮子的转速 $n$ 应该多大?

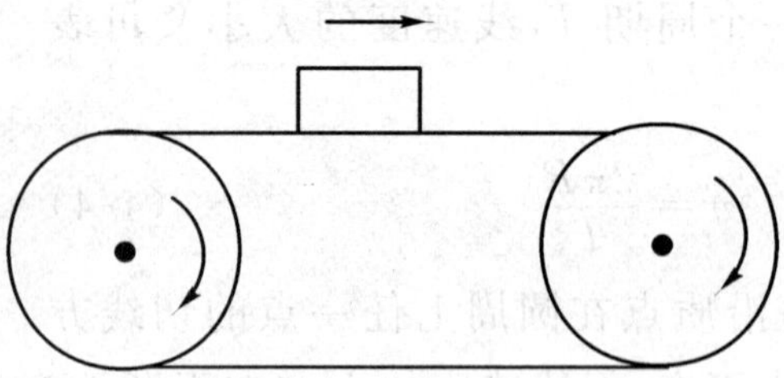

图 4-4

**解**　皮带的传送速度等于皮带轮边缘的线速度.已知 $v=15\mathrm{m/min}=0.25\mathrm{m/s}$,$R=\frac{300\ \mathrm{mm}}{2}=150\ \mathrm{mm}=0.15\ \mathrm{m}$.

设轮子的转速为 $n$,那么 $v=2\pi n\cdot R$,得

$$n=\frac{v}{2\pi R}=\frac{0.25}{2\times 3.14\times 0.15}$$

$$=0.27(\mathrm{r/s})=16.2(\mathrm{r/min})$$

## 练　习　4.1

1. 列举一些周期性运动的例子,分析他们的共同特点是什么?
2. 为什么说匀速圆周运动是变速运动?

3. 手表上的秒针长 1.2 cm，分针长 0.9 cm，试分别求它们尖端的线速度大小？
4. 人造地球同步卫星在赤道上空 $3.6\times10^{7}$ m 的高度，试求同步卫星的角速度和线速度大小(地球半径约为 6400 km)．
5. 图 4-5 中，若 $A$ 轮的半径 $R_A=5.0$ cm，转速 $n_A=1.2\times10^{3}$ r/min，用 $A$ 轮带动 $B$ 轮，若 $R_B=15$ cm，试求 $B$ 轮的角速度 $\omega_B$．

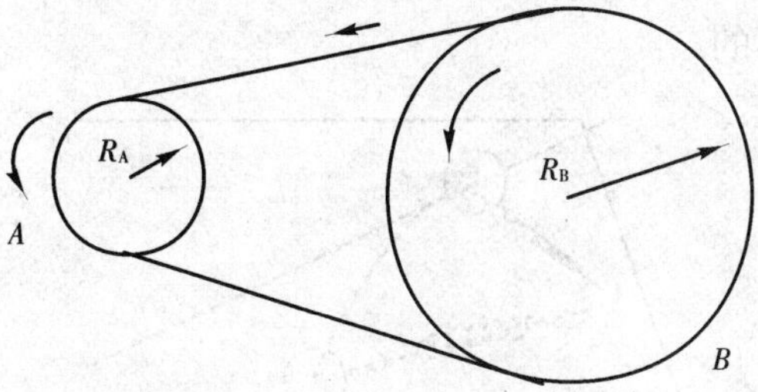


图 4-5

## 4.3　向心力　向心加速度

**【现象与思考】**　当所乘的车拐弯时，你一定会不由自主地抓紧扶手或椅背，以免身体向外侧倒下去．你想过没有，这股把你向外推的力量是从哪里来的？

你也许观看过“飞车走壁”那惊心动魄的表演，特别是演员驾车飞驰在几乎竖直的圆筒壁上的时候，神情是那样的自若，是什么力量使他们能贴在几近竖直的筒壁上呢？

类似的现象有许许多多，你注意过吗？思考过其中的奥秘吗？

**向心力**　用细绳栓住小球，使其在水平方向做匀速圆周运动，图 4-6 所示，我们会感到手在拉紧绳子．这表明，有一个沿绳子方向的力作用在小球上，由于绳子的方向就是半径的方向，所以小球做匀速圆周运动受到一个沿着半径指向圆心方向的力作用，这种力称之为**向心力**．

图 4-6　匀速圆周运动需要向心力

必须注意,向心力并不是一种新的类型的力,任何一种力,只要能使物体做匀速圆周运动都可作为向心力.在力学范围内,重力、弹力和摩擦力或者它们的合力或分力都可以提供向心力.

如图 4-7 所示,在弹簧的一端系一钢球,另一端固定,并使小球在桌面做匀速圆周运动,开始时,弹簧没有伸长,运动时弹簧伸长,小球做匀速圆周运动的向心力是由弹力提供的.

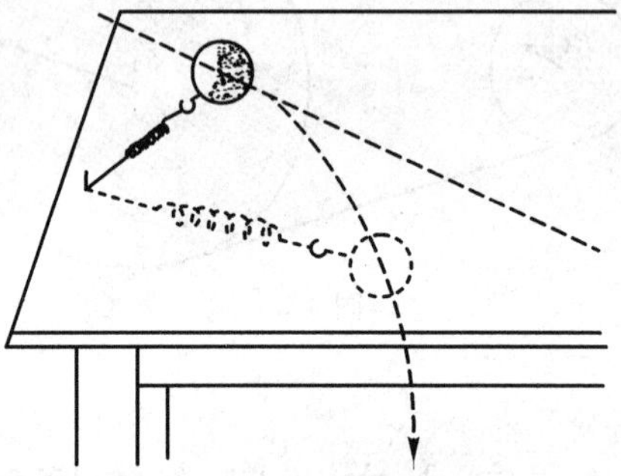

图 4-7　弹力提供向心力

在平直的路面上骑自行车时,车身与路面保持垂直,这样人和自行车的重力 $G$ 与地面的支撑力 $N$ 在一条直线上,从而保持平衡.拐弯时,人和车向圆心一侧倾斜(图 4-8),重力 $G$ 和支撑力 $N$ 不在一条直线上,它们的合力 $F$ 提供了自行车转弯时所需要的向心力.

人造地球卫星(包括同步卫星),绕地球(或随地球同步)做匀速圆周运动所需的向心力是地球对卫星的引力提供的.

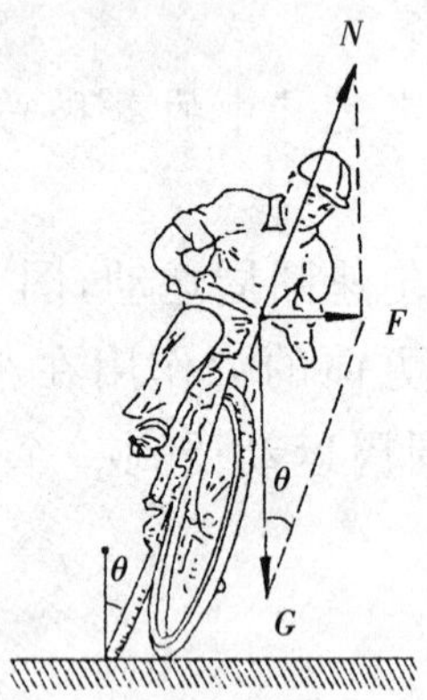



图 4-8　重力与支撑力的合力提供向心力

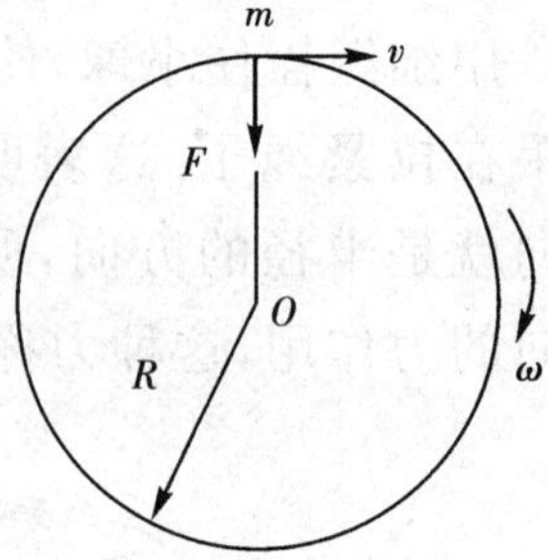



图 4-9　质点所受向心力的大小

质量为 $m$ 的质点,以角速度 $\omega$ 做半径为 $R$ 的匀速圆周运动(如图 4-9 所示),其线速度 $v=\omega R$,实验和理论研究表明,该质点所受到的向心力的大小可

表示为

$$F = m\omega^2 R = m\frac{v^2}{R} \tag{4-8}$$

**向心加速度**　由向心力产生的加速度叫做向心加速度，向心加速度的方向与向心力的方向相同，指向圆心. 向心加速度使得做匀速圆周运动物体的线速度方向不断改变，向心加速度越大，线速度方向改变越快.

根据牛顿第二定律 $F=ma$ 和式(4-8)可知向心加速度的大小为

$$a = \omega^2 R = \frac{v^2}{R} \tag{4-9}$$

**例题 4-3**　一辆汽车和它所载的货物共重为 $G$，用速度 $v$ 通过拱桥，设桥面的圆弧半径为 $R$，求汽车在通过桥面中央时作用在桥面上压力(图 4-10).

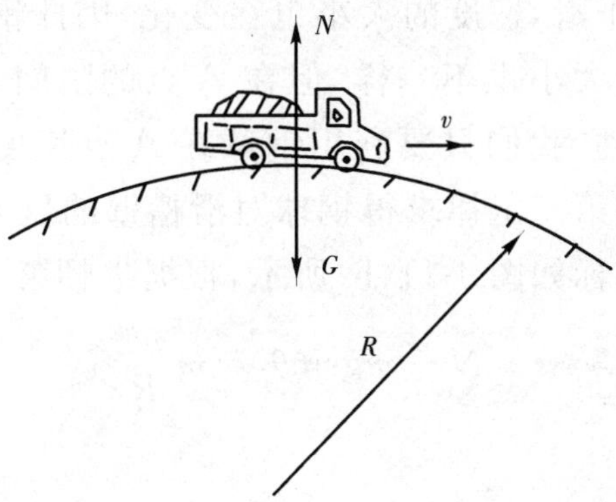


图 4-10

**解**　汽车以速度 $v$ 通过桥面时，可认为是做匀速圆周运动，当汽车在桥面中央时所需的向心力是由重力 $G$、桥面对汽车的支撑力 $N$ 的合力提供的，由牛顿第二定律可得

$$G - N = m\frac{v^2}{R}$$

桥面对汽车的支撑力

$$N = G - \frac{G}{g}\cdot\frac{v^2}{R}$$

根据牛顿第三定律，汽车对桥面的压力为

$$N' = G - \frac{G}{g}\cdot\frac{v^2}{R}$$

方向竖直向下.

**例题 4-4**　质量为 $m$ 的钢球沿半径为 $R$，位于竖直平面内的光滑圆弧形槽下滑(图 4-11(a)). 当钢球滑至图中 $A$ 位置时(用角 $\theta$ 表示)，其速度大小为 $v$.

求此时钢球对槽壁的压力.

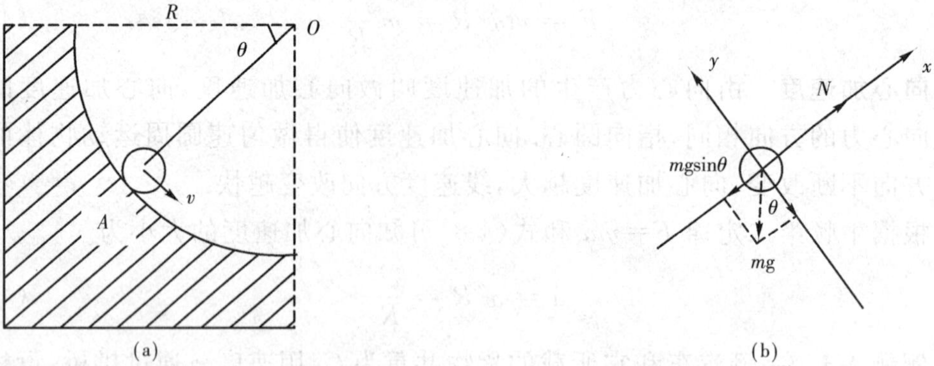


图 4-11

**解** 钢球在槽中下滑,速度的大小也在变化,因此钢球并不做匀速圆周运动,在各处的向心力的大小也不一样.但在 $A$ 点的瞬间,可看成是以在该点的速度 $v$ 做匀速圆周运动,我们只要利用钢球在 $A$ 点速度的大小求出滑槽对钢球的作用力,再由牛顿第三定律求得钢球对滑槽壁的压力.

分析受力,建立坐标如图 4-11(b)所示,根据牛顿第二定律,得

$$N - mg\sin\theta = m\frac{v^2}{R}$$

滑槽对钢球的作用

$$N = m(g\sin\theta + \frac{v^2}{R})$$

根据牛顿第三定律得钢球对滑槽壁的压力为

$$N' = m(g\sin\theta + \frac{v^2}{R})$$

方向与 N 方向相反.

***离心现象** 我们已经知道,要使物体做圆周运动,就必须使它受到一定的向心力的作用.如果向心力不够大或者失去了向心力,物体就会脱离圆形轨道沿切线方向运动,离圆心越来越远,这种现象叫做离心现象,物体的这种运动叫做离心运动.例如在雨中,撑开伞并使它旋转起来,当达到一定的转速时,伞上的雨水会顺着伞的边缘,沿着切线方向飞出去.又如汽车拐弯时,乘客会感到有一股力量把人甩向弯道的外侧.链球运动员投掷链球时,必须手握链条先让链球做圆周运动,当达到理想的转速时,突然放开手中链条,链球突然失去向心力并沿切线方向被飞速地投掷出去.

***离心机械** 利用离心现象加工制作的机械叫做离心机械.如离心水泵、离心脱水机、离心分离器、离心调速器等都是离心机械.这些机械被用于工业、

农业、国际、医疗卫生和科技等各个领域，家庭用洗衣机甩干衣物用的就是离心脱水机. 图 4-12 是这几个离心机械的结构示意图.

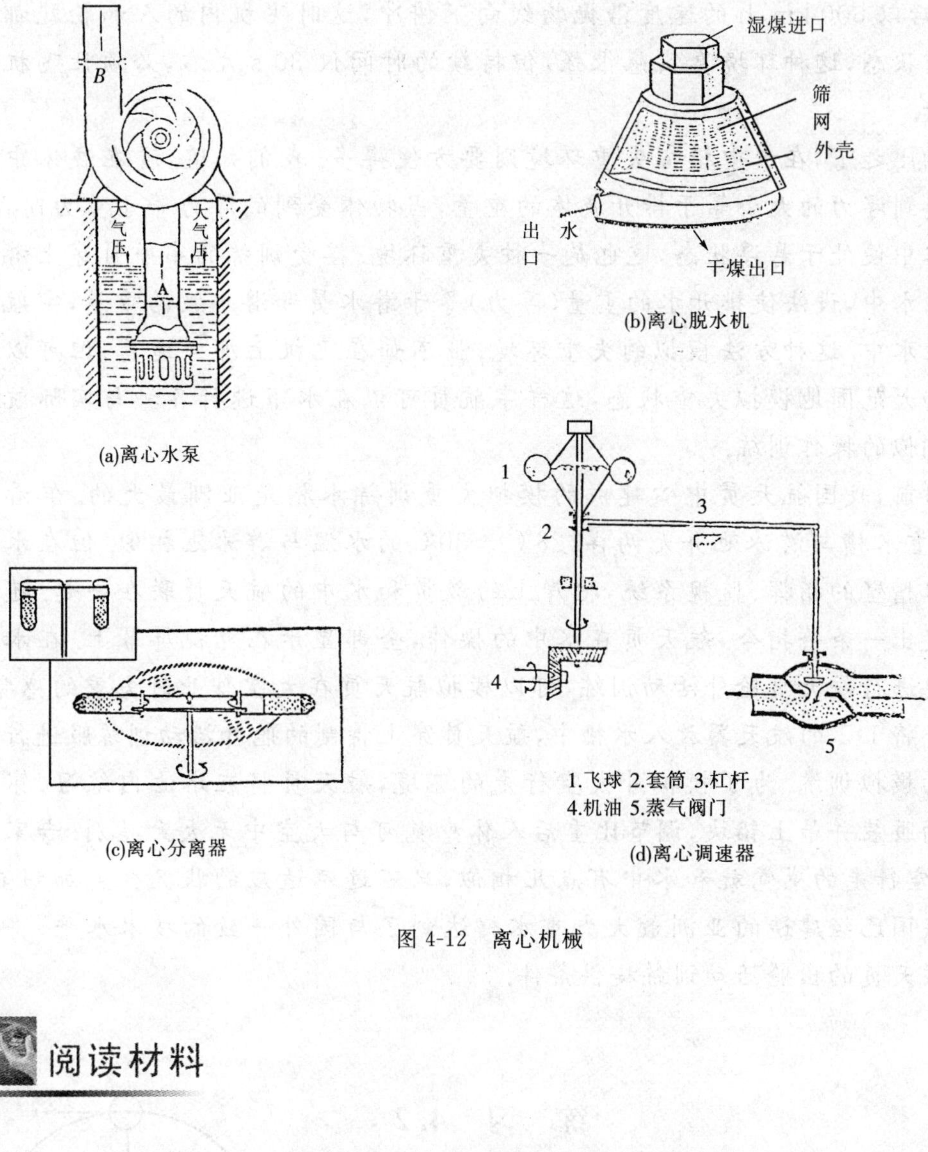


图 4-12　离心机械

## 阅读材料

### 在地球上模拟失重环境

宇航员在航天器里随着航天器一道围绕地球做圆周运动，他们所受的向心力正好等于其重力. 这样，宇航员在太空中工作、生活都是处在失重的环境里. 为使宇航员适应失重对人的生理所引起的变化，必须在地球上设置模拟太空失重的环境.

目前，模拟失重环境有两种途径：一种是利用飞机，另一种是在水中.

因为做平抛运动的物体,它的加速度等于重力加速度,如果让飞机沿抛物线飞行,就可以创造出很真实的失重环境.先让飞机上升到一万多米高的空中,然后以 600 km/h 的速度沿抛物线向下俯冲,这时飞机内的人和物就都处于失重状态,这种环境真实感很强,但持续的时间仅 30 s 左右,必须让飞机反复飞行.

相比之下,在水中模拟失重环境则要方便得多.我们知道,浸在液体中的物体受到浮力的大小等于排开液体的重量,当物体受到的浮力等于重力时,物体在水中便处于悬浮状态,这也是一种失重环境.接受训练的宇航员穿上潜水服潜入水中,设法使排开水的重量(浮力)等于潜水员和潜水服的重量,宇航员悬浮在水中.这种方法模拟的失重环境,虽不如在飞机上那样逼真,但可以长时间和大范围地模拟失重状态,这样宇航员可以在水下进行各种与实际航天极为相似的操作训练.

目前,我国航天员中心建成的模拟失重训练水槽是亚洲最大的.乍看上去,失重水槽与游泳池并无两样,28℃－30℃的水温与游泳池相似.但在水下遍布水槽壁的指挥、监视系统,把岸上的教员和水中的航天员联在一起.随着教员发出一条条指令,航天员在水中的操作,全部显示在电视屏幕上.在水槽中主要进行航天员舱外活动训练,可以模拟航天员在太空作业时失重的感觉.一般是将 1∶1 的航天器放入水槽中,航天员穿上特制的舱外活动训练服进行出舱活动模拟训练.为了模拟外太空行走的环境,航天员将在水池内练习,穿上充气的服装并吊上铅块,调节比重后人体感觉可与太空中无太大差别.专家表示,太空行走的感觉就和水中有点儿相似,只不过不适应的状况会更加明显.现在我国已经建造的亚洲最大失重水槽达到了与国外一致的技术水平,将为今后航天员的出舱活动训练提供条件.

## 练 习 4.2

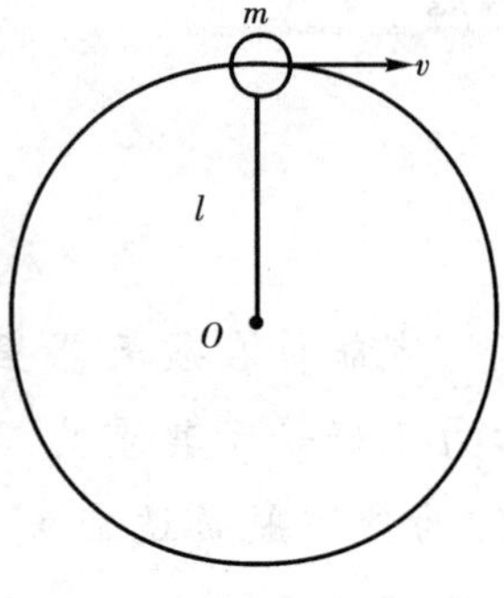


图 4-13

1. 设人造地球卫星的轨道是以地球为中心的圆周,若卫星的轨道半径一定,卫星的运行速度是否也一定?半径越大,卫星运行的速度是越小还是越大?
2. 图 4-13 所示,质量为 $m$ 的小球拴在长为 $l$ 的绳端,在竖直平面内做圆周运动.分析小球共受哪几个力作用?有人说"小球受三个力:重力、绳的拉力和向心力 $m\frac{v^2}{l}$"对不对?

3. 由于地球的自转,地球上的物体都有向心加速度.(1)有人说“地球表面各处的向心加速度的方向都是指向地心的”.这种说法对吗?为什么?(2)在赤道和北极附近的向心加速度哪个大?为什么?

4. 工厂的车间里面常常用行车运输重物.在运送过程中,若行车突然制动,系重物的钢索绳有可能断裂,这是什么原因造成的?

5. 一个质量为 25 kg 的小孩坐在秋千板上,秋千板离拴绳子的横梁是 3 m.如果秋千板经过最低点时的摆动速度是 2.7 m/s,求这时秋千板受到的压力.

## 4.4　万有引力定律

**【现象与思考】**　一切做圆周运动的物体都需要向心力,那么地球围绕太阳的运动、月亮围绕地球的运动以及人造地球卫星的运动,是什么样的力提供了它们的向心力,使它们一刻不停地做圆周运动呢?

牛顿由“苹果落地”的启发,联想到月球所受到的引力,由此进一步扩展到宇宙万物都存在相互作用的吸引力.今天的人们早已揭开了天体运动那神秘的面纱,对日食、月食的准确推断,对彗星运动规律的描述,更有人造地球卫星轨道的计算等等.正是由牛顿发现万有引力定律开始,使人们把天上的物体运动和地上的物体运动统一起来,它们服从同一个力学规律——万有引力定律.

**万有引力定律**　宇宙间任何物体之间都存在着相互吸引力,称为万有引力.例如,地球对地面上的一切物体的引力、地球与月球之间的引力、太阳与行星之间的引力等.17 世纪德国天文学家第谷、开普勒等人对行星的运动进行了长期、细致的观测和计算,找出了行星运动的规律.在此基础上,牛顿又应用力学知识,深入研究了月球绕地球运动及地面上物体的运动定律,提出了著名的万有引力定律:宇宙中任何物体间存在着相互吸引力,任意两质点间万有引力的大小与两质点的质量的乘积成正比,与两质点间距离的二次方成反比,引力的方向沿两质点的连线,即

$$F = G\frac{m_1 m_2}{r^2} \tag{4-10}$$

式中的 $m_1$,$m_2$ 是两质点的质量;$r$ 是两质点之间的距离;$G$ 是对任何物体

都适用的普适常量,称为万有引力常量.目前公认的实验测量值为 $6.67\times10^{-11}$ $N\cdot m^2/kg^2$.此值的大小就是两个质量各为 1 kg 的质点距离 1 m 时的吸引力.

对万有引力定律的理解,应注意以下三点:

(1)万有引力公式(4-10)只对质点才成立.当两物体自身的大小比起相互作用的距离要小得多时,两物体可视为质点,可直接用式(4-10)计算彼此间万有引力的大小.

(2)对于两个质量均匀分布的球形物体之间的万有引力,等效于质量集中在球心位置的两个质点间的引力.这时可直接应用式(4-10)计算,公式中的 $r$ 是指两球心之间的距离,引力的方向沿两球心间的连线,如图 4-14 所示.

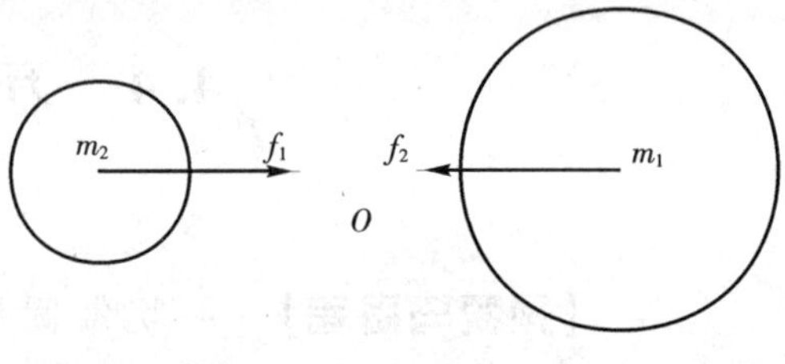

图 4-14 两均匀球间的万有引力

地球可近似看做是质量均匀分布的球体,计算它对地面上任何物体的吸引力时,可把它的质量集中在地球的中心.地面上的物体比地球表面到地球中心的距离(地球半径)小得多,所以不论物体是什么形状,都可视为质点,而直接应用式(4-10)计算物体所受地球引力的大小时,式中 $r$ 是物体到地球中心的距离,引力的方向指向地心.

(3)地面上所有的物体除受到地球的引力外,彼此间同样存在万有引力,只是物体的质量比起地球的质量小得多,所以一般物体之间的万有引力非常微小.例如两个质量各为 1 kg 的物体,彼此间相距 0.1 m,其万有引力的大小只有 $6.67\times10^{-9}$ N,这个力的大小还不到地球对它吸引力大小的十亿分之一.因此,对于地球上的一般物体,完全可以不考虑它们相互间的万有引力.但是对于像太阳、行星、地球和月球等天体,由于它们的质量巨大,相互间的万有引力也就很大.例如地球与太阳之间的万有引力就大得惊人,经计算该引力竟然可拉断截面半径几乎和地球的半径(6400 km)差不多的钢丝绳.

万有引力定律的发现,是人类在认识自然规律方面取得的一个重大成果.它揭示了宇宙中物体间普通存在着一种基本相互作用——引力作用的规律,此规律把地球上的力学推广到天体上去,创立了将天体运动和地面的运动统一起来的理论,对于研究天体的运动以及星体的演化起着重要作用.万有引力定律的发现,对人类文化历史的发展也有着重要意义.自古以来,人们对天体的运动充满了神秘感,认为它们隐藏着不可认识的规律.牛顿万有引力定律的发现,使人们解放了思想,树立了人们认识和掌握宇宙自然规律的信心.

**例题 4-5** 试用万有引力定律求地球的质量及其密度.

**解** 质量为 1 kg 的物体在地面附近受到的地球引力大约是 9.8 N,物体到地球中心距离可近似取 6400 km.

(1)设地球质量为 $M$,根据万有引力定律公式 $F=G\frac{m_1m_2}{r_2}$,有

$$M=\frac{Fr^2}{Gm}=\frac{9.8\times(6400\times10^3)^2}{6.67\times10^{-11}\times1}$$
$$=6\times10^{24}(\text{kg}).$$

(2)把地球当作一个球体来处理,则它的体积 $V$ 为

$$V=\frac{4}{3}\pi r^3=\frac{4}{3}\times3.14\times(6400\times10^3)^3(\text{m}^3)$$

设地球的平均密度为 $\rho$,则

$$\rho=\frac{M}{V}=\frac{6\times10^{24}}{\frac{4}{3}\times3.14\times(6400\times10^3)^3}$$
$$\approx5.5\times10^3(\text{kg/m}^3)$$

即地球的平均密度是 $5.5\times10^3\text{kg/m}^3$. 有资料表明,地球表面附近的岩石的平均密度约为 $2.7\times10^3\text{kg/m}^3$. 由此可推测地面下更深的地方(如地幔、地核)的物质的平均密度一定比接近地面的物质的平均密度大得多.

**例题 4-6** 地球围绕太阳运动的线速度大约是 $3.0\times10^4\text{m/s}$,运动轨道半径是 $1.5\times10^{11}\text{m}$,求太阳的质量.

**解** 地球围绕太阳运动的轨道近似为圆. 地球运动的向心力就是太阳对地球的万有引力. 设地球质量为 $M$,太阳质量为 $M'$,地球绕太阳运动的轨道半径为 $R$,地球线速度为 $v$,根据向心力公式和万有引力定律公式,有

$$M\frac{v^2}{R}=G\frac{MM'}{R^2}$$

太阳质量为

$$M'=\frac{v^2R}{G}=\frac{(3.0\times10^4)^2\times1.5\times10^{11}}{6.67\times10^{-11}}$$
$$\approx2\times10^{30}(\text{kg})$$

通过例题 4-5 和例题 4-6 的计算可知,地球的质量大约只有太阳质量三十三万分之一,由此可见,太阳的质量是多么的巨大. 经过科学家们的测算,太阳的质量占太阳系总质量的 99.86%.

**引力场** 我们搬动桌子,是手与桌子直接发生接触;纤夫在拖曳船只时,是通过绳子的连接与船发生直接作用. 近代的研究指出,物体之间的万有引力是通过引力场这种特殊物质而相互作用的. 而引力场这种特殊物质存在于(或分布在)每个物体(宇宙间一切物体)的周围. 处在引力场中的任何物体,都会

受到万有引力的作用.

## 练　习　4.3

1. 月球与地球之间有引力,地球与太阳之间也有引力,它们间的万有引力常量是否相同?
2. 两个质量为 20 吨的均匀球体,中心相距为 5 m,求它们之间的相互吸引力.
3. 试求人造地球卫星在距离地面 h=200 km 高处的圆形轨道上运行时的向心加速度(地球半径 $R=6400\times10^3$ m,地球质量 $M=6\times10^{24}$ kg).
4. 地球距太阳约为 $1.5\times10^{11}$ m,绕太阳运转的周期是 365 天,求太阳的质量(提示:用$v=\frac{2\pi r}{T}$).
5. 火星的半径约为地球半径的$\frac{1}{2}$,火星的质量约为地球质量的$\frac{1}{9}$.在地球上质量为 50 kg 的人飞到火星上去,他在火星上的重量将是多少?

## 4.5　地球上物体重量的变化　人造地球卫星

**【现象与思考】** 同一个物体,放置在地球上不同的地方,它的重量不一样,会发生变化,你相信吗?同一物体的重量在赤道上要比在南北极小;在拉萨时的重量要比在天津时轻;在地下藏有石油的地面上的物体重量比在地下藏有铁矿石的地面上轻.我们已经知道,物体的重量与地球对物体的吸引力有关.那么重量的变化是否因为地球引力发生了变化而造成的呢?

物体的重量是由地球对物体的引力而产生的,因此又称为重力的大小,是万有引力的一种表现.一般而言,重力并不恰好等于地球的吸引力.同一个物体,如果我们用同一弹簧秤在赤道海平面上测得其重力是 9.78 N(纬度为零度),在与北京同纬度(39°56′)的海平面上测得该物体的重力是 9.8 N,在北极海平面上(纬度 90°)测得物体的重力是 9.83 N,测得结果表明了物体的重量是随纬度的增大而增加的.

我们知道,地球上的物体随地球的自转而绕地轴做匀速圆周运动,所需向

心力的大小是 $f=m\frac{v^2}{r}=m\omega^2 r$，因为匀速圆周运动的 $\omega$ 不变，向心力 $f$ 的大小与物体到地轴（地球自身的转轴）的距离 $r$ 成正比，随着纬度的增大，$r$ 越来越小，向心力减少. 由图 4-15 可见，物体做匀速圆周运动所需向心力由地球引力提供，而重力 $G$ 仅仅是地球对物体引力 $F$ 的另一个分力. 在赤道处，向心力 $f$ 最大，重力最小；在南极或北极处，向心力 $f$ 最小（$f=0$），重力最大.

地球本身是一个椭球体，其赤道半径是 6 378 km，极半径是 6 357 km，根据万有引力定律，引力与距离的平方成反比，可知同一物体在赤道处的引力最小，而在南、北两极处的引力最大，这也是重力随纬度的增大而增加的原因.

此外，根据万有引力定律，同一纬度，同一物体的重量还随地面的高度的增加（或上升）而减小. 同一物体在拉萨比在天津时的重量轻就是这个原因.

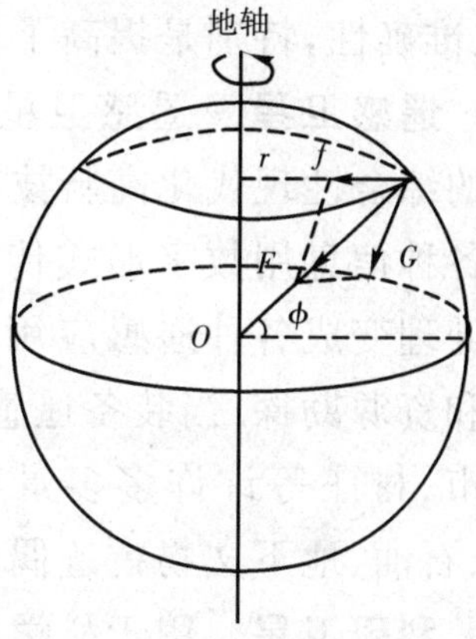

图 4-15　地球上物体重量的变化

不同的地质构造也会影响物体的重力的大小. 地质构造的不同，其质量、密度分布也不均匀，由此造成地面物体的重力加速度 g 的大小略有差异，那么物体的重力 $G=mg$ 也会略有不同. 有一种专门的仪器——重力仪是通过测定物体重量的变化，来分析判断地壳中储藏的有用矿床，这就是所谓的物理探矿或重力探矿.

应当指出，在日常生活和生产中若不作精确要求时，可忽略物体重量的变化或重力及重力加速度的变化. 因为物体的重量随纬度变化很小，同一物体由赤道移至两极，重量增加千分之五. 在同一地点，同一物体每升高 1km，重量减少不超过万分之三.

**人造地球卫星**　一切围绕地球运行的人造天体都可称为人造卫星. 按照发射人造卫星的目的，可分为通信卫星、气象卫星、遥感卫星、科研卫星和侦察卫星等.

**通信卫星**　在离地球赤道 35 786 km 的高空，有一条与地球同心，与赤道同面的轨道，叫地球静止轨道. 卫星在这样的轨道上自西向东绕地球一周需要 23 小时 56 分 4 秒，正好与地球自转的角速度相等，因此在地面看来，它好像静止不动固定在一点，所以称为静止通信卫星. 通信卫星在文化教育、交通、军事、广播电视、邮电、金融、导航定位等国民经济各领域应用广泛. 只要在赤道上空的同步轨道上均匀分布三颗通信卫星，就可以形成覆盖全球的卫星通信网. 卫星通信具有通信距离远、传输质量高、通信容量大、抗干扰能力强、灵敏可靠等特点.

**气象卫星** 人类生存的地球被厚厚的大气包围着，在太阳照射和地球自转等因素的作用下，大气环流使地球上的天气形势复杂多变. 气象卫星的出现，使气象观测发生重大变革，它利用大气遥感技术拍摄全球的云图，观察全球的大气温度、云层变化等等. 我国分别于 1997 年 6 月和 2000 年 6 月成功发射了二颗“风云二号”气象卫星. 气象卫星的使用大大提高了气象预报的及时性、准确性，特别是提高了灾害性天气的预报能力.

**遥感卫星** 遥感卫星技术是建立在光学技术、电子技术和航天技术基础上的综合性现代化高新技术. 遥感卫星上载有各种探测仪器，它把从地面获取的各种信息用数字形式传到地面，遥感卫星地面站把这些数字信息通过计算机处理变成各种遥感应用部门可以利用的数字图像和光学图像，用于环境监测和资源勘探. 当装备遥感系统的卫星绕地球飞行时，地球表面的山脉、河流、城市、村庄等许许多多景物都会记录在它的仪器中，甚至就连地表深处的矿藏、石油、地下文物古迹偶尔露出的蛛丝马迹，都逃不过遥感卫星的眼睛.

**科研卫星** 用于科学研究的卫星主要是用来取得地面上无法得到的丰富的观测资料，对太阳、行星和宇宙空间进行研究，同时又是太阳、行星和宇宙空间的观察站，从而促进天文学、天体物理、微观物理等学科的发展. 应用科研卫星对太阳系行星的探测，对开展天体起源与演化、生命起源与演化的研究极有帮助.

**侦察卫星** 侦察卫星常用于侦察军事目标，如核武器实验、导弹核武器基地、军事指挥中心等，是现代高新技术在军事上的一大应用，所以侦察卫星又可视为军事卫星. 军事卫星可以直接参与战争. 在海湾战争中，美国的“爱国者”导弹就利用军事卫星提供的信息，像打飞机一样击落了已发射的伊拉克“飞毛腿”导弹.

**宇宙速度** 宇宙速度分为第一宇宙速度、第二宇宙速度和第三宇宙速度.

人造地球卫星之所以绕地球运行而不落回到地面，是因为卫星环绕地球运行的向心力恰好等于地球的引力.

物体能绕地球运转而不落回地面所需要具有的速度叫做**第一宇宙速度**或**环绕速度**. 现在我们来计算这一速度.

地球近似为球体，半径为 $R$，当质量为 $m$ 的地球卫星在地面附近环绕地球运行时，其向心力 $m\dfrac{v_1^2}{R}$ 等于地球对卫星的引力 $mg$，即 $m\dfrac{v_1^2}{R}=mg$，得

$$v_1=\sqrt{Rg}=\sqrt{6.4\times10^6\times9.8}=7.9(\text{km/s})$$

$v_1=7.9\ \text{km/s}$ 就是第一宇宙速度.

一切围绕地球运行的物体，当速度正好是 7.9 km/s 时，它的运行轨道是圆. 进一步的计算可知，当卫星绕地球运行的速度大于 7.9 km/s 而小于 11.2 km/s 时，它的运行轨道是椭圆.

如果围绕地球运行的物体速度等于或大于 11.2 km/s 时，将有可能摆脱地球的引力束缚，离开绕地球运行的椭圆轨道. 但不能摆脱太阳的引力束缚，此时的物体将绕太阳运行，成为太阳的行星. 我们把 $v_2=11.2$ km/s 的速度叫做**第二宇宙速度**，又称为**脱离速度**.

若想摆脱太阳的引力束缚，飞向太阳系以外的宇宙空间去，物体必须具有 16.7 km/s 的速度，我们把 $v_3=16.7$ km/s 的速度叫做**第三宇宙速度**，又称**逃逸速度**.

物体运行的轨道与发射时速度的关系如图 4-16 所示.

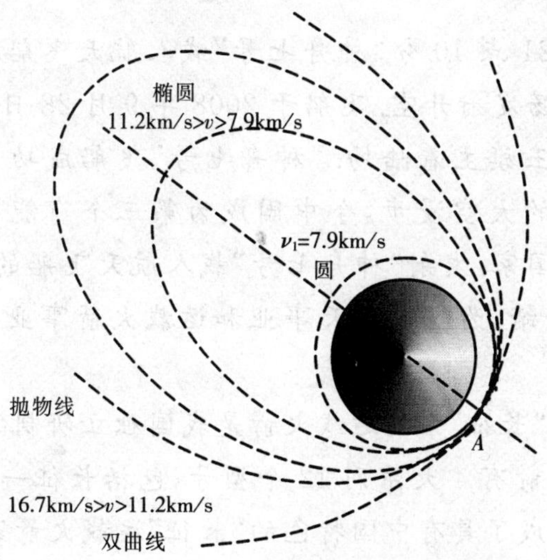


图 4-16　物体的轨道与发射时速度的关系

**例题 4-7**　一个在地球上重 882 N 的人，在月球上约重 147 N. 月球与地球的半径比约为$\frac{1}{4}$，地球的第一宇宙速度为 7.9 km/s. 试求月球的第一宇宙速度的近似值.

**解**　根据题意可知

$$\frac{mg_{地}}{mg_{月}}=\frac{882}{147}=\frac{6}{1}$$

$$\frac{R_{月}}{R_{地}}=\frac{1}{4}$$

又根据　$mg_{月}=m\frac{v_{月}^2}{R_{月}}$

$$v_{月}=\sqrt{R_{月}\ g_{月}}$$

所以 $\dfrac{v_{月}}{v_{地}}=\sqrt{\dfrac{R_{月}\ g_{月}}{R_{地}\ g_{地}}}$

$$v_{月}=\sqrt{\frac{1}{4}\times\frac{1}{6}}\times 7.9=1.61(\mathrm{km/s})$$

## 阅读材料

### 火箭　卫星的发射

2008年9月25日21点10分“神舟七号”载人航天飞船从中国酒泉卫星发射中心载人航天发射场发射升空.飞船于2008年9月28日17点37分成功着陆于中国内蒙古四子王旗主着陆场.“神舟七号”飞船成功发射并实现了中国历史上宇航员第一次的太空漫步,令中国成为第三个有能力把航天员送上太空并进行太空行走的国家.发射“神舟七号”载人航天飞船的“长征二号F火箭”创下了七战七捷的佳绩,为我国航天事业和运载火箭事业的发展做出了重大贡献.

在我国航天工程中,“长征”系列运载火箭是我国独立研制的主力运载工具.目前,“长征”系列运载火箭有4大系列12个型号,包括长征一号、长征二号、长征三号和长征四号等,构成了具有中国特色的“长征”运载火箭家族.“长征”系列火箭的运载能力基本覆盖了低、中、高地球轨道不同航天器的发射需要.

1970年4月24日,我国成功地用自行研制的“长征一号”运载火箭发射了第一颗人造地球卫星“东方红一号”.“长征一号”系列火箭是一种三级火箭,主要用于发射近地轨道小型有效载荷.

“长征二号”系列火箭是一种两级火箭,是中国航天运载器的基础型号.1975年11月26日,“长征二号”火箭完成了中国第一颗返回式卫星发射任务.1997年12月8日,中国太原卫星发射中心第一次执行国际商业发射,用“长二C”改进型火箭成功地将美国摩托罗拉公司制造的两颗铱星送入太空预定轨道.这是承揽铱星发射合同的首次商业发射,也是长征系列运载火箭的第49次发射.1999年11月12日,长征2F成功发射了我国第一艘飞船“神州1号”,使我国成为继苏、美之后第三个掌握发射飞船技术的国家.“长征二号”F型火箭,是我国目前唯一用于发射载人飞船的火箭.

“长征三号”系列火箭是在“长征二号”基础上研制成功的，增加了第三级低温高能液氢液氧发动机，主要运载地球同步转移轨道的有效载荷，也可以运载低轨道、极轨道或逃逸轨道的有效载荷，并可进行卫星的一箭多星发射或其他轨道卫星的发射.“长征三号B”火箭是在“长征三号A”和“长征二号E”的基础上研制的大型三级液体捆绑火箭.我国自主研制的首个月球探测器“嫦娥一号”于2007年10月24日，在西昌卫星发射中心由“长征三号甲”运载火箭发射升空.“嫦娥一号”发射成功，中国成为世界上第五个发射月球探测器的国家.

“长征四号”系列运载火箭包括“风暴一号”、“长征四号”、“长征四号A”、“长征四号B”等火箭，主要担负地球同步轨道卫星的备份火箭、发射太阳同步轨道的对地观察应用卫星等任务.

我国“长征”系列运载火箭经济性、入轨精度、有效载荷系数、运载能力和适应能力等均可认为属国际一流水平.“长征”系列运载火箭的氢氧技术和捆绑技术处于世界先进水平.1984年起，我国利用氢氧技术，进一步发展“长征”运载火箭，火箭第三级选用了高能低温的液氢液氧发动机，突破了低温技术中液氢沸点低、密度小、黏度系数小、表面张力小和导热系数小的极大难点，使火箭在高空失重条件下二次启动成功.2010年10月1日19时由“长三丙”火箭成功发射“嫦娥2号”飞船，是“长征”系列火箭的第131次飞行.中国长征火箭已成为国际市场上知名的高科技品牌，在国际商业卫星发射服务市场上占有重要地位.目前我国正在进行新一代大运载火箭的研制工作，它能将中国现有的运载能力提高三倍左右.新一代运载火箭研制成功后，我国进入空间的运载能力将得到大幅度提升，近地轨道运载能力将达到25 t，地球同步转移轨道运载能力达到14 t，火箭综合性能达到国际一流水平.为使中国航天运载技术处于世界先进行列，研制新一代运载火箭、发展重型运载火箭、探索可重复使用的运载火箭十分必要.此外，中国载人航天工程后续发展、实施“嫦娥工程”及“火星探测”等，又对运载火箭提出更多需求.中国“长征”火箭的新长征，将有更加美好的前景.据报道，中国新一代运载火箭“长征五号”2014年首次飞行.

## 练　习　4.4

1. 影响地球上物体重量变化的因素有哪些？为什么说同一物体在地球两极处最重？
2. 登月宇航员，用弹簧秤在月球表面称得质量为6 kg的物体重9.8 N，已知月球半径为$1.68\times10^{6}$ m，求月球的质量.
3. 人造地球卫星应具有多大的速度，才能在距地面700 km的高空沿着圆轨道运转？它的运转周期T是多少？（地球半径$R=6400$ km）

4. 应用通信卫星可以实现全球的通信和电视转播. 这种卫星位于赤道上方，相对于地面静止不动. 它的周期与地球自转周期相同，叫同步卫星. 试计算：(1)同步卫星的运转周期 $T$；(2)它离地面的高度 $h$；(3)它的运行速率.

## 4.6 简谐运动

**【现象与思考】** 想一想，人们的耳朵为什么能听见各种各样的声音，也许你已经知道了，是因为耳膜的振动；你站在正在开动的机器旁边，就会感觉到机器的周围也在振动. 那么振动是一种什么样的运动呢？只要你仔细观察荡秋千的运动和钟摆的摆动，就会发现它们有着共同的特点，秋千和摆锤有一个平衡的位置(原先静止的位置)，通过平衡位置时运动得最快，离开平衡位置时会慢慢停止运动，紧接着又向相反的方向加速运动，然后总是在平衡位置附近来回摆动. 从摆动的快慢来看，秋千和摆锤一定会受到力的使用，那么这个力与一般机械运动中的作用力有什么不同呢？它的作用规律又是怎样的呢？

**机械振动** 物体在一定位置附近所做的来回往复的运动称为机械振动，它是物体的一种重要的运动形式. 在自然界、生产技术和日常生活中到处都存在着振动，例如，微风中树叶的摇曳、海浪的起伏、地震、钟摆的振动、气缸中活塞的运动、机器开动时各部分的微小颤动、琴弦的振动、鼓膜的振动、系在弹簧上物体的振动等.

振动是常见的周期性运动. 不仅在力学中广泛存在着振动现象，而且在电磁学、光学、原子物理学中也存在类似的振动现象. 例如，在交流电中电流强度周期性的变化；在电磁波通过的空间，任意点电场强度与磁场强度的周期性变化；在无线电接收天线中，电流强度的受迫振荡；高温下分子的振动；固体晶格上原子的振动；等等. 本节只讨论机械振动中最基本、最简单的运动形式，即简谐运动.

**简谐运动** 在物理学中简谐运动常称为简谐振动，其典型例子就是弹簧振子. 把一根轻质弹簧的一端固定，另一端系一穿孔的小球，按图 4-17 所示，将它们穿在光滑的水平细棒上. 球的孔壁光滑，与棒之间的摩擦可以忽略不计，这样的装置称为弹簧振子. 弹簧自然伸长，作用在小球上的弹力为零的位置是平衡位置，用 $O$ 表示. 现在把小球拉到右边位置 $B$，放开后，小球在平衡位置 $O$ 附近($BC$ 之间)振动起来.

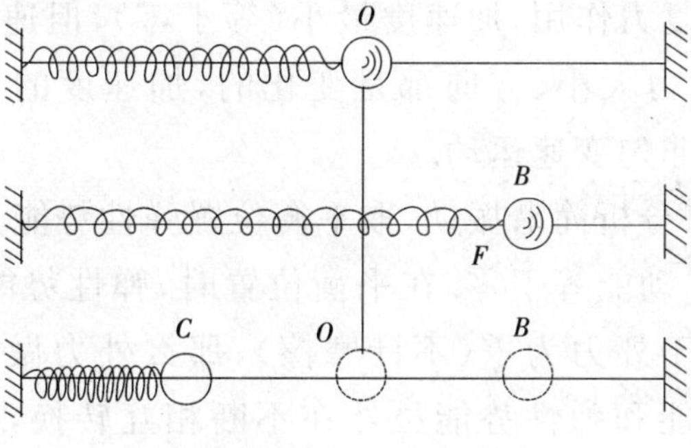


图 4-17　弹簧振子

小球在位置 $B$ 时，弹簧被拉长，弹簧对小球的弹力 $F$ 向左(指向平衡位置 $O$). 放开小球，在弹力作用下小球向左加速运动. 当小球运动到平衡位置时，弹力为零，由于惯性，小球仍然向左运动，弹簧被压缩，小球又受到方向向右的弹力(指向平衡位置 $O$)作用，减速运动到位置 $C$ 停止，接着又开始向右加速运动. 通过平衡位置时弹力为零，由于惯性，小球继续向右运动，弹簧又被拉长，弹力向左(仍指向平衡位置 $O$)，小球减速运动到位置 $B$ 停止，然后又开始重复前面所描述的运动. 我们把小球由位置 $B$ 开始运动，又回到位置 $B$ 这样一个过程，称作完成一次全振动，随后周而复始地重复这样的全振动.

可见，小球在离开平衡位置时始终受到一个指向平衡位置 $O$ 的力的作用，这个力是弹簧作用于小球的弹性力，又叫做回复力. 根据胡克定律，弹簧在弹性限度内的弹力就可表示为

$$F=-kx \tag{4-11}$$

式中 $x$ 是以平衡位置 $O$ 为坐标原点，水平向右为 $x$ 轴正方向，小球离开平衡位置的位移. 弹簧的伸长或压缩量用坐标 $x$ 表示，$k$ 是比例系数，对于弹簧振子来说，是弹簧的劲度系数. 负号表示弹性力的方向与小球的位移方向始终相反.

物体在与位移成正比而与位移方向相反的回复力作用下的振动，叫做简谐振动.

设小球的质量 $m$，根据牛顿第二定律：

$$F=-kx=ma$$

$$a=-\frac{k}{m}x \tag{4-12}$$

式(4-12)表明，小球做简谐振动的加速度 $a$ 的大小恒与位移成正比，$a$ 的方向

与位移方向相反.

分析小球振动的全过程并结合式(4-12)可知:小球位移最大时(位置 $B$ 或 $C$),受到的回复力最大,加速度最大,但速度最小(等于零). 小球经过平衡位置时(位移为零),不受回复力作用,加速度最小(等于零),但速度最大. 在简谐振动过程中,小球所受弹力大小、方向都是变化的,加速度的大小、方向也随之变化,所以简谐振动是非匀变速运动.

从能量的观点来分析简谐振动,取平衡位置弹性势能为零. 小球在 $B$、$C$ 位置时,弹性势能最大,动能等于零. 在平衡位置时,弹性势能等于零,动能最大. 在振动全过程中,由于外力为零(不计摩擦),那么外力做的功也为零,满足机械能守恒的条件,动能和弹性势能虽然在不断相互转换,但其总和不变,机械能守恒. 所以,小球在 $B$、$C$ 位置的弹性势能等于在平衡位置的动能,当然,也一定等于小球在任一位置时的动能与弹性势能之和.

可以证明,弹性势能的大小为$\frac{1}{2}kx^2$,其中 $k$ 为弹簧的劲度系数,$x$ 是位移,弹性势能的单位与功的单位相同.

**振幅、周期、频率** 振动物体离开平衡位置的最大距离,叫做振幅,用 $A$ 表示(图 4-17 中的 $OB$ 或 $OC$). 振幅 $A$ 的大小表示物体振动的强弱.

振动物体完成一次全振动所需的时间,叫做周期,用 $T$ 表示. 周期的大小表示物体振动的快慢. 理论计算和实验表明,弹簧振子的周期为

$$T = 2\pi\sqrt{\frac{m}{k}} \tag{4-13}$$

式中 $m$ 是振动物体的质量,$k$ 是弹簧的劲度系数. 可见,简谐振动的周期只与弹簧振子系统本身的性质有关,而与振幅无关,因此又称为系统的固有周期.

振动物体在一秒钟内完成全振动的次数,叫做频率,用 $f$ 表示. 显然,频率与周期之间有如下关系式

$$f = \frac{1}{T} \tag{4-14}$$

由式(4-13)和(4-14)知道,频率 $f$ 也是由振动系统本身性质所决定的,所以简谐振动的频率又称为系统的固有频率.

**例题 4-8** 一根弹簧秤的标尺 0—180 N 之间的长度为 9 cm. 一个物体悬在弹簧秤的下端,使物体作简谐振动,如果它的频率为 1.6 Hz,问该物体的质量是多少?

**解** 根据题意,当 $F$=180 N 时,弹簧伸长 0.09 m,则弹簧的劲度系数

$k$=180/0.09

因为 $f=\frac{1}{2\pi}\sqrt{\frac{k}{m}}$

所以 $m=\frac{k}{4\pi^2 f^2}=\frac{180/0.09}{4\pi^2\times1.6^2}=22.5(\text{kg})$

## 阅读材料

### 人与地震

地球，是人类生命的摇篮和成长的家园.生机勃勃的生物圈，使人类享受着宇宙间最和谐、完美的自然环境.但是，大自然在赐予我们祝福的同时，也附加了一系列灾难的阴影：水灾、火灾、地震、旱灾、风灾、火山喷发等等.灾害从未停止过对人类灵与肉的侵袭.其中的地震，更是群害之首.

地震形成的基本原因是地球板块间的相互作用.原来，地幔(地壳与地核之间的层次)的对流促使上部的软流层像传送带一样带着岩石层板块缓慢地相互分离、靠近或错动.从而在数十年至数百年里积累了大量能量.当地壳的某些脆弱地带承受不了这种巨大的力量时，岩层会突然破裂或错动，这股巨大的能量立即以地震波的形式释放出来，这就是地震.

广义地说，地震可分为天然地震、诱发地震和人工地震三种.天然地震由板块运动、火山喷发等引起；诱发地震是因大自然积蓄的能量将要饱和时，由于人类活动而引发或诱发的，如水库地震、矿山地震等；人工地震是指核爆炸、化学爆炸、机械振动等人类活动引起的地面振动.世界上80%—90%的地震以及所有造成重大灾害的强烈地震都属于自然地震中由于板块碰撞而引发的构造地震.

为了衡量地震的大小，人们为地震制定了两把有效的尺子，即震级和裂度.震级和裂度就像炸弹爆炸一样，炸药量相当于震级，炸弹爆炸后，对各地的破坏程度就相当于裂度.应当说，一次地震只有一个震级，但会有多个裂度，震级越高，释放的能量越多.震级相差两级，其能量约差1000倍.例如1个7级地震相当于1000个5级地震的能量.2011年3月11日13:46在日本本州岛附近海域发生9.0级强烈地震，导致福岛第一核电站发生爆炸，引发核危机.这是目前记录到的最强地震.

当地震到来时，看似平静的大地，也许突然就像汹涌的大海一样起伏颠簸.地震，不仅本身的破坏性极强，而且还可能引发火灾、水灾、毒液或放射性物质泄露等次生灾害.

地震发生时,千万不要惊慌乱跑.根据以往大地震的经验,90%左右的死亡人员都是在逃出门口时因墙壁倒塌、重物坠落致死的.唐山群众总结亲身经历说:“小震不用跑,大震跑不了.”“躲避的办法要坚持一个原则,就是就近躲避、保护头部,还要保持呼吸系统.这样就可以得到生的希望.”

人们发现,室内房屋倒塌后形成的三角空间,常常是人们得以幸存的安全地点.所以在室内,应选择容易形成三角空间的地点避震:如炕沿下、坚固家具附近、墙根、墙角等处;还可选择厨房、浴室、厕所等开间小、不易塌落的空间避震.

地震来时,很多人首先想到的是家人的安全,但在只有十几秒钟的地震过程中,四处乱跑试图抢救亲人的想法只能是既牺牲自己,又害了亲人.地震时不要跳楼,应迅速寻找避震空间;也不要靠近阳台、窗户,以免被悬挂物、玻璃等砸伤;更不要使用蜡烛、火柴等照明,以免引燃泄露的易燃气体.如果你在户外,要到开阔的地方去;如果在行驶的车上,要赶紧在宽敞的地方刹车;如果在高架桥上,要尽快离开桥或抓住桥的栏杆;如果在繁华地段,要远离摩天大楼和玻璃幕墙,以防被碎玻璃等坠物击伤.在野外,要远离容易产生地裂的河边,远离易发生滑坡、泥石流的山坡底下.在剧场、医院、学校等公共场所,要保持镇静,躲在排椅下、舞台脚下等三角空间内,地震过后要迅速有组织地撤离,以防余震的袭击.但撤离时不可乘电梯、不可拥挤.

“宁可千日不震,不可一日不防”.惨痛的地震教训告诉我们,要居安思危,更要防患于未然.

## 练　习　4.5

1. 物体在任意回复力作用下的振动,一定是简谐振动吗?为什么?
2. 用手拍球,使球在硬地上上下跳动,球的运动是简谐运动吗?
3. 说明描述简谐振动的术语和物理量:(1)全振动;(2)位移;(3)周期;(4)频率.
4. 分析图 4-17 中弹簧振子的运动,并填下表:

| 振子的运动 | $C\to O$ | $O\to B$ | $B\to O$ | $O\to C$ |
|---|---|---|---|---|
| 回复力的方向怎样?<br>大小变化如何? | | | | |
| 运动的性质<br>(加速或减速) | | | | |
| 加速度的方向怎样?<br>大小如何变化? | | | | |
| 速度的方向怎样?<br>大小如何变化? | | | | |

5. 图 4-17 所示的弹簧振子的质量 $m=100\text{g}$，频率 $f=2\text{Hz}$，求弹簧的劲度系数.
6. 某弹簧振子的质量 $m=0.2\text{kg}$，弹簧的劲度系数是 $k=16\text{N/m}$，振幅 $A=0.02\text{m}$. 取向右的方向为正方向，当振子运动到右方最大位移时，回复力和加速度的数值各是多大？当振子运动到左方最大位移时，回复力和加速度的数值又各是多大？弹簧振子的振动周期和频率各是多大？

# 第 4 章小结

## 一、要求理解、掌握并能运用的内容

1. 线速度、角速度、周期

(1)做匀速圆周运动的物体通过弧长 $\Delta s$ 与所用的时间 $\Delta t$ 的比值 $v=\dfrac{\Delta s}{\Delta t}$，定义为该物体运动的线速度.

(2)做匀速圆周运动的物体转过的角度 $\Delta\phi$ 与所用时间 $\Delta t$ 的比值 $\omega=\dfrac{\Delta\phi}{\Delta t}$，定义为该物体运动的角速度.

(3)做匀速圆周运动的物体运动一周所用时间叫做周期 $T$. 周期 $T$ 与线速度 $v$ 和角速度 $\omega$ 之间的关系分别是 $v=\dfrac{2\pi R}{T}$ 和 $\omega=\dfrac{2\pi}{T}$.

2. 向心力、向心加速度

(1)使物体做匀速圆周运动所需的指向圆心的力称为向心力. 在不同的情况下由不同的作用力提供向心力.

(2)由向心力产生的加速度是向心加速度. 质量为 $m$ 的质点，以速度 $v$ 作半径为 $R$ 的匀速圆周运动，其向心力 $F=m\dfrac{v^2}{R}$（或 $=m\omega^2R$），其向心加速度为 $\dfrac{v^2}{R}$（或 $\omega^2R$）.

3. 万有引力定律

宇宙间任何物体之间都存在相互吸引力，即万有引力，其大小与两物体质量的乘积成正比，与两物体间距离的平方成反比，$F=G\dfrac{m_1m_2}{r^2}$，该公式只适用于可视为质点的两物体或质量均匀分布的球形物体之间.

4. 简谐振动

物体在与位移成正比而与位移方向相反的回复力作用下的往复运动称

为简谐振动.简谐振动的周期是 $T=2\pi\sqrt{\frac{m}{k}}$.

5. 公式 $F=m\frac{v^2}{R}=m\omega^2R$、$F=G\frac{m_1m_2}{r^2}$、$T=2\pi\sqrt{\frac{m}{k}}$ 的物理意义并运用其解题.

**二、要求了解的内容**

1. 转速、频率
2. 匀速圆周运动的特点
3. 地球上物体重量的变化
4. 宇宙速度、第一宇宙速度

# 第4章自测题

**一、填空题**

1. ________叫圆周运动.________圆周运动叫匀速圆周运动,匀速圆周运动的速度方向时刻在改变,因此匀速圆周运动是一种________运动.

2. 质点做匀速圆周运动的时候,它通过的________跟所用的________之比,叫做匀速圆周运动的________速度.它的大小________.

   质点做匀速圆周运动的时候,连接质点和圆心的半径转过的________跟所用________之比,叫做匀速圆周运动的________速度.它的大小________.这两个物理量之间的关系是________.

3. 质点做匀速圆周运动时,________叫周期,用字母________表示.线速度的大小和周期的关系是________,角速度与周期的关系是________.

4. 质点做匀速圆周运动时,它在任一点的加速度方向都是________,因此匀速圆周运动的加速度叫做________.

   向心加速度与线速度、圆半径的关系为________.向心加速度与角速度、圆半径的关系为________.

5. 任何两个物体都是相互吸引的,当两个物体可视为质点时,它们的引力大小跟________成正比,跟________成反比,这就是________,并用公式________来表示.

6. $v_1=7.9$ km/s 是人造地球卫星在地面附近环绕地球作匀速圆周运动必须具有的速度,叫做________速度,或者叫做________速度.$v_2=11.2$ km/s 是物体可以挣脱地球引力束缚,成为绕太阳运行的人造行星的速度,叫做________速度,或者叫做________速度.$v_3=16.7$ km/s 是使物体挣脱太阳引力束缚,飞到太阳系以外的宇宙空间去的速度,叫做________速度,或者叫做________速度.

7. 地球上一切物体都随地球自转而绕地轴做匀速圆周运动,都需要向心力,这向心力的方向是指向________的.我们可以把这个向心力看成是万有引力的一个分力,而另一个分力就是物体的________,它的方向是和________垂直的,而万有引力的方向是________.
8. ________,叫做机械运动.________的振动,叫简谐振动.在简谐振动中,加速度的大小跟位移大小________,而加速度的方向和位移方向________.
9. 在忽略空气阻力情况下,弹簧振子作简谐振动时,具有________能和________能,在振子离开平衡位置的运动阶段中,速度________,________能转化为________能.在振子趋向平衡位置的运动阶段,速度________,________能转化为________能.两者转化的过程中,总能量________,遵守________定律.

**二、选择题**

1. 用绳拴着一个物体,使物体在光滑的水平面上作匀速圆周运动.绳断以后,物体将:(　　)

   (1)沿半径方向接近圆心;　　(2)沿半径方向远离圆心;

   (3)仍然维持圆周运动;　　(4)沿切线方向飞出.
2. 质点做匀速圆周运动时,不发生变化的量有:(　　)

   (1)周期;(2)速度;(3)角速度;(4)相对于圆心的位移;(5)加速度;(6)转速.
3. 如图 4-18 所示,物体静止在旋转的水平圆盘上.

   (1)它受到的外力是:(　　)

   (a)重力、弹力、平衡力;
   (b)重力、弹力、静摩擦力;
   (c)重力、弹力、滑动摩擦力;
   (d)重力、静摩擦力、向心力.

   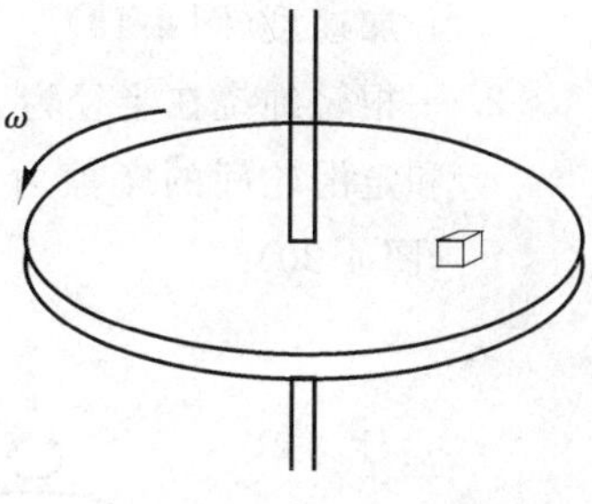
   
   图 4-18

   (2)物体受到的外力中构成平衡的力是:(　　)

   (a)重力和弹力;
   (b)弹力和静摩擦力;
   (c)滑动摩擦力和重力;
   (d)静摩擦力和重力.

   (3)使物体跟随圆盘做圆周运动的向心力是:(　　)

   (a)重力;(b)支撑力;(c)平衡力;(d)静摩擦力.
4. 不计空气阻力,一个质量为 4kg 的抛射体,在地球表面的环绕速度为 8km/s,如果该抛射体的质量增加一倍,则环绕速度为:(　　)

   (1)16 km/s;(2)8 km/s;(3)4 km/s;(4)11.2 km/s.
5. 地球质量大约是月球质量的 81 倍,在登月飞船通过月地之间,月球和地球对它的引力相等位置处,飞船与月亮中心和地球中心的距离之比为:(　　)

   (1)1∶27;(2)1∶9;(3)1∶3;(4)9∶1.

6. 关于简谐振动,下列说法中错误的是:(　　)

(1)回复力的方向总是指向平衡位置;

(2)做简谐运动的物体向平衡位置运动时加速度越来越小,所以速度也越来越小;

(3)加速度与速度的方向总是跟位移方向相反;

(4)速度方向有时跟位移方向相同,有时相反.

7. 有两个弹簧振子,其质量 $m_2=8m_1$,弹簧的劲度系数 $k_2=2k_1$,在不受外力作用情况下发生振动.

(1)它们的振动周期 $T_1$ 和 $T_2$ 之比为:(　　)

(a)1∶1; (b)1∶2; (c)1∶4; (d)1∶8

(2)当两振子以相同的振幅作简谐振动时,它们的最大速度 $v_{1max}$ 和 $v_{2max}$ 之比为:(　　)

(a)2∶1;(b)1∶2;(c)$2\sqrt{2}$∶1;(d)1∶$2\sqrt{2}$.

(3)当两振子在振动过程中,具有的机械能相同时,它们通过平衡位置的速度 $v_1$ 和 $v_2$ 之比为:(　　)

(a)1∶2;(b)2∶1;(c)1∶$2\sqrt{2}$;(d)$2\sqrt{2}$∶1.

## 三、计算题

1. 地球自西向东自转,地球上的人,也随地球一起转动. 已知地球半径 $R'=6400$ km,地球自转一周需 24 h,求在地面上纬度 30°处,人随地球自转的角速度、线速度和向心加速度(图 4-19).

2. 一根轻绳绕在半径为 1 m 的轻质定滑轮上,绳子的下端挂质量为 1 kg 的物体,轻绳和定滑轮间的摩擦力为 6 N. 试求物体从静止开始下降 1.5 s 后定滑轮的角速度(图 4-20).

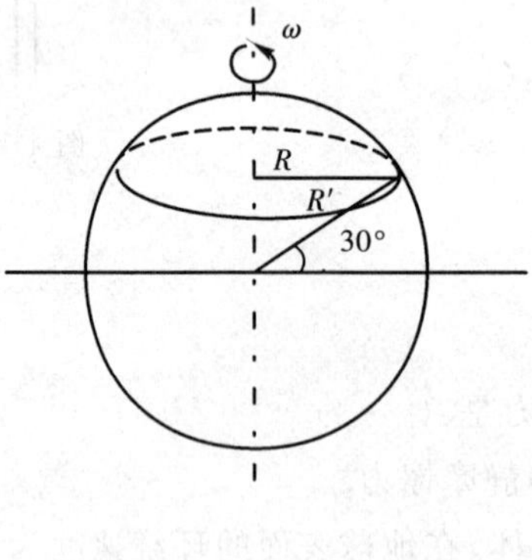


图 4-19

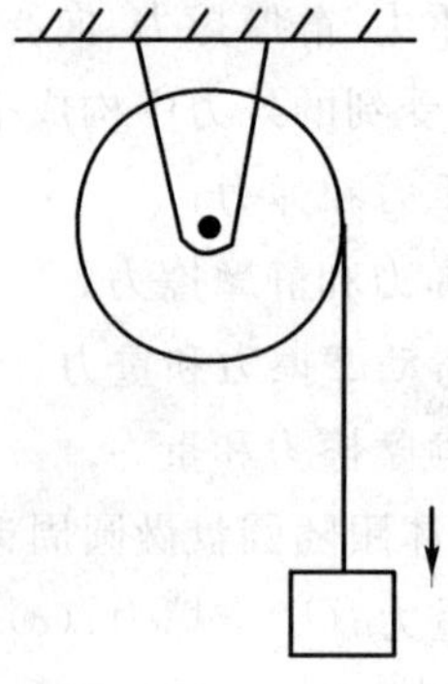

图 4-20

3. 一根长 0.5 m 的绳,受到 9.8 N 拉力就会被拉断. 现在把绳的一端拴上一个质量为 0.3 kg 的物体,使物体在光滑水平面上作匀速圆周运动,求绳被拉断时物体的线速度.

4. 某天文台测得某行星的一颗卫星沿半径为 $R$ 的圆周轨道绕行星转动，周期为 $T$，试求：(1)卫星的向心加速度；(2)行星的质量.

5. 四个乘客的总质量为 200 kg. 当他们上了汽车后，汽车弹簧压缩了 2 cm. 这时汽车总负载为 1600 kg. 若把这系统作为简谐振子，求汽车的振动周期($g=10\ m/s^2$).

# 第 5 章　气体　液体　热力学能

凡是与温度有关的现象都叫做热现象，它是由物质内部大量分子的无规则运动引起的．热学就是研究热现象的规律及应用的科学．热学理论在实际中的应用非常广泛，蒸汽机、内燃机等各种热机和冷柜、冰箱等制冷设备的研制，化工、冶金、铸造、气象、电子、空间技术及生命科学的研究都离不开热学知识．

本章所要学习和研究的气体、液体等物体的性质及状态变化的规律以及包括物质热力学能在内的能量转换和守恒定律等均属于物理学中热学的范畴．至于理想流体在稳定流动中的基本规律及其应用则是本章学习的另一内容．

## 5.1　分子动理论

**【现象与思考】**　一杯清水中轻轻滴入几滴红墨水，虽然没有摇晃或搅拌，但不用多久你就会发现，整杯水都变红了．你知道其中的原因吗？把酒精和水混合在一起，我们就会发现混合后的体积总是小于混合前二者的体积之和，这是为什么呢？你可以轻松地压缩一团棉花，但为什么又不能无限地压缩它？诸如此类的现象，都与分子动理论有关．

**物质由大量分子组成**　自古以来，人们就在探索物质组成的秘密．在 2500 年前，古希腊的思想家德谟克利特就认为，万物都是由极小的微粒构成的，并把这种微粒叫做“原子”，这就是原子理论的萌芽．科学发展到今天，原子的存在早已被证实．原子能够结合成分子，分子是构成物质并保持物质的化学性质的最小粒子[①].

组成物质的分子不但肉眼不能直接看到它们,就是用光学显微镜也看不到它们.最初的一种粗略测定分子大小的方法,是把一定体积的油滴在水面上尽可能地散开,形成单分子的油膜,测出油膜的面积,从而推算出油膜的厚度.如果把分子看成球体,这厚度就是被测油分子的直径.估算结果表明,分子大小的数量级是 $10^{-10}$ m.如果拿水分子的大小跟乒乓球相比,就像拿乒乓球与地球相比一样.分子如此之小,因此通常组成物体的分子数目惊人的庞大.例如你喝进一口水,就喝进了大约 $6.0\times10^{23}$ 个水分子.如果你动员全世界 56 亿人来数这些分子,每人每秒钟数一个,300 万年也数不完它们.现在人们通过电子显微镜或场离子显微镜等,已能把分子放大到几百万到数亿倍.图 5-1 是放大 $3\times10^7$ 倍的电子显微镜拍摄的二硫化铁分子照片的示意图,每个铁原子(画成黑点)与两个硫原子(空心点)结合成一个二硫化铁分子.

物质中分子如此之小,个数又如此之多,但分子之间仍有空隙.水和酒精混合后总体积缩小(图 5-2),就证明了水和酒精的分子间是有空隙的.混合后由于分子重新分布,原来分子间的空隙有一部分被另一些分子占据了,因而总体积缩小了.如果给钢瓶里的油加上 $2.0\times10^6$ Pa 左右的压强,油就会从钢瓶壁中渗出,这表明构成它的分子间同样有间隙.在工程技术上,为增强钢件表面的硬度而进行的固体渗碳处理,为改变半导体的导电性能而掺入微量的杂质等等,就是利用了物质分子间有空隙这一特性.

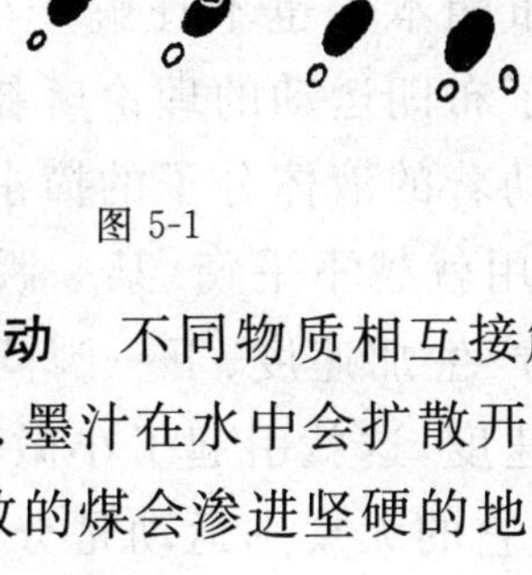

图 5-1

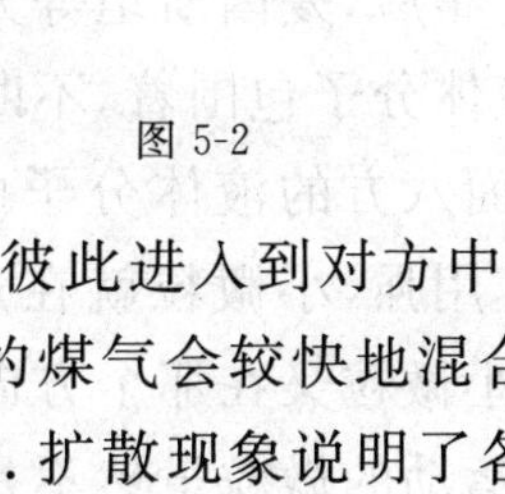


图 5-2

**分子的热运动**　不同物质相互接触时可以彼此进入到对方中去,这种现象就是扩散现象.墨汁在水中会扩散开来,泄漏的煤气会较快地混合在周围的空气中,长期堆放的煤会渗进坚硬的地面中等等.扩散现象说明了各种物质的

① 构成物质的微粒是多种多样的,或是原子(如金属)或是离子(如盐类)或是分子(如有机物).为了简化,这里把它们统称为分子.

分子都在不停地运动着.理论计算和实验测得，常温下气体分子运动的平均速度高达 500 m/s，可与超音速飞机的速度相比，足见气体分子运动之快.

我们可以通过实验间接观察到物质分子运动的情景.取一滴稀释了的墨汁(或含有花粉、滕黄粉等各种悬浮微粒的液体)，放在显微镜下观察(图 5-3).

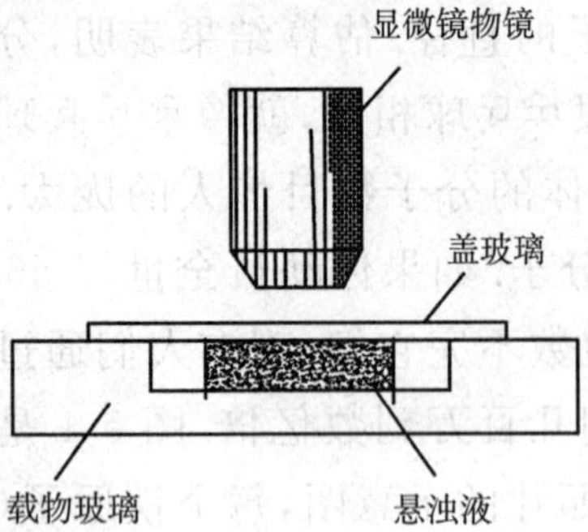


(a) 观察布朗运动的装置示意图

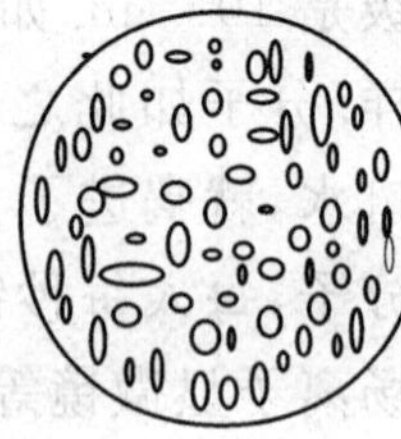

(b) 显微镜下看到的微粒示意图

图 5-3

你可以看到墨汁小颗粒像着了魔似的不停地运动着，其运动方向与速度的大小都在不断改变，毫无规则可言.这种运动是英国植物学家布朗(1773—1885)于 1827 年用显微镜观察水中悬浮的花粉时发现的，故称为**布朗运动**.图 5-4 是对一个小颗粒每隔 30 秒记录一次它的位置，用直线段依次把它们连接起来所见到的运动路线.实际上，就在这半分钟内，小颗粒的运动也极不规则，不是按这段直线运动的.

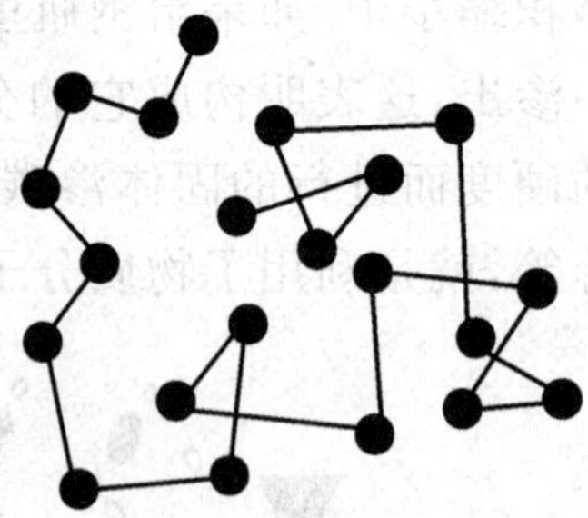

图 5-4

从实验中我们还可以观察到，液体中悬浮的微粒越小，布朗运动越明显.不管白天黑夜，也无论春夏秋冬，布朗运动绝不会停止.

布朗运动是怎样产生的呢？当年布朗本人也不理解产生这种运动的原因，直到 80 年后，爱因斯坦等人才提出了布朗运动的理论解释.悬浮在液体中的微粒被液体分子包围着，不断受到运动着的液体分子的撞击.悬浮的微粒越小，来自四面八方的液体分子的撞击作用就越不平衡.某一瞬间，来自某一方向的撞击作用强，小微粒就在这一方向产生加速度；下一瞬间，另一方向的撞击作用强，小微粒又在那个方向产生加速度，这就引起了小微粒的无规则的运动.做布朗运动的微粒虽然不是分子，但它的无规则运动是分子的无规则运动引起的，而永无休止的布朗运动又证明了分子的运动是永不停息的.

我们在不同的温度下观察同一种液体中悬浮微粒的布朗运动时会发现，

温度越高，微粒的运动越激烈．在观察扩散运动时我们也看到，滴进热水中的墨水的扩散比滴进冷水中要快得多．这表明，分子的无规则运动与温度有关，温度越高，分子运动越激烈．所以，我们把大量分子的无规则运动叫做分子热运动．分子热运动与宏观物体的机械运动的根本区别就在于它的无规则性．

**分子间的相互作用**　分子在不停地做热运动，但固体和液体都有一定的体积，固体还有一定的形状，这表明它们的分子并不是可以无限制地自由运动，而是互相吸引着的．坚硬的固体我们很难使它伸长，拉长了的皮筋一松开就恢复原状，表面磨光的透镜吻合后可被压在一起等，都是因为分子间有吸引力．

分子间既然有空隙，那么固体和液体为什么又很难压缩呢？这是因为物质分子间不但存在着相互吸引力，也存在着相互排斥力，阻碍着它们的相互靠拢．

分子间的引力和斥力是同时存在的．实际表现出来的分子力是分子引力和斥力的合力．引力和斥力的大小与分子间距离 $r$ 有关．如图 5-5 中，当 $r=r_0$（约为 $10^{-10}$ m）时，引力和斥力恰好相等，分子处于平衡状态．当 $r<r_0$ 时，斥力大于引力，分子力表现为斥力；当 $r>r_0$ 时，引力大于斥力，分子力表现为引力；当 $r>10r_0$ 以后，分子力就变得十分微弱，一般可以忽略．由此可见，分子力的作用距离是很短的．这就是玻璃打碎后为什么不能利用分子力把它们拼在一起，折断的木棒为何不能利用分子力把它接上的原因．

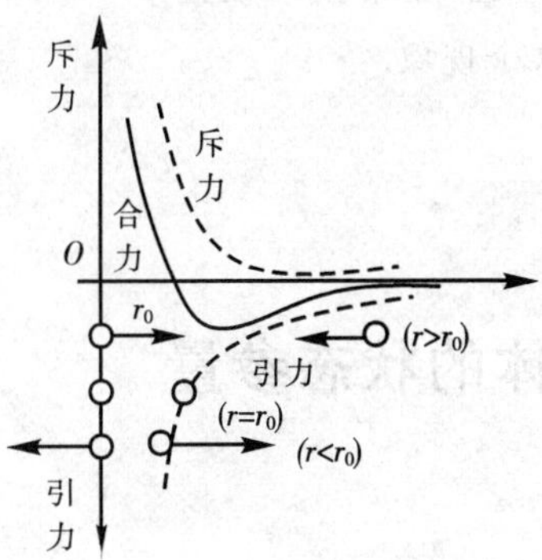


图 5-5

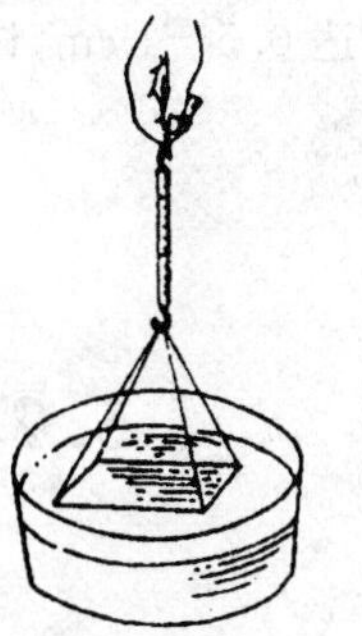

图 5-6

分子间吸引力的作用使分子聚集在一起，排斥力的作用使分子保持一定的间距，而分子无规则的热运动又使分子趋于扩散．正是由于这三方面的因素在不同条件下相互制约和强弱对比不同，才决定了物质存在的三种状态：固态、液态和气态．

**分子动理论的基本论点**　通过以上分析，我们知道：一切物体都是由大量的分子所组成，分子间有间隙并有相互作用力，分子总是永不停息地无规则地运动着．这就是分子动理论的基本论点，它是从物质的微观结构出发来说明热现象及其规律的基本依据.

**【动手做实验】** 把一块洗净的玻璃板吊在弹簧秤的下端，称出其重量，然后使玻璃板接触水面(如图5-6所示)，但不要把玻璃板浸没到水中. 如果想使玻璃板离开水面，用手向上提弹簧秤，这时拉动玻璃的力是否大于玻璃板所受的重力？请动手做一做，再动脑想一想.

### 练 习 5.1

1. 为什么水和酒精混合后总体积会减小？
2. 有人说布朗运动就是分子的运动，这种说法对吗？为什么？
3. 为什么布朗微粒越小，它的布朗运动越显著，而较大的悬浮颗粒不做布朗运动？
4. 常温下气体分子热运动的平均速率高达500 m/s，但在房间里打开一瓶香水，为什么隔一段时间(远大于百分之一秒)才能闻到香味？
5. 有时在较暗的房间里可以观察到射入屋内的阳光中有悬浮在空气里的小颗粒在飞舞，这是布朗运动吗？为什么？
6. 把一块金和一块铅表面磨光后紧压在一起，在常温下放置4—5年，它们就会连接在一起了，互相渗入达0.5—1 cm，试解释这个现象.

## 5.2 气体的状态参量

**【现象与思考】** 你一定有过大雨中撑伞的经历. 虽然每个雨滴对伞面的冲力是偶然而又短暂的，但为什么大量雨点打在伞上却使你感到一个稳定而持续的压力？类似地，对一定质量的气体来说，在组成它的大量分子的热运动中，每个分子运动的速度大小和方向都是偶然的、不断变化着的，但这大量分子的集体状态却是稳定的，呈现出一个总的平均效果. 在研究气体性质时，实验所观察到的物理量正是气体大量分子集体运动的表现. 用这些物理量可以描述气体的状态，它们就是气体的体积、温度和压强，称为气体的状态参量.

**体积**　由于气体分子可以自由移动，所以气体总要充满容器的整个空间．气体的体积($V$)就是指气体分子所能达到的空间，也就是气体所充满的容器的容积．体积的单位是立方米($m^3$)，实际中也常用升(L)作单位，$1L=10^{-3}m^3$．

单位体积中气体的分子数，叫做分子数密度($n$)，单位是 $m^{-3}$．一定质量的气体的分子数密度与体积成反比$\left(n\propto\frac{1}{V}\right)$．分子数密度越大，气体分子间的平均距离就越小．

**温度**　温度是表示物体冷热程度的物理量．要定量地表示温度，就要确定温度的数值表示方法——温标．我们在初中学过摄氏温标，用它表示的温度叫做摄氏温度，用 $t$ 表示，单位是摄氏度，符号是℃．在国际单位制中，用热力学温标(或称绝对温标)表示温度，它的每一度的大小与摄氏温标相同，并把－273.15℃作为零度，叫做绝对零度．用这种温标表示的温度，叫做热力学温度(或称绝对温度)．热力学温度用 $T$ 表示，单位是开尔文(K)，它是国际单位制中七个基本单位之一．热力学温标与摄氏温标只是零点的选择不同，二者的分度方法即每一度的大小是相同的，所以热力学温度跟摄氏温度间的关系为

$$T=t+273.15\text{k}^{①}$$

为了计算简化，可近似取－273℃为绝对零度，这样就有

$$T=t+273\text{k} \tag{5-1}$$

例如在一个大气压下，冰的熔点为0℃，即273K，水的沸点为100℃，即373K．

从分子动理论的观点来看，温度反映了物体内部分子无规则热运动的剧烈程度．温度越高，分子热运动越剧烈，分子热运动的平均速率也越大，因而各分子动能的平均值——分子平均动能($\overline{E_k}$)也越大；反之，温度越低，分子热运动的平均速率和平均动能也越小．因此，温度是物体分子热运动的平均动能的标志．理论和实验都证明，分子的平均动能与热力学温度成正比($\overline{E_k}\propto T$)．

温度通常用温度计来测量．实际中常用的温度计如表5-1所示．

**表5-1　常用的温度计**

| 制　　式 | 类　　型 | 原　　理 | 测温范围(℃) |
|---|---|---|---|
| 接　触　式 | 水银温度计 | 热胀冷缩 | －30－300 |
| | 电阻温度计 | 电阻的热敏特性 | －259－1000 |
| | 温差电偶温度计 | 温差电效应 | －273－2100 |
| 非　接　触　式 | 光学温度计 | 元件的光敏特性 | 600－3000 |
| | 辐射高温计 | 热辐射强度随温度变化 | 700以上 |

① 热力学温度和摄氏温度的间隔或温差的单位是相同的，即 Δ1℃＝Δ1K．关系式中的 $t$ 表示摄氏温度的数值，即热力学温度 $T$ 与273.15K之间的温差，单位用开尔文(K)．

**压强** 气体作用在器壁单位面积上的压力，就是气体的压强($p$).

从分子动理论的观点看，气体的压强是大量分子不断碰撞器壁的结果. 由于大量气体分子做无规则的热运动，对器壁的频繁碰撞，就对器壁产生一个持续的均匀的压力. 平均来说，在相同时间内，气体分子对器壁任何一处单位面积上的碰撞次数和作用是一样的，因而气体对器壁各个方向的压强相等. 显然，气体压强的大小应与气体分子的数密度 $n$ 和分子的平均动能$\overline{E_k}$有关. 气体分子数密度 $n$ 越大，一定体积内的分子数目就越多，分子与器壁碰撞的次数就越多，而因产生的压强就越大. 气体分子平均动能$\overline{E_k}$越大，分子热运动越剧烈，分子对器壁碰撞的冲力就越大，同时碰撞也越频繁，因此气体的压强就越大.

压强的单位是帕斯卡，简称帕(Pa)，1 Pa=1 N/m²①.

气体的压强，要用气压计来测定. 在实验室中，常用开口 U 型管内装入水银制成的水银压强计来测量气体的压强(图 5-7). 将压强计的 $A$ 管跟容器相连接. 如果容器中气体的压强 $p$ 大于大气压强 $p_0$，压强计中 $A$ 管的水银柱就会比 $B$ 管中的水银柱低(图 5-7(a)). 量出两个水银柱面的高度差 $h$，并用 $p_h$ 表示高度为 $h$ 的水银柱产生的压强，容器中的压强就是

$$p = p_0 + p_h \tag{5-2}$$

式中的 $p_0$ 可用气压计测出.

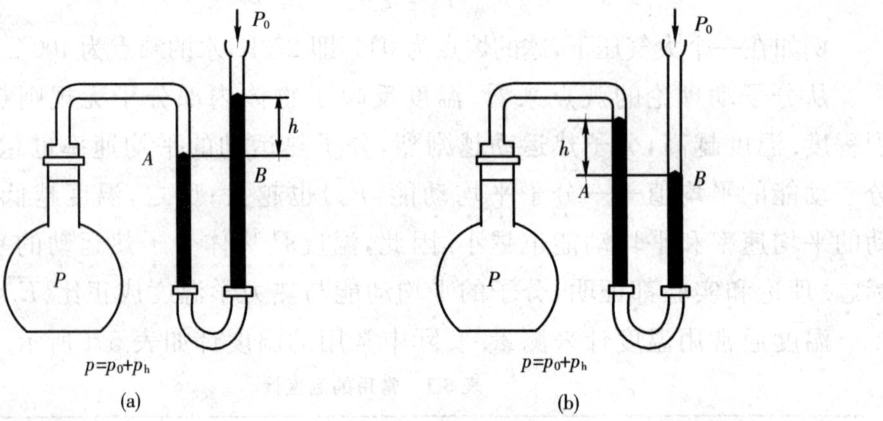


图 5-7 水银压强计

反之，如果容器中气体的压强 $p$ 小于大气压强 $p_0$，压强计中 $A$ 管的水银柱就会比 $B$ 管中的水银柱高(图 5-7(b))，容器中的压强为

$$p = p_0 - p_h \tag{5-3}$$

① 气体的压强单位，在实际中还会见到“标准大气压”(atm)和“毫米汞柱”(mmHg)等. 1 atm=101325 Pa，约等于 $1.0\times10^5$ Pa. 1 mmHg=133.322 Pa. 它们属于非法定的不允许使用的单位.

在实际应用中为了扩大水银压强计的量程，通管的中间部分可以用橡皮软管来代替. 这样开口管 $B$ 能根据需要上下移动，使两管中水银柱的高度差 $h$ 的范围增大，从而扩大了压强计的测量范围.

在工业上，压强习惯上称为压力，测量大的压强常用金属压强计(图5-8). 在空气压缩机、锅炉、氧气瓶等设备上，我们都可以看到这种仪表.

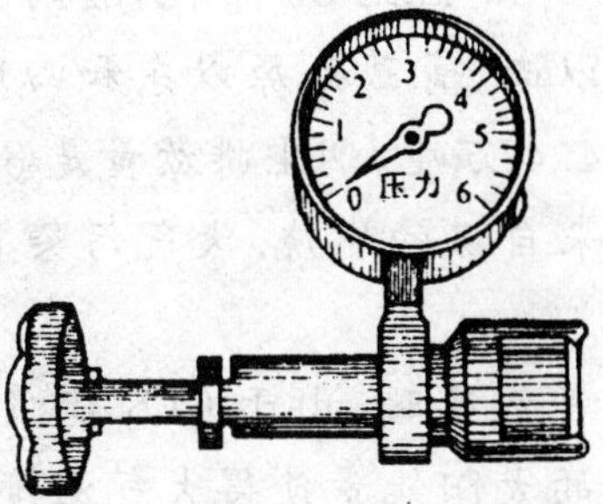


图 5-8　金属压强计

图 5-9

**【动手做实验】** 如图 5-9 所示，用大量的小钢珠(或玻璃球等弹性小球)均匀地向台秤底盘倒下，虽然每个小钢球弹出的方向、速度各不相同，但它们总的冲力使台秤指针偏转某一角度，显示出小钢珠群对底盘的压力. 当改变倾倒的速度或高度，你会发现台秤指示的数字发生了变化，想想这与气体分子对容器壁产生的压强有什么类似之处.

## 阅读材料

### 保护人类环境

20 世纪 70 年代以来，全球灾难性的气候变化屡屡出现：极端天气、冰川消融、永久冻土层融化、珊瑚礁死亡、海平面上升、生态系统改变、旱涝灾害增加等等. 究其原因，上述现象的发生是由于人类严重污染了自己赖以生存的环境. 人类环境污染已成为当代世界范围内危及人类生存的问题，已受到各国政府和科学家的普遍重视. 到目前为止已经威胁人类生存并已被人类认识到的环境问题主要有：全球变暖、臭氧层破坏、酸雨、淡水资源危机、能源短缺、森林资源锐减、土地荒漠化、物种加速灭绝、垃圾成灾、有毒化学品污染等众多方面.

环境污染最严重的大气污染,是由于大量使用化石能源和烧毁森林的结果.燃烧煤炭、石油、天然气所产生的 $CO$、$CO_2$、$SO_2$ 和氮氧化物以及烟尘灰渣等污染大气与江河湖泊,形成酸雨.酸雨是空气中二氧化硫($SO_2$)和氮氧化物($NO_x$)等酸性污染物引起的 pH 小于 5.6 的酸性降水.受酸雨危害的地区,出现了土壤和湖泊酸化,植被和生态系统遭受破坏,建筑材料、金属结构和文物被腐蚀等等一系列严重的环境问题.我国在 20 世纪 80 年代,酸雨主要发生在西南地区,到 90 年代中期,已发展到长江以南、青藏高原以东和四川盆地的广大地区.2009 年我国的 $SO_2$ 排放量是 2214.4 万吨,烟尘排放量是 847.2 万吨,工业粉尘排放量是 523.6 万吨,其中大量来自煤的燃烧.大气污染直接损害人的健康,污染严重的地区肺癌发病率上升.

使用化石能源还产生了温室效应,使气候变暖.由于 $CO_2$ 能吸收热辐射,就意味着大气中的 $CO_2$ 增多,会吸收更多的太阳能量使得大气温度继续升高.1981—1990 年全球平均气温比 100 年前上升了 0.48℃.联合国政府间气候变化专门委员会(IPCC)在 2007 年发布气候变化评估报告中预测:如果本世纪末,全球气温升高 1.5℃—2.5℃,20%—30%的物种将面临灭绝的威胁,一旦气温升高 4℃,能适应这种变化的生物将所剩无几.我国专家研究认为,在过去的 50 年,中国沿海海平面平均每年上升 2.5mm,这个速度高于世界平均值.因此,在全球变暖的大环境下,人们不能坐以待毙.

与大气污染有直接关系的是水污染.水是地球上一切生命发生和存在的最重要的物质基础.地球上虽然有大量的水,但不适宜人类饮用的海水占 97%以上,淡水只占 3%;淡水中有 77.2%和 22.4%分别被储藏在冰川和地下,可以利用的地表水仅占 0.35%,主要蕴藏在湖泊、沼泽和河流中,其中河水储藏不及 0.01%.然而,在这样一个缺水的世界里,水却被大量滥用、浪费和污染.加之,区域分布不均匀,致使世界上缺水现象十分普遍,全球淡水危机日趋严重.目前世界上 100 多个国家和地区缺水,其中 28 个国家和地区被列为严重缺水的国家和地区.预测再过 20—30 年,严重缺水的国家和地区将达 46—52 个,缺水人口将达 28—33 亿人.我国广大的北方和沿海地区水资源严重不足,据统计我国北方缺水区总面积达 58 万 $km^2$.全国 500 多座城市中,有 300 多座城市缺水,每年缺水量达 58 亿立方米.水污染的主要原因是工业废水的排放,全世界每年有 18 亿人口饮用未进行处理受过污染的水,许多地方河水污黑发臭,水污染对人类及鱼类动物生存的危害是巨大的.

环境污染还使得森林锐减.森林是人类赖以生存的生态系统中的一个重要的组成部分.地球上曾经有 76 亿公顷的森林,到 1976 年已经减少到 28 亿公顷.由于世界人口的增长,对耕地、牧场、木材的需求量日益增加,导致对森林的过度采伐和开垦,使森林受到前所未有的破坏.据统计,全世界每年约有1200万公顷的森林消失,其中占绝大多数是对全球生态平衡至关重要的热带雨林.森林锐减使水土流失加剧,世界荒漠化现象仍在继续,荒漠化已经不再是一个单纯的生态环境问题,而是演变为经济问题和社会问题,它给人类带来贫困和社会不稳定.同时水旱灾害增多,1998年我国发生了长江和嫩江特大洪水,直接经济损失达2千多亿元.荒漠化是最为严重的灾难之一.

与温室效应相关的还有臭氧层的破坏问题.臭氧层存在于离地面15—30km高的同温层中,它可以吸收掉99%的太阳辐射到地球的紫外线,从而使地球上的生物免受伤害.所以,臭氧层被誉为"人类的保护伞",如失去了这个"保护伞",地球将受到紫外线强烈辐射,物种将难以生存,人类的健康将受到极大的威胁.但是,令人遗憾的是在地球南极和北极上空都出现了臭氧层空洞,目前还在扩大.科学家们警告说,地球上空臭氧层破坏的程度远比一般人想象的要严重得多.臭氧层的破坏主要是工业生产中的氟氯烃.

从上述可知,人类社会正面临着环境恶化的威胁.这需要各国加以注意,国际社会努力合作.1972年在斯德哥尔摩举行了联合国环境与发展大会,敲响了环境问题的警钟,有力地推动了资源与环境保护工作的开展.1992年联合国环境与发展大会上153个国家首脑共同签署了《地球宣言》,提出全世界要走可持续发展的道路.中国政府高度重视环境保护,加强环境保护已经成为基本国策,社会各界的环保意识普遍提高.1992年联合国环境与发展大会后,中国组织制定了《中国21世纪议程》,并综合运用法律、经济等手段全面加强环境保护,取得了积极进展.在"共同但有区别的责任"原则下,中国政府向世界承诺,中国是一个负责任的大国.到2020年,单位国内生产总值的$CO_2$排放量将比2005年下降40%—50%.为了我们的生存,为了我们的明天不会上演各种悲剧,我们作为社会成员的一分子,保护环境,人人有责,要从小事做起,持之以恒,保护家园、保护地球.

## 练　习　5.2

1. 用分子动理论解释下列现象:

(1)当你给自行车打气时,轮胎中气体的压强会逐渐增大.

(2)夏天,充气过足的自行车在被晒热的马路上行驶时,容易"爆胎".

(3)一定质量的气体,在温度不变的情况下,占有体积越小,产生的压强越大.

2. 一定质量的气体在恒温下体积膨胀为原来的10倍.下面哪些情况将伴随发生：

(1)气体的分子数增为原来的10倍；

(2)气体分子平均速度的大小减为原来的$\frac{1}{10}$；

(3)容器壁所受气体分子平均作用力减为原来的$\frac{1}{10}$；

(4)气体分子的数密度保持不变.

3. 在海平面上，大气压强相当于10.5 m高水柱产生的压强.空气的密度约为水的密度的千分之一.据此，你能估算出地球的大气层至少有多高吗？

4. 试求出图5-10所示的四种情况下，密封在玻璃管里的空气的压强.已知大气压强为$1.00\times10^5$ Pa，水银密度为$13.6\times10^3$ kg/m$^3$，图中水银面的高度差$h$均为10.0 cm.

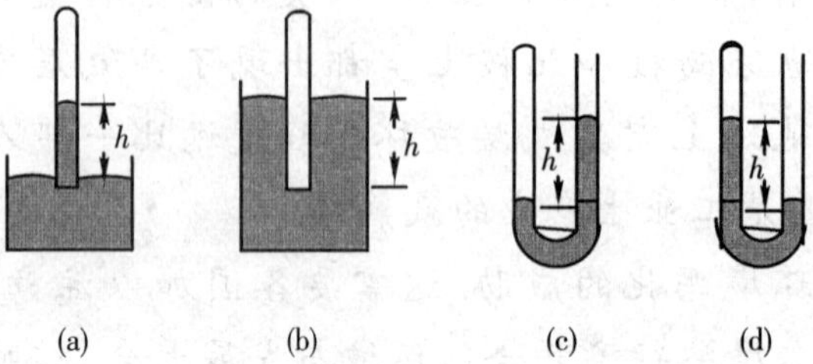


图5-10

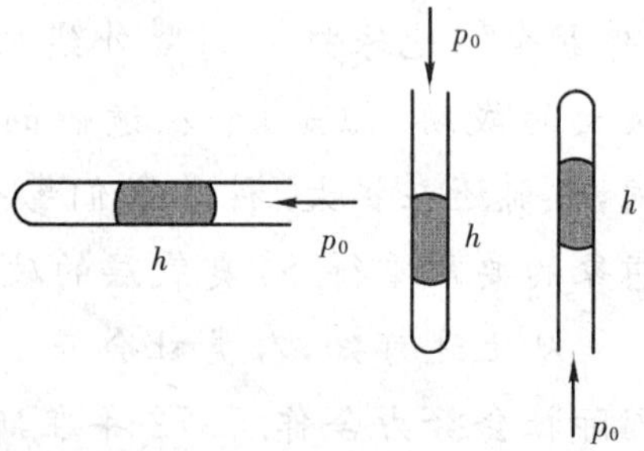


图5-11

5. 用长度$h=5.0$ cm的一小段水银柱，把空气封闭在粗细均匀的玻璃管里(图5-11).当时的大气压强$p_0=1.0\times10^5$ Pa.试计算图中所示的几种情况下，密封在玻璃管里的空气压强.

## 5.3 理想气体状态方程

**【现象与思考】** 你一定知道，压瘪了的乒乓球放到热水中，球就鼓起来了，这是为什么呢？给自行车胎打气时，如果气门芯被堵塞，你越使劲往下推气筒的活塞，越感到气筒中气体向上的反推力增大.你这时当然不必“赌气”地拼命往下压，而在排除堵塞物的同时应想一想，这里面包含着气体状态变化的一个什么关系？

**理想气体状态方程** 要解释类似上述的现象，必须从研究气体的$p$、$V$、$T$

这三个状态参量之间的定量关系入手.

将一端封闭的U形玻璃管固定在刻度尺上(图5-12);其闭端有一段被水银封在里面的气体柱.将U型管垂直放入烧杯中,再向杯中注入温水,使气体柱能全部浸没在水中,但左端必须露出水面.杯中放入温度计,等2—3分钟后记下温度、气体柱长度和水银面高度差等数值.改变水的温度,得到几组不同的数值,将温度用热力学温标表示.计算每次测得的气体柱的$\frac{pV}{T}$值,进行比较后会发现,这个值几乎是个恒量.由此我们找到了气体状态参量之间的变化规律:一定质量的气体,它的压强和体积的乘积与热力学温度之比,在状态变化中始终保持不变,即

$$\frac{pV}{T}=\text{恒量},\text{或}\frac{p_2V_2}{T_2}=\frac{p_1V_1}{T_1} \tag{5-4}$$

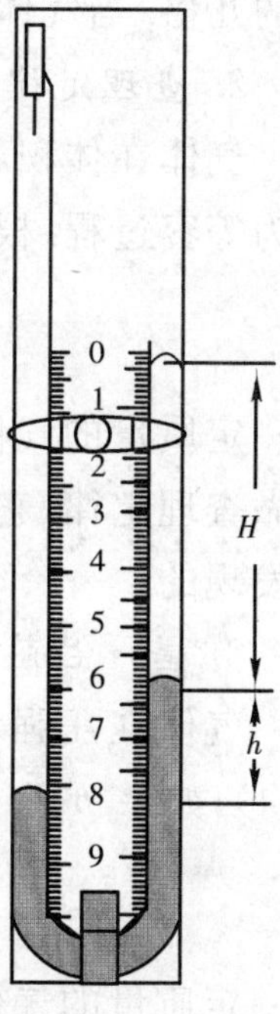

图5-12

但是,更精确的实验指出,实际气体并不完全符合上述规律.随着气体压强的增大、温度的降低,实验结果与按式(5-4)计算的数值偏差越来越大.为了研究的方便,我们设想一种严格符合式(5-4)的气体,并把它叫做理想气体.式(5-4)被称为理想气体状态方程,简称气态方程.实际气体在压强不太大(与大气压相比)、温度不太低(与室温相比)的情况下,都能较好地符合气态方程.因此,常温常压下的实际气体,不论它们的化学成分如何,一般都可当作理想气体处理.

**气体的三个实验定律**　气态方程是法国工程师克拉珀龙(1799—1864)于1834年首先推导出来的.实际上,在他之前,人们已经通过实验总结出了气体状态变化的三个实验定律.

1. 玻意耳-马略特定律

气体在温度不变的情况下所发生的状态变化的过程叫做等温过程.根据气态方程(5-4),令$T_2=T_1$,则

$$p_2V_2=p_1V_1=\text{恒量} \tag{5-5}$$

即一定质量的气体,在温度不变的情况下,它的压强和体积成反比.这个结论叫做玻意耳-马略特定律,它是英国科学家玻意耳(1627—1691)和法国科学家马略特(1620—1684)各自独立发现的.

玻意耳-马略特定律可以用气体分子动理论来解释.一定质量的气体,分子的总数是不变的.当温度一定时,分子的平均速率和平均动能也不变,单位时间内分子与器壁的碰撞次数只取决于分子的数密度.在这种情况下,气体体积

减小为原来的几分之一,分子数密度就增大为原来的几倍,因而压强也增为原来的几倍.当气体体积增大时,情况正好相反.所以气体的压强与体积成反比.

2. 查理定律

气体在体积不变的情况下所发生的状态变化的过程叫做等体积过程,常称为等容过程.根据式(5-4),如果 $V_2=V_1$,则

$$\frac{p_2}{T_2}=\frac{p_1}{T_1}=\text{恒量} \tag{5-6}$$

即一定质量的气体,在体积不变的情况下,它的压强和热力学温度成正比,这叫做查理定律.它是法国科学家查理(1746－1823)于 1787 年通过实验研究首先发现的.

3. 盖·吕萨克定律

气体在压强不变的情况下所发生的状态变化过程叫做等压过程.根据式(5-4),如果 $p_2=p_1$,则

$$\frac{V_2}{T_2}=\frac{V_1}{T_1}=\text{恒量} \tag{5-7}$$

即一定质量的气体,在压强不变的情况下,它的体积与热力学温度成正比.这个关系式最初是法国科学家盖·吕萨克(1778－1850)在研究了多种气体的热膨胀后首先得出的实验定律,叫做盖·吕萨克定律.

如何用分子动理论的观点来解释查理定律和盖·吕萨克定律呢?请同学们自己思考解决.

必须说明,上述气体的三个实验定律只适用于理想气体.实际气体在压强不太大、温度不太低的情况下,能较好地遵从这些规律.

在对气体状态的研究中,为了形象地描写一定质量气体的状态变化,可用 $p-V$ 图来表示它的变化过程.由气态方程可知,对一定质量的理想气体,当 $p$ 和 $V$ 的值确定后,$T$ 的值也随之确定,气体的状态也就确定了.因此 $p-V$ 图上每一点,对应于气体的一个确定状态,$p-V$ 图上的一段曲线,则表示气体的一个变化过程.现将一定质量的理想气体的等温、等容、等压过程用 $p-V$ 图表示,如图 5-13 所示.

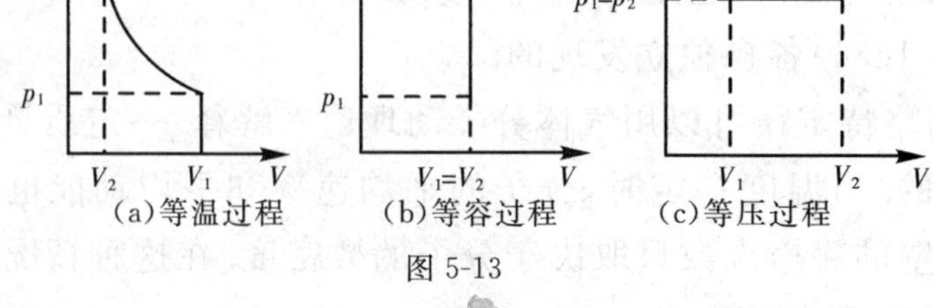

(a)等温过程　(b)等容过程　(c)等压过程

图 5-13

**例题 5-1**　在一端封闭粗细均匀的细玻璃管中，长为 $h=0.16\text{m}$ 的水银柱封住一段气柱. 当玻璃管竖直放置开口朝上时，气柱长为 $l_1=0.15\text{m}$；当开口朝下时，气柱长为 $l_2=0.23\text{m}$. 求此时的大气压强 $p_0$. 若将玻璃管水平放置，空气柱 $l_3$ 的长度是多少(图 5-14)？

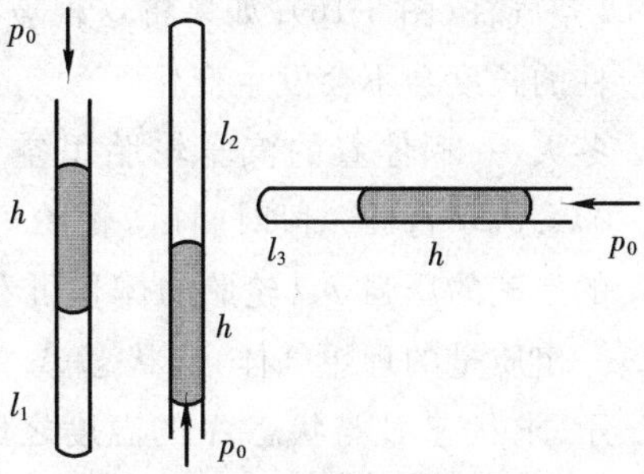

图 5-14

**解**　高为 $h=0.16\text{m}$ 的水银柱产生的压强为 $p'=13.6\times10^3\times9.8\times0.16=2.13\times10^4$ (Pa). 玻璃管开口朝上时气柱的压强为 $p_1=p_0+p'$，开口朝下时气柱的压强为 $p_2=p_0-p'$. 设玻璃管截面积为 $S$，把整个过程看成等温过程，则由 $p_1V_1=p_2V_2$，得

$$(p_0+p')l_1S=(p_0-p')l_2S$$

$$p_0=\frac{l_1+l_2}{l_2-l_1}p'=\frac{0.15+0.23}{0.23-0.15}\times2.13\times10^4$$

$$=1.0\times10^5(\text{Pa})$$

玻璃管水平放置时，气柱的压强 $p_3=p_0$，则由 $p_3V_3=p_1V_1$，得

$$p_0l_3S=(p_0+p')l_1S,$$

$$l_3=\frac{p_0+p'}{p_0}l_1=\frac{1.0\times10^5+2.13\times10^4}{1.0\times10^5}\times0.15$$

$$=0.18(\text{m})$$

**【动手做实验】**　借助铅笔杆或其他细杆，把气球塞进一只略大于气球的瓶子里，并把气球的吹气口反扣在瓶口上(图 5-15). 然后给气球吹气，你会发现，很难把气球吹大. 不管你用多大的力气吹，气球也不过大一点. 请做做这个实验，能解释其中的原因吗？

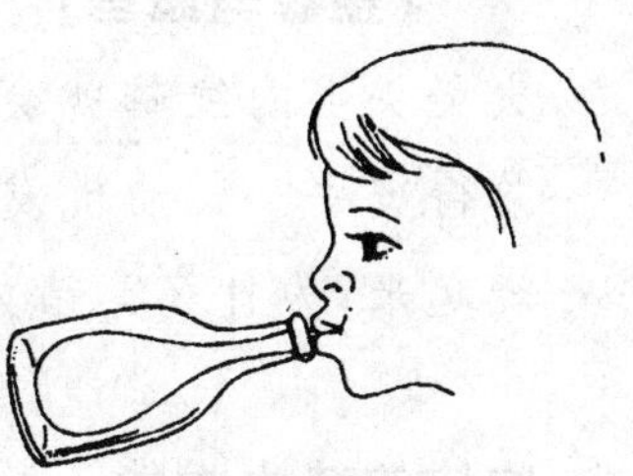
图 5-15

## 练　习　5.3

1. 有位同学把 $p_1V_1=p_2V_2$，$V_1/T_1=V_2/T_2$，$p_1/T_1=p_2/T_2$ 三个公式的左右两边分别乘起来再开平方，从而得出气态方程 $p_1V_1/T_1=p_2V_2/T_2$. 这种推导方法对吗？你能根据气体实验定律推导出气态方程吗？
2. 竖直放置的上端封闭、下端开口的粗细均匀的细玻璃管中，一段水银柱封闭着一段长为

$l$ 空气柱(图 5-16).如果将这根玻璃管倾斜 45°(开口端仍在下方),空气柱的长度会不会发生变化?

3. 冬天,一辆停着的汽车轮胎里空气的压强 $p_1 = 4.0\times10^5\,\text{Pa}$,温度 $t_1 = 0℃$.汽车行驶一段时间后,轮胎里的温度达到 $t_2 = 17℃$.求这时轮胎里的空气的压强 $p_2$(轮胎的体积可看成不变).

4. 一定质量的理想气体,从状态 $A$ 变化到状态 $B$,其 $p-V$ 图如图 5-17 所示.求状态 $B$ 与状态 $A$ 的温度之比.

图 5-16

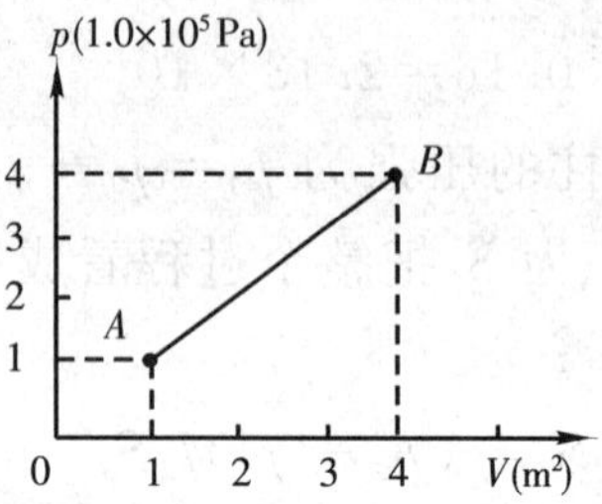

图 5-17

## 5.4 物体的热力学能

**【现象与思考】** 擦火柴是司空见惯的现象,但为什么一经摩擦,火柴头上的红磷就会燃烧起来?为什么长时间打气的气筒,筒壁会热得烫手?柴油机发动时只需摇动几下转柄,气缸里的柴油便会燃烧起来,为什么?诸如此类的现象,都与物体的热力学能紧密相连.

**物体的热力学能** 物体中的分子永不停息地做无规则的热运动,像一切运动着的物体具有动能一样,运动着的分子也具有动能.分子的热运动杂乱无章,同一时刻,同一物体内各个分子的运动方向、速率大小不尽相同,因而各个分子的动能一般也不相同.我们知道,在研究热现象时,有意义的不是一个分子的动能,而是物体内所有分子的动能的平均值,我们把它叫做分子的平均动能.

由于分子间还存在着相互作用力,因此分子还具有由它们的相对位置所决定的势能,称为分子势能.一个物体的体积改变时,分子间的距离也随之改变,因而分子势能也随着改变.所以,分子势能跟物体的体积有关.

物体内部所有分子的热运动的动能与分子势能的总和叫做物体的**热力学能**($U$). 一切物体都是由永不停息地做无规则热运动并且相互作用着的分子组成的,因此任何物体都具有热力学能.

由于物体分子的平均动能同温度有关,分子势能同物体的体积有关,所以一定质量物体的热力学能的多少同物体的温度和体积都有关系. 当然,同一种物质,当温度和密度相同时,热力学能与质量有关.

应该指出,理想气体的分子间一般没有作用力(除分子碰撞的瞬间外),因而理想气体没有分子势能,它的热力学能就是分子热运动动能的总和,仅与气体的温度有关. 如果一定质量理想气体的分子总数为 $N$,分子热运动平均动能为$\overline{E_k}$,则其热力学能 $U=N\overline{E_k}$. 而$\overline{E_k}\propto T$,因此 $U\propto N\overline{E_k}\propto T$. 即**一定质量的理想气体的热力学能与温度成正比**.

**物体热力学能的变化**　物体的热力学能是可以改变的. 物体温度升高时,分子动能增加,物体的热力学能也随之增加;反之,热力学能也随温度降低而减少. 物体的体积改变时,分子势能发生变化,物体的热力学能也随之改变.

日常生活和生产中热力学能改变的例子屡见不鲜. 擦火柴时,我们克服摩擦力做了功,火柴头热力学能增加,温度升高达到红磷的燃点时,火柴就燃烧起来. 用砂轮磨刀具的时候,要克服摩擦力做功,刀具的温度升高,热力学能增加.

图 5-18

不仅克服摩擦力做功可以改变物体的热力学能,而且用力压缩气体也可以改变气体的热力学能. 我们把浸有乙醚的一小块棉花放在厚玻璃筒的底部,然后迅速压下活塞. 由于被压缩的气体热力学能增加而骤然变热,使浸有乙醚的棉花燃烧起来(图 5-18). 柴油机就是利用这个道理使气缸里的雾状柴油和空气的混合物温度升高而燃烧的. 相反,你若把打足气的自行车轮胎的气门芯拔掉,再摸摸气门嘴,你会感觉到它的温度明显降低了,这里因为"嗤嗤"冲出气门的气流对外界空气做了功,使其热力学能减少. 蒸汽机、燃气机中的气体膨胀,推动汽轮或活塞做功时,温度降低,热力学能减少. 这是人们利用热力学能做功的主要形式之一.

以上的例子告诉我们,做功可以改变物体的热力学能. 但是,做功并不是改变热力学能的唯一. 方式. 灼热的火炉可以使它周围物体的温度升高而热力学能增加,一杯热水在不断向外界散热后逐渐冷却,其热力学能减少. 总之,高温物体总是要自发地把它的热力学能转移给低温物体. 这种没有做功而使物体热力学能改变的现象叫做**热传递**. 热传递时所转移的热力学能的多少,叫做**热量**. 习惯上我们所说的"物体吸热(或放热)多少",实际上是说"由于热传递使物体热力学能增加(或减少)多少”.

可见,能够改变物体热力学能的物理过程有两种:做功和热传递.外界对物体做功或物体吸收热量时,物体的热力学能增加;物体对外界做功或放热时,其热力学能减少.

我们可以用加热(热传递)的方法使一根铁条的温度升高,也可以用做功(让它与其他物体摩擦)的方法使它升高同样的温度.所以,就改变物体的热力学能来说,热传递和做功是等效的,都可以作为热力学能变化的量度.因此,热量、功和能量用相同的单位是理所当然的.但在历史上,当初人们并未认识到热是能的一种形式,给热规定了另外的单位——卡(cal).这就产生了热量和功的单位之间的数量关系问题.相当于1卡热量的功的数值叫做**热功当量**.历史上第一个用实验测定了热功当量的人是英国物理学家焦耳(1818-1889).他在1840年以后的近40年的时间里,以科学严谨的态度和坚韧不拔的毅力终于测定了热功当量:1 K=4.19 J.现在国际上已经规定,热量的单位和功、能量的单位统一用焦耳.

做功和热传递虽然在改变物体的热力学能上是等效的,但是它们还是有本质的区别.做功是其他形式的能和热力学能之间的转化,而热传递只是物体间热力学能的转移.换句话说,功可以量度热力学能与其他能量的变化,而热量只能量度热力学能的变化.

学过热力学能以后我们应该明白,通常人们所说的热能,只不过是热力学能的通俗的不甚确切的一种习惯说法.

## 练 习 5.4

1. 以下几种说法正确吗?为什么?

   (1)物体的热力学能只和温度有关;

   (2)高温物体热量多,低温物体热量少;

   (3)热的物体把温度传给冷的物体,最后它们的温度相同;

   (4)任何物体都具有热力学能,但不一定都具有机械能.

2. 质量相同而温度不同的两杯水,哪一杯水的热力学能较大?温度相同而质量不同的两杯水,那一杯水的热力学能较大?质量相同、温度也相同的水和水蒸气呢?

3. 指出下列例子中各是通过什么物理过程改变物体热力学能的:

   (1)用太阳灶烧水;

   (2)用气筒打气,筒壁会变热;

   (3)手冷时,搓搓手就会觉得暖和些;

(4)火炉上的水壶里水温升高；

(5)汽油机气缸内被压缩的气体；

(6)被蒸熟的馒头.

4. 质量为 $m$ 的一枚炮弹，在距地面高为 $h$ 处以速度 $v$ 飞行. 由于炮弹的所有分子都具有这个速度，所以分子都具有动能. 又由于所有分子都在高处，所以又都具有势能. 这枚炮弹的热力学能就是所有分子的上述动能与势能的总和. 这种说法对吗？为什么？

5. 一杯水升温时吸收了 $Q=500$ 卡的热量，如果用做功的方法使它升高到同样的温度，至少要做多少功？这杯水的热力学能改变了多少？

## 5.5 热力学第一定律

**【现象与思考】** 太阳把大地晒热，使水蒸发. 水蒸气升到空中形成云，又以雨雪等形式降落下来，形成波澜壮阔的江河湖海. 这样太阳能转化成了水的机械能. 植物光合作用悄悄地把太阳能转化成化学能，人和动物又从它们那里获得维持生命的能量. 古生物在地质变迁中转化为煤、石油和天然气等今天人类的主要能源，用它们又可转化为电能、光能、热力学能、机械能等等. 在这众多的自然现象中，能的不断转化表现了物质的运动不断地由一种形式转化为另一种形式. 你知道在这些物质的运动和变化中有一个保持不变的重要物理量吗？

**热力学第一定律** 我们先来研究热力学能变化跟热传导和做功之间的定量关系. 如果物体没有对外做功，外界也没有对物体做功，那么物体从外界吸收了热量 $Q$，物体的热力学能就增加了 $Q$；如果物体不和外界发生热交换，当物体对外做功 $W$ 时，其热力学能将减少 $W$. 如果物体既从外界吸收热量 $Q$，同时又对外做功 $W$，则物体热力学能的改变量 $\Delta U=Q-W$，即

$$Q=\Delta U+W. \tag{5-8}$$

上式表明：物体从外界吸收的热量，一部分使物体的热力学能增加，一部分用于物体对外做功，这就是热力学第一定律. 它确定了热、功和热力学能变化之间的定量关系.

我们根据式(5-8)的物理意义规定：物体从外界吸热时 $Q$ 为正值，物体向外界放热时 $Q$ 为负值；物体对外做功时 $W$ 为正值，外界对物体做功时 $W$ 为负

值;物体热力学能增加时 $\Delta U$ 为正值,物体热力学能减少时 $\Delta U$ 为负值.

在工程技术中,普遍使用的蒸汽机、汽油机、柴油机等统称为**热机**.热机的核心是气缸(图 5-19),气缸中的工作物质(如蒸气等)称为工质.热机工作时,工质陆续不断地吸热(如汽油机点火燃烧,气缸里的气体升温),同时陆续不断地对外做功(气体膨胀推动活塞对外做功).

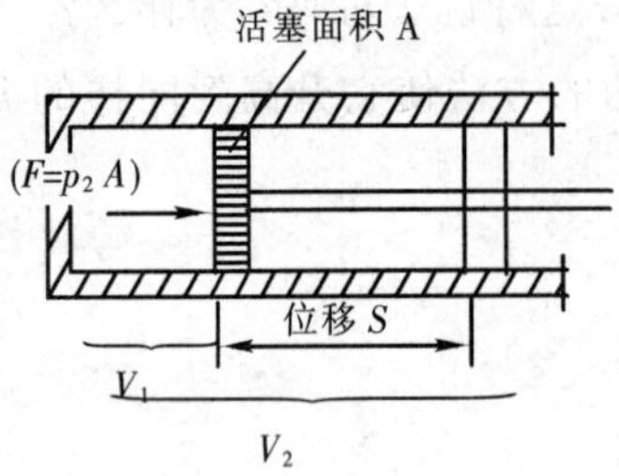


图 5-19 气体推动活塞做功

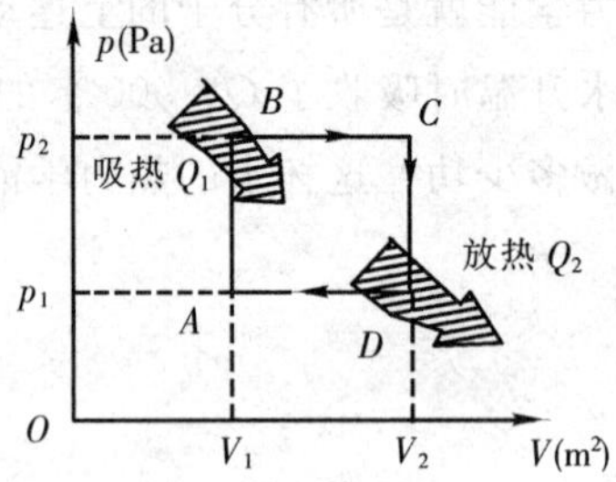


图 5-20 气体循环工作图示

汽缸中的气体可近似当作理想气体,设它经历图 5-20 中 $A \to B \to C \to D \to A$ 的变化.利用气体定律和热力学第一定律分析如下:

$A \to B$:等容升压,$V$ 一定,$p\uparrow \Rightarrow T\uparrow$;$\Delta U>0$,$W_{AB}=0$,故

$$Q_{AB}=\Delta U>0.$$

$B \to C$:等压膨胀,$p$ 一定,$V\uparrow \Rightarrow T\uparrow$;$\Delta U>0$,$W_{BC}>0$,故

$$Q_{BC}=\Delta U+W_{BC}>0.$$

$C \to D$:等容降压,$V$ 一定,$p\downarrow \Rightarrow T\downarrow$;$\Delta U<0$,$W_{CD}=0$,故

$$Q_{CD}=\Delta U<0.$$

$D \to A$:等压压缩,$p$ 一定,$V\downarrow \Rightarrow T\downarrow$;$\Delta U<0$,$W_{DA}<0$,故

$$Q_{DA}=\Delta U+W_{DA}<0.$$

在上述整个循环过程中:

总吸收热量 $Q_1=Q_{AB}+Q_{BC}$

总释放热量 $Q_2=|Q_{CD}|+|Q_{DA}|$

对外做的总功 $W=W_{BC}-|W_{DA}|$

因为气体经一个循环后又回到原来状态,所以整个过程中 $\Delta U=0$,由式(5-8),得

$$W=Q_1-Q_2 \tag{5-9}$$

这就是热机从高温处吸热 $Q_1$,向低温处放热 $Q_2$,同时对外做功 $W$ 的一般公式.

如果外界对气体做功 $W'$,使图 5-20 中的气体循环反过来进行,则气体将从低温处吸收热量 $Q_2$,向高温处放热 $Q_1$,这就是制冷机的工作过程.在一个循环过程中，外界对气体所做的功 $W'=Q_1-Q_2$. 可见，制冷机靠外界做功消耗其他形式的能(如电能)来完成从低温处吸热($Q_2$)向高温处放热($Q_1$)这一制冷任务的. 例如我们家庭中使用的电冰箱就是靠电流做功消耗电能来实现制冷的.

**例题 5-2** 设图 5-20 中的气体从 $B\rightarrow C$ 过程中，$p_2=1.5\times10^5$ Pa，$V_1=3.0\times10^{-3}$ m$^3$，$V_2=9.0\times10^{-3}$ m$^3$，吸收热量 $Q_{BC}=1.7\times10^3$ J. 求气体对外做的功 $W_{BC}$ 和热力学能的改变量 $\Delta U$.

**解** 如图 5-19，$W_{BC}=F\cdot S=p_2A(V_2-V_1)/A$，得

$$\begin{aligned}W_{BC}&=p_2(V_2-V_1)=1.5\times10^5\times(9.0-3.0)\times10^{-3}\\&=9.0\times10^2(\text{J})\end{aligned}$$

$W_{BC}>0$，可见气体对外做正功.

根据热力学第一定律，得

$$\begin{aligned}\Delta U&=Q_{BC}-W_{BC}=1.7\times10^3-9.0\times10^2\\&=8.0\times10^2(\text{J})\end{aligned}$$

$\Delta U>0$，说明此过程中气体的热力学能增加了 $8.0\times10^2$ J.

**能量守恒定律** 在力学中我们知道，机械能中的动能和势能可以互相转化. 根据热力学第一定律我们又认识到机械能与热力学能之间也可以互相转化. 不仅机械能，其他形式的能都可以和热力学能互相转化. 例如，通过电流的导体温度升高，电能转化为热力学能；燃料燃烧生成热，化学能转化为热力学能；炽热的灯丝发光，热力学能转化为光能. 实际上，自然界中任何形式的能都可以在一定的条件下互相转化，但无论能量如何转化，总的能量都是守恒的.

长期生产实践中无数的事实和科学家们大量的科学实验都已证明：能量既不能凭空产生，也不能凭空消失，它只能从一种形式转化为别的形式，或者从一个物体转移到别的物体，而能量的总和保持不变. 这就是能量守恒定律.

能量守恒定律早在 1860 年前后就得到了科学界普遍的承认，并成为全部自然科学和工程技术的基础. 它是自然界的一条普遍规律，一切违背能量守恒定律的观点，都被实践证明是错误的. 因此，恩格斯把这一定律称为"伟大的运动基本定律"，并把这一定律和细胞学说、达尔文的生物进化论一起称为 19 世纪自然科学的三大发现.

物理学最重要的任务就在于发现普遍适用的自然规律. 而在这些自然规律中最简单的形式之一，就是某种物理量的守恒. 在这些守恒定律中能量守恒定律又是最基本、最普遍、最重要的守恒定律. 热力学第一定律就是包括热力学能在内的热现象中的能量守恒定律.

**【动手做实验】** 用浅圆筒装些水，直接在阳光下照射几分钟. 测

出圆筒的直径、筒内水的质量、水的初温和末温及太阳照射的时间.你能粗略计算出阳光直射地面时的辐射强度吗？所谓阳光的辐射强度即地球表面每平方米每秒钟获得的太阳辐射的能量.

## 阅读材料

### 新能源

能源就是给人类提供能量的资源，它是社会经济发展的重要物质基础.长期以来，人们不断地为开发利用能源而奋斗.当代能源供应，主要是煤炭、石油、天然气等化石能源，又叫常规能源，它是亿万年前积存在地底的宝贵资源，但它都是不可再生的.目前，全世界每年消耗的能源，总共约折合100亿吨标准煤，其中以煤炭、石油、天然气占主要部分.专家们估计，煤炭、石油、天然气再过70年就差不多用光了，煤的现存余量也不过使用300多年.能源问题已成为许多国家经济发展的“瓶颈”，甚至发生过“能源危机”.能源问题仍然是当今世界三大焦点(人口、能源、环境)问题之一.

为了人类的可持续发展，节约使用能源开发新能源是我国经济建设的一个战略重点.新能源又称非常规能源，是指传统能源之外的各种能源形式，是在积极研究有待推广的能源.如太阳能、地热能、风能、海洋能、生物质能、核能等.这些能源的特点是绿色环保，开发它们需要高科技的支持.

太阳能一般指太阳光的辐射能量.太阳能的主要利用形式有太阳能的光热转换、光电转换以及光化学转换三种主要方式.太阳能是一种资源丰富又不污染环境的新能源.利用太阳能的装置主要有：太阳能电池，太阳能热水器等.近年来，太阳灶、太阳能集热器、太阳能汽车、太阳能飞机、太阳能电池、太阳能电站相继问世.地球上大部分能量都来自太阳能，风能、海洋能(潮汐能、波浪能、温差能等)就是太阳能使大气流动与海洋中水作用的结果.据专家们预测，人类进入以利用太阳能为主的宇宙能源技术时代已为期不远.

生物质能来源于生物质，也是太阳能以化学能形式贮存于生物中的一种能量形式，它直接或间接地来源于植物的光合作用.是一种广泛可再生的能源.我国从20世纪30年代就开始“水压式沼气池”的研究.我国农村已经建设很多沼气池，提供优质生活燃料，并把沼气池和养殖结合起来，成为新农村生态环境一体化.现在已经开发出多种固定床和流化床气化炉，以秸秆、木屑、稻壳、树枝为原料生产燃气和发电.还利用生物质与微生物发酵制取液体燃料，如酒精、甲醇等. 其原料丰富，成本低廉. 由于生态环境的需要，开发利用生物质能具有很好的经济效益和社会效益.

目前利用较多的新能源是裂变核能，是从原子核释放的能量. 核电站是从核燃料(如铀等)在原子反应堆中的核反应中产生热能将水加热成蒸汽推动汽轮机组发电的设施. 在目前石油紧缺、大气污染加剧的环境下，核电的清洁、高效等许多优点激起人们发展核电的欲望. 世界上已有 400 多座裂变核电站，发电量占世界总发电量的 15%. 裂变核能的缺点是其放射性危害，意外事故会造成巨大灾难. 1986 前苏联切尔诺贝利核电站放射性物质外泄灾害，2011 年 3 月日本大地震使核电站爆炸引起核污染. 因此核电站在运行中的安全一定要放在第一位，安全可靠的核电站才是放心使用的洁净能源.

除了太阳能、生物质能、核能外还有地热能. 温泉、蒸汽喷泉和温度为几百度的浅层岩石都是地热资源. 现在，地热资源主要用于供暖、农业养殖、地热发电等方面. 不过，地热开采十分奥秘，技术性很强.

能源问题除了开源还要注意节约能源. 希望同学们努力学习，刻苦钻研科学知识，将来在能源科学技术领域为国家、为人类作出贡献.

## 练 习 5.5

1. 生活中能量转化的实例到处可见，请指出下列现象中能量是怎样转化的？
   (1)被称为人类第一项伟大发明的钻木取火；
   (2)电灯通电后发光；
   (3)生石灰放入盛有凉水的烧杯中，水温升高；
   (4)坠入大气层的陨石，机械能越来越小；
   (5)植物生长；
   (6)空气吸收太阳的热而上升形成风.
2. 有人设计了一台“永动机”(图 5-21)，设计思想如下：
   在水轮上方的水箱中装入一定量的水，水流下时冲动水轮转动. 水轮通过皮带传动带动抽水机不断地把水从下方的水池中抽到上方水箱中，这样，水不停地循环，水轮机将永久地转动下去.

   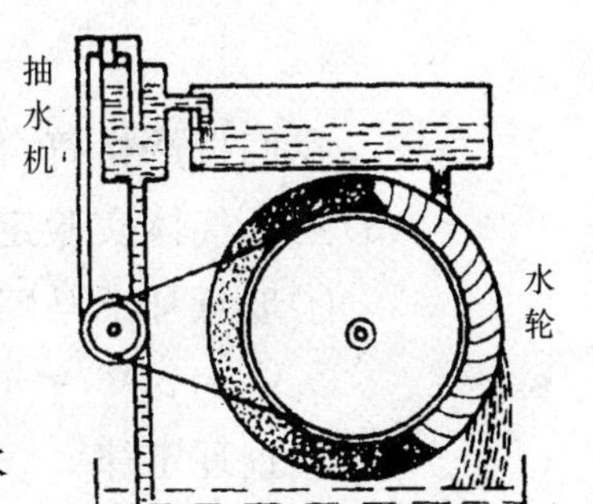
   
   图 5-21

   请你分析一下，这样的“永动机”能实现吗？为什么？
3. 一气缸中的气体保持压强 $p=3.0\times10^5$ Pa 不变，其体积由 $V_1=10$L 被压缩到 $V_2=5.0$ L，在此过程中气体的热力学能减少了 $\Delta U=-504$ J. 求该过程中气体和外界交换了多少热量？是吸热还是放热？

4. 地球表面与阳光垂直的地面上，太阳的辐射强度为 $I=280\ W/m^2$. 如果用有效面积 $S=2.0\ m^2$ 的反射镜，把阳光聚集到盛有质量 $m=1.0$ kg、初温 $t=20℃$ 的水的容器中，假设太阳能的 30% 被水吸收，略去水散失的热量，求需经多长时间才能使水温达到 $t_2=100℃$？

5. 某城市每年收集的垃圾多达 $m=1.0\times10^9$ kg，每千克垃圾燃烧时平均产生 $q=4.0\times10^3$ J 的热量. 如果这些垃圾燃烧用于发电，发电的效率 $\eta=30\%$. 那么该城市每年能用垃圾发出多少度的电能？(1 度电为 1 千瓦小时的电能).

# 第 5 章小结

**要求理解、掌握并能运用的内容**

1. 分子动理论的基本论点

物质是由大量分子组成的，分子之间有间隙并有相互作用的引力和斥力，分子总是永不停息地无规则地运动着.

大量分子的无规则运动，称为分子热运动.

分子动理论是热学的理论基础.

2. 理想气体状态方程

(1) 气体的状态参量；$V$、$T$、$p$ 的物理意义和微观本质.

(2) 理想气体状态方程：一定质量的理想气体，它的压强($p$)和体积($V$)的乘积与热力学温度($T$)之比，在状态变化中始终保持不变，即

$$\frac{p_1V_1}{T_1}=\frac{p_2V_2}{T_2} \quad 或 \quad \frac{pV}{T}=恒量$$

我们把严格符合上式的气体叫做理想气体.

(3) 三个气体实验定律

①玻意耳—马略特定律

$p_1V_1=p_2V_2=$恒量

②查理定律

$\frac{p_1}{T_1}=\frac{p_2}{T_2}=$恒量

③盖·吕萨克定律

$\frac{V_1}{T_1}=\frac{V_2}{T_2}=$恒量

3. 热力学能

物体所有分子动能和分子势能的总和叫做热力学能. 一般物体的热力

学能与其质量、状态($p$、$V$、$T$)有关,而理想气体的热力学能只与质量和热力学温度有关.

改变物体的热力学能有两种方式:做功和热传递.做功是机械能和热力学能之间的转换;热传递是物体间热力学能的转移.

4. 热力学第一定律

系统从外界吸收的热量,一部分使物体的热力学能增加,一部分用于物体对外做功,即 $Q=\Delta U+W$.

使用该定律时,要注意各量的含义及正负,各量均以 J 为单位.

5. 能量守恒定律

能量既不能创生,也不会消失,它只能从一种形式转化为别的形式,或从一个物体转移到别的物体,而能量的总和保持不变.

能量守恒定律是自然界的基本规律之一.热力学第一定律就是包括热力学能在内的热现象中的能量守恒定律.

# 第 5 章自测题

## 一、填空题

1. 物质是由________组成的,它是________的最小微粒.1L 酒精和 1L 水的混合液的体积小于 2L,这证明了分子之间________.

2. 分子力与分子间距 $r$ 有关.当 $r=r_0$ 时,分子间的引力与斥力相平衡,$r_0$ 的数量级为________ m.当 $r<r_0$ 时,分子力主要表现为________力;当 $r>r_0$ 时,分子力主要表现为________力;当 $r>10r_0$ 后,分子力可以________.

3. 描述气体的基本状态参量是体积、温度和压强.气体的体积就是________;温度是物体分子________的标志;气体对器壁的压强是________的结果,所以气体压强与________和________有关.

4. 热力学温标的单位是________,它的每一分度的大小与摄氏温标________,它把________℃作为零度.比如说,人的体温为 37℃,也就是说人的体温是________ K.

5. 一密封钢瓶内的气体被加热,当气体的温度升高 1K 时,气体的压强增加 0.4%,气体原来的温度是________ K.

6. 物体内部所有分子的________与________的总和叫做物体的热力学能.改变物体热力学能的方式有两种:________和________.

7. 热力学第一定律是包括________在内的________守恒定律.

8. 1 kg 的气体由热源吸收 $6.0\times10^4$ K 的热量,热力学能增加 $4.18\times10^5$ J,则外界对它做功________ J.

9. 绝热气缸内气体推动活塞对外做功，则气缸内气体的温度将________.

## 二、选择题

1. 有人读出某物体的温度为－10 K，这说明：(　　)

(1)该物体的温度极低；　(2)该物体的热量为负；

(3)该物体极冷；　　　　(4)肯定读错了.

2. 图 5-22 中各玻璃管内部都封闭有一段气体，其中压强最大的是哪个？

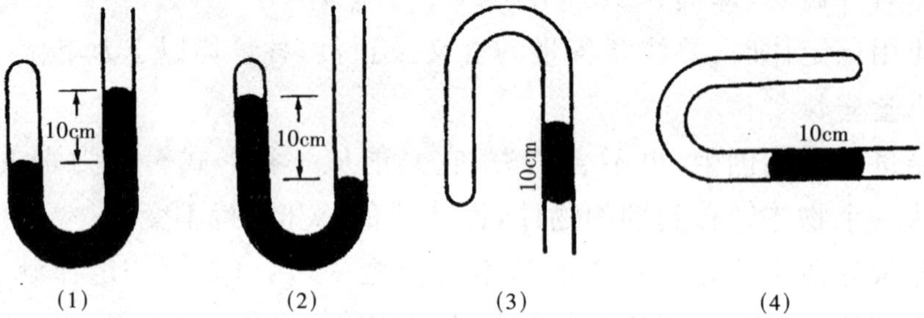


图 5-22

3. 一定质量的气体压强不变，当体积减为原来一半时，其温度由 27℃变为：(　　)

(1)150 K；　　(2)123 K；　　(3)13.5 K；　　(4)－13.5 K.

4. 一封闭容器中装有某种气体，气体可能发生的变化是：(　　)

(1)温度不变，压强改变；　　　(2)温度改变，压强不变；

(3)温度、压强、密度同时改变　　(4)温度和压强同时改变.

5. 在研究气体状态参量变化关系的实验中，当烧杯内水温由低到高有较大变化时，U 型管封闭端内气柱的$\dfrac{PV}{T}$的值应该是：(　　)

(1)增大很多；　(2)减小很多；　(3)基本不变；　(4)不能确定.

6. 关于物体的热力学能，下面说法正确的是：(　　)

(1)物体的机械能越大，其热力学能也越大；

(2)温度相同且质量相等的物体具有相同的热力学能；

(3)晶体熔化时温度一定，故其热力学能不变；

(4)热量只能量度热力学能之间的转移.

7. 一定质量的理想气体在状态变化时保持温度不变，下面可能实现的过程是：(　　)

(1)外界向系统传热，热力学能增加；

(2)外界向系统传热，系统对外做功；

(3)外界对系统做功，热力学能增加；

(4)外界对系统做功，系统向外界传热.

8. 图 5-23 为一定质量的理想气体的 $p-T$ 图. 气体由状态 $A$ 沿直线变化到状态 $B$ 的过程中：(　　)

(1)气体对外不做功，要吸热，热力学能增加；

(2)气体对外做功，不吸热，热力学能减少；

(3)气体对外做功，要吸热，热力学能增加；

(4)气体对外不做功，不吸热，热力学能也不变.

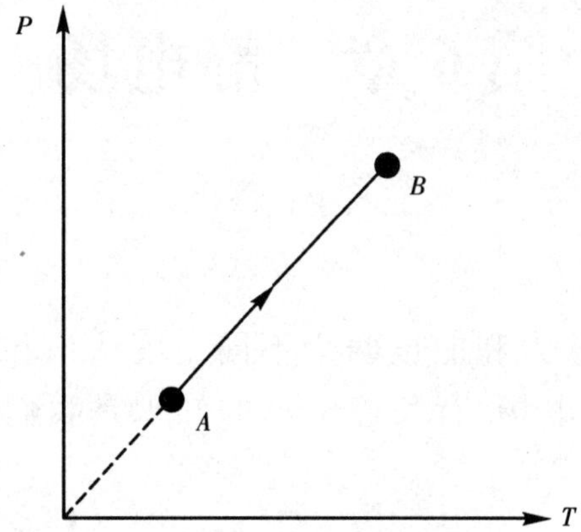


图 5-23

**三、计算题**

1. 体积为 $1.0\times10^{-9}\ m^3$ 的一滴油滴在平静的水面，它能扩展的最大面积为 $3.0\ m^2$. 试估算该油分子的直径.
2. 一储气筒容积为 30 L，内装 1 atm 的空气，现欲使筒内空气压强增为 5 atm，应再向筒内打入多少升 1 atm 的空气.
3. 如图 5-24 所示，气缸内气体膨胀使活塞极其缓慢地向右移动的过程中，气体体积由 $V_1$ 增大到 $V_2$. 试证在此过程中气体对外做功为 $p_0(V_2-V_1)$，式中 $p_0$ 为大气压强.

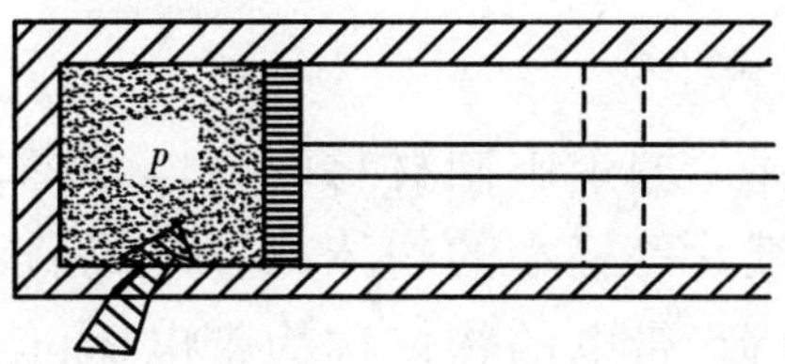


图 5-24

# 第 6 章　静电场

在本章中，我们将从力和能量两个不同角度认识和研究一种由静止电荷激发的特殊物质——静电场. 有关静电场的知识是我们今后进一步研究电磁现象和规律的基础.

## 6.1　电荷　库仑定律

**【现象与思考】** 我们每位同学都可以做这样一个小实验，将一张纸撕成小碎片放在课桌上，再将你的钢笔在头发上摩擦，然后把摩擦后的笔接近小纸片，你会发现小纸片被钢笔吸引起来，你能解释这一现象吗？

**电荷和电荷守恒定律**　两个不同材料的物体，例如毛皮和橡胶棒，互相摩擦后，都可以吸引头屑、纸片等轻小的物体. 这时，我们说这两个物体都处于带电状态，分别带了电或电荷. 带电的物体称为带电体，使物体带电叫起电. 实验证明，物体所带的电荷只可能有两种，**即正电荷和负电荷**，并且，电荷之间有相互作用力. **同种电荷相互排斥，异种电荷相互吸引**，如图 6-1 所示. 用毛皮摩擦橡胶棒，用丝绢摩擦玻璃棒，橡胶棒与玻璃棒分别带有负电荷和正电荷.

除了摩擦外，还有其他的起电方式，如接触和感应等.

我们知道，组成物质的原子是由带正电的原子核和核外绕核运动的带负电的电子组成的. 在通常情况下，原子内的正、负电荷数量是相等的，所以对外呈电中性，即不带电. 通过摩擦，其中一物体失去部分电子，另一物体就得到相应数量的电子，这样，两个物体的电中性状态被破坏. 失去电子的一方由于多出正电荷而带正电；得到电子的一方由于多出负电荷而带负电. 可见，在摩擦起电过程中，并没有创造电荷，仅仅是通过摩擦，实现了电荷的一种转移，其他的起电过程也是如此.

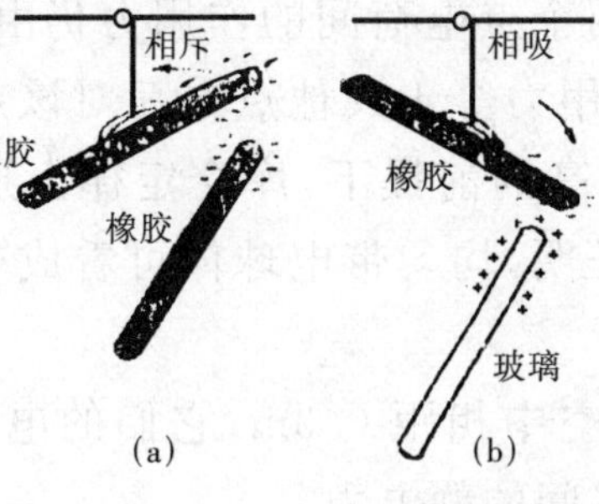


图 6-1　电荷相互作用

大量的事实证明：**在一个封闭系统内，不论发生任何变化过程(如化学反应、原子核反应及粒子的转化等)，系统的电荷代数和保持不变.** 这一结论称为**电荷守恒定律.**

**电量和基本电荷**　带电体所带电荷的多少称为**电荷量或电量**，通常用 $Q$ 或 $q$ 表示. 在 SI 中，电量的单位是库仑(C，库).

我们知道，电子带有最小的负电荷，质子带有最小的正电荷，它们的电量的绝对值相等. 其电量均为 $1.602\times10^{-19}$C，所有的实验均指出任何带电粒子，所带电量等于它们所带电量的整数倍. 因此我们把电量为 $1.602\times10^{-19}$C 的电荷称为元电荷. 在研究微观粒子时，为了方便，常常用元电荷作为电量的单位.

**点电荷与真空中的库仑定律**　一般来说，决定两个带电体间相互作用力的因素有很多，其中，带电体的形状和大小就是众多因素之一，往往不能忽略. 但是，如果带电体间的距离比它们的线度大得多，以致带电体的形状和大小对相互作用力的影响可以忽略时，就可以把带电体看成一个带电的点，这样的带电体被称为**点电荷**. 真正的点电荷是不存在的，点电荷是一种理想化的模型.

1785 年，法国的物理学家库仑(1736－1806)，用精确的实验总结出了两个静止的点电荷间的相互作用规律. 库仑实验的结果是：**在真空中两个点电荷间的作用力跟它们的电量的乘积成正比，跟它们间距离的平方成反比，作用力的方向在它们的连线上**. 这就是真空中的**库仑定律**. 电荷间的这种作用力叫做**静电力**，又叫做**库仑力**.

如果用 $q_1$、$q_2$ 表示两个点电荷的电量，用 $r$ 来表示它们间的距离，用 $F$ 表示它们间的静电力，库仑定律就可以写成下面的公式：

$$F=k\frac{q_1q_2}{r^2} \tag{6-1}$$

式中 $k$ 是比例常数，叫做**静电力恒量**，其值与式中各量的单位有关. 在 SI 中，

$$k=9.0\times10^{9}\,\text{N}\cdot\text{m}^2/\text{c}^2$$

注意，库仑定律只适用计算真空中两个点电荷之间的作用力. 如果真空中同时存在两个以上的点电荷，每两个点电荷间的作用力仍由库仑定律决定，而其中任何一个点电荷受到的总作用力等于其他点电荷对该点电荷单独作用的力的矢量和. 另外，在精度要求不高的前提下，库仑定律也适用于计算空气中点电荷间的静电力. 理论和实验证明，均匀带电球体可看成全部电荷集中于球心的点电荷.

**例题 6-1** 两个点电荷在真空中相距 0.3m，它们的电量分别是 $+1.0\times10^{-8}$C 和 $-4.0\times10^{-8}$C，求它们之间的静电力.

**解** 在题目中，"+""−"号表示电荷的正负. 在应用库仑定律求电荷间的静电力时，只用它们的绝对值进行计算. 静电力的方向可根据电荷的正负来判断.

由题意知 $r=0.3\text{m}$，$q_1=1.0\times10^{-8}\text{C}$，$q_2=-4.0\times10^{-8}\text{C}$.

根据库仑定律，静电力

$$F=k\frac{q_1q_2}{r^2}=9.0\times10^9\times\frac{1.0\times10^{-8}\times4.0\times10^{-8}}{0.3^2}=4.0\times10^{-5}(\text{N})$$

由于 $q_1$，$q_2$ 为异种电荷，所以静电力表现为引力.

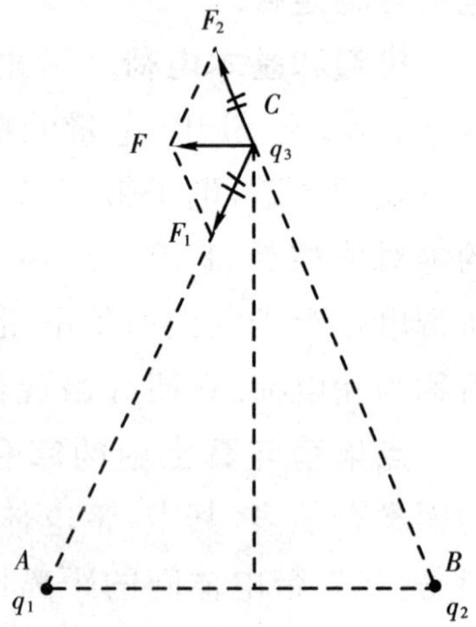

图 6-2

**例题 6-2** 如图 6-2 所示，处于空气中的 $q_1$ 和 $q_2$ 为等量异号点电荷，若在 $q_1$、$q_2$ 连线的中垂线上的 $C$ 处放一个点电荷 $q_3$，且 $r_{AC}=r_{BC}=0.2\text{m}$，$r_{AB}=0.1\text{m}$. 又 $q_1=5.0\times10^{-8}\text{C}$，$q_2=-5.0\times10^{-8}\text{C}$，$q_3=-2.0\times10^{-9}\text{C}$，求 $q_3$ 所受的静电力.

**解** $q_3$ 受到 $q_1$ 和 $q_2$ 静电力，分别为 $F_1$ 和 $F_2$. 因为 $q_1$ 和 $q_3$ 为异号电荷，$F_1$ 为引力，方向指向 $q_1$；$q_2$ 和 $q_3$ 为同号电荷，$F_2$ 为斥力，方向在 $BC$ 延长线上，背向 $q_2$. 根据库仑定律，$F_1$ 和 $F_2$ 的大小为

$$F_1=k\frac{q_1q_3}{r_{AC}^2}=9.0\times10^9\times\frac{5.0\times10^{-8}\times2.0\times10^{-9}}{0.2^2}=2.25\times10^{-5}(\text{N})$$

$$F_2=k\frac{q_2q_3}{r_{BC}^2}=9.0\times10^9\times\frac{5.0\times10^{-8}\times2.0\times10^{-9}}{0.2^2}=2.25\times10^{-5}(\text{N})$$

$q_3$ 所受的力 $F$ 为 $F_1$ 和 $F_2$ 的合力，可以根据平行四边形定则求得．但是，在本题中，也可以利用几何知识来求 $F$，即

$$\frac{F}{F_2}=\frac{r_{AB}}{r_{BC}}$$

所以

$$F=F_2\times\frac{r_{AB}}{r_{BC}}=2.25\times10^{-5}\times\frac{0.1}{0.2}$$
$$=1.125\times10^{-5}(\text{N})$$

$F$ 的方向如图 6-2 所示．

## 练　习　6.1

1. 1 库的电量包含多少个元电荷？
2. 带电体所带电量可以是任意的吗？
3. 真空中有两个点电荷，它们间的静电力为 $F$，如果保持它们的距离不变，将它们的电量分别增大为原来的 2 倍和 3 倍，则它们之间库仑力变为________；如果保持它们的电量不变，将它们之间的距离增大为原来的 2 倍，则库仑力变为________．
4. 在电学中还用到常数 $E_0$，叫做真空中的介电常数，$E_0$ 与 $k$ 的关系是 $k=\frac{1}{4\pi E_0}$，试求国际单位制(SI)中 $E_0$ 的数值和单位．
5. 两个完全相同的金属小球，带电量分别为 $4.0\times10^{-7}$C 和 $-6.0\times10^{-7}$C，求：
   (1) 当两球相距 50cm 时，相互作用力多大？
   (2) 把两小球相互接触后再放回原处，此时相互作用力又是多大？是引力还是斥力．
6. 在例题 2 中，如果 $q_2$ 为正电荷，那么 $q_3$ 所受的合外力多大？方向如何？
7. 一个电量 $q_0=6.0\times10^{-6}$C 的点电荷，放在另外两个点电荷连线的中点，它们的电量分别是 $q_1=1.0\times10^{-6}$C，$q_2=1.0\times10^{-6}$C，$q_1$、$q_2$ 相距 $r=40$ mm，求作用在 $q_0$ 上的静电力的大小和方向．如果 $q_2=-1.0\times10^{-6}$C，那么 $q_0$ 所受静电力的大小和方向又如何呢？

# 6.2　电场　电场强度　电场线

**【现象与思考】**　力的传递是以一定的物质为媒介的．例如，马拉车，马通过绳子将力作用在车上；人推桌子，人通过手将力作用在桌

子上，绳子和手就是传递力的媒介. 那么，两个彼此并不接触的带电体之间的相互作用又是以什么为媒介的呢？

**电场** 近代物理学的理论和实验都证明，每个带电体（电荷）都会在其周围激发出一种特殊物质——**电场**. 相对于观察者，静止的带电体（电荷）激发的电场叫**静电场**. 带电体之间的相互作用就是通过电场传递的. 比如，在某个空间内同时存在两个带电体 $A$ 和 $B$，$A$ 和 $B$ 各自有一个电场，彼此又都处在对方的电场中，$A$ 对 $B$ 的作用是通过 $A$ 的电场将力作用在 $B$ 上，同样，$B$ 对 $A$ 的作用是通过 $B$ 的电场将力作用在 $A$ 上的，正因如此，我们把这种力称为**电场力**. 电场的基本性质就是它对处于其中的电荷有电场力的作用. 我们就是利用这个性质来研究电场的.

**电场强度** 要研究某个电场，就必须在其中放入电荷. 由这个电荷所受的电场力就可以间接了解电场的情况了，这个电荷叫**检验电荷**. 检验电荷的电量和体积都要足够小. 电量小是为了使它放入后不致影响原来的电场；体积小，是为了便于用它来检验电场中各点的性质.

实验表明，检验电荷在电场中的位置不同，受到的电场力的大小和方向往往不同. 这说明，电场既有强弱的不同，也有方向的差别. 检验电荷受到的电场力越大，说明那点的电场越强；反之，则说明那点的电场越弱.

那么，怎样表示电场的强弱呢？假设有一个正的点电荷 $Q$ 的电场，把一个电量为 $q$ 的正检验电荷先后放到电场中的 $A$ 点和 $B$ 点，其受力情况如图 6-3 所示. 因为 $F_B>F_A$，所以，$B$ 点比 $A$ 点的电场强. 电场的强弱是电场本身的属性. 而电场力不仅与电场有关，而且还与检验电荷的电量有关. 所以，电场力 $F_A$、$F_B$ 并不能直接描述电场的强弱属性. 但是，检验电荷在某点受到的电场力与其电量的比值却是一个只决定于电场本身的恒量，比如，把电量分别为 $q$ 和 $q'$ 的检验电荷放在 $A$ 点，其所受的电场力分别为

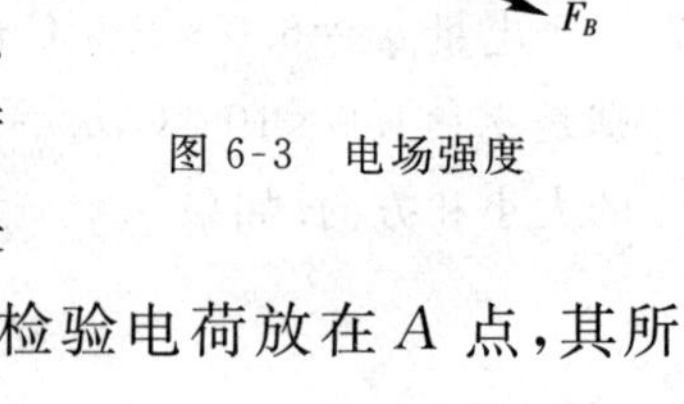


图 6-3 电场强度

$$F_A=kQq/r_A^2 \text{ 和 } F'_A=kQq'/r_A^2.$$

由此可以得出 $$\frac{F_A}{q}=\frac{F'_A}{q'}=k\frac{Q}{r_A^2}$$

显然，这个比值与检验电荷无关，它只取决于场电荷 $Q$ 和场点的位置 $r_A$.

同样可以证明，电荷在 $B$ 点所受的电场力与其电量的比值为 $k\dfrac{Q}{r_B^2}$，也和检

验电荷无关. $B$ 点的这个比值比 $A$ 点的大，说明同样一个电荷在 $B$ 点受到的电场力比在 $A$ 点时要大. 也就是说 $B$ 点的电场比 $A$ 点强. 可见，这个比值的大小反映了电场强弱的属性. 我们就把这个比值定义为电场强度. 这种定义方法，对任何电场都适用.

**放入电场中某一点的电荷受到的电场力跟它的电量的比值，叫做该点的电场强度，简称场强**，用 $E$ 表示. 即

$$E=\frac{F}{q} \tag{6-2}$$

在 SI 中，电场强度的单位是牛顿/库仑(N/C)，它在数值上等于单位电量的电荷所受的电场力.

电场强度是一个矢量，它的大小由上式决定. 我们规定**正电荷在某点的受力方向就是那一点的场强方向**. 显然，负电荷受力方向和场强方向相反.

由(6-2)式可知，如果已知电场中某点场强为 $E$，那么电量为 $q$ 的电荷在该点受到的电场力可由下式计算：

$$F=Eq \tag{6-3}$$

由前面的叙述不难得到真空中点电荷的场强计算式为

$$E=k\frac{Q}{r^2} \tag{6-4}$$

应该注意，公式 $E=\frac{F}{q}$ 和 $E=k\frac{Q}{r^2}$ 都表示电场中某点的场强，但它们的意义是不同的，前式是场强的定义式，对任何电场都适用，而后式只适用于真空中点电荷场强的计算.

如果有几个点电荷同时存在，它们的电场就会互相叠加形成合电场，这时某点的场强，就等于各个点电荷在该点产生的场强的矢量和.

**例题 6-3**　把电量为 $2.0\times10^{-9}$C 的正电荷，放在某电场中的 $A$ 点，受到的电场力为 $1.0\times10^{-4}$N.

(1)求 $A$ 点的场强的值.

(2)把 $q'=1.0\times10^{-9}$C 的负电荷放在 $A$ 点，它受到的电场力是多大？

**解**　(1)由场强的定义式可求得 $A$ 点的场强

$$E_A=\frac{F}{q}=\frac{1.0\times10^{-4}}{2.0\times10^{-9}}=5.0\times10^{4}\,(\text{N/C}).$$

(2)由公式(6-3)可求得 $q'$ 在 $A$ 点所受的电场力

$$F=E_Aq'=5.0\times10^{4}\times1.0\times10^{-9}=5.0\times10^{-5}\,(\text{N}).$$

**例题 6-4** 如图 6-4 所示,真空中有两个点电荷:$Q_1=-2.0\times10^{-8}$C,$Q_2=8.0\times10^{-8}$C,两者相距 15cm,那么 $Q_1$ 和 $Q_2$ 所形成的合电场中,哪一点的场强为零?

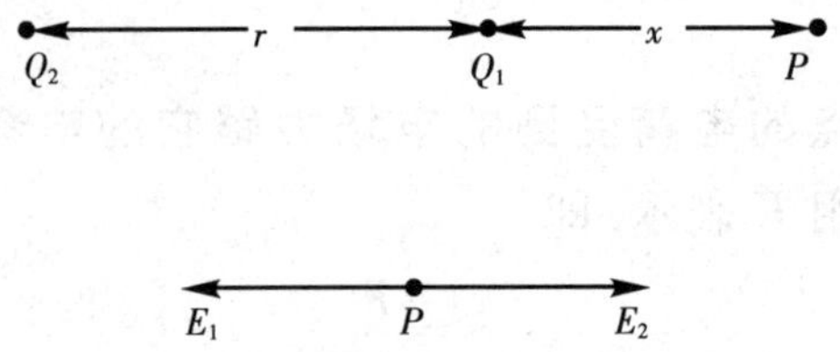


图 6-4

**解** 在场强为零处,$Q_1$ 和 $Q_2$ 的场强必大小相等,方向相反.因为 $Q_1$ 和 $Q_2$ 为异号电荷,且 $Q_1$ 的电量比 $Q_2$ 要小,所以零场强点必在 $Q_2$ 和 $Q_1$ 连线的延长线上某点 $P$(如图6-4).设 $P$ 距 $Q_1$ 的距离为 $x$.

$Q_1$ 在 $P$ 点的场强 $E_1$ 为

$$E_1=k\frac{Q_1}{x^2}$$

$Q_2$ 在 $P$ 点的场强 $E_2$ 为

$$E_2=k\frac{Q_2}{(r+x)^2}$$

因为 $E_1=E_2$

所以
$$k\frac{Q_1}{x^2}=k\frac{Q_2}{(r+x)^2}$$

解得
$$x=15(\text{cm})$$

因此,零场强点在 $Q_2$ 和 $Q_1$ 连线的延长线上,且离 $Q_1$ 为 15cm.若 $Q_1$ 为正电荷,那么零场强点又在何处呢?

**电场线** 研究电场,重要的是要知道电场中各点场强的大小和方向,如果能够用图形把电场中各点场强的大小和方向形象地表示出来,这对我们研究和认识电场是很有帮助的.在任何电场中,每一点的场强 $E$ 都有一定的方向,所以,我们可以在电场中画出一系列假想的曲线,使曲线上每一点的切线方向都跟该点的场强方向一致,这些曲线叫做**电场线**,如图 6-5 所示.

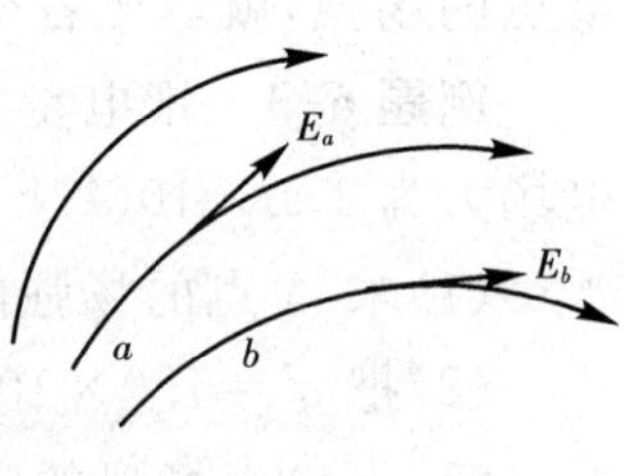


图 6-5 电场线

电场线的形状可以用实验来观察,把奎宁的针状结晶、木屑或头皮屑悬浮在蓖麻油里,再放入到电场中,这些微粒在电场力的作用下,按照场强的方向有规律地排列出来,显示出了电场线的形状.应该指出,电场线并不是电场里客观存在的线,而是我们为了使电场形象化而假想的线.图 6-6 是按实验结果所画出的几种电场线的分布.

从图 6-6 可以看出,在静电场中,电场线从正电荷发出,在负电荷处终止;电场线不形成闭合曲线,任何两条电场线都不相交;在场强越大的地方,电场线越密. 所以,用电场线不但可以形象地表示电场强度的方向,还可以表示电场强度的大小:**场强越大的地方电场线越密,场强越小的地方电场线越稀.**

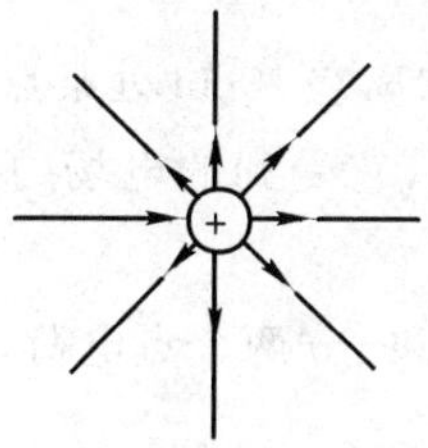

(a)正点电荷

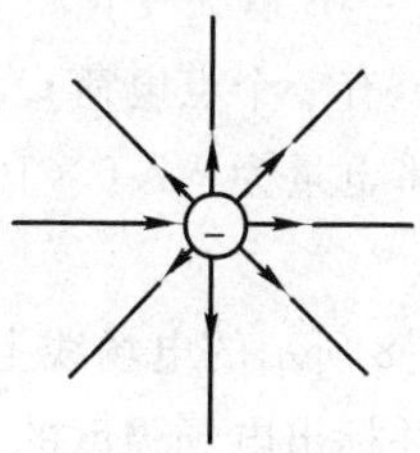

(b)负点电荷

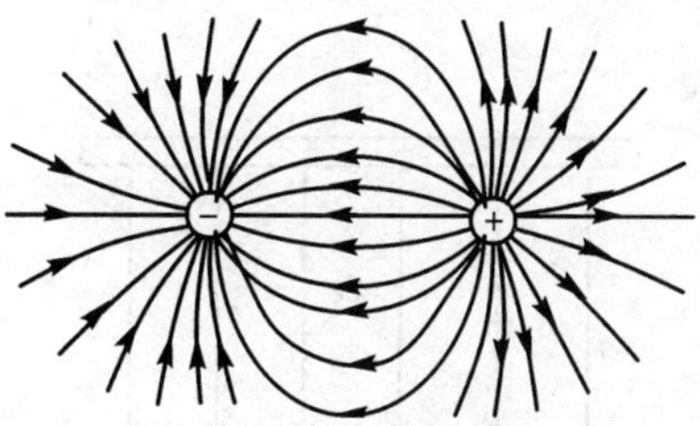

(c)等量异种点电荷

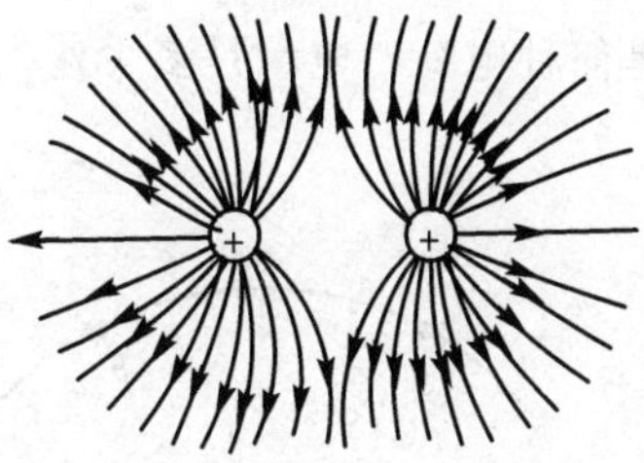

(d)等量同种点电荷

图 6-6　几种电场线的分布

**匀强电场**　在电场的某一区域里,如果各点的场强的大小和方向都相同,这个区域的电场就叫做**匀强电场**. 显然,匀强电场的电场线是一系列疏密均匀,方向相同的平行直线.

两块靠近的、相互正对的平行金属板,在分别带有等量异种电荷时,它们之间的电场,除边缘附近外,就是匀强电场,如图 6-7 所示.

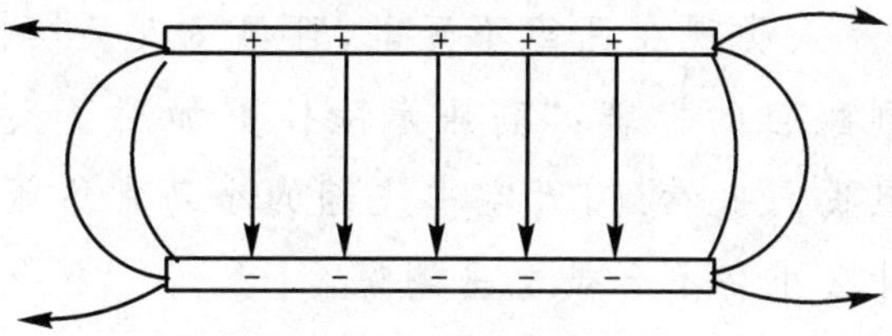

图 6-7　两块带有异种电荷的平行金属板间的匀强电场

## 练　习　6.2

1. 在负电荷 $Q$ 的电场中的某一点放入一个正电荷，它的电量 $q=1.0\times10^{-8}$ C，$q$ 受到的电场力为 $3.0\times10^{-6}$ N. 求该点的场强 $E$，并指出电场强度的方向. 如果改变 $q$ 的电量，或者将 $q$ 取走，$E$ 有无变化？为什么？
2. 在真空中，有一个点电荷 $Q$，它的电量 $-4.0\times10^{-9}$ C，求离它 10cm 处某点的场强大小和方向. 若将电量为 $-2.0\times10^{-9}$ C 的点电荷 $q$ 放在该点，它受到的电场力是多大？方向如何？
3. 在如图 6-8 所示的电场线上的 $a$、$b$ 两点，分别放置 $+q$ 和 $-q$ 两个点电荷，试画出电荷受力方向，并标出电场强度的方向.
4. 在水平放置的两块平行金属板之间，有一场强为 $9.0\times10^{5}$ N/C 的匀强电场，方向如图 6-9 所示，现有一质量为 $1.44\times10^{-5}$ kg 的带电油滴，在电场中处于平衡状态. 求油滴带的是何种电荷？电量是多少？

图 6-8

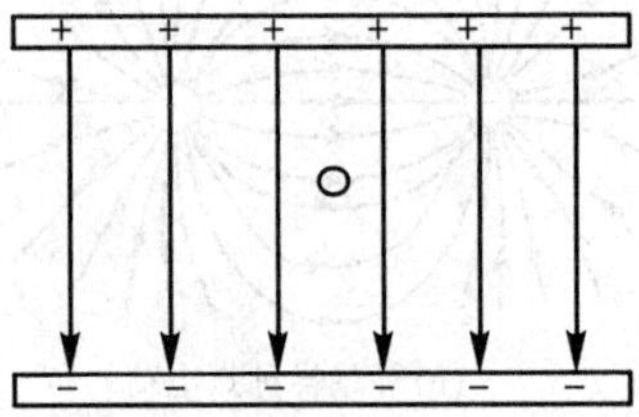


图 6-9

## 6.3　电势能　电势　电势差

**【现象与思考】** 人类现在已离不开电，可很多人又惧怕电，在高压电线下，我们看到醒目的标牌："高压危险！"更加深了人们对电的神秘感和恐惧感. 但我们也看到，天空中飞翔的小鸟常悠闲地停落在裸露的电线上，为什么小鸟不会被电击倒呢？

**电势能** 我们知道，物体在重力场中具有重力势能. 重力势能是与重力做功密切相关的. 同样，电荷在电场中也具有势能，叫做电势能. 电势能是与电场力做功密切相关的.

物体下落时，重力对物体做正功，物体的重力势能减少；物体上升时，重力对物体做负功，重力势能增加.重力势能的变化量总等于重力对物体做的功，与此相似，在电场中移动电荷时，电场力对电荷做正功，电荷的电势能就减少；电场力对电荷做负功，电荷的电势能增加.电势能的变化量总等于电场力对电荷做的功.如果把电荷从 $a$ 点移到 $b$ 点，电场力做的功用 $W_{ab}$ 表示，电荷在 $a$、$b$ 两点的电势能分别用 $E_{pa}$、$E_{pb}$ 表示，则电场力做功与电势能的关系可表示为

$$W_{ab}=E_{pa}-E_{pb} \tag{6-5}$$

同重力势能一样，电势能也是一相对的量，只有先选定零电势能的位置后，才能确定电荷在电场中其他位置的电势能的值.零电势能位置的选择是任意的，在点电荷的电场中，理论上常取无限远处为零电势能处，即电荷在该点的电势能为零.在(6-5)式中，若选 $b$ 为零电势能处，则有

$$E_{pb}=0 \tag{6-6}$$

$$E_{pa}=W_{ab}$$

可见，**电荷在电场中的电势能，在数值上等于把它从该点移到无限远处时电场力对它做的功**.在 SI 中，电势能的单位是焦耳(J，焦).

与重力做功相比，电场力做功更复杂.因为重力仅为引力，而电场力既可以是引力，也可以是斥力.所以，电势能也比重力势能复杂.在分析电势能或电势能的变化量时，可以利用(6-5)、(6-6)两式来研究.

图 6-10 是正电荷 $Q$ 的电场，把正电荷 $q$ 从 $a$ 点移到 $b$ 点，电场力方向和电荷移动方向相同，电场力对电荷 $q$ 做正功，即 $W_{ab}>0$，所以 $E_{pa}>E_{pb}$，也就是说，顺着电场线方向移动正电荷，电势能减小，由于无穷远处为零电势能处，所以，正电荷 $q$ 在正的场电荷的电场中的电势能为正值.由类似的分析可知，负电荷顺着电场线方向移动，电场力做负功，电势能增加，负电荷在正的场电荷电场中的电势能为负值.总之，不论场电荷是正还是负，只要电场中的电荷与场电荷同号，则该电荷具有电势能就是正值；反之，则是负值.

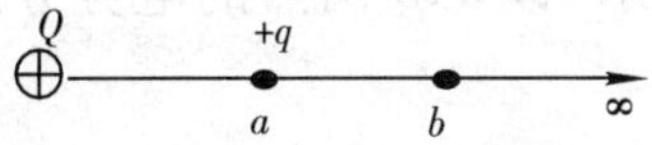

图 6-10　正电荷 Q 的电场

应该注意，电势能是标量，只有大小，没有方向，其正负是相对于零电势能处而言的.

**电势**　电势能的正负和电荷的种类有关.设在图 6-9 所示的电场中，正电荷 $q$ 在 $a$ 点的电势能为 $E_{pa}$，它在数值上等于把 $q$ 从 $a$ 点移到无限远处时电场力做的功.如果 $q$ 的电量变为原来的几倍，则在把它移至无限远处的过程中，所受的电场力处处为原来的几倍，电场力做的功也为原来的几倍，因而电势能就是原来的几倍.这就是说，电荷在电场中某点具有的电势能与电荷的电量成正比.因此，两者的比值就是一个只决定于电场本身，而和电荷无关的恒量，显

然，电场中每个点处都有一个这样的比值，不同点处的比值一般不同.这个比值越大，表示同样的正电荷在该点的电势能也越大.所以，这个比值客观地反映了电场能量的属性，我们就把它定义为电势.

**电荷在电场中某点具有的电势能与它所带电量的比值叫做电场中该点的电势**，用$V$表示，即

$$V=\frac{E_p}{q} \tag{6-7}$$

电势是标量，在SI中，电势的单位是伏特（V，伏）.电量为1 C的电荷在某点的电势能是1 J，该点的电势就是1 V，即1 V=1 J/C.

电势也是相对量，只有当零电势位置明确后，电场中各点的电势才有确定的值.零电势位置的选择是任意的，但是，在同一问题中，零电势位置的选取应该和零电势能位置的选取一致.

在点电荷的电场中，取无限远处的电势为零时，利用(6-7)式不难证明：正电荷$Q$的电场，各点的电势都是正值，而且越靠近正电荷的地方，电势越高；负电荷$Q$的电场中，各点的电势都是负值，而且越靠近负电荷的地方，电势越低.在实际应用中，常取地球的电势为零，即接地为零.

**电势差**　电场中任意两点的电势之差，称为电势差，也就是电压，用$U$表示.设$a$，$b$两点的电势分别为$V_a$和$V_b$，则$a$，$b$间的电势差为

$$U_{ab}=V_a-V_b \tag{6-8}$$

电势差的单位也是伏特.应该注意的是，电势与零电势位置的选择有关，但是电势差与零电势位置无关.所以，电势是相对的量，而电势差是绝对的量.在实际应用中，人们更关心的是电势差.

由(6-5)，(6-6)，(6-7)三式可以得到另一个计算电场力做功的公式

$$W_{ab}=qU_{ab} \tag{6-9}$$

此式说明，电荷在电场中移动时，**电场力做的功，等于电荷的电量与这两点间电势差的乘积**.需要注意的是，公式中的$W_{ab}$是指电场力的功.运用时，还应注意$q$、$U_{ab}$、$W_{ab}$的正负号，即正电荷的电量取正值，负电荷的电量取负值，$V_a>V_b$时$U_{ab}$为正值，$V_a<V_b$时$U_{ab}$为负值.电场力做正功时，$W_{ab}$取正值，反之，$W_{ab}$就是负值.

在研究微观粒子时，常用**电子伏**(eV)作为功或能量的单位.1 eV就是一个元电荷在电势差1 V的两点间移动时，电场力所做的功.

$$1\ \text{eV}=1.6\times10^{-19}\ \text{C}\times1\ \text{V}=1.6\times10^{-19}\ \text{J}$$

**例题6-5**　设电场中$A$、$B$两点的电势差$U_{AB}=2.0\times10^2$ V，带电粒子的电量$q=3.0\times10^{-9}$ C，把$q$从$A$点移到$B$点，电场力做了多少功，是正功还是负

功？电势能如何变化？变化了多少？

**解**　由(6-9)式得电场力做的功

$$W_{AB}=qU_{AB}$$
$$=3.0\times10^{-9}\times2.0\times10^{2}$$
$$=6.0\times10^{-7}(\text{J})>0$$

所以，电场力做了 $6.0\times10^{-7}$ J的正功，电荷 $q$ 的电势能减少了. 由电场力做功和电势能变化的关系可知，电势能减少了 $6.0\times10^{-7}$ J.

## 练　习　6.3

1. 试根据电场力做功和电势能变化的关系，分别分析一负电荷和一正电荷在负的场电荷的电场中的电势能的正、负. 由此可得出什么结论呢(以距场电荷无限远处为零势能处)？
2. 试根据公式 $V=\dfrac{E_p}{q}$，证明：在正电荷或负电荷的电场中，某点电势的正、负只和场电荷有关(以距场电荷无限远处为零电势处).
3. 一电量为 $2.0\times10^{-9}$ C 的正电荷，在某电场中从 $A$ 点移到 $B$ 点，电场力做功为 $-4.0\times10^{-7}$J. $A$，$B$ 两点的电势差是多少？若以 $A$ 点为零电势点，则 $V_B$ 等于多少？
4. 如图 6-11 所示，电场中某一电场线为一直线，线上有 $A$、$B$、$C$ 三个点，已知电荷 $q_1=1\times10^{-8}$C，从 $B$ 点移到 $A$ 点时电场力做了 $1\times10^{-7}$J 的功；电荷 $q_2=-1\times10^{-8}$C，在 $B$ 点的电势能比在 $C$ 点时大 $1\times10^{-7}$J. 那么：

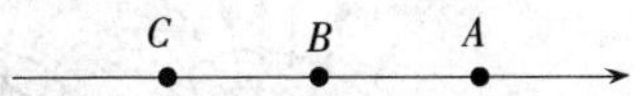

图 6-11

(1)比较 $A$，$B$，$C$ 三点电势的高低，这三点在电场线上是怎样排列的？

(2)$A$，$C$ 两点间的电势差是多少？

(3)设 $B$ 点的电势为零，那么 $q_1$ 在 $A$ 点的电势能是多少？

## 6.4　等势面　匀强电场中电势差和场强的关系

**【现象与思考】**　电势差和场强同是描述电场的物理量，你知道它们之间有什么关系吗？

**等势面**　在地图上常用等高线来表示地势的高低. 与此类似，在电场中常用等势面来表示电势的高低.

顾名思义,**等势面就是由电场中电势相同的点组成的面**.显然,在同一等势面上,任意两点之间的电势差为零.所以,电荷在等势面上移动时,尽管受到电场力作用,但是电场力却并不对电荷做功.据此,可以得到结论:**等势面一定跟场强方向垂直,即电场线必垂直于等势面.**

由于沿着电场线方向电势逐点降低,所以,**电场线不但跟等势面垂直,而且总是由电势高的等势面指向电势低的等势面.**

图 6-12 是几种常见的电场中的等势面的示意图(实线表示等势面).

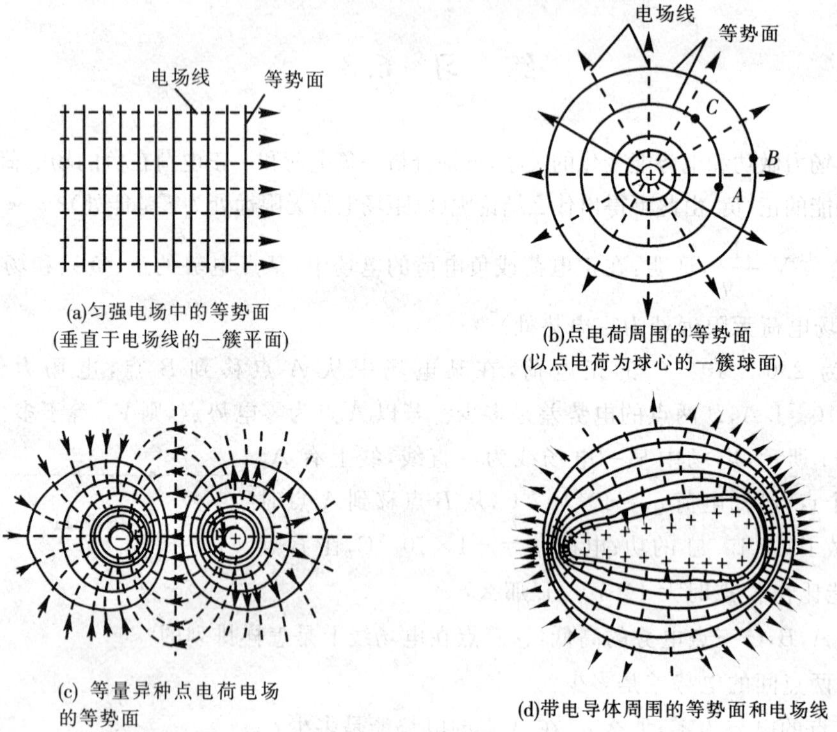


(a)匀强电场中的等势面(垂直于电场线的一簇平面)

(b)点电荷周围的等势面(以点电荷为球心的一簇球面)

(c) 等量异种点电荷电场的等势面

(d)带电导体周围的等势面和电场线

图 6-12　几种常见电场中的等势面

**匀强电场中场强和电势差的关系**

场强是跟电场对电荷的作用力相联系的,电势差是跟电场力移动电荷做功相联系的.正如力和功有联系一样,场强和电势差也是有联系的.下面,我们以匀强电场为例来研究它们的关系.

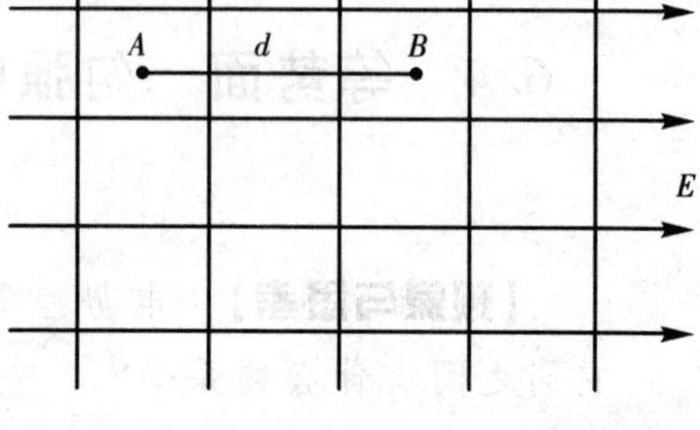


图 6-13　匀强电场中场强和电势差的关系

在图 6-13 所示的匀强电场中,$A$,$B$ 间的距离为 $d$,电势差为 $U$,场强为 $E$,把

正电荷 $q$ 从 $A$ 移到 $B$，电场力做的功 $W$ 可以表示为

$$W=F\cdot d=qEd$$

而 $$W=qU$$

可见

$$U=Ed \tag{6-10}$$

这就是说，**在匀强电场中，沿场强方向的两点的电势差等于场强和这两点间距离的乘积**. 由上式可得

$$E=\frac{U}{d} \tag{6-11}$$

此式说明，**在匀强电场中，场强在数值上等于沿场强方向单位距离上的电势差**.

不难看出，场强还有一个单位：伏/米(V/m)，它和(牛/库)是相当的.

**例题 6-6**　两块带电平行金属板 $a$ 和 $b$，相距 5.0mm，两板间电势差为 100 V，如图 6-14所示. 求：

(1)两金属板间的电场强度是多少？

(2)若 $b$ 板接地，则距 $b$ 板 3.0mm 处的 $P$ 点的电势是多少？

(3)电子在 $P$ 点的电势能是多少？

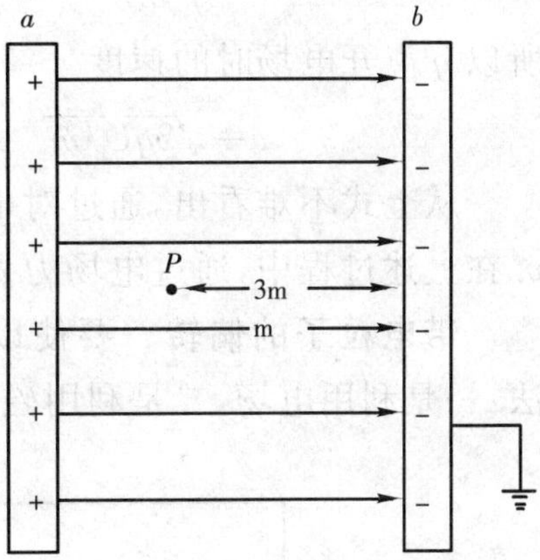


图 6-14

**解**　(1)两金属板间的电场为匀强电场，由公式得

$$E=\frac{U_{ab}}{d_{ab}}=\frac{100}{5.0\times10^{-3}}=2.0\times10^{4}(\text{V/m})$$

(2)$b$ 板接地，则 $V_b=0$ 由公式得

$$\begin{aligned}U_{Pb}&=E\cdot d_{Pb}\\&=2.0\times10^{4}\times3.0\times10^{-3}\\&=60(\text{V})\end{aligned}$$

即　　$V_P-V_b=60(\text{V})$，又 $V_b=0$

$\therefore V_P=60(\text{V})$

(3)由电势的定义式 $V=\dfrac{E_p}{q}$ 得电子在 $P$ 点电势能

$$\begin{aligned}E_p&=qV_P\\&=-1.6\times10^{-19}\times60\\&=-9.6\times10^{-18}(\text{J})\end{aligned}$$

**带电粒子的加速** 如图 6-15 所示，在真空中有一对平行金属板，在两板间加上电压 $U$，于是，正负两极板间形成一个匀强电场.设有一个正电荷 $q$ 穿过正极板上的小孔进入电场，在电场力作用下被加速后，从负极板上的小孔穿出.在此过程中，电场力做功

$$W=qU$$

设 $q$ 进入电场时的速度是 $v_0$，离开电场时的速度是 $v$，则根据动能定理可知

$$qU=\frac{1}{2}mv^2-\frac{1}{2}mv_0^2$$

若 $q$ 是由静止开始运动的，即 $v_0=0$，则有

$$qU=\frac{1}{2}mv^2$$

所以 $q$ 离开电场时的速度

$$v=\sqrt{2qU/m} \qquad (6\text{-}12)$$

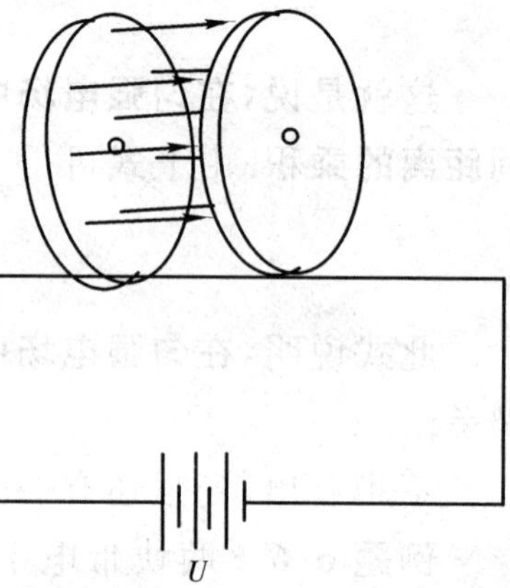


图 6-15 带电粒子的加速

从上式不难看出，通过对电压 $U$ 的控制，就能使电荷得到我们想要的速度 $v$.在上述过程中，通过电场力做功，实现了电势能和动能的转换.

**带电粒子的偏转** 要使以一定速度运动的带电粒子偏转，可以有两种方法：一是利用电场，二是利用磁场（将在第八章讨论）.

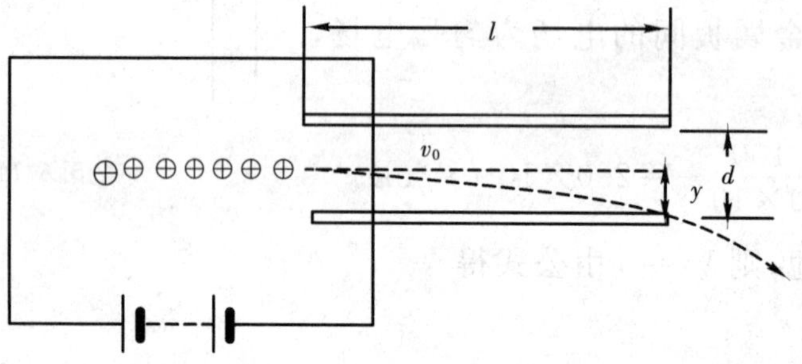


图 6-16 带电粒子的偏转

如图 6-16 所示，真空中的这一对平行金属板两板间电压为 $U$，在它们之间建立了一个匀强电场，场强为 $E=\frac{U}{d}$，其中 $d$ 是两板的距离.设有一些带正电荷 $q$ 的粒子以初速度 $v_0$ 进入电场，$v_0$ 的方向跟 $E$ 的方向垂直，带电粒子受到垂直于 $v_0$ 的侧向电场力 $F=qE=\frac{qU}{d}$ 的作用.显然，它们的运动与物体在重力场中的平抛运动相似.带电粒子离开电场时的侧向位移 $y$ 的大小反映了带电粒子偏

转的程度，那么，侧向位移 $y$ 和哪些因素有关呢？由运动学知识不难得到

$$y=\frac{1}{2}at^2$$

而

$$a=\frac{F}{m}=\frac{qE}{m}=\frac{qU}{md},t=\frac{l}{v_o},$$

所以

$$y=\frac{qU}{2v_0^2md}l^2 \tag{6-13}$$

上式说明对于某种确定的带电粒子而言，当它以某一速度 $v_o$ 垂直进入匀强电场后，它在电场中的偏转程度就只决定于两板间电压 $U$ 了，也就是说，我们控制了电压，也就等于控制了带电粒子的运动方向.

**电子射线管**　图 6-17 是电子射线管的构造示意图，它是由电子枪、偏转电极和荧光屏等部件构成，这些部件装在抽成真空的玻璃管内. $K$ 是热阴极(利用炽热金属丝发射电子)，它的对面是一个带孔的阳极板 $A$，由 $K$ 逸出的电子在 $K$、$A$ 间强电场的作用下得到加速度，所以穿过阳极小孔是一束很细的高速电子流. 这种能获得高速电子的装置称为电子枪. 由于电子枪射出的电子束打在屏上，将产生一个亮斑. 电子束若在水平方向($x_1$，$x_2$ 方向)偏转，在荧光屏上将出现一条水平亮线，若同时在竖直方向($y_1$，$y_2$ 方向)偏转，我们就可以在荧光屏上看到由亮斑描绘出来的图形.

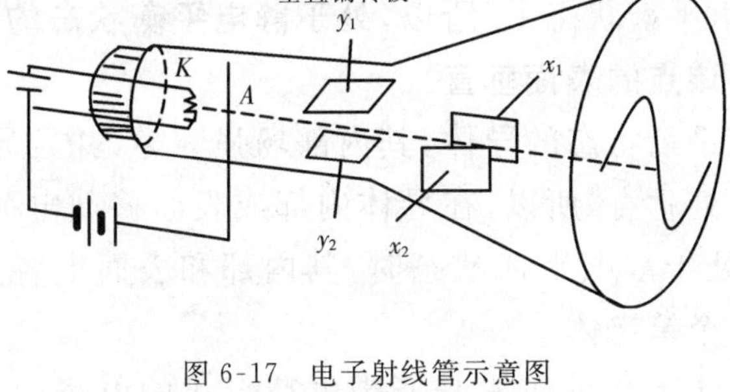


图 6-17　电子射线管示意图

**静电平衡**　我们知道，金属导体是由做热振动的金属正离子和在它们周围做无规则热运动的自由电子组成的. 在通常情况下，导体内任何一个局部乃至整个导体内的正、负电荷数是相等的，对外呈电中性. 如果把这块不带电的导体放到电场中，在电场力作用下电子将逆着电场线方向作定向移动，使得导体内局部的电中性被破坏. 这样，导体的两端就出现了等量的异种电荷，如图 6-18(a)所示. 像这种**在外电场作用下，导体内自由电荷重新分布的现象称为静电感应.**

由于静电感应，在导体两端出现的等量异种电荷将在导体内产生一个附加电场 $E'$，其方向和外电场 $E_0$ 方向相反，如图 6-18(b)所示. 这个电场与外电

场叠加，使导体内部的场强减小，但只要导体内部的场强不等于零，自由电子将继续移动，两端的正负电荷就继续增加，导体内部的电场就进一步削弱，直到导体内部各点的场强都等于零为止．这时自由电子的定向移动停止，如图6-18(c)所示．

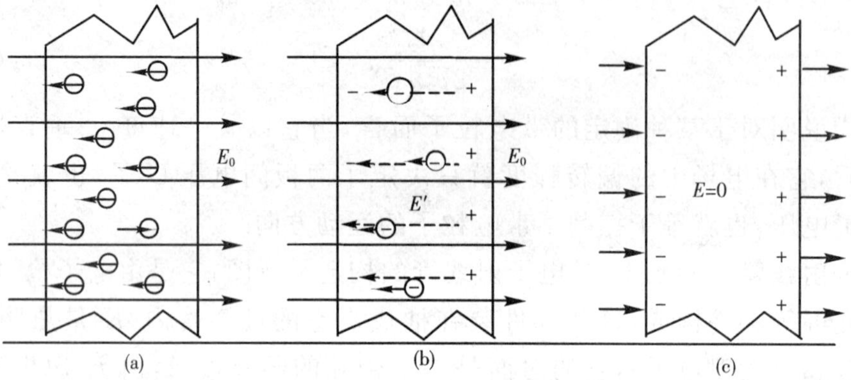


图 6-18　静电平衡

**导体中(包括表面)没有电荷定向移动的状态叫做静电平衡状态．处于静电平衡状态的导体内部的场强处处为零．**

导体处于静电平衡状态时，它表面的场强方向一定跟它的表面垂直．假如不是这样，场强就有一个沿导体表面的分量，导体上的自由电子就会发生定向移动，这就不是静电平衡状态了．所以，**处于静电平衡状态的导体，表面上任何一点的场强方向跟该点的表面垂直．**

由于处于静电平衡状态的导体，其内部场强为零，并且导体表面的场强的方向与导体表面处处垂直．所以，在导体内部或表面移动电荷，电场力不做功．由此可见，当导体处于静电平衡状态时，其内部和表面上各点的电势都相等，亦即**整个导体是一个等势体．**

带电导体可以认为它处于本身所带电荷形成的电场中，它在平衡状态时内部的场强也一定处处为零．假如不是这样，导体内部的自由电子就会发生定向移动．既然导体内部的场强处处为零，导体内部就不可能有未被抵消的电荷，这是因为，假如在导体内部有未被抵消的电荷，在它附近的场强就不可能为零．所以，**处于静电平衡状态的带电导体，电荷只能分布在导体的外表面上，**这个结论对实心导体和空腔的导体都是适用的．

实验和理论都证明，带电导体表面电荷的分布与导体表面形状有关，即：导体表面凸出而尖锐的地方，电荷比较密集；表面平坦的地方，电荷比较稀疏；表面凹进去的地方，电荷量少．由于带电导体尖端电荷密集，附近电场也很强，这就很容易使其附近的空气发生电离，形成尖端放电现象．在高层建筑物上安装避雷针，就是利用尖端放电现象使建筑物免遭雷击的，如图 6-19 所示.

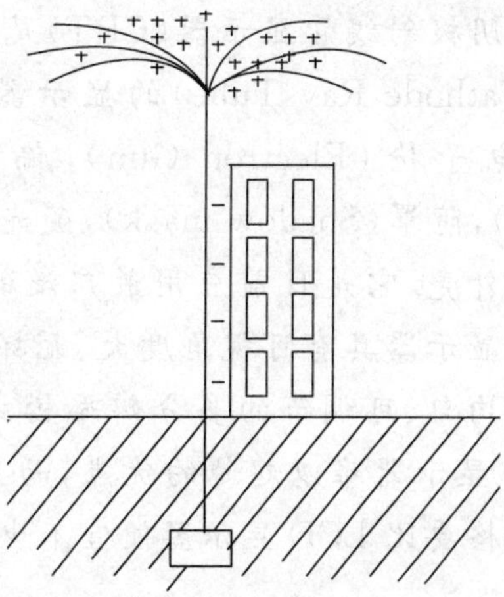

图 6-19　避雷针

**静电屏蔽**　在静电平衡状态下，腔内无其他带电体的导体壳和实心导体一样，内部场强为零. 这样，导体壳的表面就保护了它所包围的区域，使之不受外部电场的影响，这个现象称为**静电屏蔽**. 静电屏蔽在工程技术中得到广泛的应用，如高压设备上的金属网罩、电信和闭路电视用的屏蔽线外面包的一层金属丝网，就是利用了静电屏蔽的原理.

## 阅读材料

### 阴极射线管

阴极射线管(CRT)是德国物理学家布劳恩(Kari Ferdinand Braun)发明的，1897 年被用于一台示波器中首次与世人见面. 但 CRT 得到广泛应用则是在电视机出现以后. 阴极射线管是将电信号转变为光学图像的一类电子束管，人们熟悉的电视机显像管就是这样的一种电子束管. 它主要由电子枪、偏转系统、管壳和荧光屏构成. 阴极射线管能提供聚集在荧光屏上的一束电子以便形成直径略小于 1mm 的光点. 在电子束附近加上磁场或电场，电子束将会偏转，能显示出由电势差产生的静电场，或由电流产生的磁场.

阴极射线管显示材料，阴极射线管(CRT)显示材料是指能在电子束轰击下发出的一类发光材料，即阴极射线荧光粉. 阴极射线荧光粉有上百种，目前用于彩色显像管的典型发光粉是 ZnS:Ag(蓝色)、Zn:Cu,Al(黄绿色)等. 若采用纳米发光材料则可提高 CRT 发光材料的发光率，又可提高 CRT 显示屏的分辨率. ZnS:Mn 是目前较好的一种纳米发光材料，可用于高清晰度索维电视显示.

阴极射线管显示器(CRT)是实现最早、应用最为广泛的一种显示技术，具有技术成熟、图像色彩丰富、还原性好、全彩色、高清晰度、较低成本和丰富的几何失真调整能力等优点，主要应用于电视、计算机显示器、工业监视器、投影仪等终端显示设备.

阴极射线管显示器(CRT)是一种使用阴极射线管(Cathode Ray Tube)的显示器，主要由五部分组成：电子枪(Electron Gun)，偏转线圈(Deflection coils)，荫罩(Shadow mask)，荧光粉层(Phosphor)及玻璃外壳.它是目前应用最广泛的显示器之一，CRT纯平显示器具有可视角度大、无坏点、色彩还原度高、色度均匀、可调节的多分辨率模式、响应时间极短等LCD显示器难以超越的优点，而且现在的CRT显示器价格要比LCD显示器便宜不少.

图 6-20　阴极射线管显示器

## 练　习　6.4

1. 在图 6-21 所示的电场中，试画出 $A$、$B$ 两点所在的等势面，并判断哪一点的电势高，哪一点的场强大?

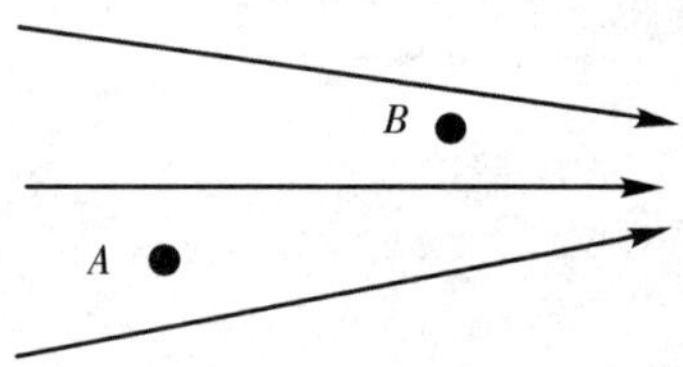


图 6-21

2. 有人说："在匀强电场中，各点的场强都一样，各点的电势也相同."这种说法对吗?
3. 电场中两个电势不同的等势面能不能相交? 为什么?
4. 把一个正电荷从图 6-12(b)所示的一个等势面的 $A$ 点移到另一个等势面 $B$ 点，跟从 $C$ 点移到 $B$ 点比较，电场力做的功相等吗? 由此可得出什么结论?
5. 在图 6-22 所示的匀强电场中，沿电场强度方向依次排列着 $A$、$B$、$C$ 三点，$A$、$B$ 间的距离是 4.0cm，$B$、$C$ 间的距离是 6.0cm. 设场强是 $1.5\times10^4$ V/m，试求 $U_{AB}$、$U_{BC}$、$U_{AC}$.
6. 如图 6-23 所示，一电子从匀强电场中距两板等远的 $C$ 点移到 $B$ 板，电场力做了 $3.2\times10^{-17}$J 的正功，两板相距 5mm. 求：

   (1)两板间的电势差 $U_{AB}$ 和 $A$ 板电势 $V_A$.

   (2)两板间的场强 $E$.

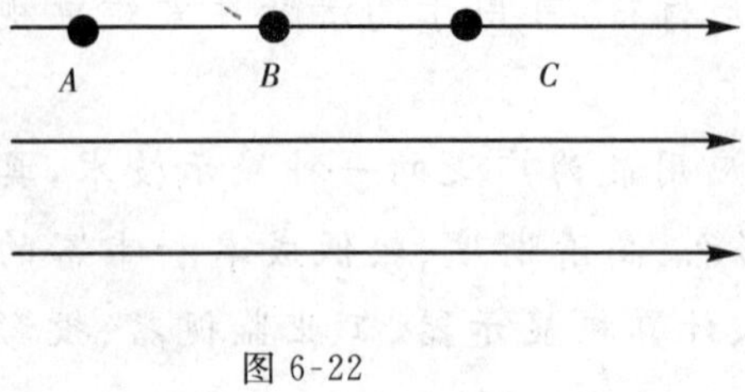


图 6-22

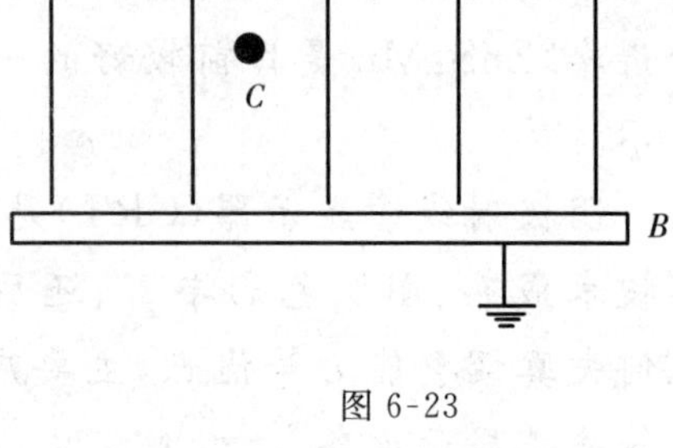


图 6-23

## 6.5　电容器　电容

【现象与思考】　通常,如果你想在室内或光线较暗的场合用照相机拍摄照片,闪光灯就成了照相机必不可少的附件了,要使闪光灯闪光,必须使闪光灯内的闪光管两端有6000V以上的触发电压,同时还必须使闪光管两端有200V以上的工作电压.我们知道,照相机一般都用几伏特的干电池作电源,因此在闪光灯内必须有一套升压装置,在这套装置中有一个重要的元件——电容器,电容器与闪光灯并联,从而保证闪光灯的正常发光.你知道电容器是什么吗?它在这里起什么作用?

**电容器**　电容器是储存电荷及电能的一种容器.它是电工和无线电技术中一种重要的电子元件.

电容器的种类很多,形状也各异.根据电容器中绝缘材料来分类,有空气电容器、云母电容器、纸介电容器、瓷介电容器、电解电容器等;从电容器构造来看,又有固定电容器和可变电容器及微调电容器.图6-24是几种常用的电容器.

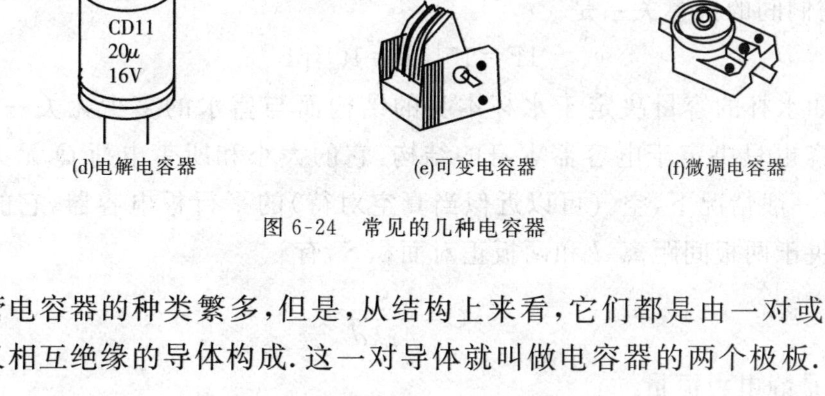


图6-24　常见的几种电容器

尽管电容器的种类繁多,但是,从结构上来看,它们都是由一对或多对彼此靠近又相互绝缘的导体构成.这一对导体就叫做电容器的两个极板.所以我们用以下一些符号表示常用的几种电容器,如图 6-25 所示.

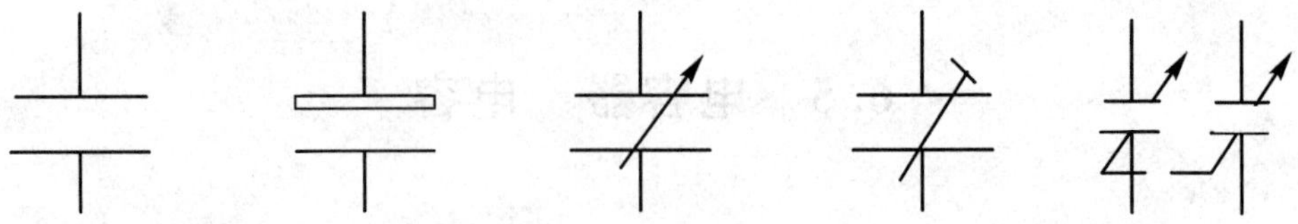

(a)一般电容器 (b)电解电容器 (c)可调电容器 (d)微调电容器 (e)双联电容器

图 6-25 电容器的符号

在电路中,电容器的工作方式有两种,即充电和放电. 把电容器的两个极板分别接在电源的正负极上,与正极相连的极板就带上了正电荷,与负极相连的极板就带上了等量的负电荷. 这就是给电容器充电,电容器每个极板所带的电量的绝对值,叫做电容器所带的电量. 显然,被充电的电容器两极板之间有电压,其值等于电源电压,并且电容器内部建立了一个电场,因而,也就储存了一定的电能. 使带电后的电容器失去电荷叫做放电. 用一根导线把电容器的两极接通,两极上的电荷互相中和,电容器就不带电了. 当然,电容器内部的电场随着放电过程的结束而消失.

注意,只有在给电容器充电或放电时,电路中才有电流存在.

**电容** 我们知道,电容器带电时,它的两极之间产生电势差. 实验证明,对于任何一个电容器而言,两极间的电势差都随着所带电量的增加而增加,而且电量跟电势差成正比,它们的比值是一个恒量. 不同的电容器,这个比值一般是不同的,可见,这个比值反映了电容器容纳电荷本领的强弱.

**电容器所带的电量跟它的两极间的电势差的比值,叫做电容器的电容**,用 $C$ 表示,在 SI 中,它的单位名称是法拉(F,法)

$$C=\frac{Q}{U} \tag{6-14}$$

1 F=1 C/V. 法拉的单位太大,实际上常用较小的单位:微法($\mu$F)和皮法(pF),它们间的换算关系是

$$1\mathrm{F}=10^{6}\,\mu\mathrm{F}=10^{12}\,\mathrm{pF}$$

正如水杯的容量决定于水杯本身的结构而与盛水的多少无关一样,电容器的电容也只决定于电容器本身的结构,它的大小和所带电荷 $Q$ 无关. 例如,真空中(一般情况下,空气可以近似当真空对待)的平行板电容器,它的电容的大小取决于两板间距离 $d$ 和两板正对面积 $S$,有

$$C=\frac{S}{4\pi kd} \tag{6-15}$$

式中,$k$ 是静电力恒量.

**例题 6-7** 空气平行板电容器的两极板正对面积是 0.03 m$^2$,两板距离是 0.50 cm,所带电量是 $1.0\times10^{-8}$ C,两板间的电势差是多少?两板间场强又是多大?

**解** 空气平行板电容器的电容的大小由其结构决定,可由(6-15)式求得

$$C=\frac{S}{4\pi kd}$$

$$=\frac{0.03}{4\times3.14\times9.0\times10^{9}\times0.50\times10^{-2}}$$

$$=2.65\times10^{-10}(\mathrm{F})$$

两板间电势差由电容器所带电量及其电容决定,由于

$$U=\frac{Q}{C}$$

$$=\frac{1.0\times10^{-8}}{2.65\times10^{-10}}$$

$$=38(\mathrm{V})$$

两板间电场为匀强电场,所以有

$$E=\frac{U}{d}$$

$$=\frac{38}{0.5\times10^{-2}}$$

$$=7.8\times10^{3}(\mathrm{V/m})$$

## 科技之窗

### 静电的防止和利用

干燥天气,用塑料梳子梳头发,梳子会吸引头发;在黑暗中,脱下身上的尼龙衣服时,不仅能听到声音,还能看到火花.这些都是由摩擦发生的高压静电引起的,静电现象是一种常见的自然现象.

静电会给人们带来麻烦和危害.在化纤生产和印刷过程中,由于静电而吸引空气中的绒毛和尘埃,会使产品质量下降静电的最大危害是静电火花会点燃易燃物质而引起爆炸.石油在管道内流动、油从管道口高速喷出、含煤粉的空气在风管中流动以及汽油在用车罐运输中,都会由于摩擦引起静电,当静电积累起来达到相当的电压时,就会产生电火花而引起爆炸.

如何防止静电带来的危害呢?最简单可靠的方法是用导线把设备接地,

以便把产生的电荷及时引入大地.我们看到油罐车后拖一条碰到地的铁链,就是这个道理.增大空气湿度也是防止静电的有效方法,空气湿度大时,电荷可随时放出.在做静电实验时,空气的湿度大就不容易做成功的原因就在于此.纺织厂房、雷管、炸药等生产车间对空气湿度要求特别严格,目的之一就是防止因静电引起的爆炸.

随着科学技术的发展,静电技术应用也越来越广泛,下面介绍几种应用静电的实例.

**静电除尘** 它的原理如图 6-26 所示,$B$ 是一个金属圆筒,$A$ 是悬挂在圆筒中心处的金属丝,金属丝与几十千伏直流的负高压端相接,圆筒 $B$ 接高压电源正极并接地.这样,在金属丝附近形成一个强电场区,足以使周围的气体电离.这些被电离的气体在运动中与尘埃相遇,使尘埃带电.在电场力作用下,这些带电的尘埃将向电极($A$、$B$)运动,到达电极后尘埃所带电量被中和,就顺着电极逐渐落下来;因此,可以减少尘埃对大气的污染.静电喷漆其原理与静电除尘相同,是利用高压所形成的静电场来进行喷漆的新技术.它与人工喷漆相比具有效率高、浪费少、质量好、有利于工人健康等优点.图 6-27 是一种旋杯式静电喷漆装置示意图.油漆通过输漆管 $A$ 进入高速旋转的金属杯 $B$,从喷杯喷出的油漆,由于喷杯的高速旋转而被雾化.油漆雾状颗粒又因喷杯接负高压(60—120 kV)而带负电,互相排斥均匀散开.同时,在电场力作用下,向接正高压的工件 $C$ 飞去,被吸附在工件表面上形成光亮牢固的油漆层.

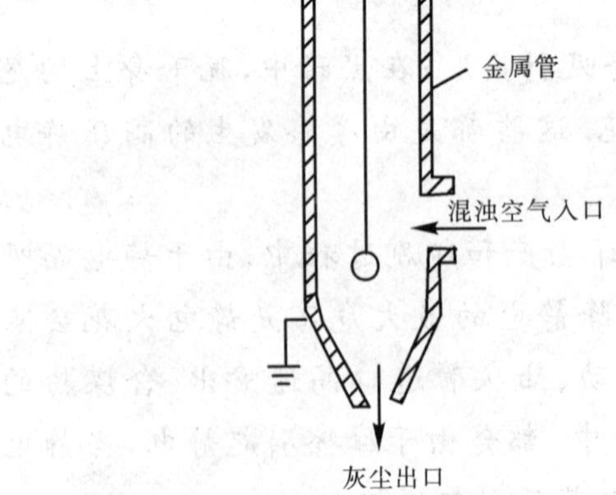

图 6-26 静电除尘器

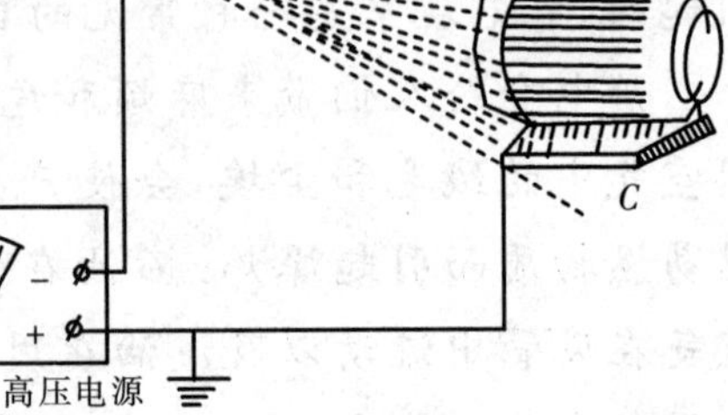

图 6-27 静电喷漆

由于电场力作用范围小，所以静电喷漆不会污染空气. 目前，静电喷漆已广泛应用于机器部件、列车车厢加工等.

**静电植绒** 纺织品上常有各种美丽的图案，其中有些图案就是利用静电植绒的方法生产的. 图 6-28 是其加工过程示意图.

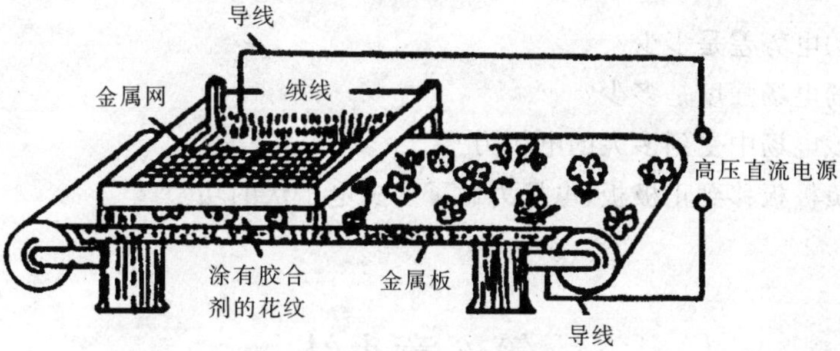


图 6-28 静电植绒

底面是一块接高压电源正极的金属网，其形态如盘，可以存放绒毛. 金属板和金属网间形成强的电场. 事先用胶合剂绘制上图案的纺织品，放在金属板上，用卷轴带动，通过强电场. 金属网上的绒毛因带负电，被排斥并通过金属网下落. 在电场力作用下，迅速浇到纺织品上，其中一部分被胶合剂粘住. 没有被粘住的绒毛，其负电荷被纺织品中和后，又带上正电荷而被排斥出来，并在电场力的作用下，很快又回到金属网，这样就使纺织品涂胶的地方构成精美的图案.

静电在工业上的应用十分广泛，除上面列举的几例以外，还有静电照相、静电复印以及高压带电作业等许多方面. 在近代科学研究中应用也很广泛，如静电加速器等.

## 练 习 6.5

1. 有两个电容器，其电容分别为 $10\mu F$ 和 $20\mu F$，要使它们两极板的电势差都升高 1V，分别需要多少电荷？
2. 一个电容器，电容是 $1.15\times10^{-4}\ \mu F$，把它的两极接到 100V 的电源上，则该电容器所带电量是多少？
3. 如图 6-29 所示，在下列情况下，空气平行板电容器的电容、两极板间的电势差、电容器的带电量和两极间的电场强度各有什么变化？

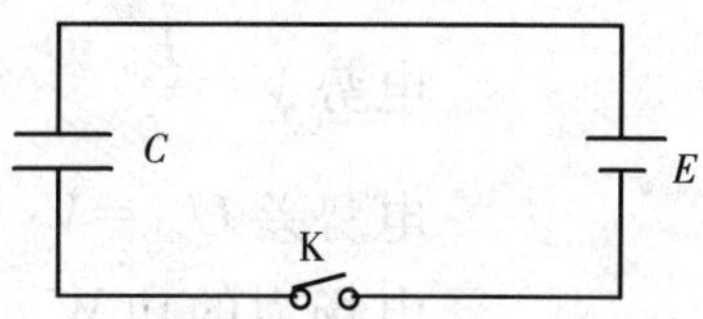


图 6-29

(1)闭合电键 K，然后增大电容器两板间的距离；

(2)闭合电键K,然后增大两极板正对面积;

(3)充电后,断开电键K,再增大两极板间的距离;

(4)充电后,断开电键K,再增大两极板正对面积.

4.电容为300pF的空气平行板电容器,两极相距1.0cm,给它带上$6.0\times10^{-7}$C的电量时,求:

(1)两极板的电势差是多少?

(2)两极板的电场强度是多少?

(3)电子在该电场中受到多大的电场力?

(4)电子从负极板移到正极板,电场力做了多少电子伏的功?

# 第6章小结

**一、要求理解、掌握并能运用的内容**

1.电荷间的相互作用

(1)库仑定律.

对于两个点电荷:$F=k\frac{q_1q_2}{r^2}$

$k=9.0\times10^9\ \mathrm{N\cdot m^2/C^2}$ 称为静电力恒量

点电荷是一种理想化的物理模型,即带电体的形态、大小相对于它们之间的距离可以忽略不计.

(2)电场强度.

表示电场的强弱和方向的物理量.描述电场的力的性质.

$E=\frac{F}{q}$(适用于任何电场)

$E=k\frac{Q}{r^2}$(适用于点电荷的电场)

场强是矢量,电场中某点的场强方向规定为正电荷在该点的受力方向,则负电荷在该点的受力方向与场强方向相反.

(3)电势是描述电场的能的特性的物理量.

电势 $V=\frac{E_p}{q}$

电势差 $U_{ab}=V_a-V_b$

电场力的功 $W_{ab}=qU_{ab}=q(V_a-V_b)$

电势是标量.对场强和电势的区别与联系应从下面几个方面来理解:

①场强与电势是两个不同的概念,一般来说不同点具有不同的场强

和电势,同一点只有一个场强和电势.它们都是由电场本身确定,与检验电荷的电量无关.电势的高低是相对的,因此要理解电势为零处的意义和正确选择零电势点.而电势差是绝对的,与零势点的选择无关.我们均用检验的方法来确定电场中任一点的场强和电势,所以检验电荷应是对原电场无影响的点电荷.

②电场力对电荷做正功,电荷的电势能就减少;做负功(即非电场力克服电场力做功)电荷电势能增加,其做功的多少等于电荷电势能的改变量值.

2.电场中的导体

导体在电场中必然发生静电平衡,使导体为等势体,导体表面是等势面,导体内部场强为零.由此可见,一个接地的中空(或网状)导体能够屏蔽静电场.带电电荷(净电荷)分布在导体的外表面,表面曲率越大分布越密,故有尖端放电发生.

3.电容、电容器

电容器的电容 $C=\dfrac{Q}{U}$(广泛适用)

平行板电容器的电容 $C=\dfrac{S}{4\pi kd}$

电容器是能够储存电能的装置,常用的电容器为平行板电容器,其两带电平板间是电介质,板间中心区域为匀强电场.电容器能充电和放电.

## 二、要求了解的内容

1.电场线、等势线(面)及其关系

2.带电粒子在电场中的加速和偏转

# 第6章自测题

1.库仑定律的内容是什么?写出真空中库仑定律的公式.静电力恒量 $k$ 的数值是多少?它的物理意义是什么?

2.什么是电场强度?点电荷电场中某点的场强在数值上等于多少?方向是怎样规定的?

3.什么是电势?什么是电势差?怎样计算在两点间移动电荷时电场力所做的功?

4.什么是电容器的电容?平行板电容器的电容与哪些因素有关?写出其电容公式.

5.在真空中两块靠近的平行板分别带有等量的正负电荷,若保持两板上的电量不变,将两板距离减少到原来的1/4,两板间电势差是原来的多少倍?场强是原来的多少倍?

6. 下述说法中正确的是(　　)

(1)电场强度大的地方,电势一定高;电势高的地方,电场强度也一定大.

(2)静电场中的等势面与电场线不一定处处都垂直.

(3)匀强电场中各点的电势相等.

(4)不管是匀强还是非匀强电场,场强的方向总是指向电势降低最快的方向.

7. 在真空中,两个相距10cm的点电荷,它们带电量分别是$1.0\times10^{-10}$C和$1.0\times10^{-9}$C,求它们间相互的作用力是多大?

8. 一个电子在匀强电场中的$A$点受$8\times10^{-3}$N的电场力作用,问该电场的场强是多少?如果电子在电场力作用下沿电场方向运动到1.0cm远的$B$点,问:它的电势能有多大变化?$A$,$B$两点间的电压是多少?

9. 将一电量为$1.7\times10^{-8}$C的点电荷从电场中$A$点移到$B$点,外力需做$5.1\times10^{-6}$J的功,问$A$,$B$两点间的电势差是多少?设$B$点的电势为零,问$A$点的电势为多大?

10. 将一电子从零电势的极板移到电势为2V的极板,在此过程中谁在对它做功?其数值是多少?电子的电势能是增加还是减少?电势能的改变量是多少?

11. 在两个平行的金属板间有一匀强电场,场强的大小为$5\times10^{3}$V/m,两平行板各长6cm(如图6-29所示),一电子以$2\times10^{7}$m/s的速度沿垂直于电场线的方向射入电场,其电子在刚离开电场时,它偏离原来入射方向多远?

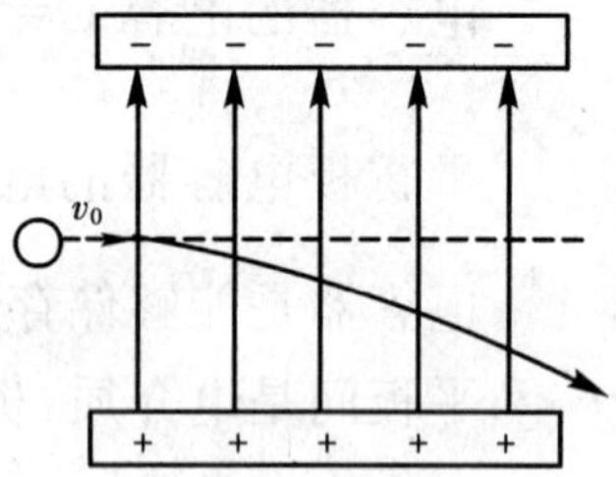


图6-29

# 第7章　恒定电流

在生产和生活中电能的应用越来越广泛.为了有效利用和控制电流,需要研究电路的规律.**电路中电流强弱和方向都不随时间变化的电流称为恒定电流,又称直流电.**本章主要讨论直流电的基本规律和它的应用.

## 7.1　一段电路的欧姆定律　电阻

**【现象与思考】**　旋动收音机的音量旋钮,声音就会调到你需要的大小,奥妙在哪呢?有一种亮度可调的台灯,通过调节旋钮电灯可以慢慢亮起来,也可以逐渐暗下去,这又是怎么一回事呢?它们是靠什么调节的呢?

**电流强度**　大量电荷有规则的定向运动形成了电流.因此,要形成电流,首先要有能够自由移动的电荷.金属导体中的自由电子,电解液中的正、负离子,都是自由电荷.但是,只有自由电荷还不能形成电流.如果导体的两端有电势差(电压),导体内部就存在电场,电荷在电场力作用下做定向运动,就形成了电流.

电流的强弱用电流强度来表示.通过导体某一截面的电量 $q$ 跟通过这些电量所用时间 $t$ 的比值称为通过该截面的电流强度.用 $I$ 表示电流强度,则有

$$I=\frac{q}{t} \tag{7-1}$$

式(7-1)说明,通过任一截面的电流强度 $I$ 在数值上等于单位时间内通过该截面的电量.

在SI中,电流强度的单位名称是安培(A,安),在1 s时间内通过导体某一截

面的电量为 1 库仑(C)时,通过导体该截面的电流强度就是 1 安培. 即

$$1A=1C/s$$

电流强度的常用单位还有毫安(mA)和微安(μA),它们的关系是

$$1A=10^3mA=10^6\mu A$$

电流强度是一个标量,本无方向可言,但是为说明电荷是从哪一个方向穿过截面的,我们规定正电荷定向运动的方向为电流的方向. 应注意的是,在金属导体中做定向运动的电荷是自由电子,因此在电场力作用下其运动方向与正电荷运动的方向正好相反. 所以,金属导体中的电流方向与自由电子实际运动的方向正好相反,如图 7-1 所示.

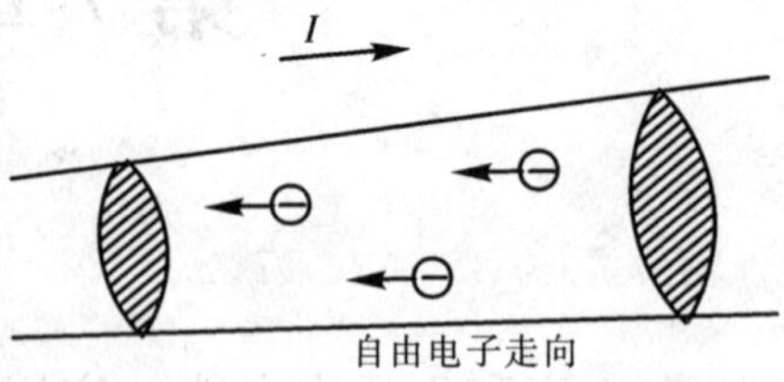


图 7-1 金属导体内电流方向与自由电子走向相反

根据电荷守恒定律,通过一根导体任意两个横截面的电流强度都相等,如图 7-2(a)所示,即 $I_{入}=I_{出}$. 这一结论称为电流的**连续性原理**,可推广到三根或三根以上通电体的连接点,如图 7-2(b)所示,有 $I_{入}=I_{出}+I'_{出}$.

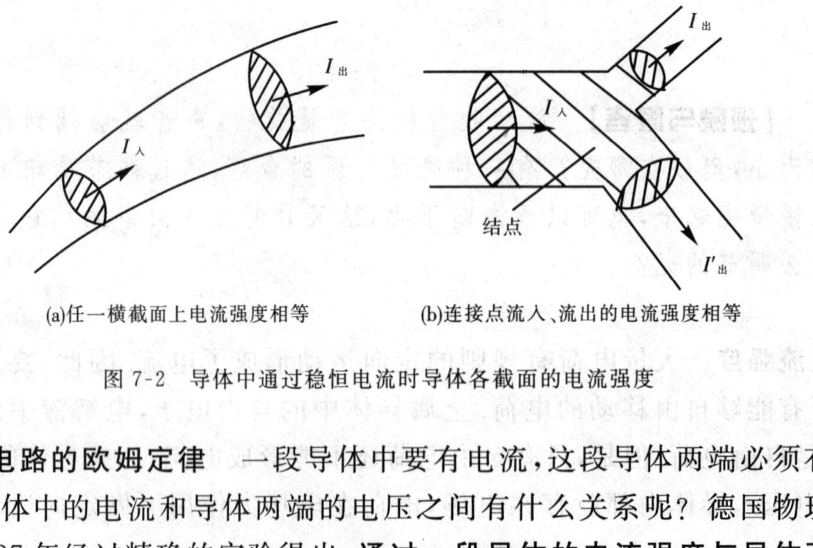


图 7-2 导体中通过稳恒电流时导体各截面的电流强度

**一段电路的欧姆定律** 一段导体中要有电流,这段导体两端必须有一定的电压. 导体中的电流和导体两端的电压之间有什么关系呢? 德国物理学家欧姆于 1827 年经过精确的实验得出:**通过一段导体的电流强度与导体两端的电压成正比**. 这个结论称为**一段电路的欧姆定律**,其表达式为

$$I=\frac{U}{R} \tag{7-2}$$

式中,$1/R$ 为比例系数. $R$ 由导体本身与温度所决定. 一定的导体在确定的温度下,无论电压和电流的大小如何变化,$R$ 有恒定的值,对不同的导体,$R$ 的值一般不相同. 在同一电压下,导体的 $R$ 越大,通过导体的电流越小,可见 $R$ 反映了导体对电流的阻碍作用,我们把 $R$ 称作**导体的电阻**.

在 SI 中，电阻的单位名称是欧姆(Ω，欧). 某导体两端所加电压为 1V 时，其电流强度若为 1$A$，则这段导体的电阻为 1Ω. 即

$$1\Omega = 1\mathrm{V/A}$$

电阻的常用单位还有千欧(kΩ)和兆欧(MΩ). 它们的关系是

$$1\mathrm{M}\Omega = 10^3\mathrm{k}\Omega = 10^6\Omega$$

一段电路的电压和电流的关系，也可以用图像来表示. 以电压为横坐标，以电流强度为纵坐标，画出电压—电流图线，这种图像称为**电压、电流特性曲线**. 遵从欧姆定律的导体的电压、电流特性曲线，都是通过坐标原点的直线，如图 7-3(a)所示. 直线的斜率等于导体电阻的倒数，这种电阻称为**线性电阻**，符号如图 7-3(b)所示.

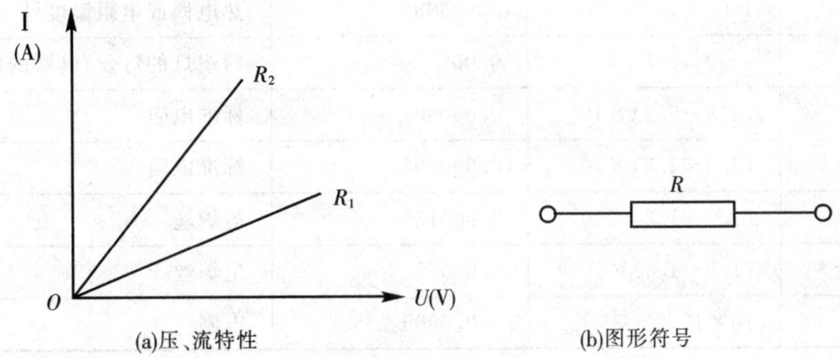


图 7-3　线性电阻的电压、电流特性和图形符号

**电阻定律　电阻率**　电阻是导体本身的属性，它与导体的长度、横截面积、材料和温度有关. 实验表明：**在温度不变的条件下，对粗细均匀的某一导体材料，其电阻与它的长度成正比，与它的横截面积成反比**. 这就是**电阻定律**，其表达式为

$$R = \rho \frac{L}{S} \tag{7-3}$$

式中：$R$——导体的电阻；$L$——导体的长度；$S$——导体的横截面积.

式(7-3)中的 $\rho$ 为比例系数，称为**电阻率**. 电阻率与导体的材料和温度等有关. 不同材料的电阻率不同，同一材料在不同温度下电阻率也不一样. 长度和横截面积都相同而材料不同的导体，电阻率大的电阻大、电阻率小的电阻小，所以电阻率 $\rho$ 是反映材料导电性能好或差的物理量.

在 SI 中，电阻率的单位名称是欧姆・米(Ω・m，欧・米).

一般把电阻率小于 $10^{-6}\Omega\cdot\mathrm{m}$ 的材料称为导体；电阻率大于 $10^{7}\Omega\cdot\mathrm{m}$ 的材料称为绝缘体；电阻率在 $10^{-6}-10^{7}\Omega\cdot\mathrm{m}$ 之间的材料称为半导体.

各种导电材料的电阻随温度变化的情况有所不同. 我们**把电阻值为 1Ω 的某种导电材料温度变化 1℃ 时其电阻变化的数值,称为这种材料的电阻温度系数**,用字母“$\alpha$”表示. 几种常用导电材料在 20℃ 时的电阻率和电阻温度系数见表 7-1. 在 0—100℃ 的范围内,各种金属的电阻温度系数近似为常数.

表 7-1　几种常用导电材料的电阻率和电阻温度系数

| 材料名称 | 电阻率 $\rho$[20℃](Ω·m) | 电阻温度系数 $\alpha$[0—100℃](1/℃) | 用　途 |
| --- | --- | --- | --- |
| 银 | $1.65\times10^{-8}$ | 0.0036 | 导线镀银 |
| 铜 | $1.75\times10^{-8}$ | 0.004 | 导线,主要的导电材料 |
| 铝 | $2.8\times10^{-8}$ | 0.004 | 导线 |
| 铂 | $1.05\times10^{-7}$ | 0.00398 | 热电偶或电阻温度计 |
| 钨 | $5.5\times10^{-8}$ | 0.005 | 白炽灯的灯丝,电器的触头 |
| 康铜 | $(4.8-5.2)\times10^{-7}$ | 0.000005 | 标准电阻 |
| 锰铜 | $(4.2-4.8)\times10^{-7}$ | 0.000006 | 标准电阻 |
| 镍铬铁合金 | $(1.0-1.2)\times10^{-6}$ | 0.00013 | 电炉丝 |
| 铝铬铁合金 | $(1.3-1.4)\times10^{-6}$ | 0.00005 | 电炉丝 |
| 碳 | $10\times10^{-6}$ | −0.0005 | 电刷 |

***电阻与温度的关系**　按照电阻温度系数的定义,导电材料温度上升 1℃ 时,每 1Ω 的电阻增加 $\alpha$Ω,对于温度为 $t_1$ 时电阻值为 $R_1$ 的导电材料,当温度增加到 $t_2$ 时,其电阻值 $R_2$ 应为

$$R_2=R_1+R_1\alpha(t_2-t_1) \tag{7-4}$$

一般金属材料的电阻温度系数近似等于 0.004/℃,这个数值是很小的. 因此在温度变化不大时,金属材料的电阻可以近似地认为不变. 钨丝的电阻温度系数虽然不大,但是白炽灯中的钨丝,工作温度高达 1800℃ 左右,所以它的电阻值由于温度的上升比点亮前大许多倍.

标准电阻、电阻箱、安培表的分流电阻以及电压表的分压电阻等,常选用电阻温度系数很小的合金材料,如康铜、锰铜等,其电阻值受温度变化的影响甚小,可以忽略不计.

也有一些导体,如碳、电解液及大多数半导体材料等,当温度增加时,其电阻值反而减小,即温度系数为负值.

**例题 7-1**　试求截面积 $S=95\text{mm}^2$、长 $L=120\text{km}$ 的铜质输电线在温度为 20℃、40℃和 0℃时的电阻值.

**解**　因为表 7-1 所给的电阻率 $\rho$ 值是当温度等于 20℃ 的值,所以把 20℃

时电阻先求出来.

$$R_{20}=\rho\frac{L}{S}=1.75\times10^{-8}\times\frac{1.2\times10^{5}}{9.5\times10^{-5}}=22.1(\Omega)$$

当温度由 $t_1=20℃$ 变成了 $t_2=40℃$ 时，电阻为

$$\begin{aligned}R_{40}&=R_{20}+R_{20}\alpha(t_2-t_1)\\&=22.1+22.1\times0.004(40-20)\\&=23.8(\Omega)\end{aligned}$$

当温度由 $t_1=20℃$ 变成了 $t_2=0℃$ 时，电阻为

$$\begin{aligned}R_{0}&=R_{20}+R_{20}\alpha(t_2-t_1)\\&=22.1+22.1\times0.004(0-20)\\&=20.33(\Omega)\end{aligned}$$

电阻随温度变化的特性，在工程技术和日常生活中有许多应用. 例如，利用金属材料的电阻随温度的升高而增大的特性，可以制成金属电阻温度计；利用半导体材料的电阻随温度的升高而明显降低的特性可以制成热敏电阻. 电冰箱的温度控制器、精密电器的过电压保护等都离不开热敏电阻.

## 科技之窗

### 奇妙的超导现象

电在导线中流动会受到阻碍作用，人们把导体阻碍电流的性质叫做电阻. 电流克服电阻需要消耗能量，这部分能量以发热的形式，白白地损失掉了，有时热还会影响到电气设备中的元件以及周围的精密器械. 如果没有电阻，那该多好啊！1911 年的一天，荷兰莱顿大学的物理实验室里，昂尼斯教授正在专心致志地研究水银的低温性能. 他先将水银冷却到－40℃，液体水银便凝固成一条水银线；然后，再在水银线中通以电流，并一步一步地降低水银的温度，当温度降低到－269.03℃，也就是绝对温度 4.12K 时，奇迹出现了：水银的电阻突然消失了. 这意味着，电流在零电阻的导线中可以畅通无阻，不再消耗能量，如果电路是闭合的，电流就可以永无休止地流动下去. 人们把这种零电阻现象称为超导现象. 凡具有超导性的物质称为超导体或超导材料. 无论哪一种超导体，只有当温度降到一定数值时，才会发生超导现象. 这个从正常电阻转变为零电阻的温度称为超导临界温度. 由于昂尼斯在超导方面的卓越贡献，他获得了 1913 年的诺贝尔物理学奖.

此后，人们陆续发现近30种单质和几千种合金及化合物都具有超导现象，而且超导临界温度的纪录不断地被打破.例如，1975年，有人发现铌三锗的超导临界温度为23.2K.1986年，又有人发现钡镧铜氧化物的超导临界温度为30K，这个现象引起了科学家对氧化物高温超导陶瓷的高度重视.1986年12月，中国科学院的赵忠贤研究组获得了起始转变温度为48.6K的锶镧铜氧化物.1987年2月，美籍华裔科学家、美国休斯敦大学的朱经武教授获得了起始转变温度为90K的高温超导陶瓷.1987年3月，中国科学院公布了起始转变温度为93K的8种钡钇铜氧化物.1988年，中国科学院发现了超导临界温度为120K的钛钡钙铜氧化物.这些成就显示了我国高温超导材料的研究已经名列世界前茅.

超导现象的最直接、最诱人的应用是用超导体制造输电电缆.因为超导体的主要特性是零电阻，因而允许在较小截面的电缆上输送较大的电流，而且基本上不发热和不损耗能量.据估计，我国目前约有15%的电能损耗在输电线路上，每年损失的电能达到900多亿千瓦时.如果改用超导体输电，就能大大节约电能，缓解日益严重的能源紧张.超导输电电缆比普通的地下电缆容量大25倍，可以传输几万安培的电流，电能消耗仅为所输送电能的万分之几.

自从发现高温超导陶瓷后，特别是1987年全世界掀起了"超导热"以后，人们把注意力转向高温超导陶瓷的研究和应用.研究实践表明，陶瓷超导体同样具有实用意义，预计在50年左右的时间内，有可能制备出工作在77K(−196.15℃)的温度下、临界电流密度超过每平方厘米10万安的实用化线材、缆材或带材.

## 练　习　7.1

1. 产生电流的条件是什么？
2. 导体中的电流为1 A，1.5 s内有多少电子通过导体的横截面？
3. 人体的电阻最低值为800 Ω，若有电流通过人体，当电流强度大于50 mA时，就有生命危险，求人体的安全电压.
4. 某电压表能测量的最大电压(量程)是3.0 V，已知通过某电阻的电流强度为1.0 mA时，电阻两端的电压是1.0 V，若通过此电阻的电流强度为4.0 mA时，能否用这个电压表测量其两端的电压？
5. 有一条铜导线，长300 m，横截面是12.75 $mm^2$，如果导线两端的电压为8.0 V，求这条导线中通过的电流.

## 7.2 电阻的串联和并联

**【现象与思考】** 在设计城市自来水管道建设时，既要考虑用水的充足便利，又要考虑管道布局的合理. 这时管道根据需要建成主管道和支管道，而尽量做到不因一个地方水管堵塞或破裂造成一个城市用水瘫痪，以保证城市自来水管道四通八达，畅通无阻. 在电路连接方式上，我们应怎样考虑才能使电流的大小和流向满足需要呢？

在各种实际的简单电路中，电阻有两种基本的连接方式，即串联和并联.

**电阻的串联** 把几个电阻一个接一个，不分支地顺次连接起来，就成为电阻的串联. 图 7-4(a)是电阻 $R_1$ 和 $R_2$ 组成的串联电路，图 7-4(b)是 $R_1$ 和 $R_2$ 的等效电路.

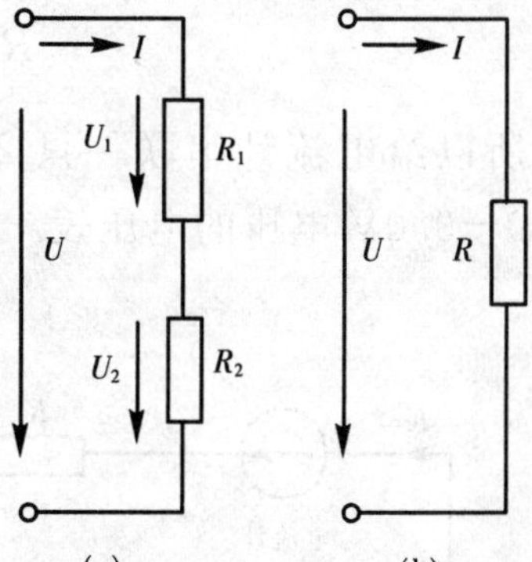

图 7-4 两个电阻的串联

串联电路的性质

(1)串联电路中通过各电阻的电流强度相同.

(2)串联电路两端的总电压等于各电阻上电压之和. 在图 7-4(a)中总电压 $U=U_1+U_2$，如果有 $n$ 个电阻串联，那么总电压为

$$U=U_1+U_2+U_3+\cdots+U_n$$

(3)串联电路的等效电阻等于各串联电阻之和. 如图7-4中，等效总电阻 $R=R_1+R_2$，如果有 $n$ 个电阻串联，那么等效总电阻为

$$R=R_1+R_2+R_3+\cdots+R_n$$

串联电阻具有分压作用 根据欧姆定律及串联电路中各处电流相同的性质，由图 7-4 可得

$$I=\frac{U}{R}=\frac{U}{R_1+R_2}$$

所以

$$\left.\begin{aligned}U_1=IR_1=\frac{R_1}{R_1+R_2}U\\ U_2=IR_2=\frac{R_2}{R_1+R_2}U\end{aligned}\right\} \tag{7-5}$$

由上式可知$U_1/U_2=R_1/R_2$. 串联电阻上的电压与其电阻成正比，即较大的电阻分配到的电压较大，较小的电阻分配到的电压较小. 这就是**串联电路的分压原理**.

**例题 7-2** 有一个电流计，其内阻为$R_g=1000\Omega$，能够通过的最大电流$I_g=100\mu A$. 要把它改装成量程为3.0V的电压表，应该串联多大的分压电阻$R$?

**解** 如图7-5所示，电流计能承担的最大电压为$U_g=I_gR_g=100\times10^{-6}\times1000=0.1(V)$，现要它能测量3.0(V)的电压，串联进去的分压电阻$R$所分担的电压$U_R=3.0-0.1=2.9(V)$.

由分压原理知

$$\frac{U_R}{U_g}=\frac{R}{R_g}$$

$$R=\frac{U_R}{U_g}R_g=\frac{2.9}{0.1}\times1000=29000(\Omega)$$

所以给电流计串联一只29kΩ的分压电阻后，就把这个电流计改装成能测量0—3.0V电压的电压表.

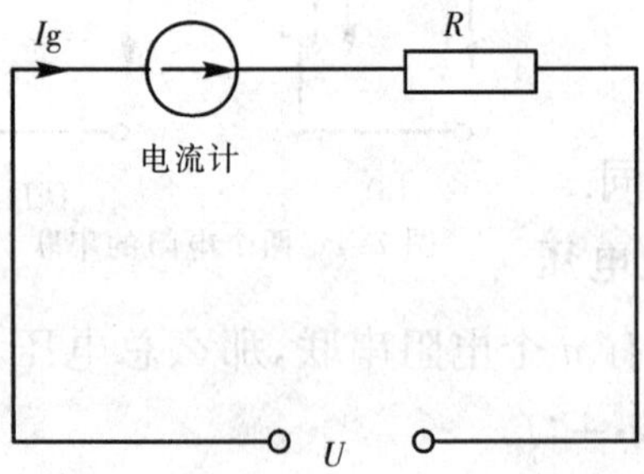


图 7-5

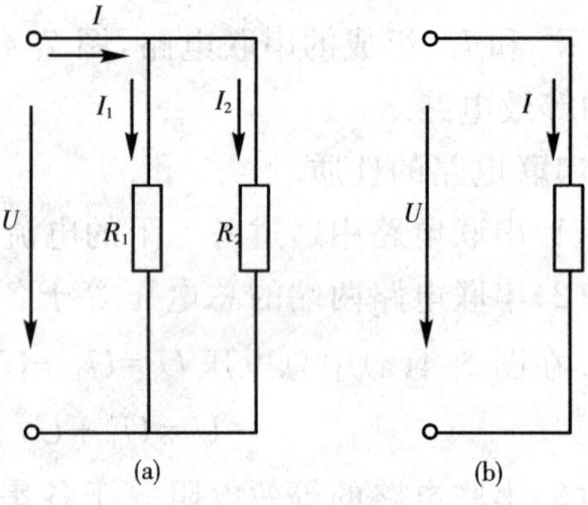


图 7-6 两个电阻的并联

**电阻的并联** 把几个电阻的一端连在一起，另一端也连在一起，就成了电阻的并联. 图7-6(a)是两个电阻的并联电路，如图7-6(b)所示，$R$为该并联电阻的等效电阻.

并联电路的性质：

(1) 并联电路中各支路两端的电压相等；

(2) 并联电路中总电流等于各支路电流之和. 在图7-6(a)中总电流$I=I_1+I_2$. 如果有$n$个电阻并联，那么总电流为

$$I=I_1+I_2+I_3+\cdots+I_n$$

(3)并联电路的等效电阻$R$的倒数，等于各支路电阻的倒数之和，在图7-6

中有

$$\frac{1}{R}=\frac{1}{R_1}+\frac{1}{R_2}\text{或}R=\frac{R_1R_2}{R_1+R_2}$$

并联电阻具有分流作用，根据欧姆定律及并联电路中各支路两端电压相等的性质，由图 7-6 得分流计算式

$$U=I_1R_1=I_2R_2=IR=I(\frac{R_1R_2}{R_1+R_2})$$

$$\left.\begin{aligned}I_1=\frac{U}{R_1}=\frac{\frac{R_1R_2}{R_1+R_2}I}{R_1}=\frac{R_2}{R_1+R_2}I\\I_2=\frac{U}{R_2}=\frac{\frac{R_1R_2}{R_1+R_2}I}{R_2}=\frac{R_1}{R_1+R_2}I\end{aligned}\right\}\tag{7-6}$$

由上式可得 $I_1/I_2=R_2/R_1$. 并联电阻上的电流与其电阻成反比. 即阻值较小的电阻分配到的电流大，阻值较大的电阻分配到的电流小. 这就是**并联电路的分流原理**.

利用并联电路的分流原理，可以扩大电流表的量程.

**例题 7-3**　一只内阻为 $R_g=1000\ \Omega$，量程为 $I_g=100\ \mu\text{A}$ 的微安表，要将其量程扩大为 1.0 A. 应与电表并联多大的分流电阻？

**解**　在图 7-7 中，微安表允许通过的最大电流是 $I_g=100\mu\text{A}=0.0001\text{A}$，在测量 1.0A 电流时，分流电阻 $R$ 上通过的电流 $I_R=1.0-0.0001=0.9999\text{A}$. 由分流原理知

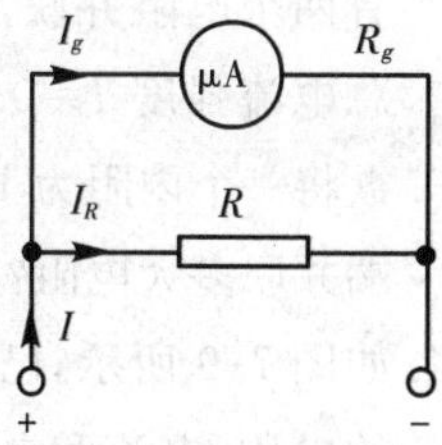

图 7-7

$$\frac{I_g}{I_R}=\frac{R}{R_g}$$

$$R=\frac{I_g}{I_R}R_g=\frac{0.0001}{0.9999}\times1000=0.1(\Omega)$$

所以，将量程为 $100\mu\text{A}$ 的微安表扩大成量程为 1.0A 的电流表，需并联的分流电阻 $R$ 为 $0.1\Omega$.

**电阻的混联**　电路中的电阻，既有串联又有并联称为混联. 如图 7-8(a)所示是三个电阻组成的混联电路.

解决混联电路问题，只要按串联和并联的计算方法，逐步简化电路，最后可以求出等效总电阻.

**例题 7-4**　如图 7-8(a)所示，若 $R_1=1.8\ \Omega$，$R_2=2.0\ \Omega$，$R_3=3.0\ \Omega$. 求 $a$，$b$ 两点的等效电阻 $R_{ab}$.

**解**　从图 7-8(a)中可看出 $R_2$ 和 $R_3$ 是并联，用等效电阻 $R_{23}$ 代替 $R_2$、$R_3$，

则电路可简化为如图 7-8(b)所示，由图 7-8(b)知 $R_1$ 和 $R_{23}$ 串联. 则

$$R_{23}=\frac{R_2R_3}{R_2+R_3}=\frac{2.0\times3.0}{2.0+3.0}=1.2(\Omega)$$

$$R_{ab}=R_1+R_{23}=1.8+1.2=3.0(\Omega)$$

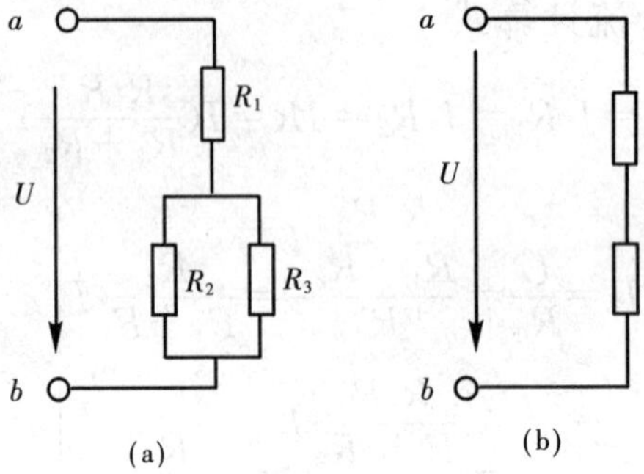


图 7-8　三个电阻组成的混联电路

## 练　习　7.2

1. 有两个电阻串联，其中 $R_1=10\Omega$，$R_2=40\Omega$. 已知 $R_1$ 两端的电压 $U_1=20\text{V}$，求 $R_2$ 两端的电压 $U_2$ 和整个串联电路两端的电压 $U$.
2. 有两个电阻并联，其中 $R_1=100\Omega$，通过 $R_1$ 的电流强度 $I_1=0.10\text{A}$，通过整个并联电路的总电流强度 $I=0.50\text{A}$，求 $R_2$ 和通过 $R_2$ 的电流强度 $I_2$.
3. 欲将一个内阻为 100Ω，量程为 100μA 的电流表头，改装成能测 10A 的电流计，需在表头两端并联多大电阻？如果将此表头改装成测 1.5V 的电压表，需在表头上串联多大电阻？
4. 如图 7-9 所示，已知：$U=30\text{V}$，$R_2=10\Omega$，$R_3=30\Omega$，通过 $R_2$ 的电流为 0.6A，求各电阻上的电压、电流和电阻 $R_1$.
5. 在图 7-10 所示的分压电路中，$R_1=5.0\Omega$，$R_2=10\Omega$，分压电路输入电压 $U=6.0\text{V}$ 不变. 求 $A$、$B$ 两点空载时的输出电压 $U'=$？当接上负载电阻 $R_f=10\Omega$ 后输出电压(即 $R_f$ 两端的电压)$U_f=$？试分析，接上负载后输出电压为什么会变化？

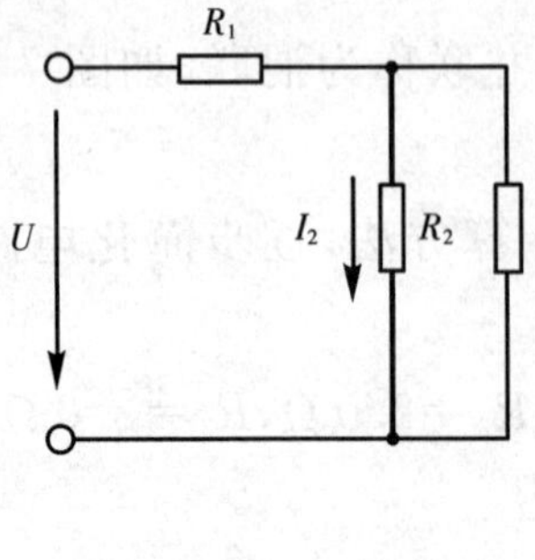


图 7-9

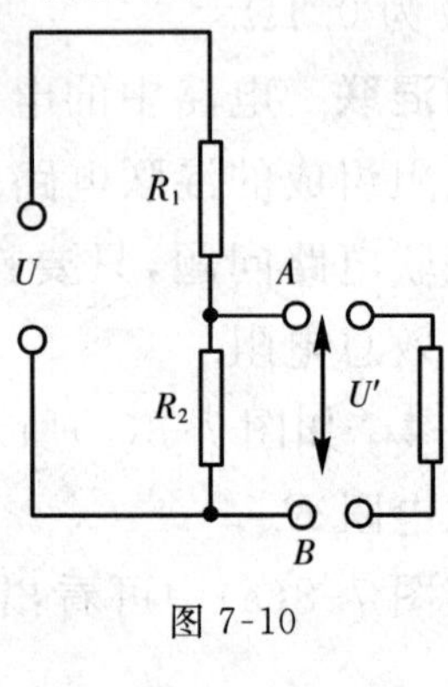


图 7-10

## 7.3　电流的功和功率　焦耳定律

**【现象与思考】** 当用电器有电流通过时，要消耗电流做功，电能便转换成其他形式的能量．例如电流通过电灯、电炉做功时会发热，电能转换成热力学能．又如电流通过电动机做功时，电动机转动起来，电能就转换成机械能．用电器消耗多少电能是用电流通过用电器做多少功来度量的．

**电流的功**　**电路中电场力在促使自由电荷做定向移动时所做的功，称为电流的功或电功．**如图7-11所示为一段电阻支路，图中电流方向代表正电荷运动方向．正电荷在电场力的作用下，从高电势处移向低电势处，电场力对正电荷做功$W=qU$，由于$q=It$，所以

$$W=IUt \tag{7-7}$$

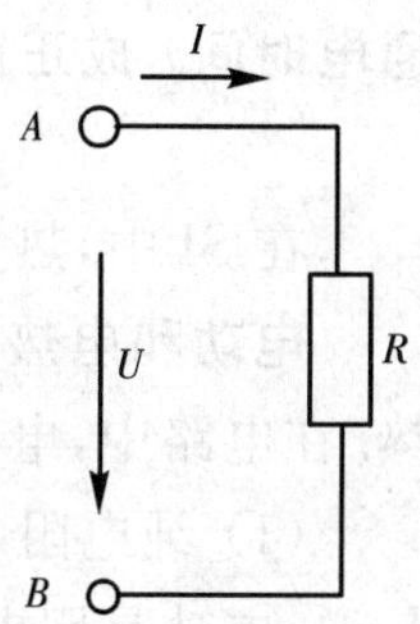

图7-11　电流的功

式(7-7)说明电流在一段电路上所做的功，跟这段电路两端的电压、电路中的电流强度和通电时间成正比．

在SI中，$W$、$I$、$U$、$t$的单位名称分别是焦耳(J)、安培(A)、伏特(V)、秒(s)．

**电功率**　电流所做的功跟完成这些功所用的时间之比称为**电功率**，用$P$表示．则有

$$P=\frac{W}{t}=IU \tag{7-8}$$

可见，在一段电路上的电功率，跟这段电路两端的电压和电路中的电流强度成正比．

在SI中，电功率的单位名称是瓦特(W，瓦)．其常用单位还有千瓦(kW)、毫瓦(mW)，它们的关系是

$$1\text{kW}=10^3\text{W}$$

$$1\text{mW}=10^{-3}\text{W}$$

电流的功率可以直接用瓦特计来测量．电流的功可以用电度表来测量，其单位为千瓦小时(kWh)．

$$1\text{kWh}=10^3\text{W}\times3600\text{s}=3.6\times10^6\text{J}$$

用电器上都标有额定功率和额定电压值．用电器只有在额定电压下才能

正常工作,这时消耗的功率等于额定功率.如果用电器上的工作电压不等于额定电压,那么实际消耗的功率就不等于额定功率了.例如,标有“220V、40W”的灯泡,接到220V电路上能正常发光,它消耗的功率等于额定功率40W.如果接到低于220V的电路上,那么,它所消耗的功率就小于额定功率,灯泡发光不足.如果接到高于220V的电路上,那么它所消耗的功率将大于额定功率,灯泡的灯丝可能被烧坏.所以用电器额定电压与电路提供的电压必须一致.

可以证明,对于多个用电器,不管它们是串联还是并联在一起,其电路的总功等于各用电器电功之和;电路的总功率,等于各用电器功率之和.

**焦耳定律** 电流通过导体时,会产生热量,这就是电流的热效应.英国物理学家焦耳由实验得出:

**电流通过导体时产生的热量 $Q$,跟电流强度 $I$ 的二次方、导体的电阻 $R$ 和通电时间 $t$ 成正比.**这就是**焦耳定律**.其表达式为

$$Q=I^2Rt \tag{7-9}$$

在SI中,热量的单位名称是焦耳(J,焦).

**电功和电热** 一般的电路都是有电阻的,因此,电流通过电路时要产生热.在电路中,电流做功跟它产生的热量既有联系又有区别.

(1) 纯电阻电路(即电路中只含有电阻).由于 $U=IR$,因此 $IUt=I^2Rt$,就是说,电功是跟电热相等的.在这种情况下,电能全部转化为热力学能,电功率就等于热功率,电功率和热功率公式同为

$$P_W=P_Q=UI=I^2R=\frac{U^2}{R} \tag{7-10}$$

(2) 非纯电阻电路,如电路中有电动机、电解槽等,那么,电能除小部分转化为热力学能外,大部分转化为其他形式的能,如机械能、化学能等.这时电功仍然为 $IUt$,电热仍为 $I^2Rt$,但电功已不再等于电热,而是大于电热,即 $IUt>I^2Rt$.同时,在这种情况下,电功率是 $IU$,热功率是 $I^2R$,两者不相等.通过下面的例题我们可以进一步理解这个问题.

**例题7-5** 一台小型直流电动机在12 V电压下工作时,通过的电流是0.5 A,电动机的内阻 $R=2.0\ \Omega$.问:

(1)每秒钟电流做的功是多少?每秒电动机的内能增加多少?

(2)电动机消耗的电功率是多少?消耗的热功率是多少?

(3)每秒钟有多少电能转化成机械能?

**解** 已知:$U=12\ \text{V}\quad I=0.5\ \text{A}\quad R=2.0\ \Omega$

(1)$W=UIt=12\times0.5\times1=6.0(\text{J})$

$Q=I^2Rt=0.5^2\times2.0\times1=0.5(\text{J})$

(2) $P_W = UI = 12 \times 0.5 = 6.0(\mathrm{W})$

$P_Q = I^2 R = 0.5^2 \times 2.0 = 0.5(\mathrm{W})$

(3) $E_{机} = W - Q = 6.0 - 0.5 = 5.5(\mathrm{J})$

电动机是常用的一种非纯电阻性用电器，电流通过电动机做功(电功)，使大部分电能转化为机械能，由于电动机内导线存在电阻，所以一小部分电能转化为内能使电动机的温度升高.

## 阅读材料

### 焦耳的故事

18世纪，人们对热的本质的研究走上了一条弯路，“热质说”在物理学史上统治了100多年. 虽然曾有一些科学家对这种错误理论产生过怀疑，但人们一直没有办法解决热和功的关系的问题，是英国自学成才的物理学家詹姆斯·普雷斯科特·焦耳为最终解决这一问题指出了道路.

焦耳(James Prescott Joule 1818—1889)1818年12月24日生于英国曼彻斯特，他的父亲是一个酿酒厂主. 焦耳自幼跟随父亲参加酿酒劳动，没有受过正规的教育. 青年时期，在别人的介绍下，焦耳认识了著名的化学家道尔顿. 道尔顿给予了焦耳热情的教导. 焦耳向他虚心地学习了数学、哲学和化学，这些知识为焦耳后来的研究奠定了理论基础. 而且道尔顿教会了焦耳理论与实践相结合的科研方法，激发了焦耳对化学和物理的兴趣，使他决心从事科学研究工作.

图 7-12 焦耳画像

焦耳最初的研究方向是电磁机，他想将父亲的酿酒厂中应用的蒸汽机替换成电磁机以提高工作效率. 1837年，焦耳装成了用电池驱动的电磁机，并发表了关于这方面的论文而引起人们的注意. 但由于支持电磁机工作的电流来自锌电池，而当时锌的价格昂贵，用电磁机反而不如用蒸汽机合算. 但焦耳从实验中发现电流可以做功，并且产生热量，这激发了他进行深入研究的兴趣.

1844年，焦耳研究了空气在膨胀和压缩时的温度变化，他在这方面取得了许多成就. 通过对气体分子运动速度与温度的关系的研究，焦耳计算出了气体分子的热运动速度值，从理论上奠定了波义耳—马略特和盖—吕萨克定律的基础，并解释了气体对器壁压力的实质.

1850 年，焦耳凭借他在物理学上作出的重要贡献成为英国皇家学会会员，当时他 32 岁，两年后他接受了皇家勋章. 许多外国科学院也给予他很高的荣誉. 虽然焦耳不停进行着他的实验测量工作，遗憾的是，他的科学创造性，特别是在物理概念方面的创造性，过早地就减少了.

1875 年，英国科学协会委托他更精确地测量热功当量. 他得到的结果是 4.15，非常接近目前采用的值 1 K＝4.184 J. 1875 年，焦耳的经济状况大不如前. 幸而他的朋友帮他弄到一笔每年 200 英镑的养老金，使他得以维持中等但舒适的生活. 55 岁时，他的健康状况恶化，研究工作减慢了. 1878 年当他 60 岁时，焦耳发表了他的最后一篇论文. 1878 年，焦耳退休. 焦耳活到了 71 岁. 1889 年 10 月 11 日，焦耳在索福特逝世. 后人为了纪念焦耳，把功和能的单位定为焦耳.

在去世前两年，焦耳对他的弟弟说，“我一生只做了两三件事，没有什么值得炫耀的.”相信对于大多数物理学家来说，他们只要能够做到这些事中的一件也就会很满意了. 焦耳的谦虚是非常真诚的. 很可能，如果他知道了人们威斯敏斯特教堂为他建造了纪念碑，并以他的名字命名能量单位，他将会感到惊奇，虽然后人决不会感到惊奇.

## 练　习　7.3

1. 有一个 1.0 kW、220V 的电炉，正常工作时电流是多少？如果不考虑温度对电阻的影响，把它接在 110V 电压下，它消耗的功率将是多少？
2. 分别标有“220V，40W”和“220V，100W”的两只灯泡，其灯丝电阻各是多少？
3. 一台内阻为 2.0Ω 的直流电动机，工作时两端电压为 110V，通过的电流为 2.0A. 求：
   (1) 电动机从电源那里吸收的功率；
   (2) 电动机的热功率和转化为机械能的功率.
4. 教室中有四盏 40W 电灯，由于大家注意节约用电，每天晚自习使用 3.0h，人走灯熄；宿舍只有一盏 25W 电灯，由于不注意节约用电，通宵长明每天达 18h，问教室和宿舍每天各消耗多少电能？

## 7.4　电动势　全电路欧姆定律

**【现象与思考】** 把电池放入手电筒内，小灯泡就可发光；收音机装好电池，它就能收音；将冰箱接上电源，它就会制冷……常说的蓄电池，我们知道那也是一种电源．那么电源究竟是什么？它是怎样完成向电路供电的呢？

**电源及其电动势**　要使闭合电路中通过持续的电流，电路中就要有电源．图 7-13 是一个简化了的闭合电路，其中虚线所框的是电源的示意图，$A$、$B$ 是电源的两个极．带有正电荷的 $A$ 极电势较高，称为电源的正极；带有负电荷的 $B$ 极电势较低，称为电源的负极．电源两极以外部分（包括连接导线和负载）称为**外电路**，$R$ **为外电阻；电源内部的电路称为内电路**，内电路对电流也有阻碍作用．内电路的电阻称为**内电阻**，$R'$为内电阻．

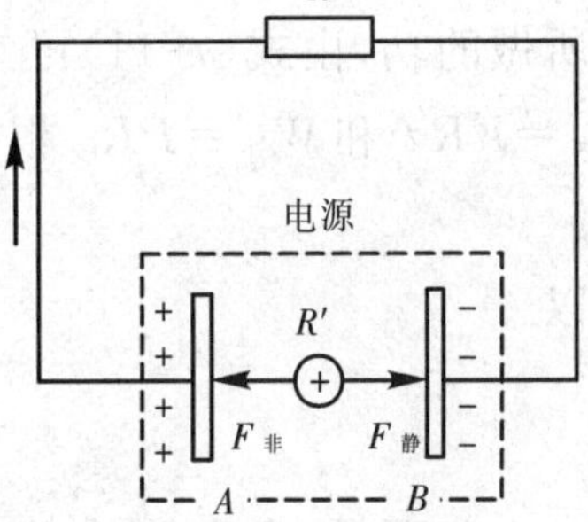


图 7-13　电源及内、外电路

在闭合电路中，正电荷在电场力的作用下，从电源正极经外电路流至负极．正电荷到达负极后，如果不能被送回正极，两极间的电势差（电压）就会不断变小，最后达到静电平衡而使电流消失．因此，电源必须具备把正电荷从低电势的负极经内电路送回高电势的正极的某种输送力．这种输送力显然不是静电力，因为在静电力作用下，正电荷只能从高电势向低电势方向移动．我们称这种与静电力本质不同的输送力为**非静电力** $F_{非}$．不同种类的电源中，形成非静电力的原因不同．在化学电池（如干电池、蓄电池等）中，非静电力来自化学作用，而在发电机中，非静电力则是来自电磁作用．

非静电力 $F_{非}$ 把正电荷由低电势的负极输送至高电势的正极的过程中，要克服静电力 $F_{静}$ 的作用而做功，在这一过程中，电源把其他形式的能转换成了电能．如电池把化学能转换成电能，发电机则把机械能转换成了电能．

一般说来，不同的电源，把单位电量的正电荷从负极输送到正极所做的功是不同的．这说明，不同的电源把其他形式的能转换为电能的能力是不同的，为了反映电源的这一性质，我们引入电动势的概念．**电源把正电荷由负极经电**

**源内部移到正极时,非静电力所做的功 $W_{非}$ 和被移动的电量 $q$ 的比值称为电源的电动势**,用 $E$ 表示,即

$$E=\frac{W_{非}}{q} \tag{7-11}$$

电动势的单位与电压的单位相同,名称是伏特(V).若电源的非静电力移送 1C 电量做的功是 1J,那么这个电源的电势就是 1V.不同类型的电源有不同的电动势.例如,干电池的电动势为 1.5V,蓄电池的电动势是 2V.电动势是个标量,但它和电流一样规定有方向.**电动势的方向规定为由电源的负极经内电源指向正极的方向.**

**全电路欧姆定律** 包含电源在内的闭合电路称为**全电路**,如图 7-13 所示.在纯电阻电路中,电源中的非静电力把正电荷从负极经电源内部移送到正极时所做的功,由式(7-11)可知,$W_{非}=qE=EIt$.电流流过内、外电路时,分别做功 $W_{内}=I^2R't$ 和 $W_{外}=I^2Rt$.根据能量转换和守恒定律,有 $W_{非}=W_{外}+W_{内}$,即

$$EIt=I^2Rt+I^2R't$$

所以

$$I=\frac{E}{R+R'} \tag{7-12}$$

由此可见,**全电路的总电流跟电源的电势 $E$ 成正比,跟全电路的总电阻 $R+R'$ 成反比**.这就是**全电路欧姆定律**.

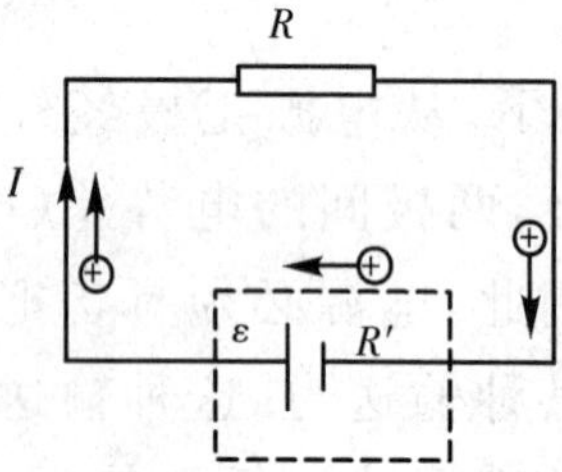

图 7-14 全电路

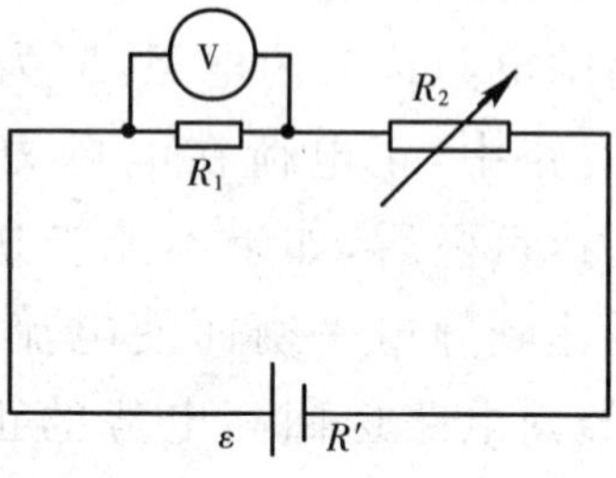

图 7-15

**例题 7-6** 如图 7-15 所示,电阻 $R_1=2.0\Omega$,当变阻器 $R_2=1.8\Omega$ 时,电压表的读数是1.0V;$R_2=2.8\Omega$ 时,电压表的读数是 0.8V.求电源的电动势和内阻.

**解** 根据全电路欧姆定律

$$E=I(R'+R_1+R_2) \tag{1}$$

由于

$$I=\frac{U}{R_1} \tag{2}$$

当 $R_2$ 为 1.8Ω 时,电流为

$$I_1=\frac{U_1}{R_1}=\frac{1.0}{2.0}=0.5(\text{A})$$

当 $R_2$ 为 2.8Ω，电流为

$$I_2=\frac{U_2}{R_1}=\frac{0.8}{2.0}=0.4(\text{A})$$

把相应的值代入(1)式，得

$$E=0.5(R'+2.0+1.8) \tag{3}$$

$$E=0.4(R'+2.0+2.8) \tag{4}$$

因为 $E$ 和 $R'$ 为常数，(3)和(4)式相等，整理后有

$$0.1R'=0.02(\Omega)$$

$$R'=0.2(\Omega)$$

将 $R'=0.2\Omega$ 代入(3)式，得

$$E=2.0(\text{V})$$

本例介绍了测量电源电动势和内阻的一种方法.

## 练　习　7.4

1. 电源的电动势为 1.5V，内阻为 0.12Ω，外电路的电阻为 2.88Ω，求电路中的电流强度.
2. 电源内阻是 0.1Ω. 外电路两端的电压是 1.8V，电路里的电流是 1.0A，求电源的电动势.
3. 在图 7-16 中，$R_1=9.9\Omega$，$R_2=4.9\Omega$. 当单刀双掷开关 $Q$ 扳到位置 1 时，测得电流 $I_1=0.2\text{A}$；当 $Q$ 扳到位置 2 时，测得电流 $I_2=0.4\text{A}$. 求电源的电动势和内电阻.

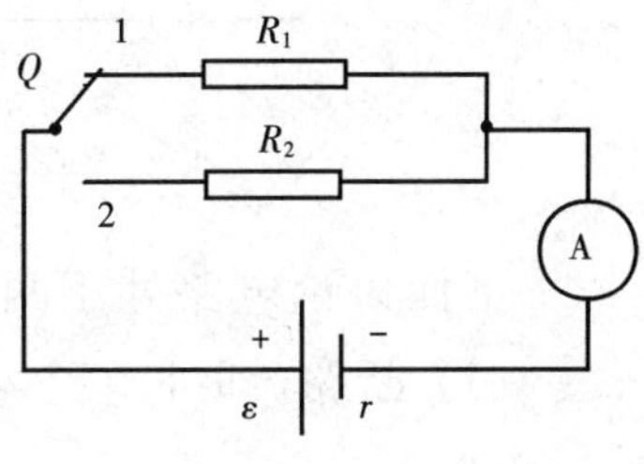

图 7-16

## 7.5　路端电压　电源输出功率

**路端电压**　电源两端输出的电压通常称为路端电压，路端电压也就是外电路两端的电压. 由式(7-12)可改写成 $E=IR+IR'$，$IR$ 是整个外电路的电压，也就是电源两端的电压，即路端电压，用 $U$ 表示，如图 7-17 所示，则

$$U=E-IR' \tag{7-13}$$

式中，$IR'$是电源内部的电压(也叫内压降). 上式表明，路端电压等于电源电动势减去内压降.

对于一定的电源，电动势 $E$ 和内阻 $R'$ 是定值，由于

$$I=\frac{E}{R+R'} \text{和} U=E-IR'$$

所以可以分析路端电压 $U$ 随外电路电阻 $R$ 的变化规律：

当外电阻 $R$ 增大时，电流强度 $I$ 减小，内电路电压 $IR'$ 随之减小，路端电压就随之增大；反之当外电阻 $R$ 减小时，电流强度 $I$ 增大，内电路电压 $IR'$ 随之增大，路端电压随之减小. 利用图 7-18 所示的实验电路可以清楚地看出，当电阻 $R$ 改变时，电压表所示的路端电压 $U$ 也随之改变. $R$ 增大，$U$ 也增大，$R$ 减小，$U$ 也减小.

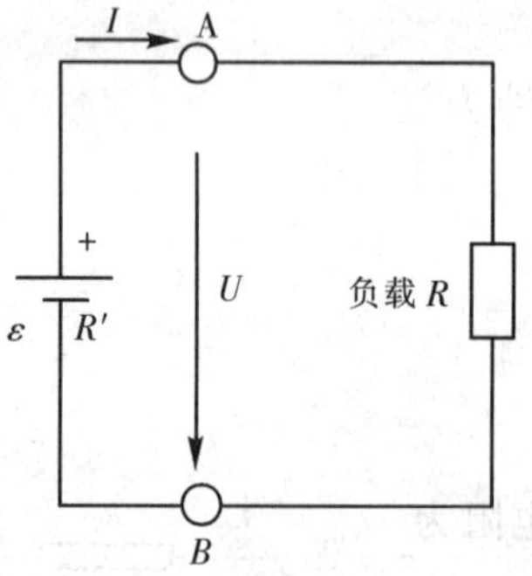

图 7-17　路端电压

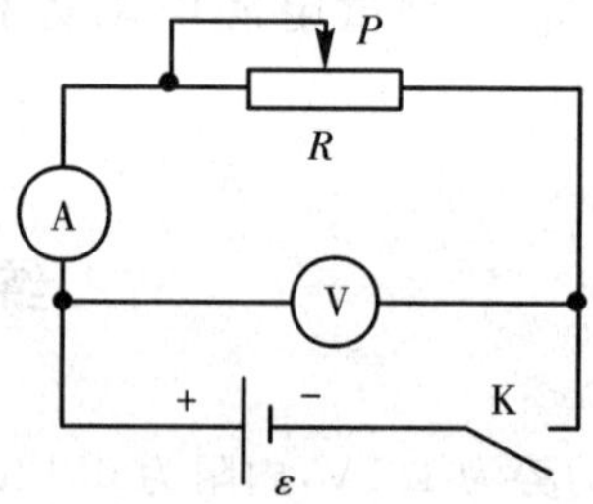

图 7-18　路端电压随外电阻改变

下面讨论电路处于两种特殊情况的路端电压.

(1) **断路**(即外电路断开). 这时 $R\to\infty$，$I$ 变为零，$IR'$ 也变为零，则

$$U=E$$

这表明**外电路断开时的路端电压等于电源的电动势**. 根据这个道理我们可以利用内阻很大的电压表直接测量电源的电动势. 因为电压表内阻很大，电源和电压表组成的电路中电流强度很小，电源内压降也很小，所以，测出的路端电压近似等于电源的电动势.

(2) **短路**(外电路电阻被导线短接). 这时 $R=0$，路端电压 $U=0$，电路中电流强度 $I=E/R'$(称为短路电流). 由于电源的内阻很小，所以短路电流很大，不但可能将电源烧坏，还可能引起火灾. 为了防止短路事故发生，应在电路中安装保险器.

**电源的输出功率**　我们将公式 $U=E-IR'$ 两边乘以 $I$，得

$$IU=IE-I^2R' \tag{7-14}$$

式中　$IU$—电源的输出功率($P_{出}$)

$IE$—电源的总功率($P_{总}$)

$I^2R'$—内电路消耗的功率($P_{内}$)

电源的输出功率与外电路电阻(负载)有关.在什么情况下电源输出功率为最大呢?若负载为纯电阻时,则

$$P_{出}=IU=I^2R=\left(\frac{E}{R+R'}\right)^2R$$
$$=\frac{E^2R}{(R-R')^2+4RR'}$$
$$=\frac{E^2}{\frac{(R-R')^2}{R}+4R'}$$

当外电阻 $R=R'$ 时,$P_{出}$ 有最大值为

$$P_{出}=\frac{E^2}{4R'} \tag{7-15}$$

上式表明,**当负载电阻等于电源的内阻时,电源的输出功率最大**,这称为负载跟电源匹配.匹配的概念在电子与电工学中经常用到.

**例题 7-7**　有一纯电阻用电器,其阻值为 2.8Ω,接到电动势为 1.5V、内阻为 0.2Ω 的电源上.求:(1)电路中的电流和路端电压各是多少?(2)电源输出的功率是多少?(3)若用电器被短接,短路电流是多大?

**解**　(1) 根据全电路欧姆定律,电路中电流

$$I=\frac{E}{R+R'}=\frac{1.5}{2.8+0.2}=0.5(\text{A})$$

由式(7-12)得路端电压

$$U=E-IR'=1.5-0.5\times0.2=1.4(\text{V})$$

(2) 电源输出功率

$$P_{出}=IU=0.5\times1.4=0.7(\text{W})$$

(3) 短路电流

$$I=\frac{E}{R'}=\frac{1.5}{0.2}=7.5(\text{A})$$

## 练　习　7.5

1. 额定电压为 6.0V,电阻为 2.0Ω 的用电器,由电动势为 9.0V、内阻为 0.4Ω 的电源供电,应串联多大的电阻才能使用电器正常工作?
2. 如图 7-19 所示,$\varepsilon=10\text{V}$,$R'=1.0\Omega$,$R_1=4.0\Omega$,$R_2=R_3=5.0\Omega$.在电键 $Q$ 接通和断开的两种情况下,求 $U_{ab}$ 和 $U_{cd}$ 的值.
3. 如图 7-20 所示,电源的电动势 $\varepsilon=16\text{V}$,内阻 $R'=1.0\Omega$,外电路中 $R_1=5.0\Omega$,$R_2=2.0\Omega$.计

算(1)电源总功率;(2)电源输出的功率;(3)消耗在各电阻上的热功率.

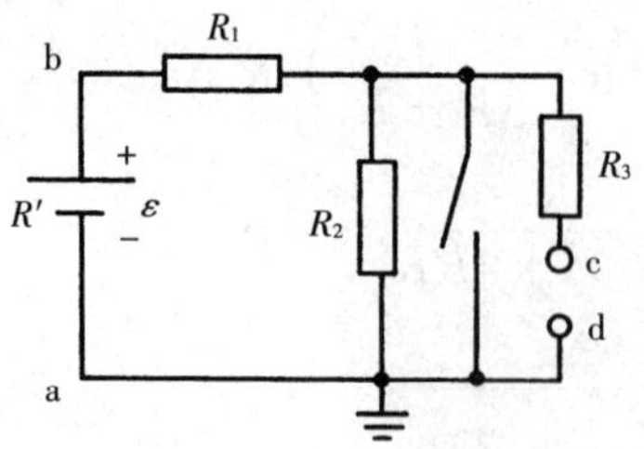


图 7-19

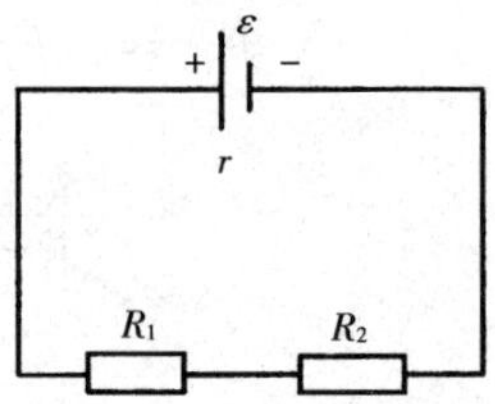


图 7-20

## 7.6 相同电池的串联和并联

**【现象与思考】** 用电器在额定电压下工作时,所通过的电流为额定电流.用电器要在额定电压和额定电流下才能正常工作.但是,一个电池所能提供的电压和电流是有限的,为了获得需要的电压和电流,在使用时往往把几个相同的电池连接在一起,成为电池组.你知道电池组有几种联结方式吗?

**相同电池的串联** 把一个电池的正极跟另一个相同电池的负极相接,一个个依次连接起来,就成为电池的串联.图 7-21 是三个相同电池的串联.设几个相同的电池串联,每个电池的电动势均为 $E$,内阻均为 $R'$.实验指出,串联电池组的总电动势 $E_{串}$ 等于组内各电池电动势之和,即

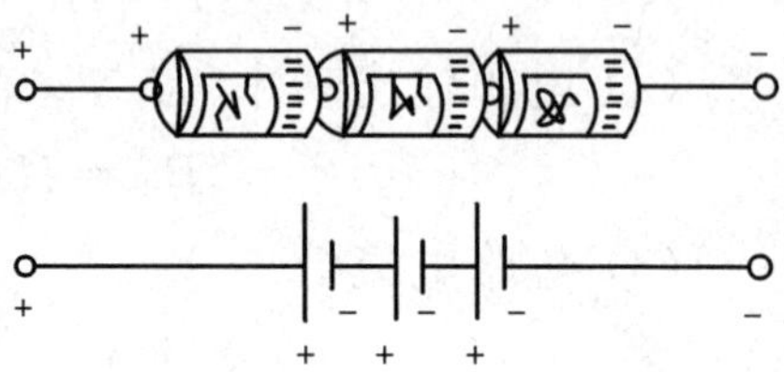

图 7-21 电池的串联

$$E_{串}=E_1+E_2+\cdots+E_n=nE$$

其总内阻 $R'_{串}$ 等于各个电池内阻之和,即

$$R'_{串}=R'_1+R'_2+\cdots+R'_n=nR'$$

当串联电池组与外电路接通时(若外电路电阻为 $R$),由全电路欧姆定律得到电路中电流强度为

$$I=\frac{nE}{R+nR'} \tag{7-16}$$

当用电器的额定电压大于单个电池的电动势时，可用串联电池组供电.

**相同电池的并联** 把电动势相同的电池的正极连在一起，组成电池组的正极，再把它们的负极连在一起，组成电池组的负极，就成为电池组的并联. 图 7-22 是三个相同电池的并联.

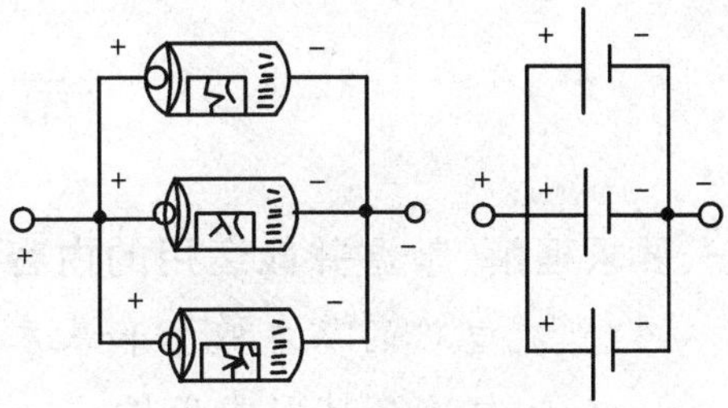


图 7-22 电池的并联

设有 $n$ 个相同电池并联，每个电池的电动势均为 $E$，内阻均为 $R'$. 实验指出，并联电池组电动势 $E_{并}$，等于单个电池的电动势，即 $E_{并}=E$.

其总内阻

$$R'_{并}=\frac{R'}{n}$$

当并联电池组与外电路接通时(若外电路电阻为 $R$)，由全电路欧姆定律得到电路中的电流强度为

$$I=\frac{E}{R+R'/n} \tag{7-17}$$

并联电池组并不增大电动势的数值，但允许输出电流增大. 因此，当用电器的额定电流大于单个电池允许通过的最大电流时，应采用并联电池组供电.

如果用电器的额定电压大于单个电池的电动势，额定电流大于单个电池允许通过的最大电流时，可把电池先组成串联电池组，再把几个相同的串联电池组并联起来，组成混联电池组供电.

## 练 习 7.6

1. 由 6 个相同的蓄电池(每个的电动势都等于 2.0 V，内阻都等于 0.05 Ω)串联而成的电池组，跟电阻等于 5.7 Ω 的外电路连接在一起. 求电路中的电流强度.
2. 由 2 个相同的电池(每个电池的电动势都是 2.0 V，内阻都是 0.2 Ω)并联而成的电池组，跟 1.5 Ω 电阻的外电路连接在一起. 求电路中的电流.
3. 要使由相同的电池(每个电池的电动势都是 2.0 V，内电阻都是 0.2 Ω)串联而成的电池组的端电压为 19 V，电路中的电流强度为 0.5 A，问需要几个电池串联?

# 第 7 章小结

## 一、要求理解、掌握并能运用的内容.

1. 直流电路的基本概念和基本物理量

(1) 电流及其形成条件.

电荷的定向移动就形成电流. 导体内部有能够自由移动的电荷，是形成电流的内因；导体两端有电势差，导体内部就存在电场. 电荷在电场力作用下，发生定向移动形成电流，所以导体两端的电势差是形成电流的外因.

电流强度是标量. 物理上规定：正电荷在电路中定向移动的方向为电流的方向.

电流强度是用单位时间内通过导体某一截面的电量来表示，即

$$I=\frac{q}{t}$$

用安培表来测量电流强度时，必须将电流表串联在电路中.

(2) 电阻及电阻定律.

按照经典电子论的观点，电荷在导体内的定向运动，将与导体自身的正离子发生碰撞，电阻即由此而来.

导体的电阻与导体的材料及几何尺寸有关，即

$$R=\rho\frac{L}{S}$$

式中 $\rho$ 是材料的电阻率，反映材料的导电性能，在一定温度下，$\rho$ 由导体的材料决定.

(3) 电源电动势.

电源是把其他形式的能转化为电能的装置. 常用的电源有电池和发电机.

电池有正、负两个极，正极电势高，负极电势低. 在电源内部，非静电力把正电荷从负极移到正极做功时，将其他形式的能转化为电能.

电动势就是描述电源把其他形式的能转化为电能做功本领的物理量. 我们用非静电力把单位正电荷由负极经电源内部移到正极时所做的功来表示电动势的大小，即

$$E=\frac{W_{非}}{q}$$

电动势也是标量.通常规定电动势的方向是从负极经电源内电路指向正极的方向.

电动势与电压的区别:两者的计算公式相似,单位相同,其本质区别在于:前者表示在电源内部非静电力做功的特性,而后者表示在外电路中,电场力做功的特性.这两个物理量不能混同起来.

(4) 电流的功和功率.

电流的功:$W=IUt$

电功率:$p=\frac{W}{t}=IU$

电源的总功率和输出功率:电源的总功率是指电源内部非静电力在单位时间内所做的功:

$$P_{总}=\frac{W}{t}=\frac{IEt}{t}=IE$$

即电源的总功率等于通过电源的电流跟电源电动势的乘积.

又根据 $E=U+IR'$,可得 $IE=IU+I^2R'$,这个式子反映了能量的转换与守恒:$IE$ 是电源的总功率;$IU$ 是电源的输出功率 $P_{出}$;$I^2R'$ 是消耗在电源内阻上的热功率.

对于纯电阻电路,输出功率可用下式计算:

$$P_{出}=IU=I^2R=\frac{U^2}{R}$$

当负载电阻 $R=R'$ 时,电源有最大的输出功率,即

$$P_{最大}=\frac{E^2}{4R'}$$

2.直流电路的基本定律

(1) 全电路欧姆定律.

$$I=\frac{E}{R+R'}\text{或}E=IR+IR'$$

电源电动势 $E$ 的数值等于内、外电路上电压降之和.

一般电源的 $E$ 和 $R'$ 可以认为是不变的.而电路中的 $U$ 和 $I$ 是要随 $R$ 变化而变化的.从公式 $U=E-IR'$ 和 $I=E/(R+R')$ 中可以看出:

当断路时:$R\to\infty$,$I=0$,$U=E$(路端电压等于电动势)

当短路时:$R\to 0$,$I\to E/R'$

(2) 焦耳定律.

在纯电阻电路中,电流通过电阻将电能全部变为热力学能 $Q$,即焦

耳定律.

$Q=I^2Rt$

(3) 串联电路分压作用.

串联电路中的 $I$ 处处相等,其总电阻为 $R=R_1+R_2+R_3\cdots+R_n$,串联电阻上的电压与其电阻成正比.

(4) 并联电路分流作用.

并联电路中各支路电压相等,其总电阻 $1/R=1/R_1+1/R_2+1/R_3+\cdots+1/R_n$,并联电阻中通过的电流与其电阻成反比.

## 二、要求了解的内容

1. 路端电压与负载电阻的关系
2. 电池的串联和并联

# 第 7 章自测题

1. 什么是电流?什么是稳恒电流?
2. 串联电路的性质有哪些?并联电路的性质有哪些?
3. 什么叫电流的功?什么叫电流的功率?用电器的额定功率和它的实际消耗的功率在什么情况下一致?
4. 焦耳定律的内容是什么?电功与电热有什么区别?
5. 在什么情况下使用串联电池组?什么情况下使用并联电池组?
6. 求电路图 7-23 中标的 $I$、$U$、$R$ 的数值.

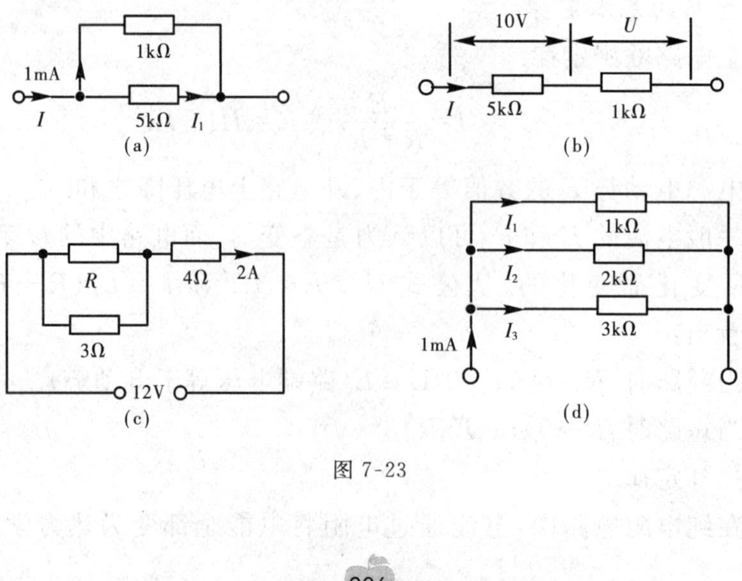


图 7-23

7. 如果把分别标着“110 V、100 W”和“110 V、60 W”的两只灯泡串联后加上 220 V 的电压，这两个灯泡能正常发光吗？这时将会出现什么问题？为什么？

8. 用内阻为 99.9 Ω 的电压表测得电池的电动势为 1.998 V，若用内阻为 1999.9Ω 的电压表测得电池的电动势为 1.9999 V，问电池电动势的标准值是多少？

9. 由 5 个电动势为 1.4 V、内阻为 0.3 Ω 的相同电池串联成的电池组给某一电阻性负载供电，该负载消耗的功率为 8 W，问电路中的电流可能是多大？

10. 如图 7-24 所示的电路中，三个电阻的阻值分别是 $R_1=2.0\ \Omega$，$R_2=4.0\ \Omega$，$R_3=6.0\ \Omega$，求：

(1) 接通开关 $Q$ 而断开开关 $Q_1$ 时，$R_1$ 与 $R_2$ 两端电压之比和它们消耗的功率之比；

(2) 两个开关都接通，$R_2$ 与 $R_3$ 所消耗的功率之比.

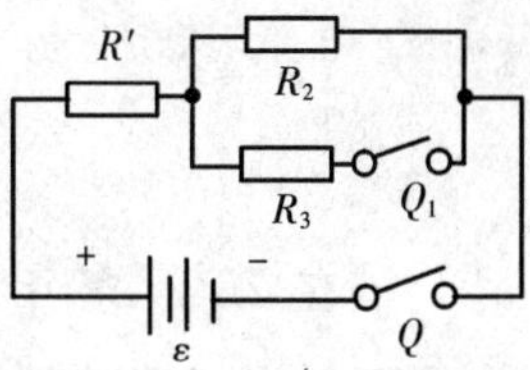

图 7-24

# 第8章　磁场　电磁感应

早在2000多年前,人们就发现了电现象和磁现象.但长期以来,电学和磁学一直是独立发展的,因而进展相当缓慢.直到170年前,人们才认识到磁现象和电现象的本质联系,随着认识的深入,电磁学理论迅速发展起来,并极大地推动了科学技术和生产技术的进步.

本章将着重讨论磁场的基本理论并研究电磁感应现象和规律,以及在工程技术中的应用.

## 8.1　电流的磁场

**【现象与思考】** 你知道吗?高纬度地区夜空美丽的极光、太阳表面黑子对地球上短波无线电通讯的影响、录音及录像等诸多现象都与磁场有关,那么什么是磁场?怎样直观而又形象地描绘磁场呢?

**磁场**　我们知道,两个磁体互相接近时,它们之间就有相互作用:**同名磁极相互排斥,异名磁极相互吸引.**

磁极之间的相互作用是怎样发生的呢?正如电荷之间通过电场发生相互作用一样,在磁体的周围有磁场,磁体之间的作用就是通过磁场发生的.磁场和电场都是一种特殊的物质.

磁体并不是磁场的唯一来源.1820年,丹麦物理学家奥斯特把一根水平放置的导线沿南北方向平行地放在小磁针上方,当他给导线通电时,磁针发生偏转,如图8-1所示.这个实验表明,在通电导线的周围也存在着磁场.我们把这种现象称为电流的磁效应.

**磁场的方向　磁感应线**　如果把一些小磁针放在条形磁铁的周围,可以看到，这些小磁针在静止的时候，不再指向南北，并且处于不同位置的小磁针，北极所指的方向一般是不同的，如图8-2所示．这说明磁场具有方向性．我们规定，在磁场中任一点，**小磁针静止时北极所指的方向，就是那一点的磁场方向．**

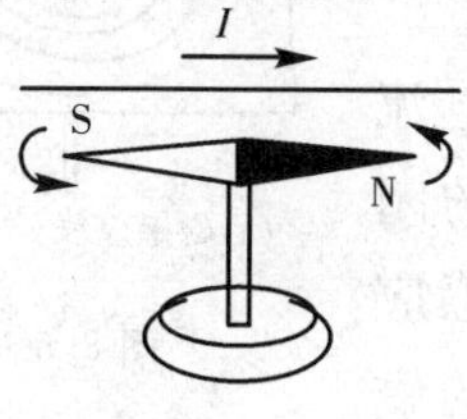


图8-1　奥斯特实验

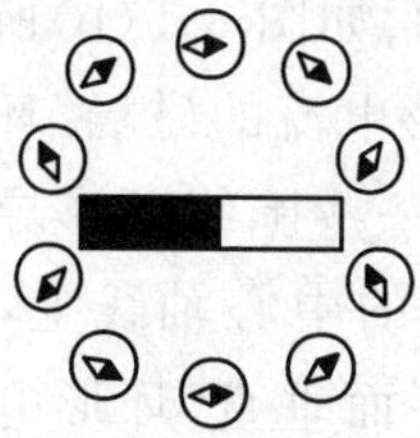

图8-2

正如在电场中可以利用电场线来形象地描述各点的电场方向一样，在磁场中可以用磁感应线形象地描述各点的磁场方向．所谓的**磁感应线**，就是在磁场中画出的一些有方向的曲线，在这些曲线上，每一点的切线方向，都跟该点的磁场方向一致，如图8-3所示．

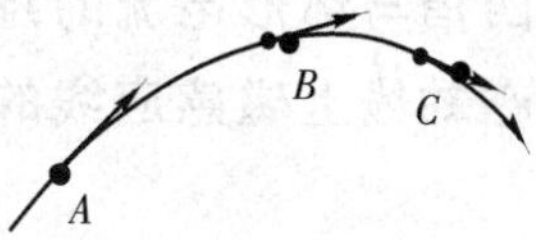


图8-3　磁感应线

在实验中，常用铁屑来显示磁场的磁感应线的分布情况．在磁体的上方放一块平板玻璃，上面均匀地撒一层铁屑，然后轻轻敲动玻璃板，被磁化的铁屑在磁场的作用下便会有规律地排列起来，显示出磁感应线的图形．图8-4是条形磁铁和蹄形磁铁的磁感应线的分布情况．

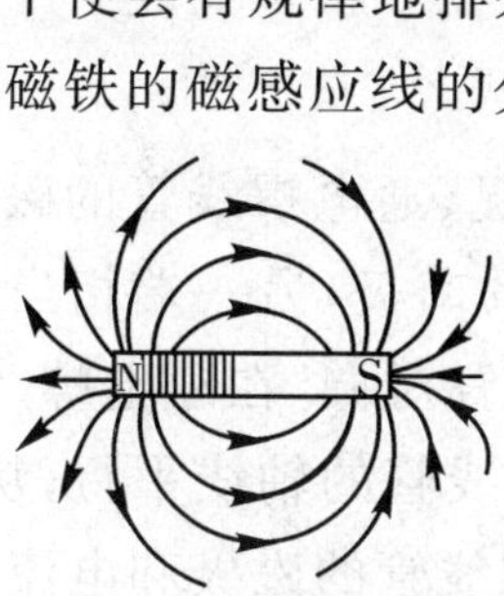


(a)条形磁铁

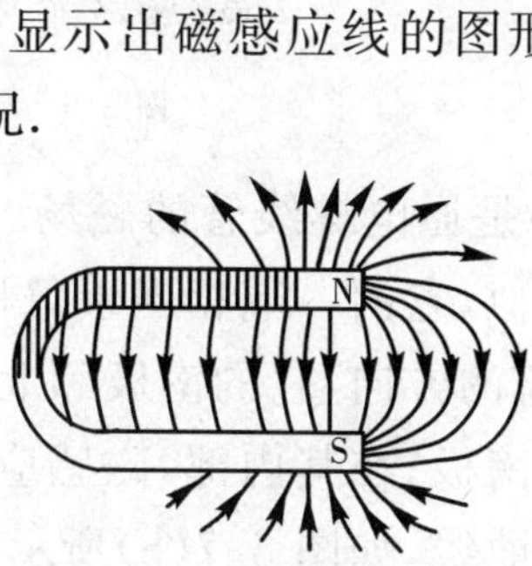


(b)蹄形磁铁

图8-4　磁铁的磁场

与电场线不同的是磁感应线是闭合的曲线．在磁体的外部，磁感应线从磁体的北极出来再进入磁体的南极．在磁体内部，磁感应线是由S极指向N极，并和外部的磁感应线相接，形成闭合曲线．从上图中可以看出：磁性强的地方，磁感应线密；反之则稀．

**安培定则**　电流周围的磁场也可以用磁感应线来描述．图8-5(a)是直线电流周围的磁场．直线电流周围的磁感应线是一些以导线上各点为圆心的同心圆，这些同心圆都在跟导线垂直的平面上．实验表明，改变电流的方向，磁感应线的绕向也随之改变．直线电流磁感应线方向跟电流方向之间的关系可以用安培定则(也叫**右手螺旋定则**)来判定:**用右手握住导线,让伸直的大拇指的方向跟电流的方向一致,那么弯曲四指所指方向就是磁感应线的环绕方向**,如图 8-5(b)所示.

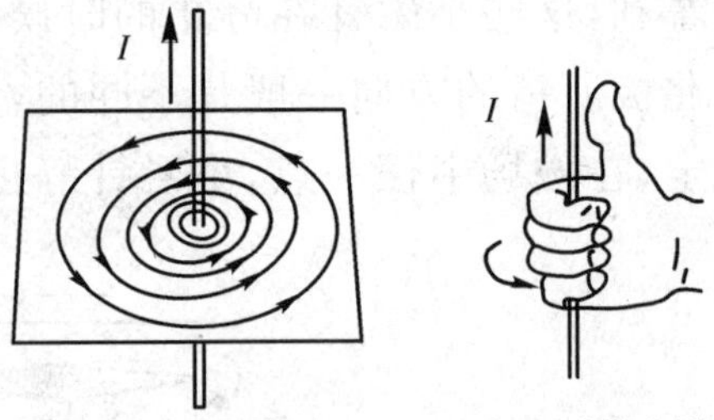


(a)磁感应线分布　　(b)安培定则

图 8-5　直线电流的磁场

图 8-6(a)是环形电流的磁场. 环形电流磁场的磁感应线,是一些围绕环形导线的闭合曲线. 在环形导线的中心轴线上,磁感应线和环形导线所在平面垂直. 环形电流的磁感应线方向跟电流方向之间的关系,也可以用安培定则来判定:**让右手弯曲的四指与环形电流的绕向一致,那么伸直的大拇指所指的方向就是环形导线中心轴线上磁感应线的方向**,如图8-6(b)所示.

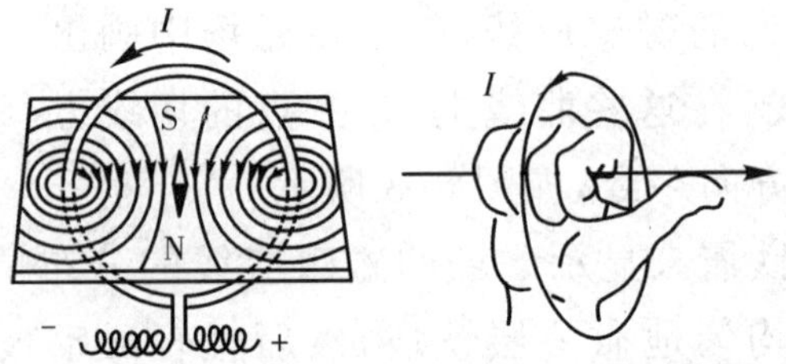


(a)磁感应线分布　　(b)安培定则

图 8-6　环形电流的磁场

图 8-7(a)是通电螺线管的磁场. 由图可见,通电螺线管的磁场与条形磁铁的磁场非常相似,它的一端相当于条形磁铁的南极,另一端相当于条形磁铁的北极. 改变电流的方向,它的南极和北极的位置对调. 在通电螺线管外部,磁感应线从北极到南极;在其内部,磁感应线跟螺线管的轴线平行,从南极到北极,从而构成闭合曲线,如图 8-7(b)所示. 通电螺线管的磁极和电流方向之间的关系,也可以用安培定则判定:**用右手握住螺线管,让弯曲的四指所指方向与电流绕向一致,那么伸直的大拇指所指的方向就是螺线管内部磁感应线的方向,也就是说,大拇指指向通电螺线管的北极.**

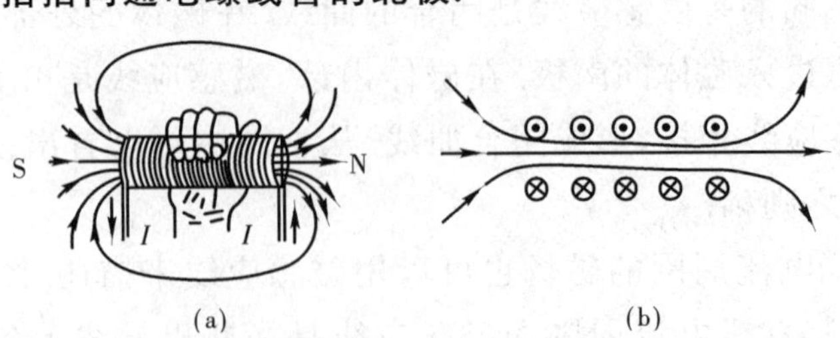


(a)　　(b)

图 8-7　通电螺线管的磁场

**磁现象的电本质**　磁体和电流都能在其周围产生磁场. 静止的电荷周围

只有电场，当电荷运动形成电流时，在其周围便出现了磁场，由此可得出结论：电流的磁场是由运动电荷形成的．那么，磁体的磁场又是如何产生的呢？法国物理学家安培认为：磁体的磁场也是由运动电荷产生的，并于1820年提出了著名的**分子电流假说：在原子、分子等物质微粒内部，存在着一种环形电流——分子电流，分子电流使每一个物质微粒都成为一个微小的磁体，它的两侧相当于两个磁极**，如图8-8所示．在通常情况下，这些磁体由于热运动而且显得杂乱无章，它们的磁场相互抵消，整个物体对外不显磁性，如图8-9(a)所示．在外磁场中，原来不显磁性的铁、钴、镍等物质，它们内部的小磁体在外磁场的作用下，取向趋于大体一致，因而磁性相互加强，从而对外显示出磁性，也就是产生了磁场，如图8-9(b)所示．

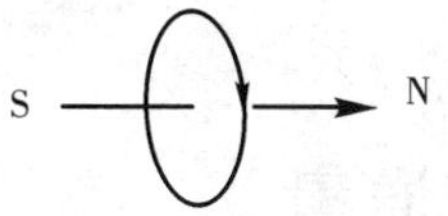


图8-8　分子电流的磁极

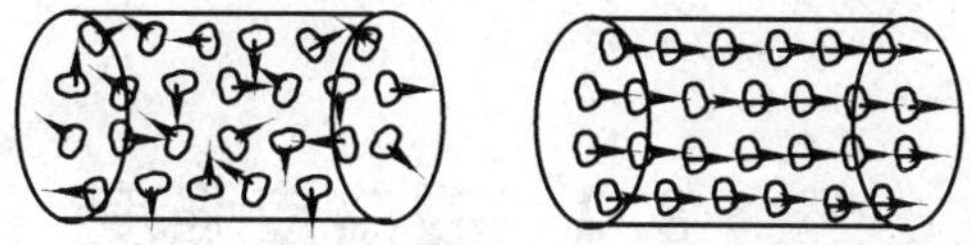

(a)　(b)

图8-9　磁体的分子电流

在安培所处的时代，人们对物质内部为什么会有分子电流还不清楚．直到20世纪初，人们了解了原子结构，才知道分子电流是由原子内部电子的绕核运动形成的．这样看来，磁体的磁场和电流的磁场，它们都来源于电荷的运动．因而，可以这么说：**一切磁现象都有相同的电本质．**

## 练　习　8.1

1．图8-10是放在磁场中的小磁针，磁场方向如图中箭头所示．说明小磁针将怎样转动以及停止时N极所指的方向？

2．在图8-11中，当电流通过导线$AB$时，导线下面小磁针北极转向读者，试判断导线中电流的方向．

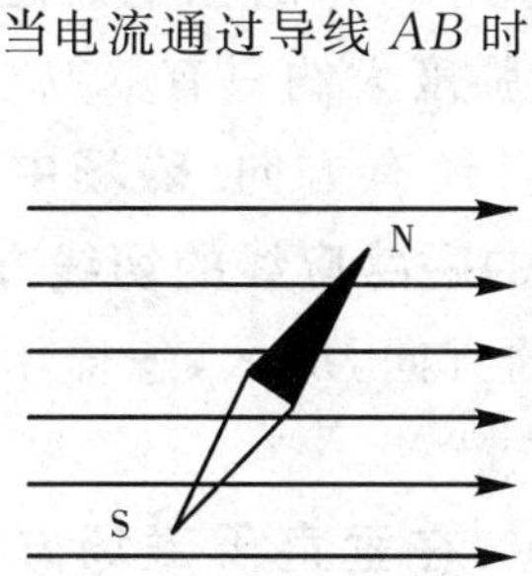


图8-10

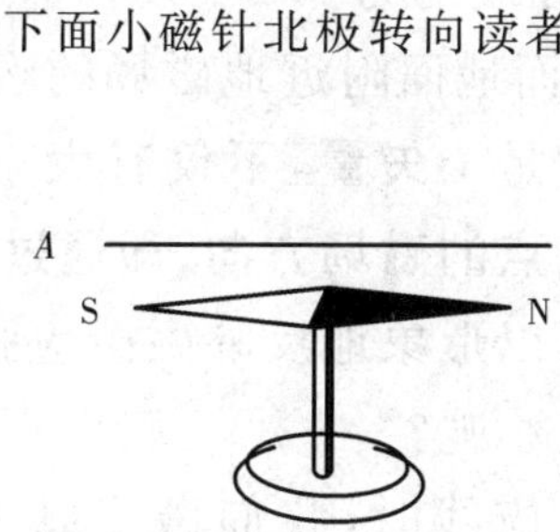


图8-11

3. 螺线管通电时，在它一端的磁针静止时的指向如图 8-12 所示. 试确定电源的正极和负极.

4. 在图 8-13 中，当电流通过导线环时，磁针的南极指向读者. 试确定环中电流方向.

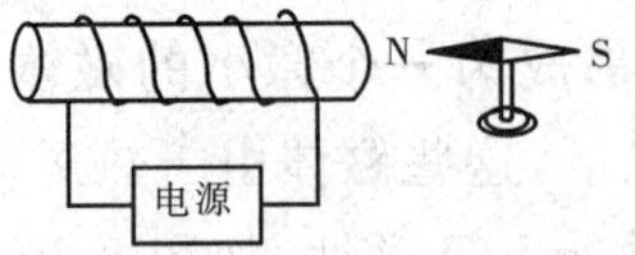


图 8-12

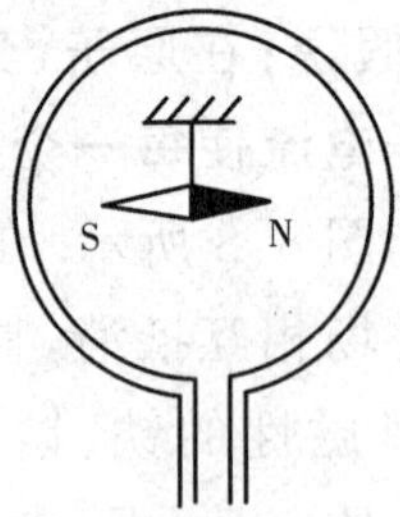


图 8-13

## 8.2 磁感应强度 磁通量

**磁感应强度** 磁场有一个基本性质，即对处于其中的电流有磁力的作用. 这样，在研究磁场时，把一小段通电导线放入到磁场中，从这段电流所受的力就可以间接地了解到磁场的情况了. 实验表明，在相同条件下，同一段电流在磁场中不同的位置受到的磁力的大小和方向往往不一样，这说明磁场既有强弱之分，又有方向之别. 为了描述磁场的这一性质，我们引入一个新的物理量——磁感应强度，用 $B$ 表示，在 SI 中，磁感应强度的单位名称是特斯拉(T，特).

在物理学中，**磁场的强弱是用磁感应强度来表示的**. 磁感应强度大的地方，磁场强；磁感应强度小的地方，磁场弱.

一般永久磁铁附近的磁感应强度大约是 0.4－0.7 T，在电机和变压器的铁芯中，磁感应强度约为 0.8－1.4 T，通过超导材料的强电流磁场磁感应强度可高达 1000 T，而地面附近地磁场的磁感应强度大约只有 $5.0\times10^{-5}$ T.

磁感应强度是个**矢量**，不仅有大小，而且还有方向. **磁场中某点的磁感应强度方向就是该点的磁场方向，即通过该点的磁感应线的切线方向.**

磁感应线可以形象地反映磁感应强度的方向，那么，怎样用磁感应线反映磁感应强度的大小呢？

在描绘磁感应线时，我们做了以下规定：**在垂直于磁场方向的单位面积上，磁感应线的数量跟那里的磁感应强度的数值相等或成正比**. 比如，磁场中 $A$ 区域内各点的磁感应强度都是 50 T，$B$ 区域内各点的磁感应强度都是 100 T.

那么在垂直于磁场方向的单位面积上，就分别画出50根和100根磁感应线. 这样，磁感应线的疏密程度就客观地反映了磁感应强度的大小了.

**匀强磁场　在磁场的某一区域内，如果各点的磁感应强度的大小和方向都相同，那么，这一区域的磁场就叫做匀强磁场.** 显然，匀强磁场的磁感应线是一些疏密均匀、互相平行、方向相同的直线.

在两个彼此平行又相互靠近的异名磁极之间的磁场，就是匀强磁场(边缘部分除外)，如图8-14所示. 匀强磁场虽然比较简单，但是却十分重要，在电磁仪器和科学实验中常常要用到它.

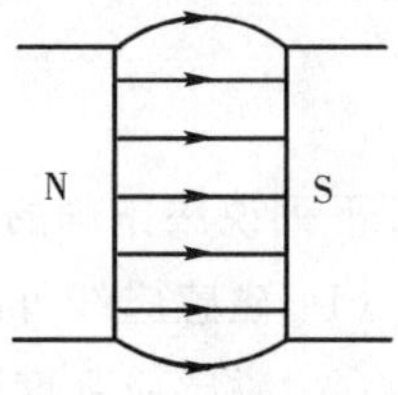


图8-14　匀强磁场中的磁感应线分布

**磁通量　穿过磁场中某一个面的磁感应线的数量，就叫做穿过这个面的磁通量. 磁通量又简称磁通，符号是 $\Phi$.**

由于穿过垂直于磁场方向的单位面积的磁感应线数量，在数值上等于磁感应强度 $B$. 所以在匀强磁场中，垂直于磁场方向的面积为 $S$ 的平面的磁通量为(如图8-15(a)所示)

$$\Phi=BS \tag{8-1}$$

在SI中，磁通量的单位名称是韦伯(Wb，韦).

$$1\mathrm{Wb}=1\mathrm{T}\times 1\mathrm{m}^2$$

若平面 $S$ 跟磁场不垂直时，如图8-15(b)所示，由图可知，穿过平面 $S$ 的磁感应线数量和穿过平面 $S'$ 的磁感应数量相等，其中 $S'$ 是 $S$ 在垂直于磁场方向上的投影面. 不难得出 $S'=S\cos\theta$. 所以，穿过平面 $S$ 的磁通量

$$\Phi=BS\cos\theta \tag{8-2}$$

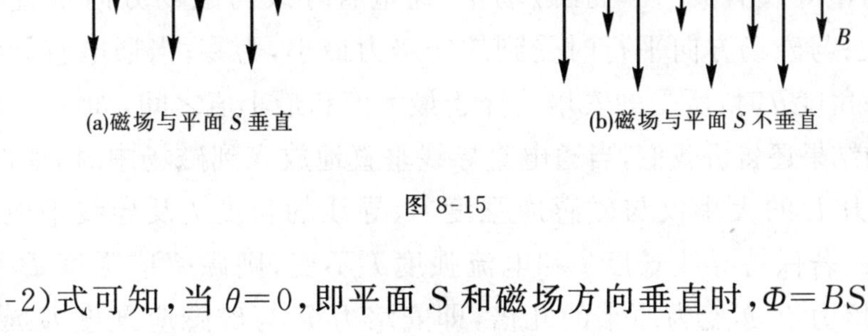


(a)磁场与平面 $S$ 垂直　　(b)磁场与平面 $S$ 不垂直

图8-15

由(8-2)式可知，当 $\theta=0$，即平面 $S$ 和磁场方向垂直时，$\Phi=BS$，磁通量最

大；当 $\theta=90^\circ$，即平面 S 和磁场方向平行时，磁通量最小，为零.

## 练 习 8.2

1. 下列说法正确的是(　　)

(1) 磁感应线可以表示磁感应强度的大小和方向.

(2) 磁感应强度是描述磁场的强弱和方向的物理量.

(3) 在匀强磁场中，穿过某一平面的磁通量只与磁感应强度的大小和该平面的面积有关.

2. 面积是 0.5 $m^2$ 的导线环处于磁感应强度为 $2.0\times10^{-2}$T 的匀强磁场中，环面与磁场垂直. 穿过导线环的磁通量是多少？

3. 水平面上面积为 0.2 $m^2$ 的矩形线圈 $abcd$ 处在竖直向下的匀强磁场中，如图8-16 所示，穿过线圈的磁通量是 0.06 Wb. 那么

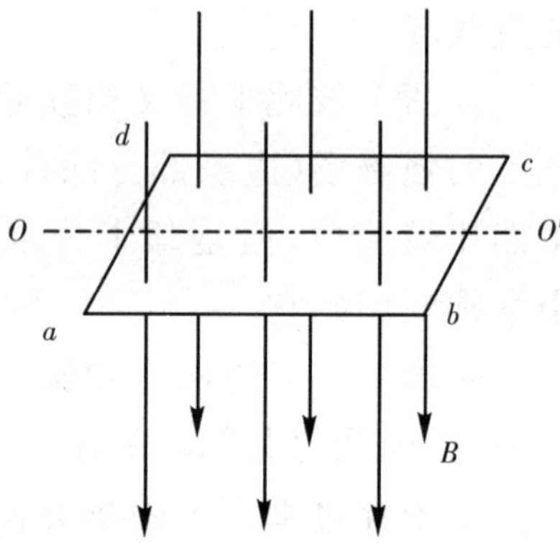


图 8-16

(1) 磁感应强度多大？

(2) 当线圈绕对称轴 $OO'$ 转动 60°时，穿过线圈的磁通量是多少？

(3) 当线圈绕 $dc$ 边转动 90°时，穿过线圈的磁通量是多少？

## 8.3　磁场对通电直导线的作用力

**安培定律**　我们知道，磁体和电流的周围都有磁场存在，并且磁场对处于其中的电流有力的作用. 我们把这种力称为**安培力**.

实验证明，安培力的大小不仅与磁场的磁感应强度 $B$ 有关，而且还与处于磁场中的通电导线有关. 在匀强磁场中，通电直导线与磁场方向垂直时受到的安培力最大；与磁场方向平行时受到的安培力最小，为零；当通电直导线与磁场方向成某一角度 $\theta$ 时，所受的安培力介于最大值和最小值之间，如图 8-17 所示.

实验的结果还告诉我们，当通电直导线垂直地放入到磁场中时，如图8-17(a)所示，安培力 $F$ 的大小仅与磁感应强度 $B$、导线的长度 $l$ 及导线中电流强度 $I$ 的大小有关. 若保持导线长度 $l$ 和电流强度 $I$ 不变，则磁感应强度 $B$ 变为原来的几倍，安培力 $F$ 亦变为原来的几倍，即安培力 $F$ 与磁感应强度 $B$ 成正比；若

保持 $B$ 和 $l$ 不变，电流强度 $I$ 变为原来的几倍，安培力也变为原来的几倍，即安培力 $F$ 与电流强度 $I$ 成正比；同样可以得到，在电流强度 $I$ 和磁感应强度 $B$ 不变的前提下，安培力 $F$ 与导线长度 $l$ 也成正比.

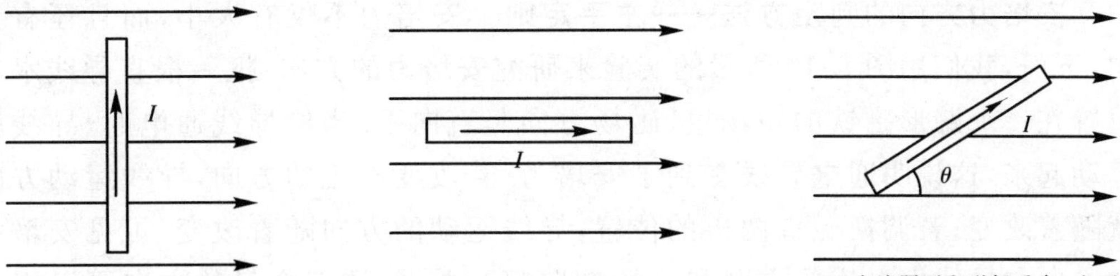


(a)电流与磁场垂直，安培力最大　(b)电流与磁场平行，安培力为零　(c)电流既不和磁场垂直，也不和磁场平行，安培力介于最大值与零之间

图 8-17　安培力

综上所述，磁感应强度 $B$、导线长度 $l$ 和电流强度 $I$，这三者的乘积变为原来的几倍，安培力 $F$ 亦相应地变为原来的几倍，即 $F \propto BIl$. 当上述四个量的单位皆为国际单位时，有

$$F=BIl \tag{8-3}$$

如果电流方向和磁场方向不垂直时，如图 8-17(c)所示，那么安培力的大小又怎样计算呢？

根据矢量分解的等效原则，不妨把磁感应强度 $B$ 沿着垂直于电流和平行电流的方向进行分解，得到两个分量 $B_{\perp}$ 和 $B_{/\!/}$. 这样磁场 $B$ 对通电直导线的作用就被相当于其分量的两个磁场 $B_{\perp}$ 和 $B_{/\!/}$ 等效代替了，如图 8-18 所示. 由于 $B_{\perp}=B\sin\theta$，且 $B_{/\!/}$ 对通电导线的作用力为零，所以不难得到磁场 $B$ 和 $B_{\perp}$ 对通电导线的安培力等效. 有

$$F=B_{\perp}\cdot Il=BIl\sin\theta \tag{8-4}$$

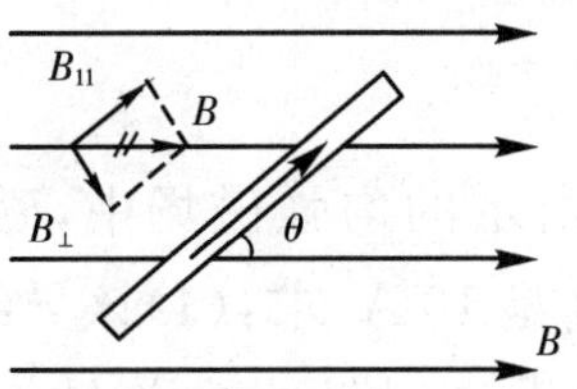


图 8-18　磁场 $B$ 对通电直导线的作用被相当于其分量的两个磁场 $B_{\perp}$ 和 $B_{/\!/}$ 等效代替

上述公式表明：**位于匀强磁场中的一段通电直导线所受的安培力大小，与导线的长度、通过导线的电流强度和磁感应强度的大小成正比，还与电流方向**

**跟磁感应强度之间夹角的正弦成正比**.这个结论称为**安培安律**.

在式(8-4)中,当 $\theta=0°$ 或 $180°$ 时,即导线与磁场方向平行,$F=0$;当 $\theta=90°$ 时,即导线与磁场方向垂直,$F=BIl$.可见(8-3)式是(8-4)式的一种特殊情况.

**安培力方向的判定方法——左手定则** 安培力不仅有大小,而且还有方向.下面,我们用图 8-19 所示的实验来研究安培力的方向.把一根直导线水平放置在一个蹄形磁铁的磁场里,磁场方向竖直向下.当给导线通电时,导线就运动起来,这说明通电导线受到了安培力.若改变电流的方向,导线运动方向就随着改变;若调换磁铁两极的位置,导线运动的方向随着改变.可见安培力的方向与导线中电流的方向和磁场方向都有关系.这三个量的方向可以用**左手定则**确定:**伸开左手,使大拇指跟其余四指垂直,并且都跟手掌在一个平面内,把手放入磁场里,让磁感应线垂直穿入手心,并使四指指向电流的方向,那么,大拇指所指的方向,就是通电导线所受的安培力的方向**,如图 8-20 所示.

例如,在图 8-17(a)中,通电导线所受安培力方向就是垂直于纸面向里的.实验发现,在将导线从该位置沿顺时针或逆时针方向旋转的角度不超过 90°的过程中,尽管安培力逐渐变小,但是安培力方向并不改变.这说明,**安培力的方向总是垂直于电流方向和磁场方向所决定的平面**.这一事实告诉我们,当电流方向与磁场方向不垂直时,也可以用左手定则判定安培力方向.

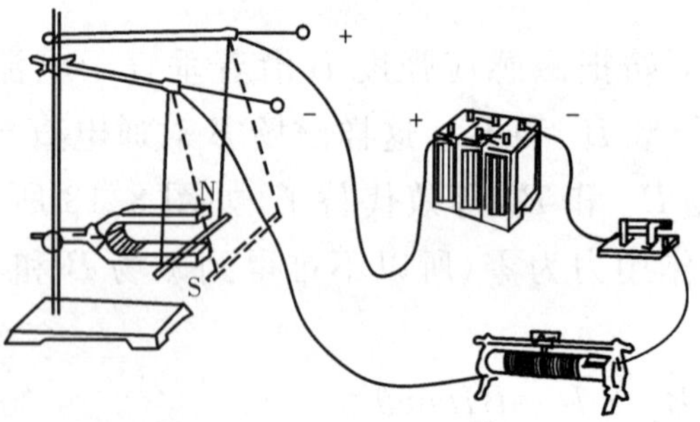


图 8-19 安培力实验

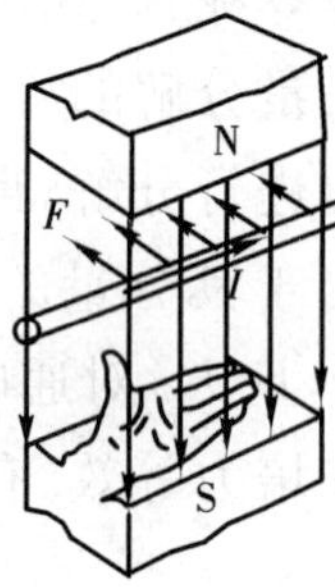


图 8-20 左手定则

**例题 8-1** 在如图 8-21 所示的匀强磁场中,磁感应强度是 0.2 T,导线的长度是0.3m,导线中电流强度是 10 A,求:(1)该导线所受的安培力是多大?方向如何?(2)将导线从该位置沿逆时针方向旋转 60°,则安培力又是多少?方向如何?

**解** (1) 根据(8-3)式,通电直导线所受安培力

$$
\begin{aligned}
F &= BIl \\
&= 0.2\times 10\times 0.3 \\
&= 0.6(\text{N})
\end{aligned}
$$

由左手定则可知，安培力方向垂直于纸面向里.

(2) 将导线沿逆时针旋转 60°，位置如图 8-22 所示. 根据(8-4)式，通电直导线所受安培力

$$
\begin{aligned}
F &= BIl\sin\theta \\
&= 0.2\times10\times0.3\times\sin150^\circ \\
&= 0.3(\text{N})
\end{aligned}
$$

安培力方向亦垂直于纸面向里.

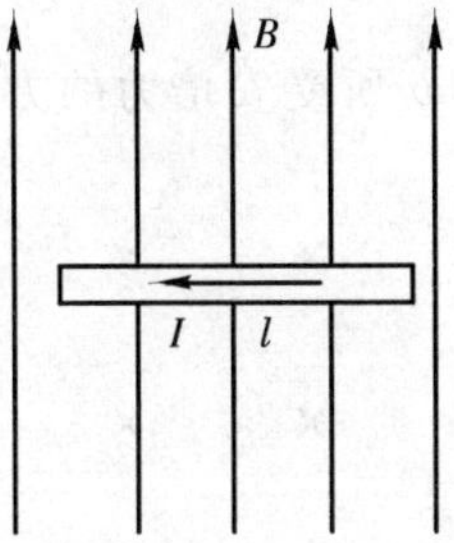


图 8-21

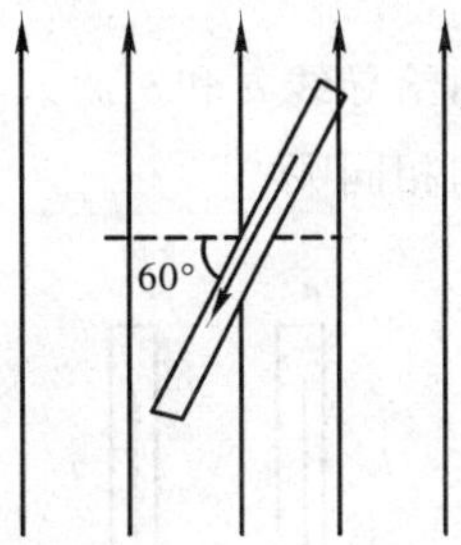


图 8-22

## 练　习　8.3

1. 关于安培力方向，下列说法中，正确的是(　　)

　(1) 安培力跟磁场方向垂直，跟电流方向平行；

　(2) 安培力跟磁场方向平行，跟电流方向垂直；

　(3) 安培力既跟磁场方向垂直，又跟电流方向垂直；

　(4) 安培力垂直于磁场方向和电流方向所决定的平面.

2. 如图 8-23 所示，在哪种情况下，通电导线不受安培力？并判断其余几种情况下，安培力的方向.

3. 如图 8-24 所示，一通电直导线置于匀强磁场中，图中已标出电流、磁感应强度和安培力这三个量中的两个量的方向，试判断第三个量的方向.

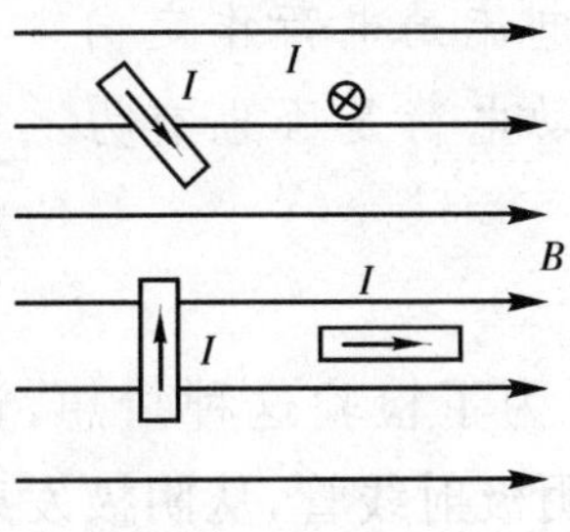


图 8-23

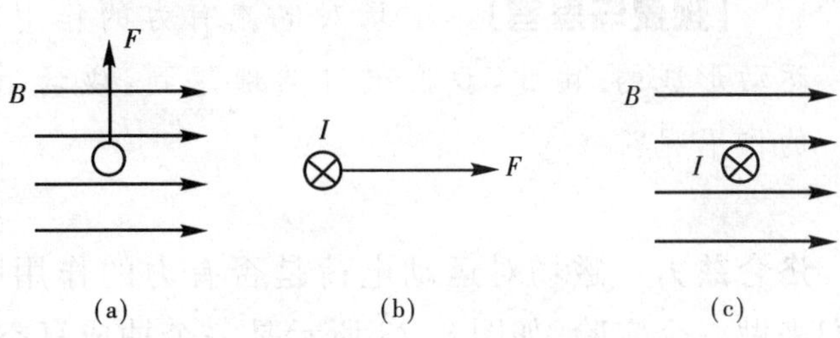


图 8-24

4.试标出图 8-25 中,通电直导线所受安培力的方向.

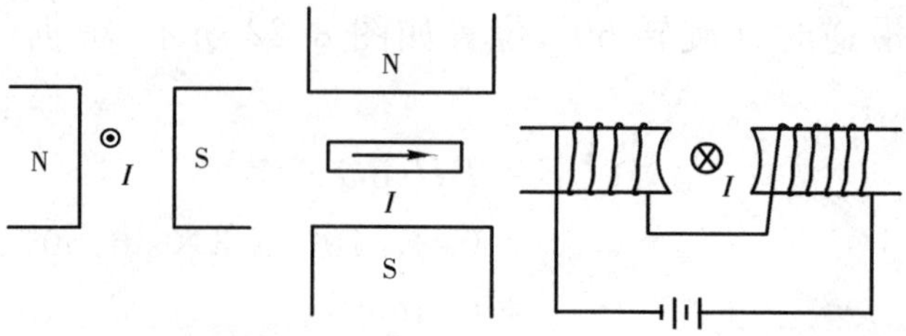


图 8-25

5.在图 8-26 中,给导线 $a$ 和 $b$ 通入异向电流,试判断 $a$ 和 $b$ 所受安培力的方向.若 $a$ 和 $b$ 中的电流方向相同呢?

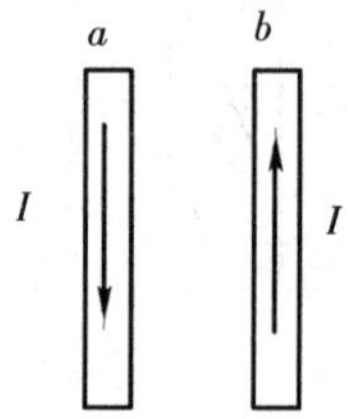


图 8-26

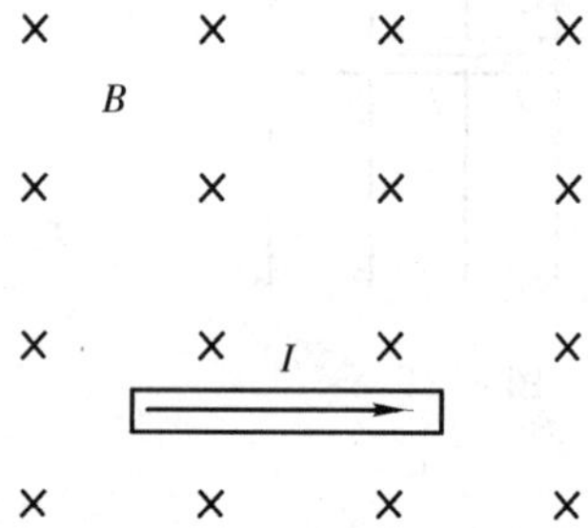


图 8-27

6.在磁感应强度 1.2T 的匀强磁场中,放一根与磁场方向垂直的长为 0.5m 的导线,如图 8-27 所示,其中的电流为 5.0A,该导体保持原方位沿安培力方向移动了 0.4m,试求安培力对导线做的功.

## 8.4 磁场对运动电荷的作用力

**【现象与思考】** 磁场对电流有力的作用,而电流是电荷作定向运动形成的.由此,我们很自然地想到:磁场对运动电荷是否也有力的作用呢?

**洛仑兹力** 磁场对运动电荷是否有力的作用呢?为了检验这种猜想,让我们来做一个实验.如图 8-28 所示是一个抽成真空的阴极射线管,从阴极发射出的电子束,在阴极和阳极之间的强电场作用下,轰击到长条形的荧光屏上激发出荧光,于是显示出电子束运动的轨迹.实验表明,在没有外磁场时,电子束是沿直线前进的，如图 8-28(a)所示. 如果把阴极射线管放在蹄形磁铁的两极之间，电子束的运动轨迹发生了弯曲，如图 8-28(b)所示. 这表明磁场对运动电荷确实有力的作用，这种力称为**洛仑兹力**.

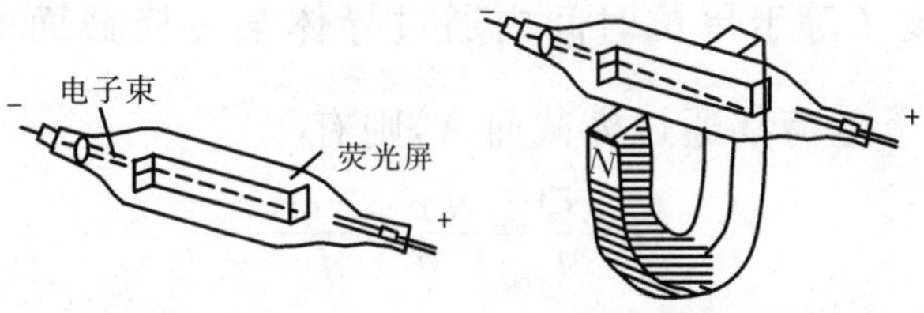


(a)阴极射线　　(b)阴极射线在磁场中的偏转

图 8-28　磁场对运动电荷的作用

显然，洛仑兹力的方向可用左手定则判定. 应该注意，电荷有正负之分，而电流方向与正电荷运动方向一致；与负电荷运动方向相反. 所以，在判断洛仑兹力的方向时，左手的四指应指向正电荷的运动方向，或指向负电荷运动的反方向.

由左手定则不难得出如下结论：洛仑兹力总是既垂直于磁场方向，又垂直于电荷的运动方向. 换而言之，洛仑兹力垂直于磁场方向和电荷运动方向所决定的平面. 如图 8-29 所示.

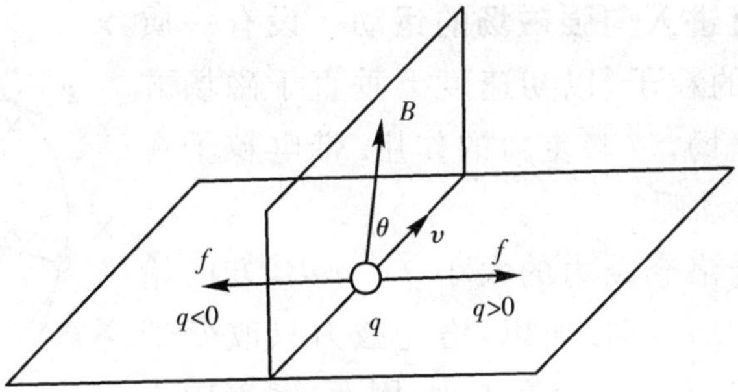


图 8-29　洛仑兹力

**洛仑兹力的大小**　由安培力和洛仑兹力的关系，不难求出洛仑兹力的大小.

设在磁感应强度为 $B$ 的匀强磁场中，有一段长为 $l$ 的粗细均匀的通电直导线，电流 $I$ 的方向与磁场方向的夹角为 $\theta$，如图 8-30 所示. 由安培定律可知该导线受到的安培力

$$F=BIl\sin\theta$$

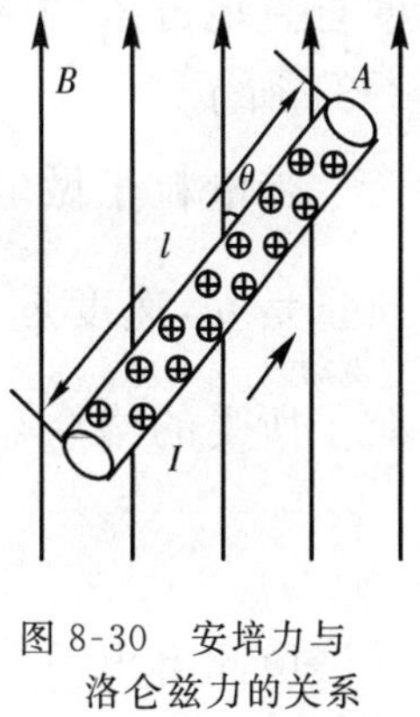


图 8-30　安培力与洛仑兹力的关系

可以设想，安培力 $F$ 是导线内所有运动电荷受到洛仑兹力的总和.

为了讨论方便，设该导线内均匀分布了 $N$ 个做定向移动的正电荷，每个正

电荷的电量都是 $q$，且定向移动的速度都是 $v$. 那么，每个运动的正电荷所受的洛仑兹力 $f=\frac{F}{N}=\frac{BIl\sin\theta}{N}$.

其中电流强度 $I$ 等于单位时间内通过导体某一横截面的电量，即 $I=\frac{Q}{t}$. 若导线内的这 $N$ 个电荷都通过横截面 $A$，则有

$$I=\frac{Q}{t}=\frac{Nq}{l/v}=\frac{Nqv}{l}$$

代入上式，得

$$f=qvB\sin\theta \tag{8-5}$$

由上式可知，**洛仑兹力的大小等于运动电荷的电量、速度和磁感应强度以及电荷运动方向与磁场方向夹角的正弦的乘积.**

在式(8-5)中，当 $\theta=90°$，即电荷垂直进入磁场时，洛仑兹力 $f=qvB$，最大；当 $\theta=0°$或 $180°$，即电荷平行地进入磁场，洛仑兹力 $f=0$，最小；当电荷以其他角度进入磁场时，所受洛仑兹力介于最大值和最小值之间. 由此，我们可以说："安培力是洛仑兹力的宏观表现；洛仑兹力是安培力的微观本质."

**带电粒子垂直进入匀强磁场的运动** 设有一质量为 $m$，电量为 $q$ 的粒子，以初速度 $v$ 垂直于磁场方向进入某一匀强磁场，忽略重力的作用. 带电粒子在磁场中将作何种运动呢？

由于粒子所受洛仑兹力的大小 $f=qvB$，方向始终垂直于粒子的运动方向. 所以，洛仑兹力只改变带电粒子的速度方向，不改变速度大小，因而，起着向心力的作用. 因此，无论粒子带何种电荷，当它以某一速度垂直地进入匀强磁场后，将做匀速圆周运动，如图 8-31 所示.

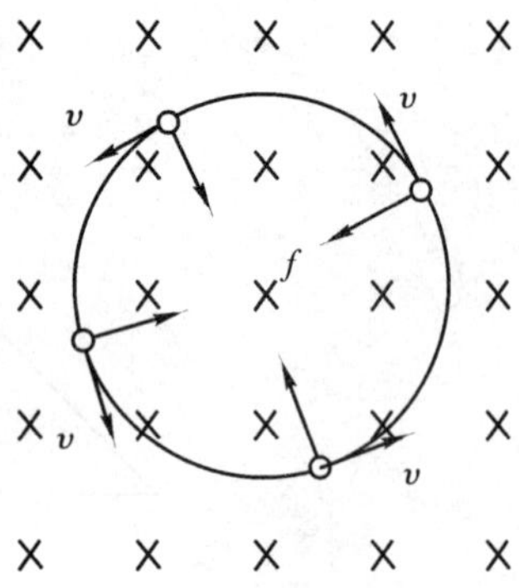


图 8-31 带电粒子在匀强磁场中运动

带电粒子做匀速圆周运动的轨道半径 $r$ 有多大呢？我们知道，如果粒子的质量是 $m$，速度是 $v$，粒子做匀速圆周运动所需向心 $F=m\frac{v^2}{r}$，这个力是由带电粒子所受的洛仑兹力提供的，所以有

$$qvB=m\frac{v^2}{r}$$

由此得出

$$r=\frac{mv}{qB} \tag{8-6}$$

(8-6)式表明,当某一带电粒子垂直地进入某一匀强磁场时,其轨道半径与其速度成正比.即速度 $v$ 越大,轨道半径 $r$ 越大;速率不变,轨道半径一定.

由上式还可以得出带电粒子做匀速圆周运动的周期.把 $r=\frac{mv}{qB}$ 代入 $T=\frac{2\pi r}{v}$ 中,得到

$$T=\frac{2\pi m}{qB} \tag{8-7}$$

(8-7)式表明,带电粒子在磁场中做匀速圆周运动的周期与其速率无关,只决定于磁感应度 $B$ 和带电粒子的种类.

* **例题 8-2** 图 8-32 是质谱仪示意图,质谱仪常用于同位素的分析.某带负电粒子在狭缝 $S_1$ 处速度为零,经 705 V 的电压加速后,从狭缝 $S_2$ 垂直进入 $B=3.85\times10^{-1}$ T 的匀强磁场中,在磁场的偏转作用下,打到照相底片上,形成线状细条纹的谱线,由谱线位置量得粒子做匀速圆周运动的半径 $r=5.0$ cm,求该粒子的电量与质量的比值,即荷质比($q/m$).

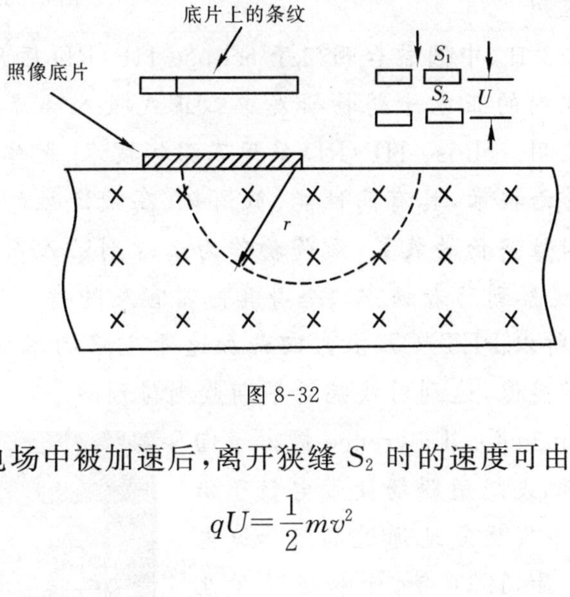


图 8-32

**解** 粒子在电场中被加速后,离开狭缝 $S_2$ 时的速度可由动能定理求得

$$qU=\frac{1}{2}mv^2$$

又

$$r=\frac{mv}{qB}$$

所以

$$\frac{q}{m}=\frac{2U}{B^2r^2}=\frac{2\times705}{(3.85\times10^{-1}\times5.0\times10^{-2})^2}=3.8\times10^6\text{(C/kg)}$$

## 科技之窗

# 回旋加速器

早期的加速器只能使带电粒子在高压电场中加速一次，因而粒子所能达到的能量受到高压技术的限制．为此，如 R. Wideröe等一些加速器的先驱者在20世纪20年代，就探索利用同一电压多次加速带电粒子，并成功地演示了用同一高频电压使钠和钾离子加速二次的直线装置，并指出重复利用这种方式，原则上可加速离子达到任意高的能量．但由于受到高频技术的限制，这样的装置太大，也太昂贵，也不适用于加速轻离子如质子、氘核等进行原子核研究，结果未能得到发展应用．

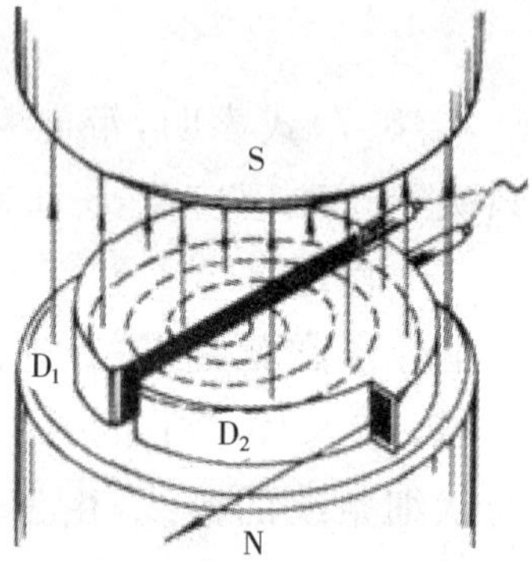


图 8-33　回旋加速器示意图

2006年6月23日，中国首台西门子 eclipse HP/RD 医用回旋加速器在位于广州军区总医院内的正电子药物研发中心正式投入临床运营，这是中国首台回旋加速器的应用．eclipse HP/RD 采用了深谷技术、靶体及靶系统技术、完全自屏蔽等多项前沿技术，具有高性能、低消耗、高稳定性的优点．回旋加速器是产生正电子放射性药物的装置，该药物作为示踪剂注入人体后，医生即可通过 PET/CT 显像观察到患者脑、心、全身其他器官及肿瘤组织的生理和病理的功能及代谢情况．所以 PET/CT 依靠回旋加速器生产的不同种显像药物对各种肿瘤进行特异性显像，达到对疾病的早期监测与预防．

1930年，Earnest O. Lawrence 提出了回旋加速器的理论，他设想用磁场使带电粒子沿圆弧形轨道旋转，多次反复地通过高频加速电场，直至达到高能量．1931年，他和他的学生利文斯顿(M. S. Livingston)一起，研制了世界上第一台回旋加速器，这台加速器的磁极直径只有10cm，加速电压为2kV，可加速氘离子达到80keV的能量，向人们证实了他们所提出的回旋加速器原理．随后，经 M. Stanley Livingston 资助，建造了一台25cm直径的较大回旋加速器，其被加速粒子的能量可达到1MeV．回旋加速器的光辉

图 8-34　回旋加速器实物图

成就不仅在于它创造了当时人工加速带电粒子的能量记录，更重要的是它所展示的回旋共振加速方式奠定了人们研发各种高能粒子加速器的基础.

## 练　习　8.4

1. 试判断下列说法的正确性（正确打√，不正确打×）：

(1) 带电粒子在磁感应强度不为零处，一定受到洛仑兹力；（　　）

(2) 带电粒子所受洛仑兹力的方向，一定既垂直于其运动方向，又垂直于磁感应强度的方向；（　　）

(3) 洛仑兹力对带电粒子不做功.（　　）

2. 试判断图 8-35 中所示的带电粒子在磁场中所受的洛仑兹力的方向.

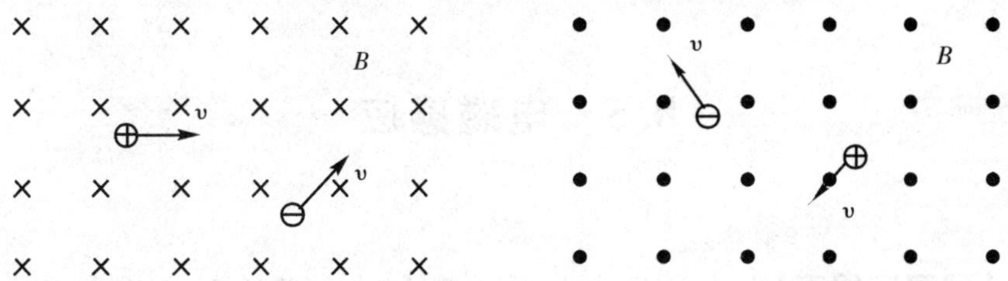


图 8-35

3. 自左向右射出一束粒子，有带正电的，有带负电的，还有不带电的. 试设法将这三部分分开.

4. 图 8-36 是一个带电粒子在匀强磁场中做匀速圆周运动的示意图，试问：

(1) 该粒子带何种电荷？

(2) 已知该圆周半径是 5.0 cm，若粒子到达 A 点时，磁感应强度突然增强为原来的两倍，则轨道半径是多少？画出磁场变化后带电粒子的运动轨迹.

5. 如图 8-37 所示，一个质子和一个 $\alpha$ 粒子先后从垂直于板 $MN$ 的方向由 $A$ 孔射入匀强磁场. 其中 $\alpha$ 粒子轨道半径是质子轨道半径的两倍，试求出两粒子的动能之比和周期之比. 已知 $\alpha$ 粒子的质量和电量分别为质子的 4 倍和 2 倍，即 $m_\alpha=4m_p$，$q_\alpha=2q_p$.

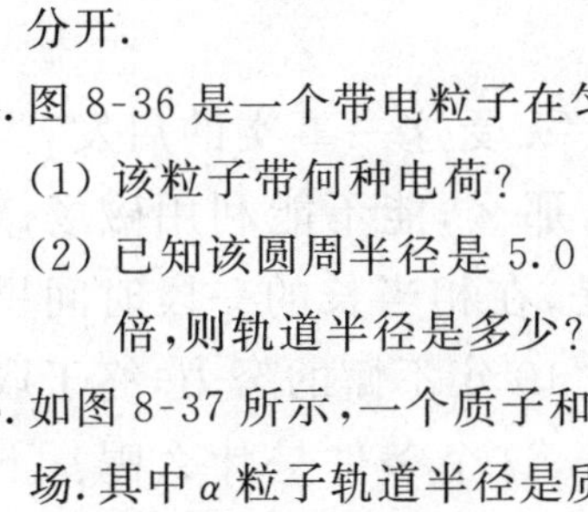


图 8-36

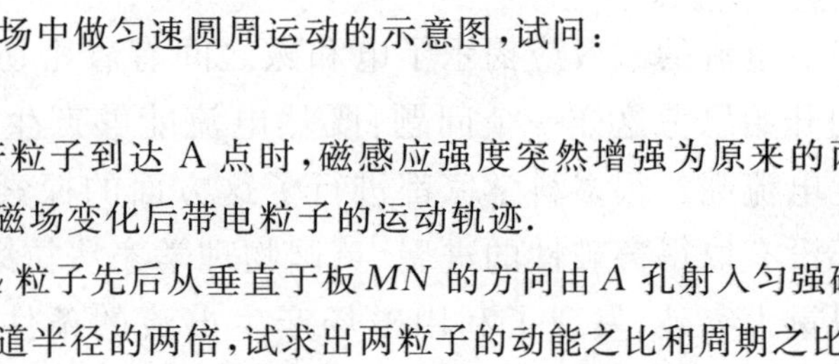


图 8-37

6. 在科学技术上经常利用图 8-38 所示的速度选择器，来获得速度相同的带电粒子. $P_1$、$P_2$ 是两块平行金属板，使 $P_1$ 带负电，$P_2$ 带正电，两板之间产生一个匀强电场（设 $E=300\ \text{V/m}$）. 同时，两板之间还存在与电场方向垂直的匀强磁场（设 $B=1.0\times10^{-3}\text{T}$），其方向垂直纸面向里. 当速率不同的正离子沿同一方向进入速度选择器后，问：

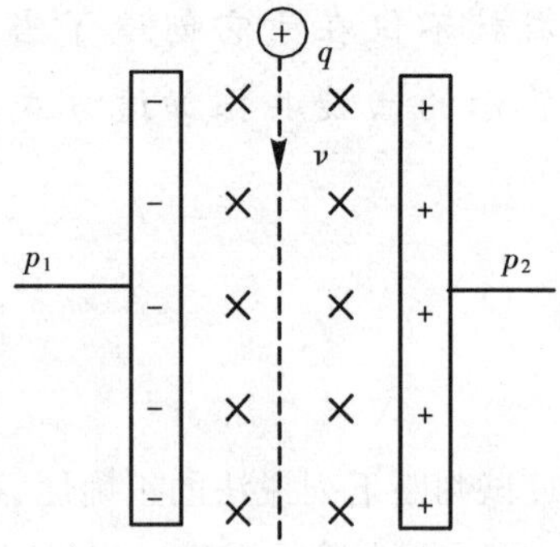

图 8-38

(1) 正离子受到的电场力和洛仑兹力的方向如何？
(2) 速率为多大的正离子，才能沿原来的方向匀速前进，并通过速度选择器？
(3) 粒子带正电或带负电，是否影响速度选择器对它们的速度选择？

## 8.5　电磁感应

**【现象与思考】**你去过发电厂吗？现代社会必不可少的电能主要就是在这里产生的. 为什么发电机能够提供源源不断的强大电力？它是依据什么原理制造的呢？

电流的磁效应揭示了电和磁之间有着密切的联系. 受这一事实的启发，人们开始思考这样一个问题：既然电流能够产生磁场，那么，能不能利用磁场产生电流呢？很多科学家都进行了这方面的探索，但是，在相当长的一段时间里都没有取得突破性的进展. 英国物理学家法拉第经过10年不懈的努力，终于取得重大突破，发现了利用磁场产生电流的条件. 那么，这个条件是什么呢？下面，我们利用实验来回答这个问题.

**实验一**　我们在初中学过，把磁场中导体 $AB$ 接在电流表的两个接线柱上，组成闭合电路，如图 8-39 所示. 当导体 $AB$ 在磁场中向左或向右运动，切割磁感应线时，电流表的指针发生偏转，表明电路中产生了电流. 当导体 $AB$ 静止或沿着磁感应线的方向上下运动时，电路中没有电流产生.

怎样分析上述实验现象呢？我们不妨利用磁通量的概念作一解释：当导体 $AB$ 向左或向右作切割磁感应线的运动时，闭合电路所包围的面积发生变化，因而穿过这个面积的磁通量也发生了变化. 所以，我们把上述实验中产生电流的原因归结为穿过闭合电路的磁通量发生了变化.

那么,在不同的情况下,是不是只要闭合电路中的磁通量发生了变化,就能在电路中得到电流呢?也就是说,上面的解释是否具有更普遍的合理性呢?我们不妨用下面两个实验来做一个检验.

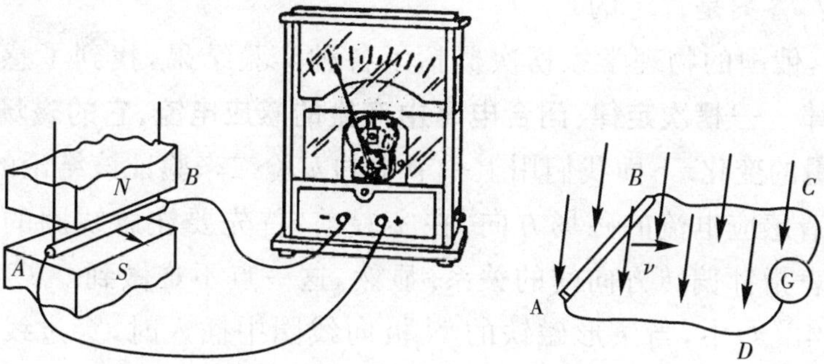


图 8-39　电磁感应实验一

**实验二**　如图 8-40 所示,用导线把线圈的两端分别接在电流表的两个接线柱上,组成一个闭合电路.当向线圈中插入或拔出磁铁时,穿过线圈的磁通量变化了.我们观察到电流表指针发生了偏转,这说明电路中有电流产生.

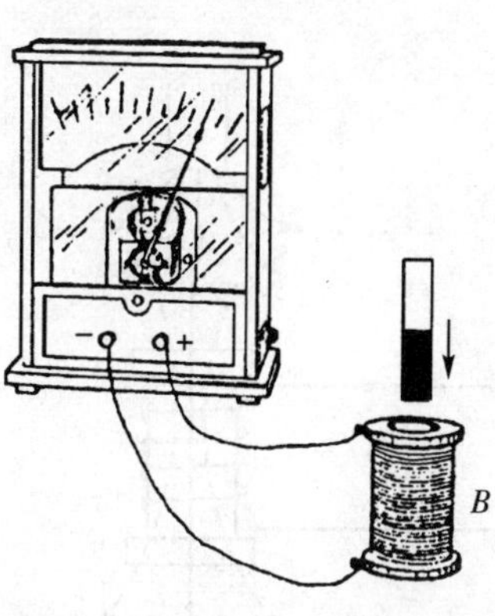


图 8-40　电磁感应实验二

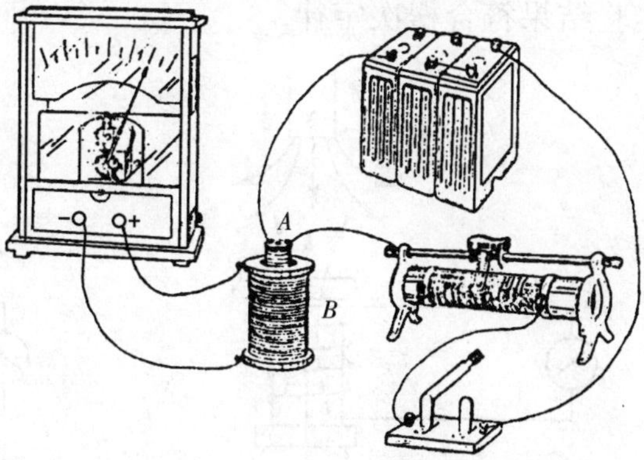


图 8-41　电磁感应实验三

**实验三**　如图 8-41 所示,把线圈 $A$ 插入线圈 $B$ 中,线圈 $B$ 和电流表构成闭合电路.在电键接通或断开的瞬间,或在接通 $A$ 的电路后,用变阻器改变线圈 $A$ 中电流的大小时,都可以看到电流表的指针发生了偏转,也就是说,在 $B$ 的回路中有电流产生.不难理解,线圈 $B$ 处在通电线圈 $A$ 的磁场中,在接通或断开电路的瞬间,或改变变阻器滑片的位置时,线圈 $A$ 的磁场随着电流大小的改变而发生了变化,这样,穿过线圈 $B$ 的磁通量改变了,因而在回路 $B$ 中产生了电流.

可见,**只要穿过闭合回路的磁通量发生变化,闭合回路中就有电流产生**.这种利用磁场产生电流的现象就是**电磁感应现象**.在电磁感应现象中产生的电流叫做**感应电流**.

**楞次定律** 在前面的实验中,我们发现电流表的指针时左时右.这表明,在不同的情况下,感应电流的方向是不同的.那么,感应电流的方向是否遵循某种规律呢?答案是肯定的.

1833年,俄国的物理学家楞次概括了各种实验结果,找到了感应电流磁场所遵循的规律——**楞次定律:闭合电路中产生的感应电流,它的磁场总是阻碍原电路中磁通量的变化**.下面我们用上一节中的实验二来验证该结论的正确性.

为了弄清感应电流的磁场方向,在实验前,首先要注意线圈的绕向和电流方向与电流表指针偏转方向间的关系.显然,这一点不难做到.

在图8-42(a)中,当条形磁铁的N极向线圈中插入时,穿过线圈的磁通量增加了,产生如图所示方向的感应电流.根据安培定则,可以判断出感应电流的磁场方向.该磁场方向与原磁场方向相反,起到了阻碍线圈中磁通量增加的作用.在图8-42(b)中,当条形磁铁从线圈中拔出时,穿过线圈的磁通量减少了,线圈中产生了与刚才方向相反的感应电流.根据安培定则,不难知道该感应电流的磁场方向与原磁场方向相同,起到了阻碍线圈中磁通量减少的作用.显然,实验结果符合楞次定律.

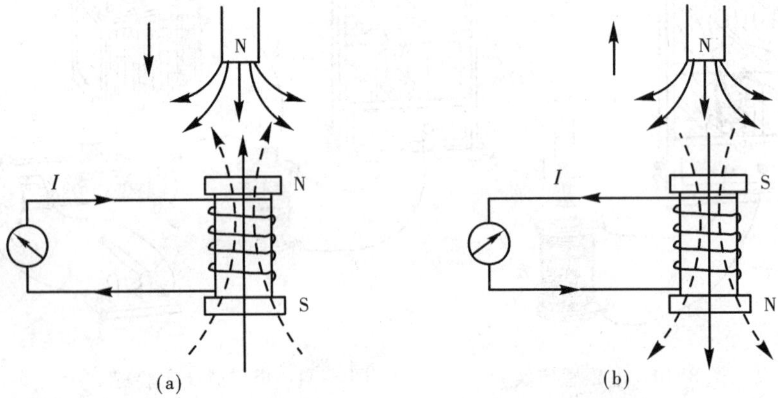


图8-42 楞次定律示意图

从功和能的角度看,在电磁感应现象中,有能量转换和守恒现象.无论条形磁铁的哪一极靠近线圈,总会在线圈上端感应出同名磁极,对磁铁产生斥力;无论磁铁的哪一极远离线圈,总会在线圈的上端感应出异名磁极,对磁铁产生引力.总之,感应电流的磁场总是要阻碍磁极和线圈之间的相对运动,换而言之,必须要有外力克服这种阻力做功,从而将外界的机械能转换成线圈内部的电能,才能产生感应电流.楞次定律正是从能量转换与守恒的角度反映了感应电流磁场的特点.

从上面对实验二的分析知道，可以运用楞次定律判断感应电流的方向，具体步骤如下：

(1) 确定回路中原磁场方向；

(2) 明确回路中原磁通量是增加还是减少；

(3) 根据楞次定律确定感应电流磁场的方向；

(4) 运用安培定则判断出电路中感应电流的方向.

**右手定则**　楞次定律可用来判断各种形式的感应电流的方向.但是，对于闭合回路的一段直导线切割磁感应线所产生的感应电流的方向，用右手定则判断更为方便.右手定则的内容是：**伸开右手，使大拇指跟其余四个手指垂直，并且都跟手掌在一个平面内，把右手放入磁场中，让磁感应线垂直穿入手心，大拇指指向导体运动方向，那么其余四个手指所指的方向就是感应电流的方向**，如图8-43所示.

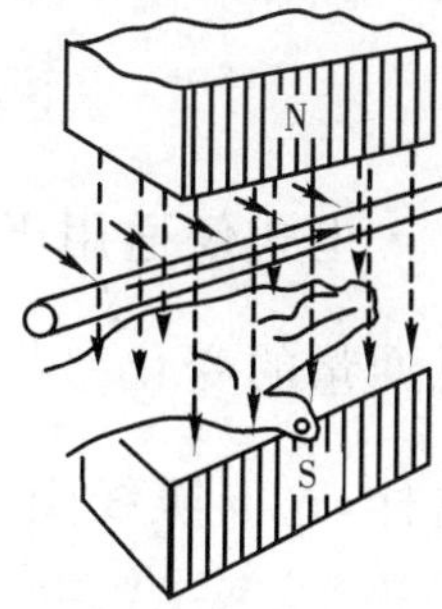

图 8-43　右手定则

**感应电动势**　我们知道，电路中的电流是由电源的电动势引起的.在电磁感应现象中，既然闭合回路中有感应电流，那么这个回路中也必定有电动势.在电磁感应现象里产生的电动势叫做**感应电动势**.产生感应电动势的那部分导体就相当于电源.

在电磁感应现象中，不管电路是否闭合，只要穿过电路的磁通量发生变化，电路中就会产生感应电动势.如果电路是闭合的，电路中就有感应电流，感应电流的大小取决于感应电动势的大小和电路的电阻；如果电路是断开的，尽管电路中没有感应电流，但是感应电动势仍然存在.所以，电磁感应现象的本质不是产生了感应电流，而是产生了感应电动势.

我们知道，电动势的方向是由电源负极经过电源内部指向电源正极的方向，也就是与电源内部电流方向一致.所以，**感应电动势的方向也可以用楞次定律或右手定则来判定**.

下面我们来讨论感应电动势的大小.在实验二中，磁铁相对于线圈运动得越快，即穿过线圈的磁通量变化得越快，感应电流就越大；反之，感应电流就越小.这说明，感应电动势的大小与磁通量变化的快慢有关.

法拉第通过实验发现：**电路中感应电动势的大小，跟穿过该电路的磁通量的变化率成正比**.这就是**法拉第电磁感应定律**.

如果在 $t_1$ 时刻，穿过电路的磁通量是 $\Phi_1$，在 $t_2$ 时刻为 $\Phi_2$，$\Phi_2-\Phi_1$ 就是这段时间内磁通量的变化量，若用 $\Delta\Phi$ 表示 $\Phi_2-\Phi_1$，$\Delta t$ 表示这段时间，穿过电路

的磁通量的变化率就可表示为$\frac{\Delta\Phi}{\Delta t}$. 这样电磁感应定律就可以用下面的数学公式表示：

$$E=k\frac{\Delta\Phi}{\Delta t}$$

其中 $k$ 是比例系数，当 $E$、$\Delta\Phi$ 和 $\Delta t$ 的单位取国际单位时，$k$ 简化为 1，于是有

$$E=\frac{\Delta\Phi}{\Delta t} \tag{8-8}$$

上式仅适用于单匝线圈，若电路是 $n$ 匝线圈组成的，并且穿过每匝线圈的磁通量的变化率都相同，那么每匝线圈都相当于一个电源，其电动势都是$\frac{\Delta\Phi}{\Delta t}$，这样，这 $n$ 匝线圈就相当于是由 $n$ 个相同的电源串联而成的，于是有

$$E=n\frac{\Delta\Phi}{\Delta t} \tag{8-9}$$

运用上式求电动势时，应当注意：(1) $\Delta\Phi$ 一律取正值；(2) 若磁通量变化不均匀，求得的 $E$ 为 $\Delta t$ 时间内的平均值；若磁通量变化均匀，那么求得的 $E$ 既是平均值又是瞬时值.

**切割磁感应线时的感应电动势** 现在我们根据法拉第电磁感应定律来研究直导线做切割磁感应线运动时，产生的感应电动势的大小. 如图 8-44 所示，我们把矩形金属线框 $abcd$ 放在匀强磁场中，线框平面跟磁场方向垂直，让线框的可动边 $ab$ 以速率 $v$ 向右运动，设在 $\Delta t$ 时间内由原来的位置 $ab$ 移到 $a_1b_1$. 设 $ab$ 的长度是 $l$，这时线框的面积变化量 $\Delta S=lv\Delta t$，穿过闭合电路的磁通量变化量 $\Delta\Phi=B\Delta S=Blv\Delta t$. 代入(8-8)式可得

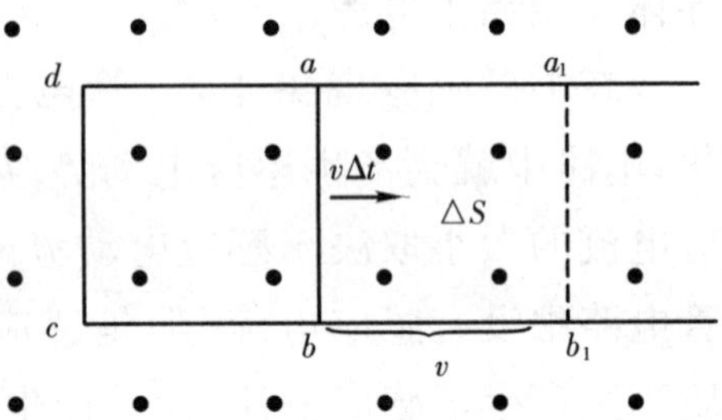

图 8-44 切割磁感应线电动势的计算

$$E=Blv \tag{8-10}$$

应当注意的是，(8-10)式成立的条件是：$B$、$l$、$v$ 三个量的方向必须两两垂直，只要其中任何两个量的方向不垂直，该公式都不成立.

**例题 8-3** 如图 8-45 所示，在磁感应强度为 0.50T 的匀强磁场中，放置一个面积为 0.08m$^2$、匝数为 100 的平面线圈，在 0.20s 内，使线圈平面从平行于磁感应线的位置转到跟磁感应线垂直的位置，试求线圈中的平均感应电动势.

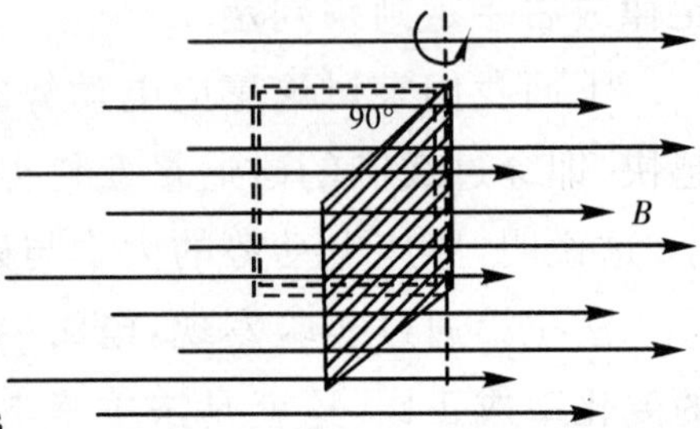

图 8-45

**解**　根据题意，线圈转动过程中穿过线圈的磁通量的变化是不均匀的.

在 0.2 s 内，穿过线圈的磁通量的变化量为

$$\begin{aligned}\Delta\Phi &= \Phi_2-\Phi_1\\ &= BS\cos0^\circ - BS\cos90^\circ\\ &= 0.50\times0.08\\ &= 4.0\times10^{-2}(\mathrm{Wb})\end{aligned}$$

由电磁感应定律求得平均感应电动势为

$$E=n\frac{\Delta\Phi}{\Delta t}=100\times\frac{4.0\times10^{-2}}{0.2}=20(\mathrm{V})$$

**例题 8-4**　如图 8-46 所示，设匀强磁场的磁感应强度 $B=0.1\mathrm{T}$，导体 $ab$ 的长度 $l=40\mathrm{cm}$，向右匀速运动，原速度 $v=50$ m/s，框架电阻不计，导体 $ab$ 的电阻 $R=0.5\Omega$. 试求：(1) 感应电动势和感应电流的大小；(2) 感应电流和感应电动势的方向.

**解**　(1) 线框中感应电动势

$$E=Blv=0.1\times0.4\times50=2.0(\mathrm{V})$$

线框中的感应电流

$$I=\frac{E}{R}=\frac{2.0}{0.5}=4.0(\mathrm{A})$$

(2) 利用楞次定律或右手定则，可以确定线框感应电流是沿顺时针方向流动的，在导体 $ab$ 中是由 $a$ 指向 $b$. 导体 $ab$ 中的感应电动势方向跟感应电流的方向一致，也是由 $a$ 指向 $b$，所以 $b$ 点电势比 $a$ 点电势高.

**互感现象**　我们知道，穿过某电路的磁通量发生变化时，在该电路中就会产生感应电动势. 引起磁通量发生变化的原因有很多，电流的变化就是这诸多原因之一. 例如，在图 8-46 的实验中，当通过线圈 $A$ 的电流增大或减小时，$A$ 周围的磁场也随之增强或减弱，这样，穿过线圈 $B$ 的磁通量就随着 $A$ 中电流的变化而发生变化，于是，在线圈 $B$ 中产生了感应电动势. 反之，如果使通过线圈 $B$ 的电流发生变化，同样也会在线圈 $A$ 中产生感应电动势. 类似这种现象的例子还有很多. 我们把这类**由于一个电路中电流的变化，而使与之相邻的另一电路中产生感应电动势的现象称为互感现象**，简称**互感**. 互感在电工和电子技术中有着广泛的应用. 变压器和感应圈就是运用了互感原理制成的.

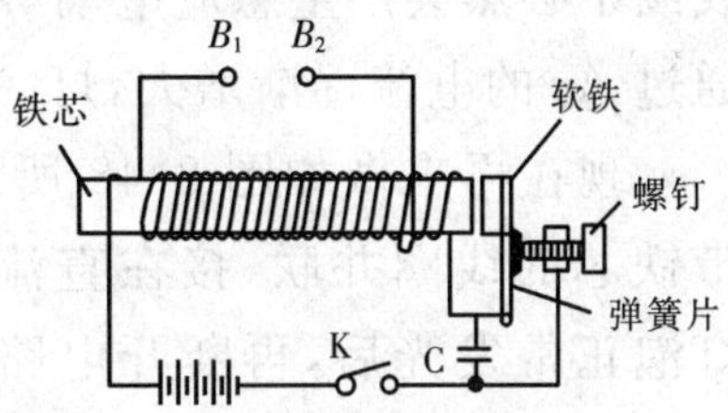

图 8-46　感应圈结构

**感应圈**　感应圈是实验室中用来获得高压的装置. 其结构简图如图 8-46

所示，在铁芯上绕着两个线圈，与电源相连的叫原线圈，另一个叫副线圈．副线圈的匝数远多于原线圈的匝数．当开关K接通后，原线圈通电，此时，铁芯被磁化而吸引软铁，使其与螺钉脱离，电路被切断．与此同时，铁芯的磁性消失，弹簧片又使软铁复位，电路再次被接通．就这样，与原线圈相连的电路时通时断，电路中电流时有时无，自动反复进行．电流如此变化，使穿过副线圈的磁通量也作相应变化．由于磁通量发生变化，副线圈匝数又很多，这样，就在副线圈中产生了很大的感应电动势．一般来说，在副线圈两端可获得上万伏的交变电压．如果 $B_1$、$B_2$ 相距很近，如此高的电压会使它们之间的空气被电离，产生火花放电现象．

**自感现象**　在电磁感应现象中，有一类叫做自感现象的特殊情形．现在就来研究这种现象．

在如图8-47所示的实验中，先合上开关K，调节变阻器 $R$ 的阻值，使同规格的两个灯泡 $A_1$ 和 $A_2$ 明亮程度相同．再调节变阻器 $R'$ 使两个灯泡都正常发光，然后断开开关K．

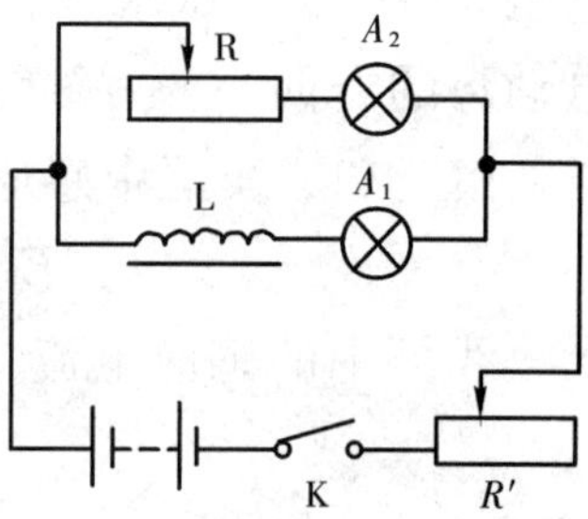


图8-47　自感现象演示实验一

再接通电路时可以看到，与变阻器 $R$ 串联的灯 $A_2$ 立刻正常发光，而与有铁芯的线圈 $L$ 串联的灯 $A_1$ 却是逐渐亮起来．为什么会出现这样的现象呢？原来，在接通电路的瞬间，电路中的电流增大，穿过线圈 $L$ 的磁通量也随着增加．根据电磁感应定律，线圈中必然会产生感应电动势，这个感应电动势阻碍线圈中电流的增大．所以通过 $A_1$ 的电流逐渐增大，灯 $A_1$ 只能逐渐亮起来．

现在再来做如图8-48所示的实验．把灯泡和带铁芯的线圈并联，接在直流电路里．接通电路，灯泡正常发光后，再断开电路．这时可以看到，灯泡要闪一下后才熄灭．为什么会出现这种现象呢？这是由于电路断开的瞬间，通过线圈的电流减弱，穿过线圈的磁通量也随之减少，因而在线圈中产生了感应电动势．虽然这时电源已经断开，但线圈和灯泡组成了闭合电路，在这个电路里有感应电流通过，所以灯泡不会立即熄灭．

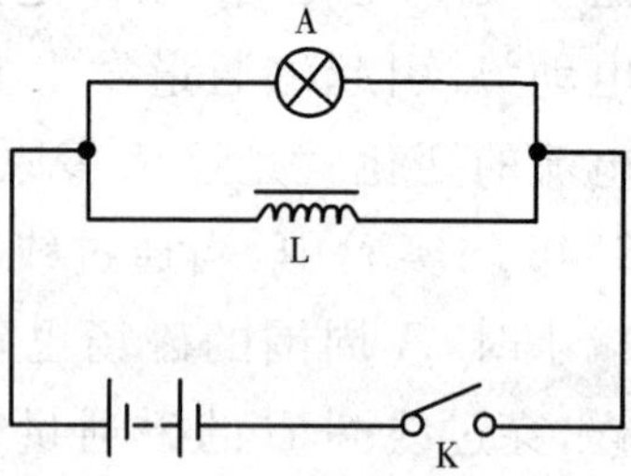


图8-48　自感现象演示实验二

从上述两个实验可以看出，当导体中的电流发生变化时，导体本身就产生感应电动势，这个电动势总是阻碍导体中原来电流的变化的．像这样**由于导体本身的电流发生变化而产生的电磁感应现象**，叫做**自感现象**．在自感现象中产生的感应电动势，叫做**自感电动势**.

**自感系数** 自感电动势和其他感应电动势一样，跟穿过线圈的磁通量的变化率$\frac{\Delta \Phi}{\Delta t}$成正比. 线圈的磁场是由通过线圈的电流产生的，所以穿过线圈的磁通量变化的快慢跟电流变化的快慢有关. 对于同一个线圈而言，电流变化得快，穿过线圈的磁通量变化得也就快，线圈中产生的自感电动势就大；反之，电流变化得越慢，产生的自感电动势就越小. 对于不同的线圈，在电流变化的快慢程度相同的前提下，产生的自感电动势往往不同. 可见，决定自感电动势大小的因素有两个：一个是电流的变化率$\frac{\Delta I}{\Delta t}$；另一个是线圈的物理特性. 理论上证明，自感电动势 $E_L$ 的大小与电流的变化率$\frac{\Delta I}{\Delta t}$成正比，即

$$E_L = L\frac{\Delta I}{\Delta t} \tag{8-11}$$

式中的比例系数 $L$ 叫做线圈的**自感系数**，简称自感或电感，它就是反映线圈上述物理特性的物理量，它的大小由线圈本身结构决定：线圈越长，单位长度上的匝数越多，横截面积越大，它的自感系数就越大，另外，有铁芯的线圈的自感系数比没有铁芯的要大得多. 对于一个现成的线圈来说，自感系数是一定的.

自感系数的单位名称是亨利(H，亨)，如果通过线圈的电流在 1 s 改变 1 A 时产生的自感电动势是 1 V，这个线圈的自感系数就是 1 H，所以

$$1\text{ 亨}=1\text{ 伏秒/安}$$

常用的较小单位有毫亨(mH)和微亨($\mu$H)

$$1\text{mH}=10^{-3}\text{ H}$$

$$1\mu\text{H}=10^{-6}\text{ H}$$

## 阅读材料

### 日光灯的镇流器

自感现象在各种电器设备和无线电技术中的应用中十分广泛，日光灯的镇流器就是一个例子.

图 8-49(a)是日光灯的电路图，它由灯管、镇流器和启辉器组成. 镇流器是一个带铁芯的线圈. 启辉器的构造如图 8-49(b)所示：它有两个电极，一个是静

触片,一个是双金属片制成的U形的动触片,泡内充氖气.灯管内充有水银蒸汽,当它导电时,就发生紫外线,使管壁上的荧光粉发光.由于激发水银蒸汽导电所需要的电压较高,因此,日光灯需要一个瞬时电压以利于点燃.

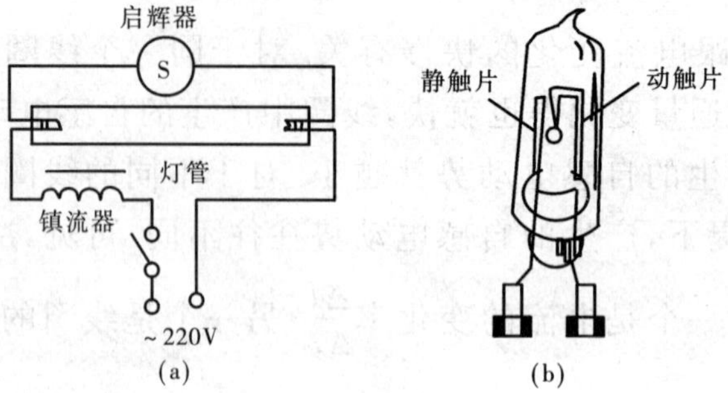


图 8-49

当电键闭合时,电源电压加在启辉器的两极之间,使氖气放电而产生热量,从而使U形动触片与静触片接触而接通电路,灯管的灯丝中就有电流通过.电路接通后,启辉器的氖气停止放电,U形触片冷却收缩,使电路突然中断,而使镇流器产生一个瞬时高电压,将灯管点燃,日光灯开始发光.此后,由于通过镇流器的是交流电,线圈中就有自感电动势来阻碍电流变化,这时,它又起着降压限流作用,保证日光灯的正常工作.

## 科技之窗

### 超导磁悬浮

超导磁体能产生极强的磁场,这为制造超导磁悬浮列车创造了条件.所谓磁悬浮,简单地说,就是两个相斥的磁体,一个放在地上,另一个便会被斥力托起来.

超导磁悬浮列车已经由幻想变成了现实,图 8-50 是超导磁悬浮列车原理图.这种列车每节车厢下边的车轮旁边,都安装有小型超导磁体,在轨道两旁,埋设有一系列闭合的铝环,当列车向前运动的时候,超导磁体在轨道面产生强大的磁场,并和地下的铝环相对运动,在铝环内出现强大电流,超导磁体(磁场)和铝环(电流)相互作用,产生一个巨大的托力,把列车托起.超导磁悬浮列车时速超过 500km/h.

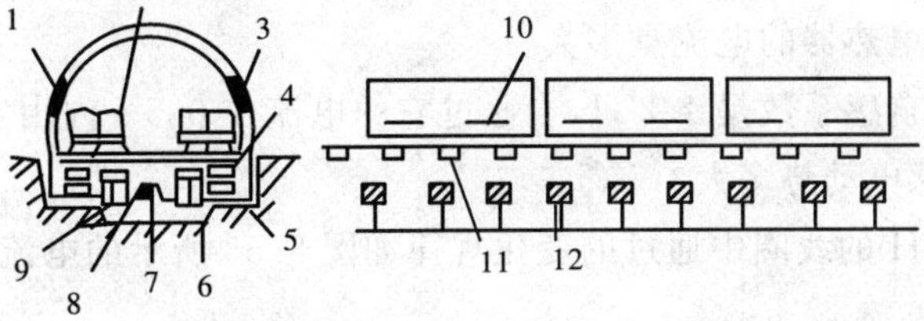


图 8-50　磁悬浮列车示意图

1,3—车窗　2—坐席　4—液氦贮槽　5—超导磁体　6—车轮　7—驱动用轨道
8,12—驱动用线筒同步电机　9,11—闭合铝环　10—车上磁悬浮装置

上海磁悬浮列车已于 2004 年 1 月 1 日投入运营,列车西起龙阳路,东至浦东国际机场,总路线长约 30 km,最高时速为 430 km/h.

## 练　习　8.5

1. 如图 8-51 所示,一金属框置于匀强磁场中,磁场方向垂直于纸面向里,当可动金属杆 $CD$ 沿导轨向右运动时,试分别用右手定则和楞次定律判断杆 $CD$ 中感应电流的方向并判断金属框各边所受安培力方向.

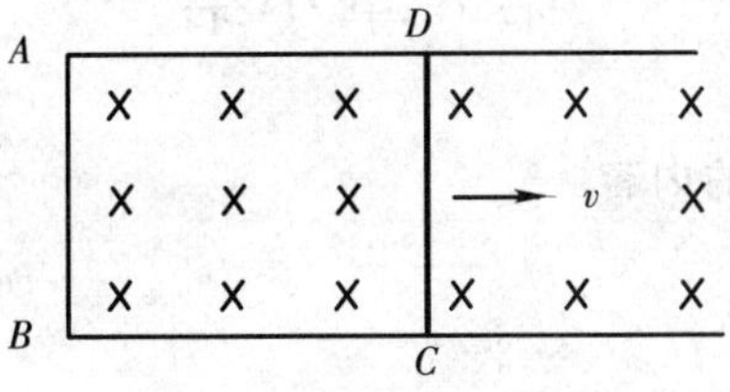


图 8-51

2. 如图 8-52 所示的匀强磁场中,线框绕 $OO'$ 轴转动时,线框里是否有感应电流?如果有,其方向如何?

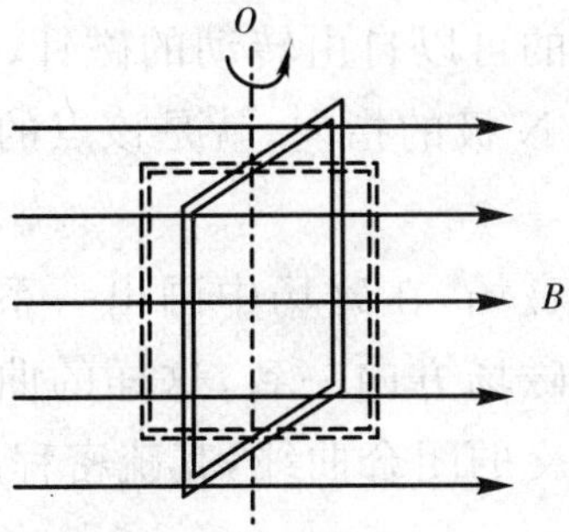


图 8-52

3. 有一个 100 匝的线圈,在 0.4 s 内穿过它的磁通量从 0.01 Wb 增加到 0.09 Wb,求线圈

中的感应电动势.如果线圈的电阻是 10 Ω,把它跟一个电阻是 990Ω 的电热器串联组成闭合电路时,通过电热器的电流是多大?

4. 有一个线圈,它的自感系数是 1.2 H,当通过它的电流在 0.5 s 内由零增加到 5.0 A 时,线圈中产生的自感电动势多大?

5. 自感系数为 100mH 的线圈中通过的变化规律如图 8-53 所示的电流,则

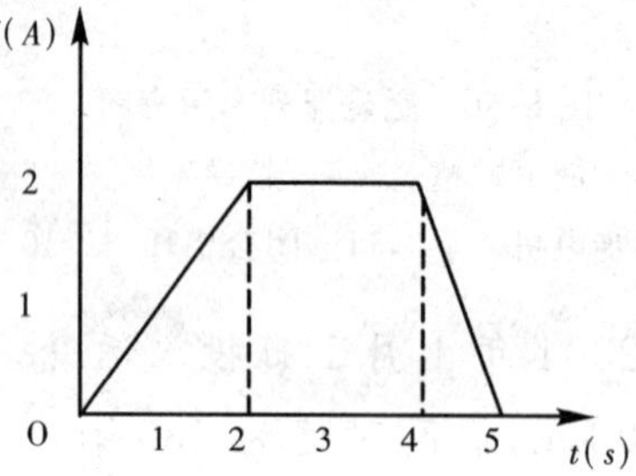


图 8-53

(1) 在 0 至 2 s 的时间内,线圈中自感电动势多大?方向如何?

(2) 在 2 s 至 4 s 的时间内,线圈中有无自感电动势?

(3) 在 4 s 至 5 s 的时间内,线圈中自感电动势多大?方向如何?

# 第 8 章小结

## 一、要求理解、掌握并能运用的内容

1. 磁场及其描述

(1) 磁场的概念.

磁体、电流和运动电荷周围空间存在的,能够传递它们之间相互作用的特殊物质,被称为磁场.

(2) 磁场的方向.

位于磁场中某点的可以自由转动的磁针,其 N 极所受磁力的方向,即小磁针静止时 N 极的指向,就是该点的磁场方向.

(3) 磁感应线.

为了形象地描述磁场,在磁场中画出一系列曲线,使曲线上各点切线方向与各点的磁场方向一致,这样的曲线被称为磁感应线,磁感应线是彼此不相交的闭合曲线,其疏密程度反映磁场的强弱.

(4) 磁感应强度.

描述磁场中各点磁场强弱和方向的物理量被称为磁感应强度.磁感应强度是矢量,其方向就是该点的磁场方向,在国际单位制中,磁感

应强度的单位是特斯拉(T).

(5) 匀强磁场.

如果在磁场的某一区域里,各点的磁感应强度的大小和方向都相同,那么该区域的磁场就叫匀强磁场.

(6) 磁通量.

磁感应强度描述了各点的磁场强弱和方向,而磁通量则描述了某一面积上磁场的分布.穿过磁场中某一面积的磁感应线的数量,叫做穿过该面积的磁通量,它是标量,其单位是韦伯(Wb,韦).在匀强磁场中,其计算公式为

$$\Phi=B\cdot S\cos\theta$$

式中$\theta$是平面$S$与其在垂直于磁场方向的投影面之间的夹角.

2.磁场对电流、运动电荷的作用

(1) 安培力和洛仑兹力的关系.

电流在磁场中所受磁力叫安培力,运动电荷在磁场中所受磁力叫洛仑兹力.由于电流是大量电荷做定向移动的结果,所以安培力是洛仑兹力的宏观表现,洛仑兹力则是安培力的微观本质.

(2) 左手定则.

左手定则是用来确定安培力(洛仑兹力)的方向、磁场方向及电流方向(电荷运动方向)之间关系的.

(3) 安培力及洛仑兹力的计算公式.

安培定律总结了通电直导线在磁场中的安培力所遵循的规律.对于匀强磁场中的通电直导线而言,安培定律的数学公式为

$$F=BIl\sin\theta$$

式中$\theta$为电流方向与磁感应强度方向之间的夹角.

由安培定律可导出洛仑兹力的大小计算公式

$$f=qvB\sin\theta$$

式中$\theta$为电荷运动方向与磁感应强度方向之间的夹角.

3.电磁感应现象

利用磁场产生电动势(电流)的现象叫电磁感应现象,所产生的电动势和电流分别称为感应电动势和感应电流,产生电磁感应现象的条件是:穿过回路的磁通量发生变化.

4.楞次定律和右手定则

(1) 楞次定律.该定律总结了电磁感应现象中感应电流的磁场所遵循的规律.它的内容是:闭合回路中产生的感应电流具有确定的方向,它

总是使感应电流所产生的磁场，去阻碍引起感应电流的磁通量的变化.

(2) 右手定则.该定则是楞次定律的特殊情况.

5. 电磁感应定律

电磁感应现象的直接结果是产生感应电动势.法拉第通过大量实验发现了电磁感应定律:回路中感应电动势的大小跟穿过这一回路的磁通量的变化率成正比.其数学表达式为

$$E=\frac{\Delta\Phi}{\Delta t}\text{(单匝)}$$

$$E=n\frac{\Delta\Phi}{\Delta t}\text{(}n\text{ 匝)}$$

上式中 $E$ 是 $\Delta t$ 时间内的平均感应电动势.

直导线在磁场中切割磁感应线产生的感应电动势的大小，同样遵循电磁感应定律，在匀强磁场中，对于磁场方向、直导线运动方向、直导线的放置方向三者垂直的情况来说，由电磁感应定律可推得如下公式：

$$E=Blv$$

感应电动势的方向与产生感应电动势的那部分导体内的感应电流方向相同，因此，其方向的判断应运用楞次定律或右手定则.

**二、要求了解的内容**

1. 基本磁现象，磁现象的电本质
2. 带电粒子在磁场中的运动
3. 自感和互感

# 第8章自测题

1. 在电流周围如果不放入小磁针，那么，电流周围是否存在磁场？为什么？
2. 发现带电粒子在某一区域内发生偏转，是否表明该区域有磁场存在？那么，带电粒子通过一段空间而没有发生偏转，是否意味着没有磁场存在？
3. 一带电粒子在某一区域内既加速又偏转，你认为，磁场能否产生这两种效应？
4. 回旋加速器的基本工作原理是什么？
5. 一输电导线中的电流为50 A，两电极间的导线长100 m，沿东西水平方向放置.如果电线所在处的地磁场的南北水平分量为 $4.0\times10^{-5}$ T，那么作用在电线上的地磁力是多大？
6. 产生感应电流的条件是什么？

7. 楞次定律和右手定则的内容是什么？

8. 把线圈 $L$ 跟一个电阻 $R$ 相连接，当把磁铁向线圈 $L$ 中插入时，$L$ 中产生的感应电流方向如何（如图 8-54 所示）？若把电阻 $R$ 换成一个阻值相同的带铁芯的线圈，在同样的过程中，$L$ 中产生的感应电流跟原来是否一样？为什么？

9. 互相平行的两条金属轨道固定在同一水面上，上面架着两根互相平行的铜棒 $ab$ 和 $cd$，让磁场方向竖直向上（如图 8-55 所示），如何改变磁感应强度的大小（不改变方向），才能使 $ab$ 和 $cd$ 相向运动？

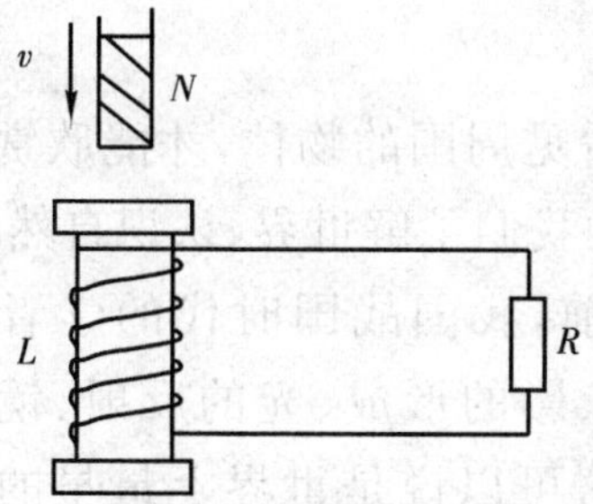


图 8-54

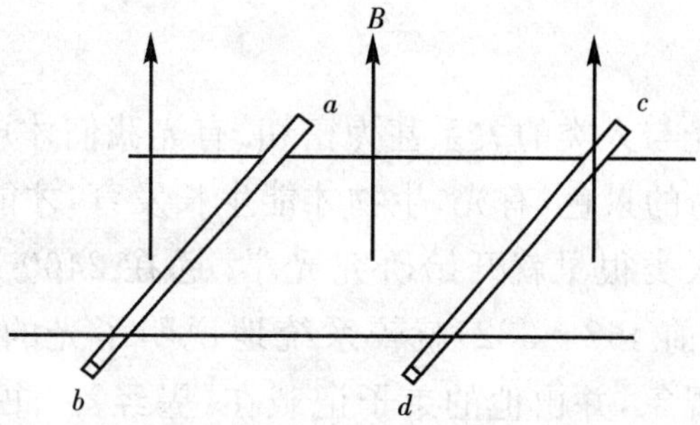


图 8-55

10. 如图 8-56 所示，导线 $ab$ 在匀强磁场中水平向右分别做匀速运动、加速运动时，试判断 $L_1$ 及 $L_2$ 两线圈中有无感应电流？方向如何？

11. 如图 8-57 所示，铁芯绕着两组互相绝缘的线圈，置于方向如图所示的匀强磁场中，导线 $ab$ 和 $cd$ 可在导轨上作无摩擦滑动，当导线 $ab$ 向右作减速运动时，则导线 $cd$ 中是否有感应电流通过，$cd$ 会静止吗？如果运动，朝哪个方向运动？

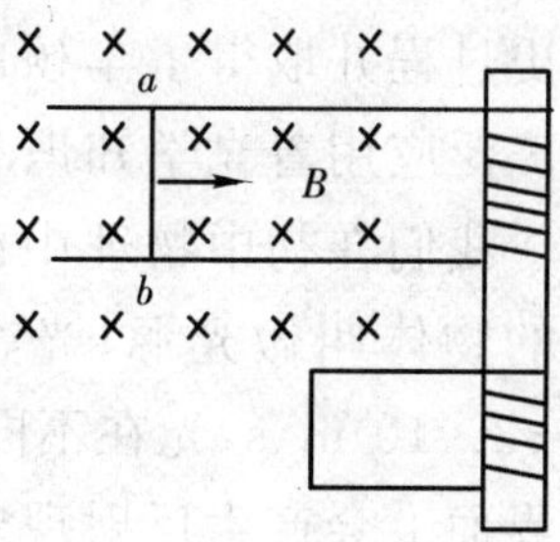


图 8-56

12. 如图 8-58 所示，有效长度为 20 cm 的金属杆 $ab$ 在 U 形金属线框上移动. 整个回路的等效电阻 $R$ 为 10 Ω. 匀强磁场的磁感应强度为 0.6 T，该金属杆 $ab$ 移动的速度为 10 cm/s，试求（1）金属杆 $ab$ 上的电流；（2）作用在金属杆 $ab$ 上的电磁力；（3）维持金属杆 $ab$ 做匀速运动所需要的外力.

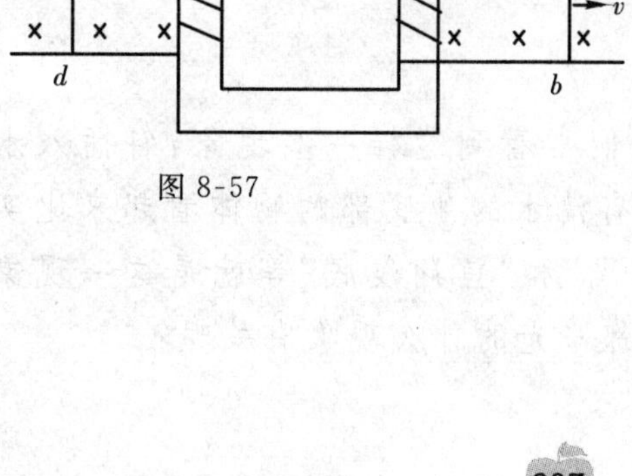


图 8-57

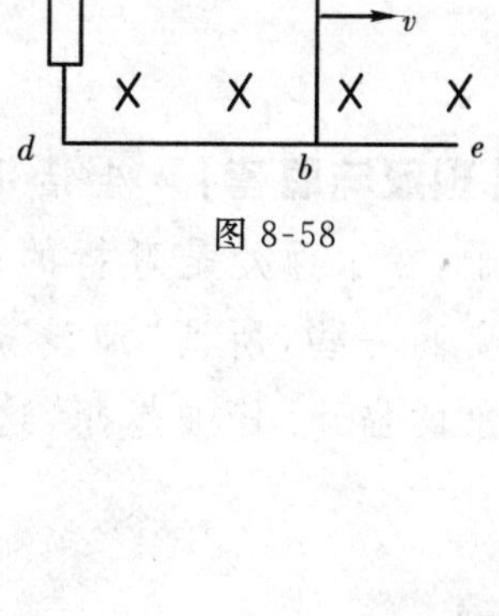


图 8-58

# 第9章 光的折射与应用

光与人类的关系甚为密切.有光我们才可以看见周围的物体,才能欣赏到五彩缤纷的景色;有光,生物才能生长发育,才能帮助我们了解世界、认识自然.

人类很早就开始研究光学.远在2400多年前,我国战国时代的学者墨翟(公元前468—382)就较系统地说明了光的直射、影的形成、光的反射、镜面成像等现象,并由他的弟子记载在《墨经》一书中.这可以说是世界上最早的光学著作,它比欧几里得的《光学》早100多年.人们对于光学的研究经历了漫长的历史过程并取得了丰硕的成果.今天,在我们的生活、生产和科学研究等方面都广泛应用着光学知识.

我们在初中物理中已学习过几何光学的一些初步知识,知道了能自行发光的物体叫做光源,光在同一种均匀介质中是沿直线传播的,真空中的光速$C\approx 3\times 10^{8}\,m/s$,光在不同介质中传播速度不同且比在真空中小.光在两种介质的界面上会产生反射现象,就光的传播路径而言,光路是可逆的.

本章我们将着重学习光在两种介质界面上所发生的另一种现象——光的折射,并学习折射定律和成像规律等有关原理,广泛了解它们在现代科技生活中的应用.

## 9.1 光的折射定律 折射率

**【现象与思考】** 生活中我们常看到这样一些现象:斜插入水中的筷子,在水面处是弯折的;蓄有清水的池底部的物体看起来比实际位置要高一些,所谓"潭清疑水浅"和"鱼翔浅底"等就是这一现象极为形象的描述.仔细想想,这些都与光的什么现象有关呢?

现在让我们一起来做简单的实验.将一枚硬币放在盆底,我们从某一角度观察时看不到盆底的硬币.此时我们向盆中注入清水,保持眼睛和盆的位置不变,当水面上升到一定高度时,我们就能看到盆底的硬币了,如图 9-1 所示.

这个简单的实验曾让 2300 多年前古希腊的学者亚里士多德困惑不解,直到 700 多年后人们才解开这个"千古之谜".这是由于光从水中射入空气中时传播方向发生改变引起的.像这样,**光从一种均匀介质倾斜射入另一种均匀介质时,传播方向在界面处发生改变的现象叫做光的折射.**

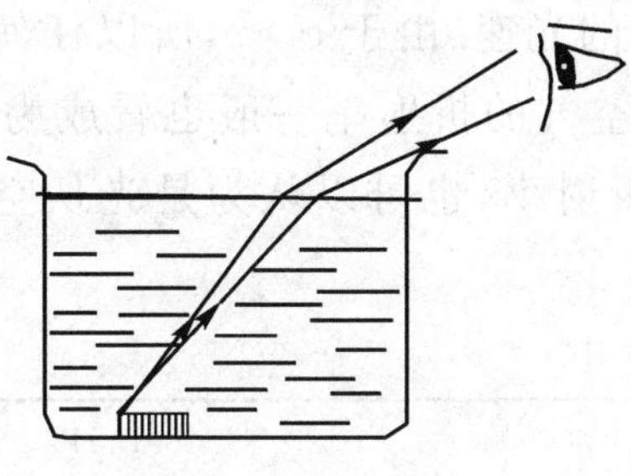

图 9-1　光的折射现象

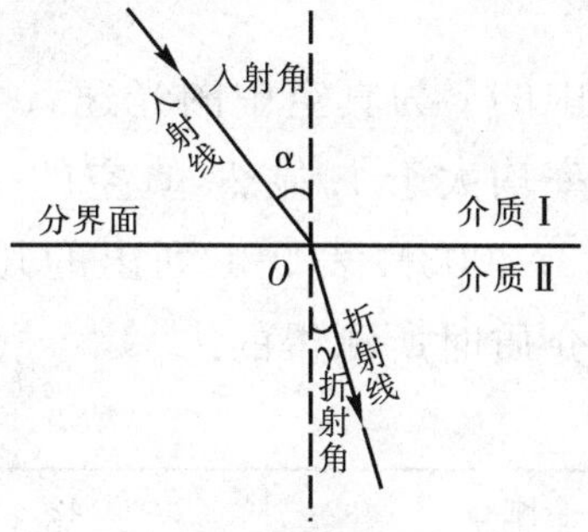


图 9-2　折射定律

**折射定律**　光线从一种均匀介质射入另一种均匀介质时发生的折射现象遵循什么规律呢？让我们来看图 9-2 所示的实验.当改变入射角 $\alpha$ 时,折射角 $\gamma$ 也随之改变.经过多次实验我们会发现,光在折射时入射角和折射角正弦之比 $\sin\alpha/\sin\gamma$ 是常数,换成不同介质时,这个常数也不同.人们经过长期的研究总结出了光折射所遵循的规律:**折射光线跟入射光线和法线在同一平面上,并且分居法线的两侧.入射角($\alpha$)的正弦和折射角($\gamma$)的正弦之比为一常数,即**

$$\frac{\sin\alpha}{\sin\gamma}=\text{常数} \tag{9-1}$$

这就是**光的折射定律**.光的折射定律是荷兰科学家斯涅尔于 1621 年确定的,因此也叫做斯涅尔定律.

特殊情况是如果光垂直照射界面,它将不发生偏折现象.如果让光线逆着原来折射光线的方向射入,它将会逆着原来入射光线的方向射出.这说明在折射现象中,光路也是可逆的.我们常常利用光路可逆性来分析和解决光的传播问题.

理论研究和实验证实,如果光在介质Ⅰ、Ⅱ中的传播速度分别为 $v_1$ 和 $v_2$,那么光从介质Ⅰ射入介质Ⅱ时,有

$$\frac{\sin\alpha}{\sin\gamma}=\frac{v_1}{v_2} \tag{9-2}$$

由于光在不同介质中的传播速度不同,因此光在不同介质的表面发生折

射的 $\sin\alpha/\sin\gamma$ 这个常数也各不相同.

**折射率** 当光从真空中射入不同介质而发生折射时,$\sin\alpha/\sin\gamma$ 这个常数也不同.实验测得,光从真空射入水中时,这个常数约为 1.33;光从真空射入冕牌玻璃时,这个常数约为 1.51.显然,$\sin\alpha/\sin\gamma$ 这个常数反映了不同介质有不同的光学性质.我们把**光从真空射入某种介质时,入射角($\alpha$)的正弦与折射角($\gamma$)的正弦之比,叫做这种介质的折射率($n$)**,即

$$n=\frac{\sin\alpha}{\sin\gamma}=\frac{c}{v} \tag{9-3}$$

式中的 c 为真空中的光速,$v$ 是该介质中的光速.由于 $c>v$,所以任何介质的折射率均大于 1.显然,真空的折射率为 1,空气的折射率一般也看成为 1(实验约为 1.0003).表 9-1 列出的几种介质的折射率,也可以认为是光从空气中射入该介质时所测得的.

表 9-1 几种介质的折射率 $n$

| 金刚石 | 2.42 | 水晶 | 1.54 |
|---|---|---|---|
| 各种玻璃 | 1.5—2.0 | 酒精 | 1.36 |
| 轻冕牌玻璃 | 1.52 | 乙醚 | 1.35 |
| 有机玻璃 | 1.49 | 水 | 1.33 |

光从折射率为 $n_1$ 的介质进入折射率为 $n_2$ 的介质时,$\sin\alpha/\sin\gamma$ 这个常数与 $n_1$,$n_2$ 的关系如何呢?设光在这两种介质中的速度分别为 $v_1$,$v_2$,因为

$$\frac{v_1}{v_2}=\frac{c/n_1}{c/n_2}=\frac{n_2}{n_1}$$

根据式(9-2),有

$$\frac{\sin\alpha}{\sin\gamma}=\frac{n_2}{n_1} \tag{9-4}$$

**光疏介质和光密介质** 两种介质相比较,光在其中传播速度较大,其折射率较小的,称为光疏介质;光在其中传播速度较小,其折射率较大的,称为光密介质.光疏介质和光密介质是相对而言的.例如,水与玻璃比较是光疏介质,而与空气比较就成了光密介质了.显然,光从光疏介质射入光密介质时,入射角大于折射角;光从光密介质射入光疏介质时,入射角小于折射角.

**例题 9-1** 透过玻璃砖斜看挨着它的铅笔,会发现铅笔的下截与上截错开,好像是折断了,如图 9-3 所示,试解释之.

**解** 上半截铅笔反射的光线,在空气中沿直线传到我们的眼睛,而下半截的光线经玻璃砖前后表面两次折射到达我们的眼睛,如图 9-4 所示.由于人眼习惯于利用光的直线传播来确定被观察物体的位置,所以觉得铅笔下半截向

左侧移了一小段距离，好像铅笔折断了一样．光线经过类似于玻璃砖这样的平行透明板两次折射后的出射光与入射光平行，只是侧移了一段距离．透明板越厚，侧移越多，越薄侧移就越小．

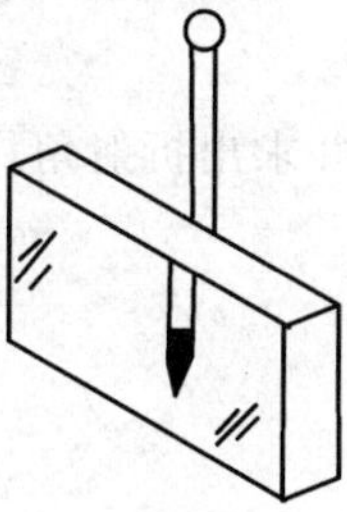

图 9-3

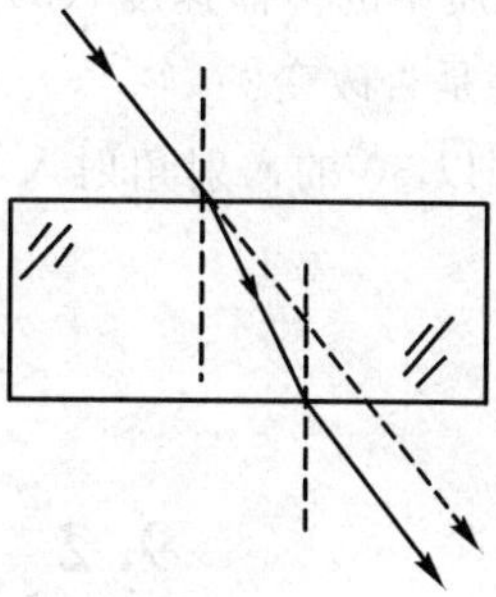

图 9-4

**例题 9-2** 如图 9-5 所示，一个圆筒形茶杯高 16cm，直径 12cm，人眼在杯的右侧 $S$ 点只能看见距杯口 9cm 的 $E$ 点．当杯中盛满某种液体后，人恰能看到杯底 $D$ 处的一硬币，试求杯中液体的折射率 $n$．

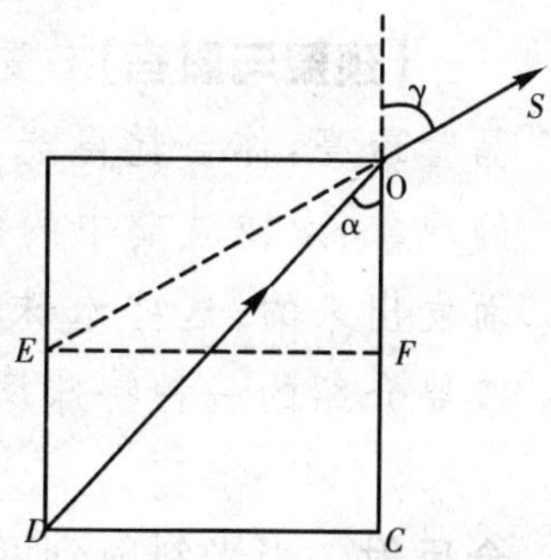


图 9-5

**解** $D$ 处硬币反射的光线在杯口 $O$ 处折射后进入人眼，而杯中未盛液体时，$E$ 点的光可经杯口 $O$ 点直射人眼．由折射定律式(9-4)得

$$\frac{\sin\alpha}{\sin\gamma}=\frac{n_{空气}}{n}=\frac{1}{n}$$

$$n=\frac{\sin\gamma}{\sin\alpha}=\frac{EF/OE}{DC/OD}$$

$$=\frac{EF/\sqrt{OF^2+EF^2}}{DC/\sqrt{OC^2+DC^2}}=1.33$$

通过此例我们可以找到一种测量液体折射率的简便方法．测量时可紧贴正对人眼的杯壁竖直放置一根直尺，分别读出盛满液体前后人眼从 $S$ 点能看到直尺上最低点的数值，再量出杯的直径即可求出被测液体的折射率．请你动手做一做这个实验，并想一想其中的道理．

## 练 习 9.1

1. 筷子的一部分斜插入水中，看上去是弯折的；若垂直插入水中，则看上去没有弯折，为什么？

2. 渔夫叉鱼时，应对准水中鱼的哪个部位才容易叉中，为什么？
3. 光在水中的传播速度恰好是真空中光速的3/4，试求水的折射率.
4. 光从空气射入某种介质时，入射角是45°，折射角为30°，求：(1) 这种介质的折射率；(2) 光在这种介质中的传播速度；(3) 如果入射角改变了，则折射角、折射率及光在该介质中的传播速度是否改变？
5. 一束光从水晶中以30°的入射角射入水中，画出光路图，并求出折射角.

## 9.2 光的全反射

**【现象与思考】** 夏日的早晨我们常看到草叶上的露珠在阳光下晶莹透亮，你会觉得光是从水珠内部发出的. 也许，你还注意到这样的现象：水或玻璃中的气泡显得特别明亮，似乎光是从这些气泡的表面发出来的. 这些水珠或气泡真的会发光吗？实际上这正是我们本节要介绍的一种特殊反射现象.

**全反射** 当光斜射到两种介质的界面时，一般既有反射又有折射. 让一束光沿着光盘上半圆柱玻璃砖的半径方向射到直边上，如图9-6(a)所示，这时可以看到一条返回玻璃砖里的反射光和一条进入空气中折射光，且这两条光线都比入射光线要弱一些. 由于玻璃相对空气是光密介质，所以折射角$\gamma$大于入射角$\alpha$. 当我们增大入射角时，折射角也随之增大，且折射光线越来越弱，反射光线越来越强. 当入射角增大到某一角度时，折射角等于90°，折射光线沿两种介质的界面传播，如图9-6(b)所示. 我们把折射角等于90°时的入射角$\phi$称为**临界角**. 当入射角继续增大时，折射光线消失，光线全部返回到玻璃中，如图9-6(c)所示，此时反射光线几乎与入射光线一样亮. 这种入射光全部被反射回原介质的现象叫做光的**全反射**.

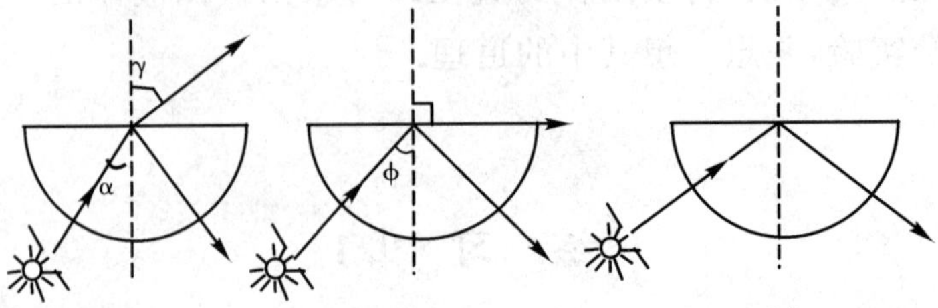


图9-6 观察光的全反射现象

通过以上的观察与研究可知，发生全反射必须具备两个条件：(1) 光从光密介质射向光疏介质；(2) 入射角等于或大于临界角.

根据临界角的定义，可以求出发生全反射现象的临界角. 在图 9-6(b)中，由折射定律可得$\frac{\sin\phi}{\sin 90^\circ}=\frac{n_{疏}}{n_{密}}=\frac{1}{n}$，即

$$\sin\phi=\frac{1}{n} \tag{9-5}$$

根据上式，只要知道某种介质的折射率 $n$，就可以求出它对真空(或空气)的临界角 $\phi$. 在实际应用中，我们常用根据全反射原理制成的折射计，测出介质的临界角来求出它的折射率.

表 9-2 是几种介质对真空(或空气)的临界角.

**表 9-2　几种介质对真空(或空气)的临界角**

| 物　质 | 临界角 | 物　质 | 临界角 |
|---|---|---|---|
| 玻　璃 | 30°—42° | 水 | 48.6° |
| 金刚石 | 24.4° | 酒　精 | 47.3° |
| 二硫化碳 | 38.1° | 甘　油 | 42.9° |

全反射现象在自然界中并不罕见. 例如，草叶上的露珠之所以特别晶莹，是因为光线进入露珠内部后，在其下表面发生全反射后射出，使我们感到光是从水珠内部发出的. 宝石的临界角也很小，进入宝石中的光也会在宝石内多次发生全反射后射出，使它看起来晶莹透亮，熠熠发光，十分迷人. 水或玻璃里的气泡显得非常明亮，则是因为光线在气泡外表面发生全反射的缘故.

全反射在生产技术中有着广泛的应用. 用全反射棱镜可以制造潜望镜，利用光在光导纤维中的全反射传光、传像等更是当今世界上最先进的通信方式.

**例题 9-3**　已知某种玻璃的折射率 $n_1=1.52$，水的折射率 $n_2=1.33$. 光线如何射入，可在玻璃和水的交界面上发生全反射？它的临界角 $\phi$ 是多大？

**解**　因为玻璃对水来说是光密媒质，所以只有当光从玻璃射向水里时才可能在界面上发生全反射. 根据临界角的定义可得：

$$\frac{\sin\phi}{\sin 90^\circ}=\frac{n_2}{n_1}$$

$$\sin\phi=\frac{n_2}{n_1}=\frac{1.33}{1.52}=0.875$$

故临界角 $\phi=61^\circ 3'$.

**例题 9-4**　在水中的鱼看来，水面上的所有景物，都出现在顶角大约 97°的倒立圆锥内，如图 9-7 所示. 这是什么原因？它与鱼在水中的深度有关吗？

**解** 水对空气来说是光密媒质，光线由水中射向空气时在水面上可发生全反射．临界角$\phi$可由式(9-5)求得：

$$\sin\phi=\frac{1}{n}=\frac{1}{1.33}=0.75,\phi=48.6°.$$

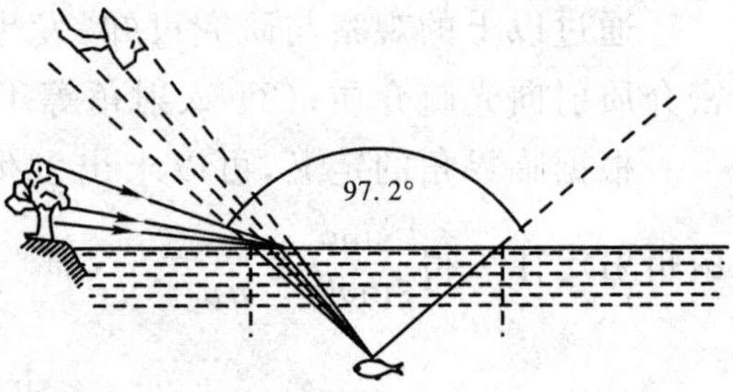

图 9-7

可见，光线由空气进入水中，当入射角由0°—90°时，折射角在0°—48.6°之间，即水面上所有入射光线进入水中的折射光线均在顶角为97.2°(48.6°×2)的倒立圆锥内，如图9-7所示．由于动物的眼睛总是习惯以光直线传播来确定被观察物体的位置，所以在水中的鱼看来，水面上所有景物都出现在顶角约为97°的倒立圆锥内．显然，这与鱼在水中的深度无关．

**【动手做实验】** 找一个带铁盖的玻璃瓶(常用来装果酱或饮料的那种)．在盖中心钻个直径约4mm的孔，在盖旁边再钻个1mm左右的小孔，在瓶外卷上一层牛皮纸(或其他不透明的厚纸)，在纸筒里的瓶后面放一个手电筒．将瓶中装一些水，让瓶中的水从中心的大孔流出(注意此时应使旁边的小孔位于大孔的上方，以便空气进入瓶中)．打开手电筒后，你把手指放在从瓶中流出的水束里，你会看见手指被照亮了，如图9-8所示．房间的光线暗一些，实验效果会更好．沿着水束移动手指，你会发现，虽然手指顺着水束拐了弯但光线始终照亮在水束中的手指．可见，光沿着弯曲的水束传过来了．这是光在水束中多次反射后形成的，光纤也正是利用这个道理来实现传光的．

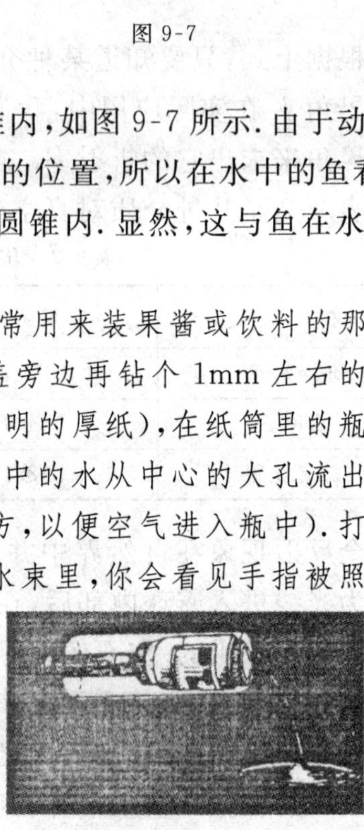
图 9-8　水束传光

## 科技之窗

### 光纤通信

光导纤维简称光纤，光纤是一种通信电缆，由两个或多个玻璃或塑料光纤芯组成，这些光纤芯位于保护性的覆层内，由塑料PVC外部套管覆盖．一般使用红外线沿内部光纤芯进行信号传输．

光纤通信与电气通信相比，有很多优点：它传输频带宽、通信容量大；传输损耗低、中继距离长；线径细、重量轻，原料为石英，节省金属材料，有利于资源合理使用；绝缘、抗电磁干扰性能强；抗腐蚀能力强、抗辐射能力强、可绕性好、无电火花、泄露小、保密性强等优点，可在特殊环境或军事上使用.

光纤通信的原理是：在发送端首先要把传送的信息变成电信号，然后调制到激光器发出的激光束上，使光的强度随电信号的幅度（或频率）变化而变化，并通过光纤发送出去；在接收端，检测器收到光信号后把它变换成电信号，经解调后恢复原信息.

光纤通信的诞生和发展是电信史上的一次重要革命，它与卫星通信、移动通信并列为20世纪90年代的新技术.进入21世纪后，由于因特网业务的迅速发展和音频、视频、数据、多媒体应用的增长，对大容量（超高速和超长距离）光波传输系统和网络有了更为迫切的需求.

光纤通信加快了我国的国际光缆系统的发展进程.1993年12月建成中国—日本海底光缆系统；1996年2月中韩海底光缆建成开通，分别在我国青岛和韩国泰安登陆，全长549 km；1997年11月，我国参与建设的全球海底光缆系统建成并投入运营，这是第一条在我国登陆的洲际光缆系统，分别在英国、埃及、印度、泰国、日本等12个国家和地区登陆，全长27 000多km，其中中国段为622 km；2000年9月14日，全长约3.8万km，共计39个登陆站的亚欧海底光缆系统在我国上海登陆站开通.这一由中国电信集团公司参与建设、连接亚欧33个国家和地区的海底光缆系统，经过三年多的建设正式开通，标志着我国国际通信水平又迈上了一个新台阶.

今天，光纤通信已实现国际上60 000多个网络互联，电子信箱几乎能通达每个国家，网络互联用户已过亿，每天的信息流量达到万亿比特以上，每月的电子信件突破几十亿封.同时，网络互联的应用渗透到了各个领域，从学术研究到股票交易、从学校教育到娱乐游戏、从联机信息检索到在线居家购物等等，对推动世界科学、文化、经济和社会的发展有着不可估量的作用.

## 练　习　9.2

1. 把盛水的玻璃杯举高，使水面高于人的眼睛，透过杯壁观察，能看到水面光灿如银，简直像面小镜子.这是什么原因呢？
2. 光从玻璃射入水或射入空气中时，哪种情况下的临界角较大？为什么？
3. 光从空气射入水中时，光在水中的折射角最大能有多少度？
4. 有人在水面上$A$处看到正下方水底有一块石头，他后退2m到$B$处以后就看不到那块石头了，如图 9-9 所示. 求石头处的水深（水的折射率为 1.33）.

5. 利用折射计可以测量一些介质的折射率. 图 9-10 中，将待测折射率为 $n_x$ 的透明介质放在已知折射率为 $n=2$ 的透明介质上. 让一束光沿接触面 $AO$ 方向射入，光将沿 $OB$ 方向射出，测得 $OB$ 与法线夹角 $\varphi=49°$，求待测介质的折射率 $n_x$.

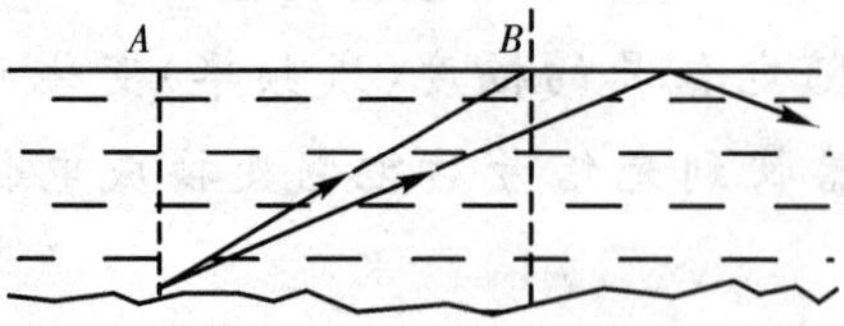


图 9-9

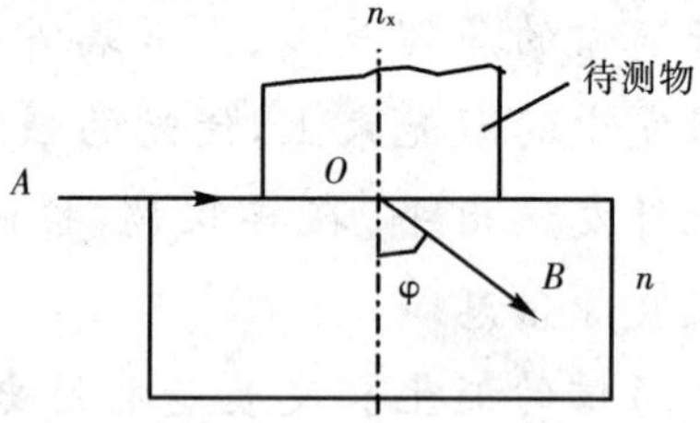


图 9-10

## 9.3 光学元件

**【现象与思考】**多年以前，一支南极探险队由于丢失了火种，面临着饥饿、寒冷和死亡的威胁. 幸好其中一位聪明的队员把冰块磨成了光学元件——凸透镜，利用它点燃了引火物，重新得到了火种. 用冰制造光学元件最早的是我国. 1600 年前，晋代学者张华在《博物志》中写道："削冰命圆，举以向日，以艾承其影，则得火."你在日常生活中注意到吗？一杯水、一滴水珠，甚至一个空气泡也可当一个透镜用呢. 如果在阳台上放一个盛水的透明花瓶，它的球形部分所集中的阳光可能灼坏窗帘或家具. 有些森林火灾的"纵火犯"，竟是郊游的人扔在森林后又充满雨水的球形酒瓶.

光穿过透明物体时，传播方向一般都会发生改变，这些透明物体通常叫做光学元件. 不同的光学元件，对光路的改变也不同. 在生产和生活中，我们常常利用一些光学元件来控制光路. 常见的光学元件有平行透明板、棱镜和透镜.

**平行透明板**　两个表面是平行平面的透明体叫做平行透明板. 如平面玻璃、矩形玻璃等.

光通过平行透明板时，光路如何变化呢？我们利用图 9-11 来分析光通过玻璃砖的光路. 玻璃砖上下两平面 $AA'$ 和 $BB'$ 平行，故过点 $O$ 和 $O_1$ 的两条法线 $NN'$ 和 $N_1N_1'$ 平行. 由折射定律可得 $n_1\sin\alpha=n_2\sin\gamma$ 及 $n_2\sin\alpha_1=n_1\sin\gamma_1$，因为 $NN'\parallel N_1N_1'$，故 $\angle\gamma=\angle\alpha_1$. 于是有 $n_1\sin\alpha=n_1\sin\gamma_1$，得 $\alpha=\gamma_1$，即光线 $SO$ 与

$O_1S_1$ 平行．由此可知，**光通过平行透明板后并不改变方向，只是发生侧向偏移**（图 9-11 中 $L$ 为偏移的大小）．可以证明，透明板越薄，偏移越小；入射角越小，偏移也越小，光垂直入射时不发生偏移．隔着玻璃窗看物体，并不觉得它偏离实际位置，就是因为玻璃很薄的缘故．

**棱镜** 横截面是三角形的透明三棱柱体叫三棱镜，如图 9-12 所示，简称棱镜．与三条棱垂直的截面叫做主截面．图 9-13 中，三角形 $ABC$ 表示主截面，光线进出的两个面 $AB$ 和 $AC$ 叫做折射面，这两个折射面的夹角 $\varphi$ 叫做折射棱角（亦称顶角），和它相对的 $BC$ 面叫底面．由实验可以看出，光通过与周围介质相比为光密介质的棱镜后向棱镜底面偏折，其偏折程度由偏向角 $\delta$ 表示．

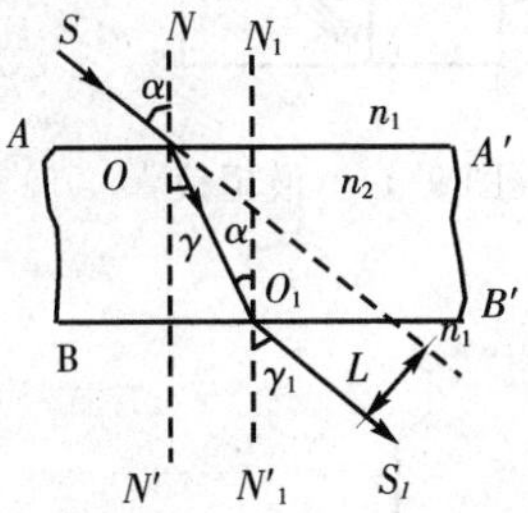

图 9-11

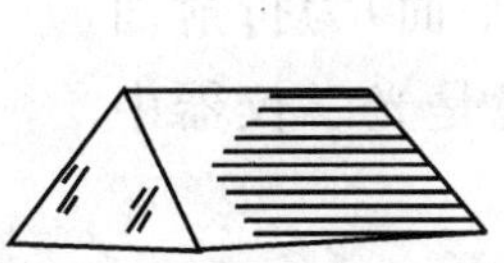
图 9-12 三棱镜

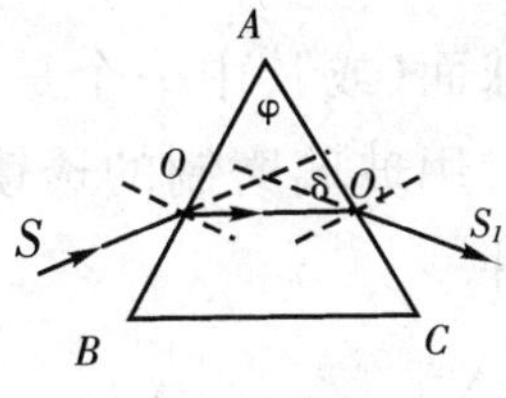

图 9-13

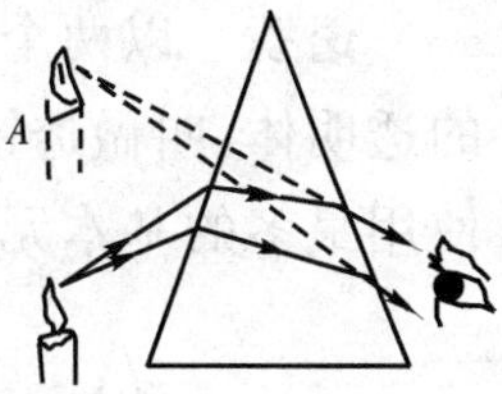

图 9-14 棱镜成像

从图 9-14 中可以看出，隔着棱镜观察物体，我们看到的是物体正立的虚像，虚像的位置向棱镜顶角方向偏移．

让一束白光射到三棱镜的折射面上，经折射后光屏上形成了红、橙、黄、绿、蓝、靛、紫依次排列的七光带，如图 9-14 所示，将一色光投射到三棱镜如不能分解，这种色光叫做单色光．白光是由七种颜色组成的复色光．由复色光分解成单色光的现象叫做光的色散．从图 9-14 中我们可以看出发生色散时，各种色光的偏折程度由红到紫逐渐增大．

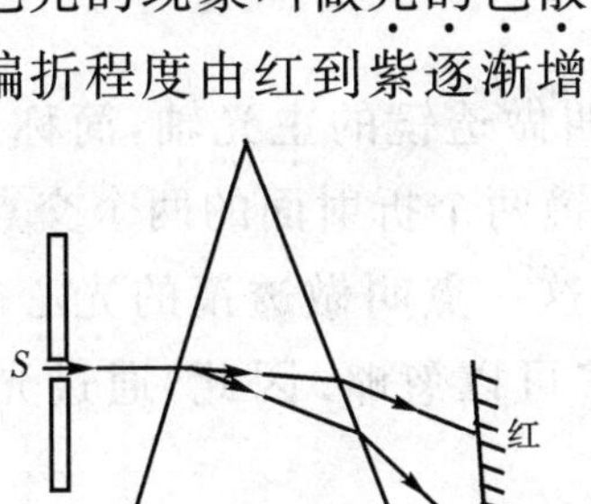

图 9-15 光的色散现象

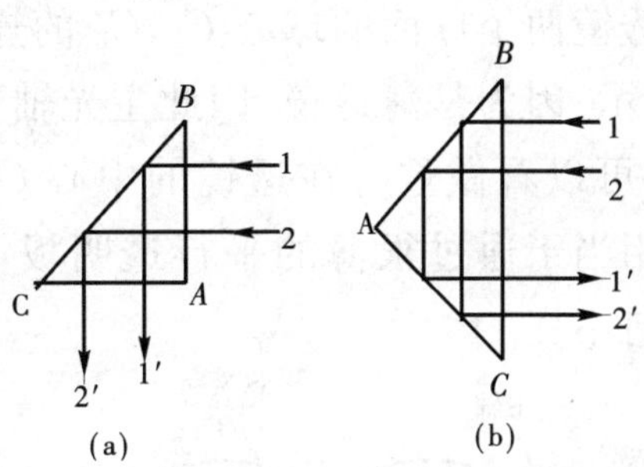

图 9-16 全反射棱镜

**全反射棱镜** 主截面是等腰直角三角形的玻璃棱镜是全反射棱镜，如图 9-16所示．当光从棱镜的 $AB$ 面垂直射入到折射面 $BC$ 面时，入射角恰好是 45°，大于玻璃对空气的临界角（30°－42°），所以发生全反射，反射光从 $AC$ 面垂直射出.这样,光路改变了90°,如图9-16(a)所示.当光从棱镜的*BC*面垂直射回,光路改变了180°,即把光倒过来,如图9-16(b)所示.利用这一作用,可以把经过光学系统形成的倒立的像转变为正立,以便观察.

用全反射棱镜控制光路比平面镜好.平面镜不可能将入射光线百分之百地反射,而棱镜在全反射时可将光全部反射.此外,平面镜所涂的金属反光层时间一久容易失去光泽使反射减弱,而棱镜则经久耐用.图9-17是潜望镜中应用全反射棱镜来改变光路的光路图.实际应用中的角反射器也大多是用全反射棱镜代替平面镜而组成的.

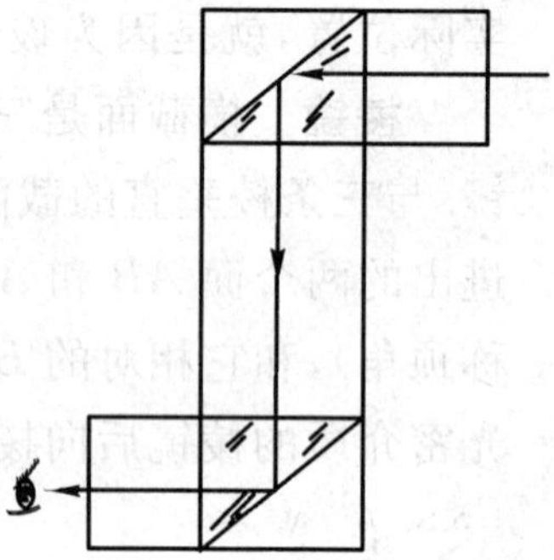

图9-17 潜望镜

**透镜** 以两个球面(或其中一个是平面)为折射面的透明体,叫做透镜.用玻璃磨制的透镜是光学仪器中使用最多的基本元件.

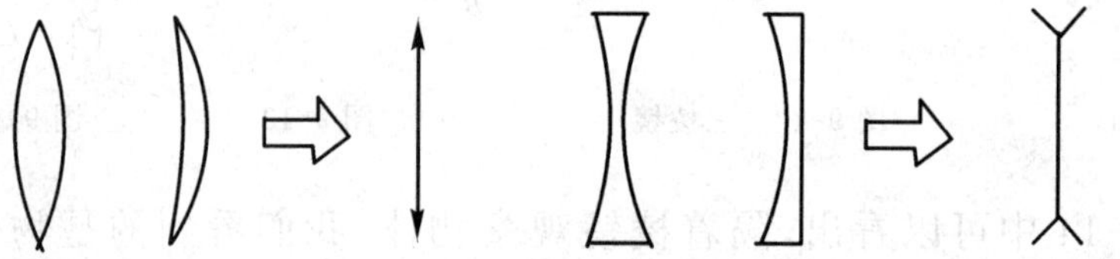


图9-18 透镜

透镜分为两类:中央比边缘厚的叫凸透镜,中央比边缘薄的叫凹透镜.为简便起见,在本书中我们只讨论置于空气中的薄透镜,如图9-18所示,它的厚度比其球面半径小得多,可以忽略不计.

通过透镜两个球面的球心$C_1$,$C_2$的连线叫做透镜的主光轴,简称主轴,如图9-19所示.因为是薄透镜,因此主光轴与透镜两个折射面的两个交点$O_1$、$O_2$靠得很近,可以看做重合在透镜的中心*O*点,这一点叫做透镜的光心.通过光心的光线相当于通过很薄的平行透明板,侧移可以忽略.因此,通过光心的光线传播方向不变.

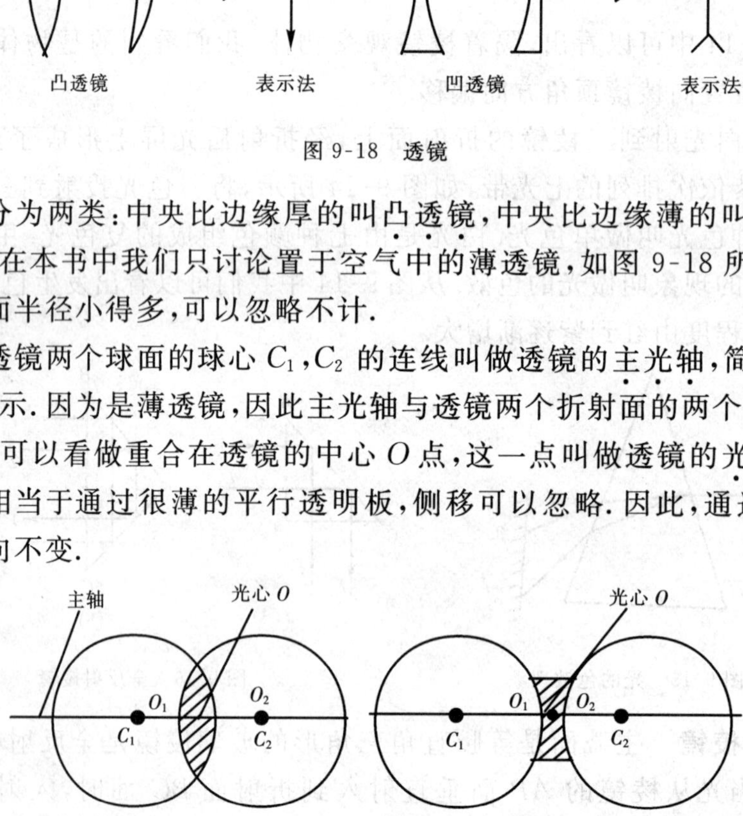


图9-19

凸透镜能把平行于主轴的光线会聚在透镜另一侧主轴上的一点，该点称为凸透镜的焦点，用 $F$ 表示，如图 9-20(a)所示. 凹透镜能把平行于主轴的入射光在透镜的另一侧发散开来. 这些发散光的反向延长线也交于主轴上一点，这点叫做凹透镜的虚焦点，如图 9-20(b)所示. 由光路可逆性知，每个透镜应有两个焦点，并且它们相对于光心是对称的. 透镜焦点到光心的距离叫焦距，用 $f$ 表示.

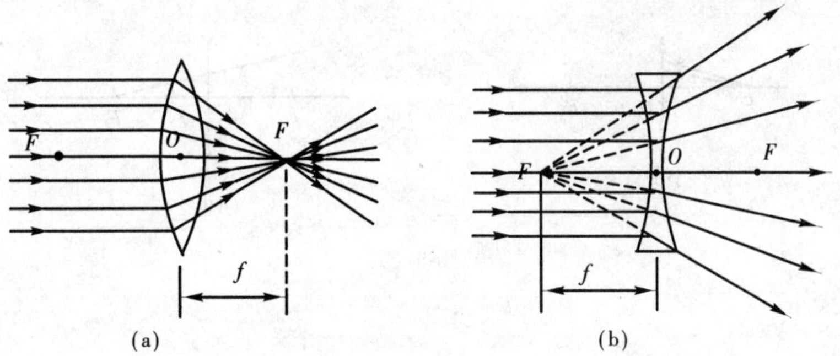


图 9-20

**【动手做实验】** 用一支铅笔紧贴在一个方形玻璃器皿(或一块厚)玻璃的一侧. 你透过玻璃斜着看去，铅笔好像被折断了一样. 玻璃越厚，或你越向侧面偏一些，看到铅笔上下两部分错开越多.

用一个手电筒放在桌上，让它发出的光冲着你. 在你和手电筒之间放一摞书(书高度大约 6cm，离电筒 10cm 左右)，你弯下身子，使这摞书恰好挡住了手电筒射来的光. 这时把事先准备好的已装满水的透明玻璃瓶放在书和手电筒之间，透过玻璃瓶的上部你会重新看到手电筒发出的光.

隆冬季节，你可试用冰透镜取火. 制作冰透镜要选择均匀透明的冰块，透镜的直径尽量做得大些. 将冰透镜正对太阳放稳，在透镜焦点上放个纸捻(或火柴头)，过一段时间纸捻会燃烧起来. 想一想，为什么阳光能点燃纸捻(或火柴头)却不会融化冰块呢?

## 练　习　9.3

1. 如图 9-21 中，光路分别发生了 90°和 180°的偏折，请画出方框内的光学元件.
2. 请用三棱镜对光路的改变作用规律，解释凸透镜和凹透镜对光的会聚作用和发散作用.(提示:把透镜看成由许多小棱镜组成)
3. 你能利用阳光粗略地测出凸透镜的焦距吗?

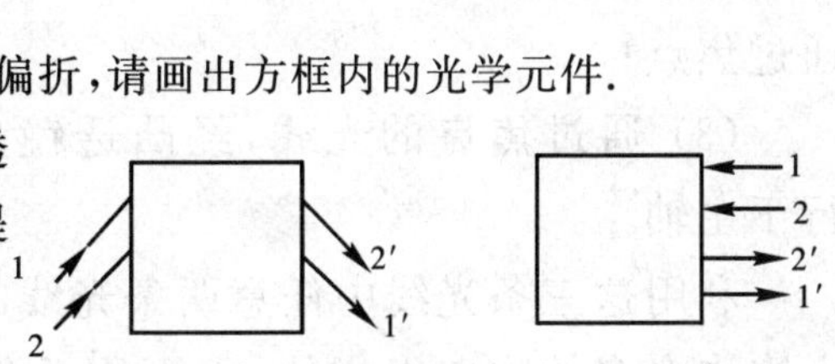


图 9-21

4. 如何用凸透镜将一个点光源变成一束平行光?

5. 画出图 9-22 中经过透镜后的折射光线.

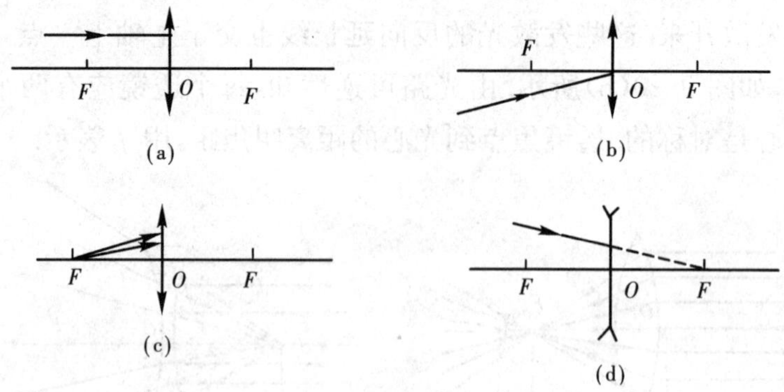


图 9-22

# 9.4 透镜成像

**【现象与思考】** 你一定喜欢看幻灯、电影.幻灯片或电影片上的图像通过幻灯机或电影放映机的镜头在银幕上形成一个与其相似的图景.你知道吗,这就是透镜成像的实例.照相机、望远镜、显微镜等利用了透镜成像的原理.

透镜成像的规律可以用实验的方法、几何作图的方法以及利用成像公式计算等方法来研究.

**透镜成像作图法** 发射或反射光的物体都可以经过透镜成像.在图 9-23 中,物点 $S$ 射出的无数条光线中,有三条特殊光线经过凸透镜后的折射方向很容易求出,这三条光线是:

(1) 通过光心的光线,经凸透镜后方向不变;

(2) 平行于主轴的光线,经凸透镜后通过焦点;

(3) 通过焦点的光线,经凸透镜后平行于主轴.

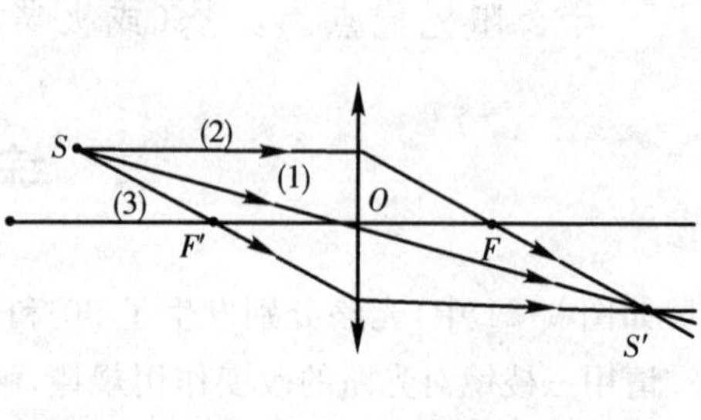


图 9-23 三条特殊光线

利用这三条光线中任意两条光线的交点,就确定了像点 $S'$.一般物体都是由许许多多的物点组成的,因而用几何法作出各物点对应的像点就构成了整个物体的像.下面我们就用作图法来研究凸透镜成像的规律.

当物体到光心的距离(叫物距 $u$)大于或等于 2 倍焦距,即 $u \geqslant 2f$ 时,通过作图可以得到在凸透镜另一侧形成倒立、缩小(或等大)的实像,且像到光心的距离(叫像距 $v$)在焦距的 2 倍焦距之间,即 $f < v \leqslant 2f$,如图 9-24(a)所示.照相机成像通常属于这种情况.当 $2f > u \geqslant f$ 时,通过作图可得到物体在凸透镜另一侧形成倒立、放大的实像,且 $v > 2f$,如图 9-24(b)所示.幻灯机、电影放映机的光路与此相仿.当 $u = f$ 时,每个物点发出的光经凸透镜后均为不相交的平行光,因此不会成像(或成像在无穷远处).当 $u < f$ 时,物体发出的光经凸透镜后是发散的,得不到实像.而把这些光线反向延长可得到物体正立、放大的虚像,如图 9-24(c)所示.用放大镜观察物体就属于这种情景.

研究凹透镜成像时,也可以利用上述三条特殊光线,但无论物距如何,光线经凹透镜后总是发散的,所以只能得到虚像,并且我们会发现,所成虚像总是正立、缩小的.

**透镜成像公式**　利用透镜成像光路图中的几何关系可以找出 $u$、$v$ 和 $f$ 三者之间的关系为

$$\frac{1}{u}+\frac{1}{v}=\frac{1}{f} \tag{9-6}$$

这就是透镜成像公式.在应用中须注意:(1) 物距 $u$ 总是取正值;(2) 凸透镜焦距 $f$ 取正值,凹透镜焦距 $f$ 取负值;(3) 成实像时 $v$ 取正值,成虚像时 $v$ 取负值.

**像的放大率**　我们通常把像长与物长的比值叫做像的放大率,用 m 表示.由透镜成像作图法可得,如图 9-24 所示.

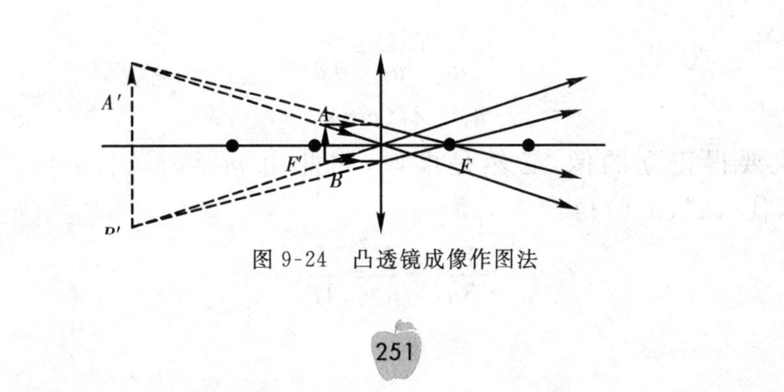


图 9-24　凸透镜成像作图法

$$m=\frac{A'B'}{AB}=\frac{v}{u} \tag{9-7}$$

计算中 $v$ 应取绝对值，即 $m=\frac{|v|}{u}$.

**例题 9-5** 如图 9-25 所示，离墙 4m 处有一根点燃的蜡烛，在蜡烛与墙壁之间距烛 3m 处放一透镜，刚好成像在墙上. 把透镜移到另一位置也能成像在墙上. 求该透镜在焦距并比较两个像的大小.

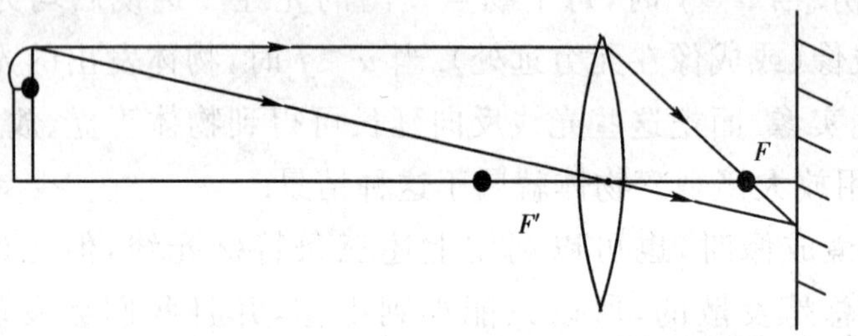


图 9-25

**解** 能把烛焰成像在墙上，所成像必然是实像，因此这是个凸透镜，其成像光路如图9-25所示. 第一次成像时，$u_1=3\text{m}$，$v_1=4-3=1\text{m}$，由式(9-6)得：

$$f=\frac{u_1v_1}{u_1+v_1}=\frac{3\times1}{3+1}=\frac{3}{4}=0.75(\text{m}).$$

根据光路可逆原理，第二次成像时必然有 $u_2=v_1=1\text{m}$，$v_2=u_1=3\text{m}$. 因此两次成像的放大率分别为

$$m_1=v_1/u_1=\frac{1}{3},$$

$$m_2=v_2/u_2=u_1/v_1=3.$$

可见，第二次成像的像长是第一次像长的 $m_2/m_1=9$(倍).

**例题 9-6** 一个长 2cm 的物体，放在焦距为 18cm 的凸透镜前什么位置上，才能得到长 4cm 的倒立的像？要想得到 6cm 长的正立的像，该物体应放在哪里？

**解** 第一次所成实像的放大率 $m_1=\frac{4}{2}=2$，因此 $v_1=2u_1$，代入式(9-6)得：

$$\frac{1}{2u_1}+\frac{1}{u_1}=\frac{1}{18}$$

$$u_1=27(\text{cm}).$$

第二次要得正立的像，必然是虚像，因此由 $m_2=|v_2|/u_2=6/2=3$，得 $v_2=-3u_2$，代入式(9-6)得：

$$\frac{1}{-3u_2}+\frac{1}{u_2}=\frac{1}{18},$$

$$u_2 = 12(\text{cm}).$$

可见，把物体放在镜前 27cm，可得长 4cm 的倒立的实像；把物体放在镜前 12cm 处，就可得到长 6cm 的正立的虚像.

## 练　习　9.4

1. 透镜成像公式中，各量的正负号包含什么意义？
2. 一般照相机在拍摄景物时要调节镜头与被摄物体间的距离，以便成像在暗箱中的感光片上，这通常叫做"调焦". 而普通的"傻瓜"相机拍照时为什么不用调焦？（提示：这种相机的镜头到感光片之间的距离即暗箱的长度是固定的，镜头的焦距一般很小，30 mm 左右）
3. 用焦距为 $f=2.5$cm 的放大镜（即凸透镜）观察距离它 1.0cm 处的一个字母，这个字母的像是它的多少倍？
4. 一幻灯机把图片放大 100 倍时，银幕距镜头 4.00m. 求图片到镜头的距离和镜头的焦距，并用作图法画出成像的光路图.
5. 物体 $AB$ 位于凹透镜 15cm 处，凹透镜焦距是 7.5cm，像距为多大？像的放大率是多少？

## 9.5　常用光学仪器

**【现象与思考】**　利用棱镜、透镜等光学元件可以制成各种光学仪器，它们与人眼配合使用，可以使人们的观察能力大大增强. 如放大镜可以让我们看清一些细节；显微镜更能使我们明察秋毫；照相机帮我们把观察到的事物永久地记录下来；望远镜则使我们长上了"千里眼". 这些光学仪器是如何实现它们的特别功能的呢？

**眼睛**　人们观察世界的窗口——眼睛，它是一个构造十分精巧的光学系统. 眼球中的晶状体相当于焦距约 1.5cm 的一个凸透镜. 被观察的物体都在人眼的 2 倍焦距之外，因此会在视网膜上形成倒立缩小的实像，如图 9-26 所示. 由于视网膜神经的习惯性倒转传递作用，使我们产生了倒像是正立的感觉.

由晶状体的光心向被观察物体两端所引用的两条直线的夹角 $\phi$ 叫做视角.

视角的大小与被观察物体的大小和远近有关，如图 9-27 所示. 同一物体离眼睛越近，视角 $\phi$ 就越大，看得也越清楚. 但移得太近时，眼睛需要高度调节，反而加快了眼睛的疲劳. 使正常眼睛既能看清物体，又不感到疲倦的最近距离约为 25cm，这个观察距离称为明视距离. 经验告诉我们，即使在明视距离处，要看清物体，视角也必须大于 1′(物体大于 0.1mm). 当被观察物体太小时，就需要借助放大镜、显微镜等光学仪器来增大视角，以便看清物体.

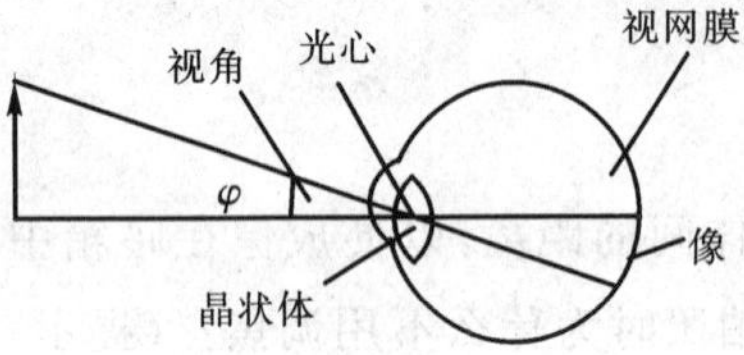

图 9-26　眼睛

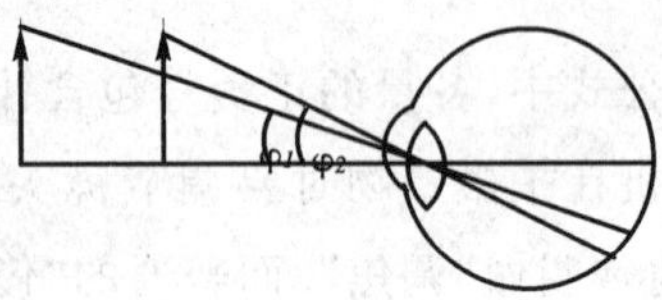

图 9-27　视角

青少年若不注意用眼卫生，常会造成近视. 近视眼的晶状体比正常眼睛要凸一些或晶状体到视网膜距离过远等. 这样从远处来的光线只能会聚在视网膜前，使人看不清远距离的物体，如图 9-28(a)所示，这时要想看清远处的物体就需要矫正. 一般矫正的方法是佩戴用凹透镜制成的近视眼镜，如图 9-28(b)所示.

年纪大的人，眼睛的调节能力变差，使视网膜到晶状体的距离过近或晶状体过扁. 物体射入眼睛的光线到视网膜后面才能会聚，越近物体的光线，越往视网膜后会聚，因此看不清近距离的物体，这就是远视，如图 9-29(a)所示. 一般矫正的方法是佩带用凸透镜制成的远视(老花)眼镜，如图 9-29(b)所示.

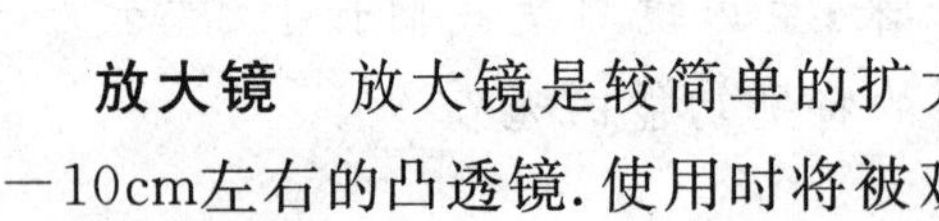
(a)　(b)

图 9-28　近视及矫正

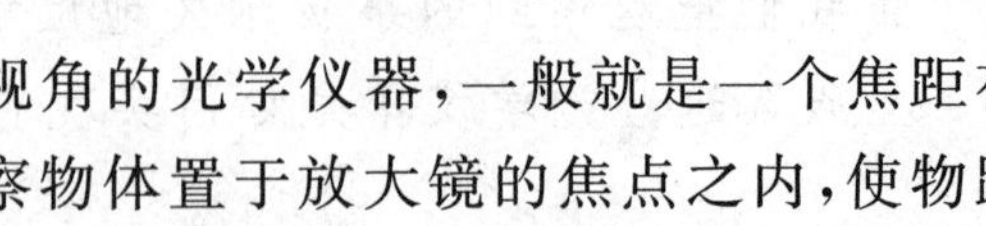
(a)　(b)

图 9-29　远视及矫正

**放大镜**　放大镜是较简单的扩大视角的光学仪器，一般就是一个焦距在 1—10cm左右的凸透镜. 使用时将被观察物体置于放大镜的焦点之内，使物距小于焦距. 改变物距的大小，隔着放大镜我们在明视距离附近看到物体正立、放大的虚像，如图 9-30 所示. 当直接用肉眼观察明视距离处的物体 $AB$ 时，视角 $\phi_1$ 很小，而用放大镜观察时，视角增大到 $\phi_2$，较小的物体就被看清了. 我们规定，使用光学仪器观察物体时，像对眼睛所张的视角 $\phi_2$ 与直接观察明视距离处物体的视角 $\phi_1$ 之比，叫做光学仪器的放大率($M$). 由光路图中的几何关系很容易求得放大镜的放大率：

$$M=d/f \tag{9-8}$$

一般放大镜的放大率在 2.5—25 倍之间.

**显微镜**　显微镜是用来观察细菌等微生物、动植物的组织、金属的结构等非常细微物体的光学仪器，其放大作用比放大镜大得多. 它是由两组透镜构成的，每组透镜就相当于一个凸透镜，两组透镜装在一个镜筒里. 对着物体的一组叫**物镜**，它的焦距很短. 对着观察者眼睛的一组叫**目镜**，它的焦距稍长些，如图 9-31 所示. 使用中，把物体 $AB$ 置于物镜焦点外但靠近焦点的地方，通过物镜可得到一个放大倒立的实像 $A_1B_1$，使它们位于目镜焦点之内且接近焦点的地方，眼睛通过目镜观察到的是 $A_1B_1$，经过目镜放大的正立的虚像是 $A_2B_2$，它相对于物体是倒立的.

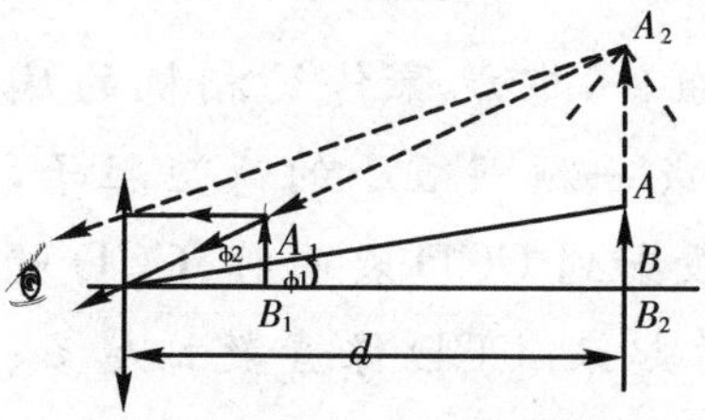

图 9-30　放大镜成像

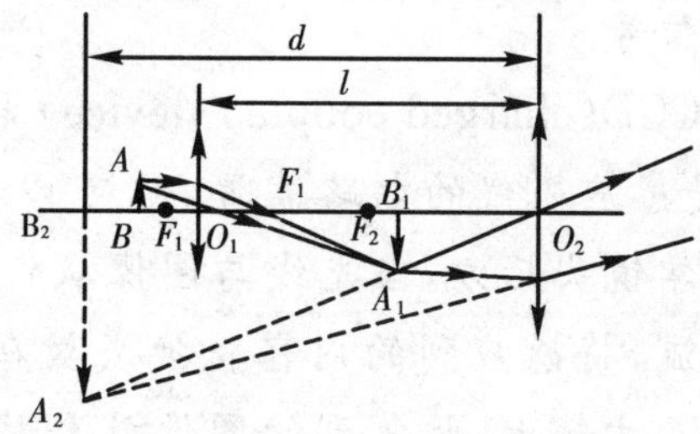

图 9-31　显微镜光路图

经研究可知，光学显微镜的放大率可达 2000 倍左右，它可以使我们看清像细胞那样万分之一毫米大小的细微结构. 要想观察更小的结构，光学显微镜就无能为力了，必须借助现代的电子显微镜或场离子显微镜等. 它们的放大率高达数百万、数千万甚至数亿倍，可以观察到分子内部更精细的结构. 显微镜已成为人类进行科学研究和认识微观世界必不可少的重要工具.

**【动手做实验】**　在桌面上放两支铅笔(距离 4—5cm)，两支铅笔上盖一块无色透明的塑料薄膜，用沾水的毛笔小心地在塑料薄膜上滴个小水滴(直径 4—5mm)，这就是一个放大镜. 透过水滴看，桌面上一根头发丝几乎有铅笔那样粗.

把承担水滴的塑料薄膜支高一些(如平放在两个火柴盒上，离桌面约 15mm)作物镜，然后拿一个放大镜在水滴的上方作为目镜，耐心地调整放大镜和水滴之间距离，并注意眼睛离放大镜不要太近. 调整好的这个“显微镜”可以用来观察细盐、花粉等. 通过它你会看到，水滴下的每个小盐粒都是一个正方体.

想一想，用水滴做放大镜时为什么要离被观察物体近一些，而做显微镜时又要离被观察物体远一些呢？

## 科技之窗

# 光学中一些高科技产品

**数码相机** 数码相机是集光学与机电一体化的产品.它集成了影像信息的转换、存储和传输等部件,具有数字化存取模式,与电脑交互处理和实时拍摄等特点.光线通过镜头或者镜头组进入相机,通过成像元件转化为数字信号,数字信号通过影像运算芯片储存在存储设备中.数码相机的成像元件是CCD或者CMOS,该成像元件的特点是光线通过时,能根据光线的不同转化为电子信号.

CCD(charged coupled device)电子耦合组件,它就像传统相机的底片一样,是感应光线的电路装置,你可以将它想象成一颗颗微小的感应粒子,铺满在光学镜头后方,当光线与图像从镜头透过、投射到CCD表面时,CCD就会产生电流,将感应到的内容转换成数码资料储存起来.CCD像素数目越多、单一像素尺寸越大,收集到的图像就会越清晰.因此,尽管CCD数目并不是决定图像品质的唯一因素,仍然可以把它当成相机等级的重要判定标准之一.

CMOS(complementary metal-oxide-semiconductor)互补金属氧化物半导体.在今日,CMOS制造工艺也被应用于制作数码影像器材的感光元件,尤其是片幅规格较大的(像素在1200万以上的超高分辨率数码相机一般采用CMOS传感器)数码相机.虽然在用途上与过去CMOS电路主要作为固件或计算工具的用途非常不同,但基本上它仍然是采取CMOS的工艺,只是将纯粹逻辑运算的功能转变成接收外界光线后转化为电能,再透过芯片上的模一数转换器(ADC)将获得的影像讯号转变为数字信号输出.

数码相机的优点是:

1.拍照之后可以立即看到图片,删除不满意的作品而立刻重新拍摄.

2.可以利用彩色打印机直接打印出色彩逼真、细节生动的照片.

3.色彩还原和色彩范围不再依赖胶卷的质量.

4.感光度也不再因胶卷而固定,光电转换芯片能提供多种感光度选择.

**光计算机** 光计算机与传统硅芯片计算机不同,光计算机用光束代替电子进行计算和存储.它以不同波长的光代表不同的数据,以大量的透镜、棱镜和反射镜将数据从一个芯片传送到另一个芯片.这种利用光作为载体进行信息处理的计算机被称为光计算机,又称为光脑.光计算机是由光代替电子或电流，实现高速处理大容量信息的计算机.其基础部件是空间光调制器，并采用光内连技术，在运算部分与存储部分之间进行光连接，运算部分可直接对存储部分进行并行存取.突破了传统的用总线将运算器、存储器、输入和输出设备相连接的体系结构，运算速度极高、耗电极低.光计算机的出现，将使21世纪成为人机交互的时代.在未来光计算机的运用也非常广泛，特别是在一些特殊领域，比如预测天气等一些复杂而多变的过程，还可应用在电话的传输上.使用光波而不是电流来处理数据和信息对于计算机的发展而言是非常重要的一步.在将来，光计算机将为我们带来更强劲的运算能力和处理速度.甚至会为将来与生物科学等学科的交叉融合打开一扇新的大门.

**反光膜** 反光膜是利用光学原理，能把光线逆反射回到光源处的一种特殊结构的PVC膜.是采用特殊的工艺将由玻璃微珠形成的反射层和PVC、PU等高分子材料相结合而形成的一种新颖的反光材料，由反光层、底膜、压敏胶及离型层构成.用反光材料制成的安全防护用品，在一定的光源照射下能产生强烈的反光效果，为黑暗中的行人或夜间作业人员提供最有效、最可靠的安全保障.

反光膜主要用于各种公路铁路的导向牌、指示牌，矿山机场安全牌，舞台布景，商标、地名牌、车牌等.

## 练 习 9.5

1.近视和远视各应如何矫正？

2.视角的大小是由什么决定的？为什么人们看到圆圆的月亮总觉得大似茶盘？

3.如何使用放大镜观察物体？放大镜的焦距越小越好吗？

4.说明显微镜的构造和作用，它的物镜和目镜能否互换使用？为什么？

# 第9章小结

## 一、要求理解、掌握并能运用的内容

1.折射定律

(1) 折射光线在入射光线和法线所决定的平面内，折射光线和入射光线分居法线的两侧.

(2) 入射角($\alpha$)的正弦和折射角($\gamma$)的正弦之比为一常数，即$\frac{\sin\alpha}{\sin\gamma}=$常数.

2. 折射率

光从真空(或空气)射入某种介质时,入射角($\alpha$)的正弦和折射角($\gamma$)的正弦之比,叫做这种介质的折射率,即 $n=\frac{\sin\alpha}{\sin\gamma}=\frac{c}{v}$

折射率反映了介质相对真空或空气的折射性质.

3. 全反射　入射光线在两种介质的界面上被全部反射的现象.

(1) 临界角:使折射角等于 $90°$ 的入射角.

(2) 全反射条件:

①光从光密介质进入光疏介质;

②入射角大于临界角.

4. 透镜成像规律

(1) 凸透镜成像作图法.

①通过光心的光线经凸透镜后方向不变;

②平行于主轴的光线经凸透镜折射后通过焦点;

③通过焦点的光线经凸透镜折射后平行于主轴.

利用物点 $S$ 发出的光线中,这三条特殊光线中的任意两条光线的交点就可确定像点 $S'$.

(2) 透镜成像公式 $\frac{1}{u}+\frac{1}{v}=\frac{1}{f}$.

①凸透镜焦距 $f$ 恒为正(凹透镜焦距恒为负);

②物距 $u$ 为正;

③成实像时 $v$ 为正,成虚像时 $v$ 为负.

(3) 像的放大率 $m=\frac{A'B'(\text{像长})}{AB(\text{物长})}=\frac{|v|}{u}$

## 二、要求了解的内容

1. 光的折射现象
2. 光的色散现象
3. 光导纤维传光原理及光纤通信
4. 常用光学仪器(眼睛、放大镜、显微镜以及照相机、望远镜)的成像原理

# 第 9 章自测题

## 一、填空题

1. 光从甲介质射到乙介质界面时，测得反射角为 30°，折射角为 45°. 由此可知________介质是光密介质. 甲介质相对于乙介质的临界角是________.
2. 单色光从玻璃射向空气，当入射角为 $\theta$ 时恰好发生全反射，则光在玻璃中的速度与在真空中速度之比为________.
3. 光纤是利用光在介质表面上多次________而从一端传至另一端的，因此光纤芯线的折射率必须________包层的折射率.
4. 从对光的集聚和发散的角度来看，凸透镜又叫做____________透镜，平行于主轴的光线通过凸透镜后____________于一点，该点叫做凸透镜的焦点；凹透镜又叫做____________透镜，平行于主轴的光线通过凹透镜后____________于一点，该点叫做凹透镜的焦点.
5. 同一物体离人眼越远，则视角______，正常眼睛的明视距离约为______ cm. 即使在明视距离处要看清物体，视角也必须大于______.

## 二、选择题

1. 光由介质Ⅰ射入介质Ⅱ，若折射角大于入射角，则(　　)
   (1) $v_1 > v_2$；　(2) $v_1 < v_2$；　(3) $n_1 > n_2$；　(4) $n_1 < n_2$.
2. 在岸边看水中的鱼时，人看到的是(　　)
   (1) 原深度鱼的虚像；　(2) 原深度鱼的实像；
   (3) 深度变浅了的鱼的虚像；　(4) 深度变深了的鱼的虚像.
3. 下列关于棱镜的说法，正确的是(　　)
   (1) 光线穿过棱镜总是向底面偏折；
   (2) 当棱镜周围介质的折射率较棱镜大时，穿过棱镜的光线会向顶角偏折；
   (3) 通过棱镜看空气中的物体时，所看到的像比它的实际位置偏低了；
   (4) 全反射棱镜的反射效率比平面镜高.

## 三、计算题

1. 某种玻璃的折射率为 1.90，酒精的折射率为 1.36. 当这两种介质相邻时，光从哪种介质射向哪种介质才可能发生全反射现象？临界角是多大？
2. 如图 9-32 中，三棱镜的折射率 $n=1.50$，主截面为等边三角形.(1) 以与入射面成 30°夹角的方向入射一条光线，请根据计算画出折射光线的光路图；(2) 如果垂直于 $AB$ 面入射一条光线，它能否从 $AC$ 上折射出来？请作图说明.
3. 将 2cm 高的物体垂直放于透镜主轴上，距光心 20cm，结果得到 8cm 高正立的像. 此透镜是凸透镜还是凹透镜？其焦距是多少？

4. 某建筑物照在底片上高 6cm，已知照相机距建筑物 30m，镜头焦距 18cm. 求此建筑物的实际高度.

5. 请在图 9-33 各方框中画出合适的光学器件(可用元件组合)和光路图.

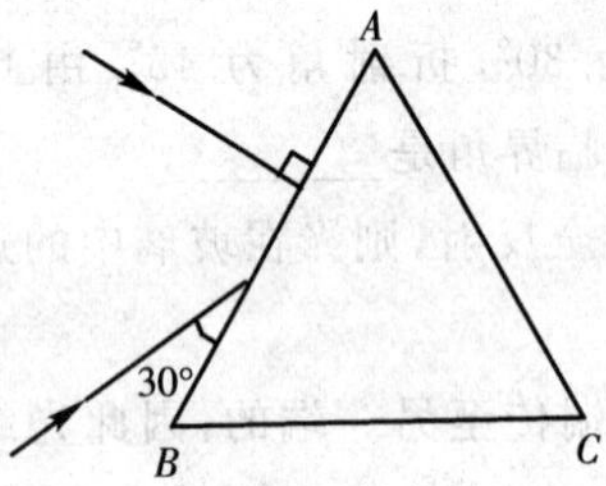


图 9-32

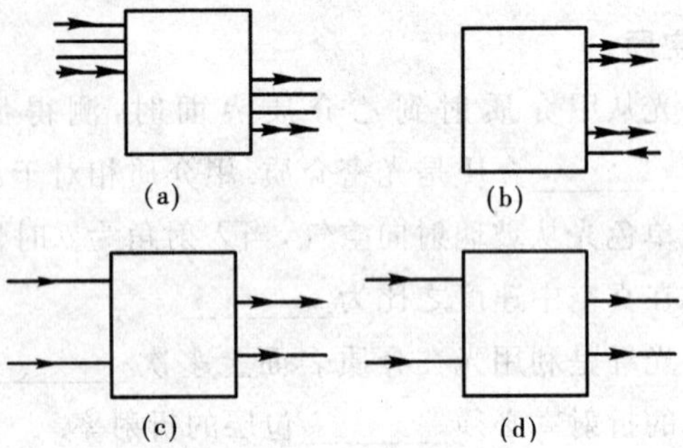


图 9-33

# 第10章 波 动

与我们过去所学的机械运动、热运动和电磁运动相比，波动是一种较为复杂的运动形式；然而波动现象却普遍存在于机械运动、电磁运动等各种运动形式之中. 机械振动在介质中的传播形成了声波、水面波、地震波等机械波；电磁振荡在空间的传播则形成了无线电波、光波等电磁波.

波动在现代生活、生产和科学技术中有着极其重要而广泛的应用. 在近代物理中更是处处离不开波动学，仅从微观理论的基石——量子力学又被称为波动力学这一点，就足以说明波的概念在近代物理学中的重要作用了.

## 10.1 机 械 波

**【现象与思考】**当你向平静的湖水中投一颗石子，你会看到以石子落水处为中心，在水面上形成一圈圈的波纹向四周传播开来，真可谓“一石激起千层浪”. 此时，如果有片树叶飘浮在水面上，你仔细观察后会发现，树叶只是在原处随波起伏荡漾而绝不随波迁移. 你知道这是什么原因吗？

**机械波** 小石子落在静止的水面上时，引起石子着水处的振动，这振动就向周围的水面传播出去，形成水面波. 拉着一根绳，同时使一端作垂直于绳子的方向振动，这振动就沿着绳子向另一端传播，形成绳子上的波，如图 10-1(a)所示. 音叉振动时，引起周

(a)波的形成

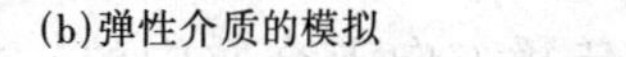
(b)弹性介质的模拟

图 10-1 绳子上的波

围空气分子的振动,这个振动就在空气中传播出去,形成声波.

以上例子表明,机械振动系统能够把振动向周围介质传播出去.这种**机械振动在介质中的传播称为机械波,简称波或波动**.由此我们可以总结出产生波的条件:一要有作机械振动的物体,这个物体叫做**机械波源**;二要有能够传播这种机械振动的弹性介质.

弹性介质就是质点之间彼此有弹性力相互联系着的介质.固体、液体或空气等弹性体都可作为弹性介质.图 10-1(b)表示绳子中各质点彼此间的弹性联系(这种联系在图上形象地用弹簧来表示).当绳子的一端上下抖动时,振动就依靠绳子的各质点间的弹性联系沿绳子传播过去,这就是机械振动在弹性介质中的传播.

**横波与纵波**　在介质中,质点的振动方向和波的传播方向相垂直的波称为**横波**,例如绳子上传播的波;质点的振动方向和波动的传播方向相平行的波称为**纵波**,例如空气中传播的声波.横波和纵波是自然界中存在着的两种最简单的波.其他如水面波、地震波等,情况就比较复杂.

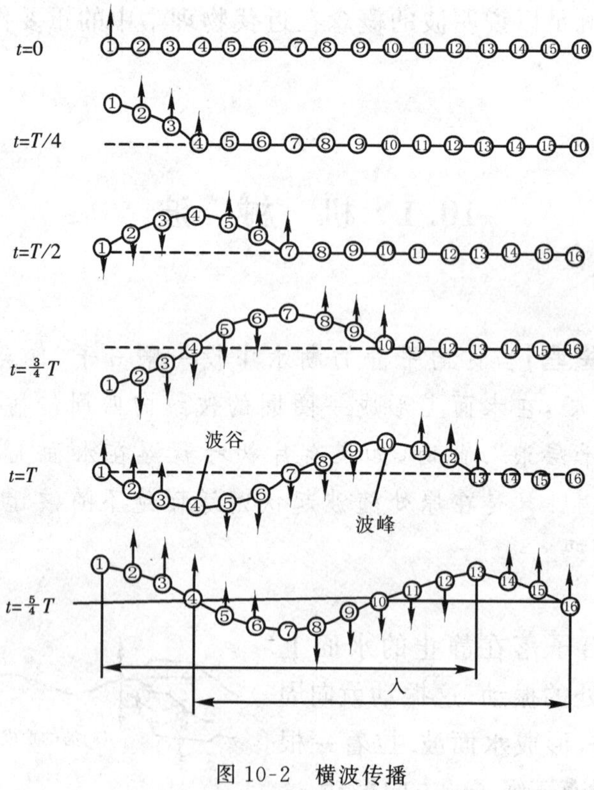


图 10-2　横波传播

图 10-2 表示横波传播的大概情形.设波向右传播,图中 1 至 16 小点代表在传播方向上介质中的一排质点,质点相互间有弹性力联系着,且都在各自的平衡位置.当质点 1 在外力作用下作周期为 $T$ 的上下振动时,质点 2,3,4,…也

相继投入上下振动，振动周期也是 $T$. 图中画出了经过 $\frac{T}{4},\frac{T}{2},\cdots,\frac{5}{4}T$ 时各质点的振动状态，从整体上看形成了凹凸相间的波向右传播. 凸起部分的最高点（正向位移最大）称为波峰. 凹下部分的最低点（负向位移最大）称为波谷. 由于每个质点都在不断地振动，波峰和波谷的位置将随时间而转移过去，整个波形在向前推移，这就是横波的传播过程.

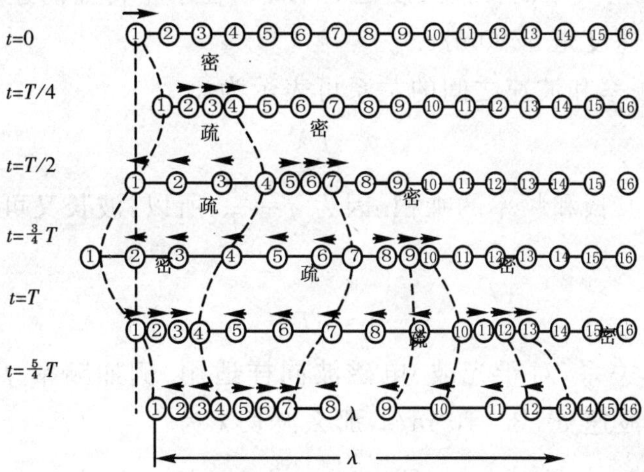


图 10-3　纵波传播

图 10-3 表示纵波传播的大概情形. 当质点 1 在外力作用下作周期为 $T$ 的先右后左方向的振动时，质点 2,3,4,…在弹性力的作用下也相继投入先右后左方向的振动，振动周期也是 $T$. 图中画出了经过 $\frac{T}{4},\frac{T}{2},\cdots,\frac{5}{4}T$ 时各质点的振动状态. 从整体上形成疏密相间的纵波向右传播. 图 10-4 表示的是在弹簧上传播的纵波. 弹簧上各点的振动形成疏密相间的振动状态，随时间沿波的传播方向转移过去，这就是纵波的传播过程.

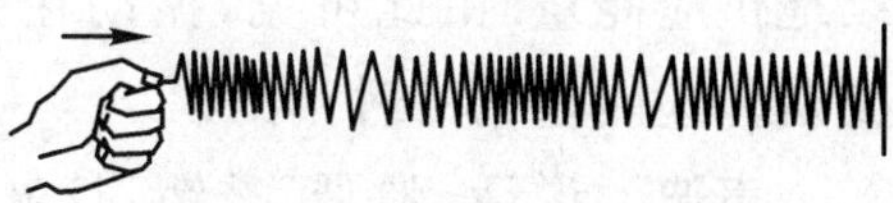

图 10-4　弹簧上的纵波

应当注意，波动传播时，所传播的只是介质中各点在各自的平衡位置附近的振动状态，物质并不随着波的传播而迁移过去. 例如，在飘浮着树叶的静水里投入石子引起水面波时，树叶只在原位置附近上下振动，而不漂移到别处.

必须指出：横波一般只能在固体中传播，纵波能够在固体、液体和气体中传播.

**波长**　波的周期就是质点全振动一次所需的时间. 在一个周期内，波传播的距离叫做波长，用 $\lambda$ 表示. 图 10-2 中，1 和 13 两点距离是横波的一个波长. 图 10-3 中，1 和 13 两点距离是纵波的一个波长. 由此可知，横波上两个相邻波峰（或波谷）中心之间的距离，等于一个波长. 纵波上两个相邻的密部（或疏部）

中心之间的距离,等于一个波长.

**波的频率** 频率是单位时间内波源全振动的次数,也是波在单位时间内传播的波长数目.所以,波的频率等于波源的振动频率,用 $f$ 表示,频率的单位是赫兹(Hz).

**波速** 波动在介质中传播的速度叫波速,用 $v$ 表示.波速的大小取决于介质的性质.声波在空气中的传播速度是 340m/s,在水中传播的速度是 1450m/s,在钢材中传播的速度是 5200m/s.

波长、波的频率和波速之间的关系可表示为

$$v=f\lambda \tag{10-1}$$

即波速等于波长和频率的乘积.因为 $f=\frac{1}{T}$,所以,波长又可表示为波速和周期的乘积

$$\lambda=vT$$

上述三者的关系,对于光波、电磁波同样适用.例如频率 $f=800\text{kHz}$(千赫)的无线电波,波速 $v=3\times10^8\text{m/s}$,那么波长 $\lambda$ 为

$$\lambda=vT=\frac{v}{f}=\frac{3\times10^8}{800000}=375(\text{m})$$

**波是传递能量的一种形式** 质点振动时必须具有能量(动能和势能),介质中原来静止的质点会随传到的波而振动起来,这表明它获得了能量.可见,波动是能量传递的一种方式,这个能量是从波源通过介质中的质点依次传递过来的.随着能量的传递,波源的能量将逐渐减少,波源处质点振动的振幅也会越来越小.如果要使能量持续不断地以波的形式传播出去,就必须给波源持续地供应能量.由此可见,振动在介质中的传播过程就是能量传播的过程,即波是传递能量的一种形式.

**声波** 说话、弹琴、敲锣、打鼓、下雨、雷鸣、刮风、地震等都会产生声波.声波是由声源的振动在介质中的传播形成的.人在说话时,声带的振动在空气中传播形成了话音;弹琴时琴弦的振动在空气中传播形成了琴声.实验表明,气体、液体、固体都能传声.在真空中声源的振动就不能形成声波了.例如,放在抽去空气的玻璃罩中的闹钟或电铃,我们可以看见其摆锤的振动,却听不见铃声,这是因为玻璃罩中没有传递声波的介质(空气)的缘故.

声波的频率范围很宽,人耳能听到的声波(**可闻声波**)频率范围为 16—$2\times10^4$ Hz.低于 16Hz 的声波称为**次声波**,高于 $2\times10^4$ Hz 的声波称为**超声波**.

声波遇到障碍物会被反射回来,若回声达到人耳比原声滞后 0.1s 以上,我们就能把它们区别开来.雨天常常雷鸣不绝地延续数秒钟,就是声波在云层中

多次反射的缘故.我们对着距离稍远的山崖或高大建筑物呼喊,常会听到清晰的回声,由此你会估算出与山崖或建筑物之间的距离吗?类似地,测出雷鸣与闪电之间的时间差,也可计算出雷电发生处离我们有多远.

*噪声的危害与控制　一般说来,声源作无规则或非周期性振动产生的、听起来嘈杂刺耳的声音都是噪声.从环境保护的角度来说,一切对人们生活和工作有妨碍的声音都可以算作噪声.例如,一些娱乐场所为招揽顾客而发出过强的音乐声.今天,噪声正严重污染着我们生活的环境,已被列为国际公害,必须采取有效的措施加以控制.

人们用 dB(分贝)来表示声音的强度.人听觉适应的强度在 0－120dB 之间,小于 0dB 的声音不会引起我们的听觉,而超过 120dB 的声音只能引起人的痛觉.一般来说,环境的噪声越大,人能承受的时间越短.噪声级每增加 5dB,人能承受的时间就相应减少一半.噪声超过 60dB 就会影响人的神经及内分泌系统,使人感到厌烦和注意力分散.噪声达到 90dB 以上,就会引起人们的消化不良、神经衰弱、血压升高、新陈代谢减退,甚至永久性耳聋.120dB 以上的噪声会使人出现恐惧、眩晕、呕吐等症状,甚至造成人和动物的死亡.1964 年,美国空军 F104 喷气式飞机在俄克拉荷马城上空作超声速飞行实验时,造成附近一个农场的 10 000 只鸡中有 6 000 只死亡.上海建造南浦大桥时,由于打桩机噪声昼夜不停,造成周围农舍猪栏内的猪全部死亡.北京郊外的首都机场每 1 分钟就至少有 1 次飞机的起落,机场旁管头村 900 多名饱受震耳欲聋噪声之苦的村民中一半以上的人患有心脏病,该村的母鸡从来不下蛋,显然也是飞机噪声干扰的缘故.

大城市中的噪声主要来源于各种交通工具的喇叭、汽笛、刹车、排气、发动机及飞机的起落、盘旋等.此外,工厂和建筑工地上各种机器和设备发出的噪声,有时比交通工具发出的噪声还要强烈.世界各国都把噪声控制列为环境保护的重要内容.我国中等以上城市的主要干道上都设置了噪声监测设备,并对城市各类区域中允许的环境噪声强度作了规定,如表10-1 所示.

**表 10-1　环境噪声标准**

| 环境名称 | 室　内 | 室　外 |
|---|---|---|
| 交通干道两侧 | 0－60dB | 0－70dB |
| 工业集中区 | 0－55dB | 0－65dB |
| 文　教　区 | 0－50dB | 0－60dB |

目前,一般采用改进操作和工艺方法、改变交通工具和机械设备的结构以及使用消音、隔音装置等来减小噪声.个人防护可采用耳塞、耳罩、耳棉等措

施,如耳塞的平均隔声一般可达 20dB.现在许多国家都在致力于更有效地控制噪声的研究,已形成了一门新的科学叫做“噪声控制学”(也称“噪声工程学”).在这门新学科中,有许多直接关系到人们的健康和人类生存环境的问题需要研究和解决.

**【动手做实验】** 验证声波在不同介质中传播的速度不同.在有自来水管连接供水的空旷的地方,找两个相距足够远的自来水龙头(100—200m),让一个同学在一个自来水龙头上敲一下,一个同学在另一个自来水龙头上听声音.由于声音在不同的介质中具有不同的传播速度,所以他将能听到三次敲自来水龙头的声音,它们分别是从钢管、水中和空气中传到听者耳朵里的声波.

## 阅读材料

### 次声波　超声波

次声波 频率小于 20Hz(赫兹)的声波叫做次声波.在自然界中,海上风暴、火山爆发、大陨石落地、海啸、电闪雷鸣、波浪击岸、水中漩涡、空中湍流、龙卷风、磁暴、极光等都可能伴有次声波的发生.在人类活动中,诸如核爆炸、导弹飞行、火炮发射、轮船航行、汽车急驰、高楼和大桥摇晃,甚至像鼓风机、搅拌机、扩音喇叭等在发声的同时也都能产生次声波.

次声波不容易衰减,不易被水和空气吸收.次声波的波长较长,因此能绕开某些大型障碍物发生衍射.频率很低的次声波能绕地球 2 至 3 周.

次声波会干扰人的神经系统正常功能,危害人体健康.一定强度的次声波,能使人头晕、恶心、呕吐、丧失平衡感甚至精神沮丧.有人认为,晕车、晕船就是车、船在运行时伴生的次声波引起的.住在十几层高的楼房里的人,遇到大风天气,往往感到头晕、恶心,这也是因为大风使高楼摇晃产生次声波的缘故.更强的次声波还能使人耳聋、昏迷、精神失常甚至死亡.某些频率和人体器官的振动频率相近的次声波,容易和人体器官产生共振,对人体有很强的伤害性,危险时可致人死亡.

从 20 世纪 50 年代起,核武器的发展对次声学的建立起了很大的推动作用,使得对次声接收、抗干扰方法、定位技术、信号处理和传播等方面的研究都有了很大的发展,次声的应用也逐渐受到人们的注意.次声的应用前景十分广阔，大致有以下几个方面：

1. 研究自然次声的特性和产生机制，预测自然灾害性事件. 例如台风和海浪摩擦产生的次声波，由于它的传播速度远快于台风移动速度，因此，人们利用一种叫“水母耳”的仪器，监测风暴发出的次声波，即可在风暴到来之前发出警报. 利用类似方法，也可预报火山爆发、雷暴等自然灾害.

2. 通过测定自然或人工产生的次声在大气中传播的特性，可探测某些大规模气象过程的性质和规律. 如沙尘暴、龙卷风及大气中电磁波的扰动等.

3. 通过测定人和其他生物的某些器官发出的微弱次声的特性，可以了解人体或其他生物相应器官的活动情况. 例如人们研制出的“次声波诊疗仪”可以检查人体器官工作是否正常.

4. 次声在军事上也有很多应用，如利用次声的强穿透性制造出能穿透坦克、装甲车的武器等. 次声武器的最大优点是不会造成环境污染.

超声波 超声波是频率高于20 000 Hz的声波，波长短，很容易发生反射，它方向性好，穿透能力强，易于获得较集中的声能，在水中传播距离远，可用于测距，测速，清洗，焊接，碎石、杀菌消毒等. 在医学、军事、工业、农业上有很多的应用. 超声波因其频率下限大约等于人的听觉上限而得名.

## 练 习 10.1

1. 有一物体在作机械振动，是否一定产生机械波？如果没有振动，是否一定没有机械波？
2. 介质中质点振动的周期与波动的周期是否相同？
3. 说“介质中某处是波峰”，是不是任何时刻那里都出现波峰？波峰会不会传播？
4. 波的传播伴随着能量的传播，能量是从哪里来的？
5. 如果一个波的频率是8Hz，传播速度是2.4 m/s，求在这个波的传播方向上相距为20cm的两个质点之间有多少个波长？
6. 一声波在空气中的波长是25cm，波速是340 m/s. 当它以同一频率进入另一介质时，波长变成了79cm，求它在这种介质中的传播速度.

## 10.2 电磁振荡 电磁波

**【现象与思考】** 用传呼机、手机等移动通讯设备可以随时随地与外界取得联系. 今天，我们足不出户就可以欣赏千百里外传来的悦耳的音乐,观看远在大洋彼岸的体育比赛和观察航天飞机及太空空间站上宇航员的工作情况,还可以探测到宇宙中与我们相距几十亿光年的远方星系的信息……这些都离不开电磁波.自从19世纪80年代德国物理学家赫兹用实验证实了电磁波的存在以来,许多神话中的幻想变成了现实.然而,如此神秘而又神通广大的电磁波是怎样产生的呢?

**电磁振荡** 电磁波的产生要从电磁振荡谈起.

图10-5是一个由电容器C(50－100μF)和带铁芯的线圈L(1000－2000H)组成的LC振荡电路.先将K拨向1端,给电容器充电,然后把K拨向2端,C和L组成一个闭合回路.我们能看到灵敏电流计G指针左右摆动起来,说明电路中产生了大小和方向都作周期性变化的电流.这种电流称为**振荡电流**.为什么LC振荡电路能产生振荡电流呢?图10-6示意了振荡电流的产生过程.

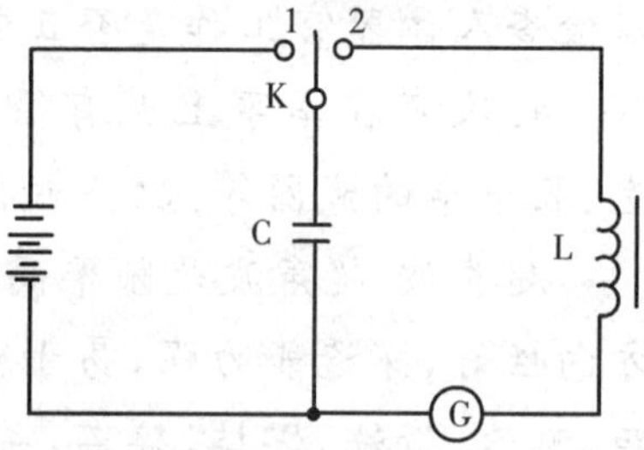

图10-5 LC振荡电路

充过电的电容器C与线圈L接通后开始放电,如图10-6(a)所示,C上电荷减少,电场减弱,但放电电流逐渐增大,L中磁场不断增强,电容器中储存的电能逐渐转换成线圈中的磁能.当C上电荷释放完毕的瞬间,电流达到最大,L中的磁场也达到最强,如图10-6(b)所示.随后,在线圈磁场消失的过程中产生的感应电流沿原方向给C充电,电场增强,磁能又逐渐转换成电能.充电结束,C上两极间电场强度达到最大,如图10-6(c)所示.接着C开动反向放电,放电完毕,电流又达到最大,磁场达到最强,如图10-6(d)所示.接下去线圈又给C充电,最终使C带电情况恢复到原来状态,如图10-6(a)所示.如此反复循环,便在电路中产生大小和方向都在做周期性变化的电流,同时电容器中的电场能和线圈中的磁场能也发生周期性转化.我们把电场和磁场作周期性交替变化的过程或电能与磁能的周期性相互转换的现象叫做**电磁振荡**,由此产生的周期性变化的电流称为**振荡电流**.

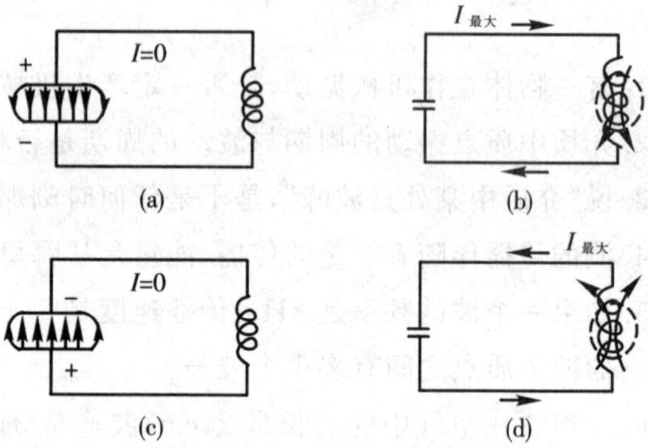

图10-6 电磁振荡

**电磁振荡的周期和频率** 电磁振荡完成一次周期性变化所用的时间叫做

**周期**($T$).理论和实验证明:周期的大小与电容器的电容 $C$ 和线圈的自感系数 $L$ 有如下的关系:

$$T=2\pi\sqrt{LC} \tag{10-2}$$

式中 $T$、$L$、$C$ 的单位分别是秒(s)、亨利(H)和法拉(F).

一秒钟内完成的周期性变化的次数叫做**频率**($f$).与机械振动中的周期、频率的关系一样,电磁振荡的频率与周期互为倒数,由式(10-2)得 $f$ 的表示式为

$$f=\frac{1}{2\pi\sqrt{LC}} \tag{10-3}$$

在电磁振荡中,如果没有能量损失,电磁振荡过程将永远持续下去,形成等幅振荡,如图 10-7(a)所示.由于电路中不可避免地存在电阻,所以除了一部分能量散失到周围空间中外,相当多的能量被电阻消耗,形成振荡电流的振幅随时间减小的减幅振荡,如图 10-7(b)所示,使电磁振荡很快消失.如果能及时地给振荡电路补充能量,那么就能使电磁振荡持续下去.在无线电技术中,就是利用振荡器把电源的能量补充到振荡电路中去实现等幅振荡的.

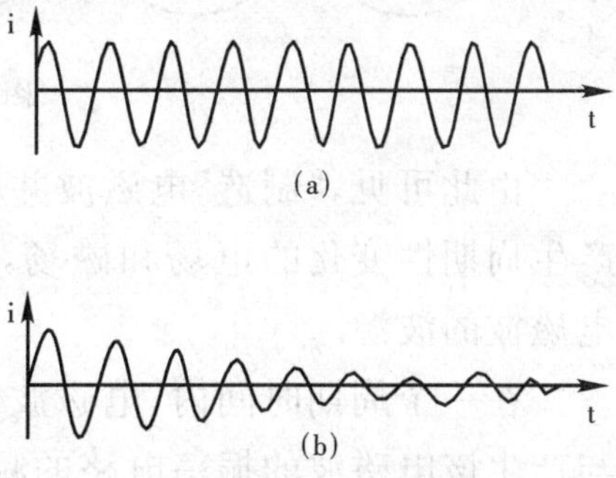

图 10-7 等幅振荡与减幅振荡

**电磁波** 英国物理学家麦克斯韦(1831—1879)对电磁现象作了深入的研究后,建立了电磁理论,并预言了电磁波的存在.这个预言后来为赫兹(1857—1894)用实验证实.麦克斯韦电磁理论有两个基本论点,现简述之.

**变化的磁场产生电场** 由法拉第电磁感应定律我们知道,金属圆环中的磁通量发生变化时,环中就会产生感应电流,如图 10-8(a)所示,有电流必然就有电场,很明显,这个电场是变化的磁场产生的.如果把金属环拿掉,这个电场是否依然存在呢?麦克斯韦创造性地发展了法拉第定律,他认为,变化的磁场产生的这个电场并不依赖于金属导体的存在,只要有变化的磁场,周围空间中就有感应的电场.**与静电场不同的是,感应电场的电场线是闭合的曲线**,如图 10-8(b)所示.

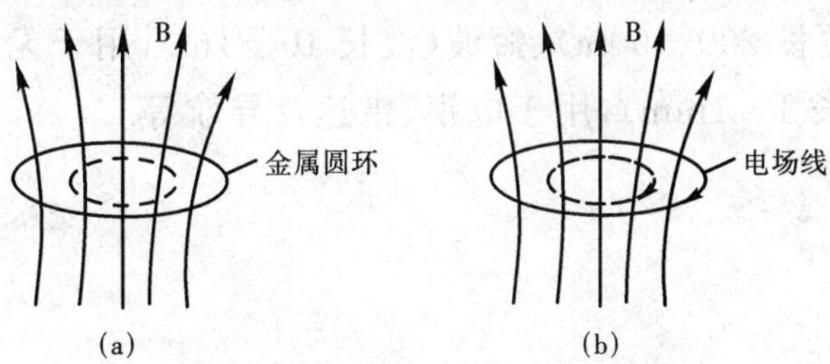

图 10-8 变化的磁场产生电场

**变化的电场产生磁场**　电流的磁效应证明了电流的周围存在着磁场，磁场的大小随电流大小的变化而变化，而电流的变化又取决于电场的变化，所以，变化的电场产生了变化的磁场.

根据上述理论，我们能得出这样的结果：**在空间某处有周期性变化的磁场，该磁场就会在它周围的空间产生周期性变化的电场；同样，该电场又在其周围空间产生周期性变化的磁场……变化的磁场和变化的电场总是相互联系、相互依存，形成一个统一的整体，这就是电磁场.** 变化的电磁场能从发生处由近及远地传播，形成电磁波，如图 10-9 所示.

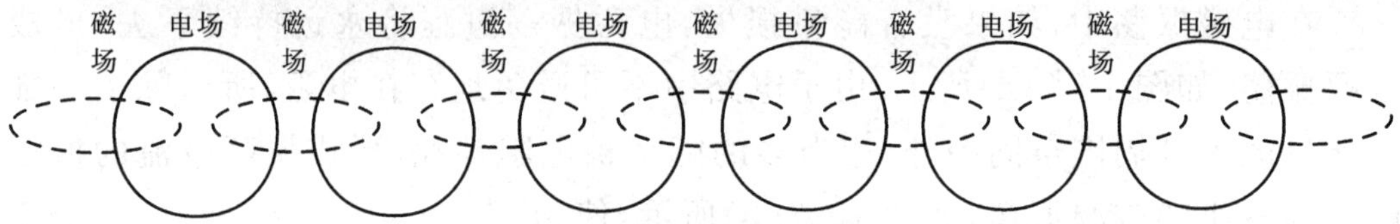


图 10-9　电磁波的形成

由此可见，“制造”电磁波并不困难，当 LC 振荡电路中有振荡电流时，就会产生周期性变化的电场和磁场，因而会激起电磁波. 所以说，电磁振荡是产生电磁波的波源.

在一个周期时间内，电磁波传播的距离叫做电磁波的波长，电磁波的频率与产生该电磁波的振荡电路的频率相同，电磁波的传播速度和光速(c)相同，在真空中约为 $3.0\times10^{8}$m/s，在空气中近似等于真空中的速度.

电磁波的波长、波速、周期(频率)的关系是

$$\lambda=cT \text{ 或 } \lambda=\frac{c}{f} \tag{10-4}$$

电场和磁场具有能量，电磁场也具有能量，所以，电磁波携带着能量传向四面八方，它所传递的能量是靠振荡电路提供的.

**无线电波**　无线电技术中应用的电磁波，叫无线电波，其波长从几毫米到 3 000m 以上. 根据波长的不同，可把无线电波划分为许多波段. 例如，长波(波长 30 000－3 000m)，主要用于远程无线电通信和导航；中波(波长 3 000－200m)、中短波(波长 200－50m)、短波(波长 10－1m)，用于无线电广播、电视、雷达等；微波(波长 1－1mm)，用于电视、雷达及导航等.

## 阅读材料

### 麦克斯韦

在经典物理学的所有重大成就中,有两个人起到了组织起巨大知识体系的作用,一个是牛顿,另一个就是麦克斯韦.

麦克斯韦生于苏格兰爱丁堡的一个小康人家,青少年时期,他就表现出非凡的才能,不仅数学出类拔萃,吟起英文诗歌来也高人一筹.1854 年,他以优异的成绩毕业于剑桥大学.

麦克斯韦对物理学发展的最大贡献就是建立了电磁场理论.在这个理论中,他推导出著名的麦克斯韦方程组,这套方程组将库仑定律、电流的磁效应、法拉第电磁感应定律、楞次定律等众多电磁现象和规律统统包括了进来.

他提出了光的电磁学说,认为光是一种电磁波,并以此圆满地解释了多种光学现象,把光的波动学说推向了顶峰.

麦克斯韦不仅是电磁学的集大成者,他在静力学原理、土星环的稳定性与运动、分子物理学、弹性理论和液体性质的理论等方面都作出了重要贡献.

### 练 习 10.2

1. 在电磁振荡实验时(如图 10-6 所示),要求线圈的自感系数 $L$ 和电容器的电容量 $C$ 的数值较大,这样才能获得较明显的实验效果,为什么?
2. 中央人民广播电台所发射的一种电磁波的波长为 19.3m,试求其频率.
3. 按我国电视频道的划分,10 频道的载波频率为 200.25 MHz,它的波长是多少?

## 10.3 电磁波的发射和接收

**【现象与思考】** 收音机、电视机已成为人类现代生活中必不可少的电子设备了.我们已经知道,收音机中悦耳的音乐和荧屏上精彩纷呈的电视节目是通过电磁波传送过来的.你一定想过这样的问题:

广播电台、电视台是如何将电磁波发射出去,而收音机、电视机又是怎样把这些电信号接收下来的呢?

**电磁波的发射** 我们知道,LC 振荡电路在产生电磁振荡过程中,电容器中的电场和线圈中的磁场都在发生周期性的变化.但是在图 10-10(a)所示的振荡电路中,变化的电场和磁场均局限在电容器和线圈中,电场能和磁场能主要在电路中相互转换,几乎不能发射出电磁波,这种电路叫做闭合电路.理论和实验都证明,只有让电容器两极板中的电场尽可能扩展到空间中去,才能有效地向外发射电磁波.此外,振荡电流的频率越高,辐射出电磁波的能量就越大,传播的距离也越远.因此,为了发射电磁波,需要改进闭合电路:一方面,增大电容器极板的距离和减少极板正对面积以减小电容;另一方面,减少线圈的匝数来减小自感系数(如图 10-10(b,c)所示).这种电路叫做开放电路.该电路既将电场和磁场分散到较大的空间,又提高了振荡频率.在实用中,开放电路的下部分导线通常接地,称作地线;上部分导线尽可能伸到高处,叫做天线.电磁波就是通过天线和地线所组成的开放电路发射出去的.

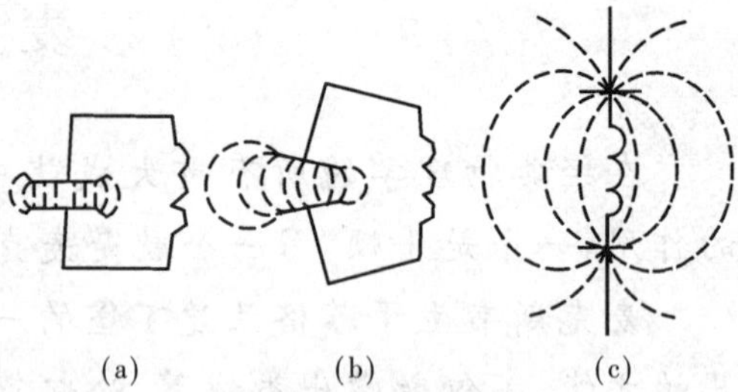

图 10-10 振荡电路

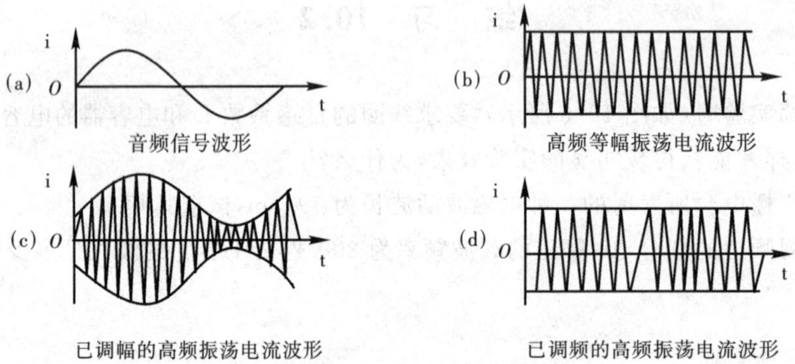

图 10-11 调幅与调频

为了传递声音、图像和文字,就必须把它们转变成电信号.一般来说,这种电信号的频率较低,不能直接发射出去,必须把这种低频电信号加在高频振荡电流上才能发射出去.这种要传递的低频信号叫做调制信号,而高频振荡电流叫做载波,把调制信号加到载波上的过程叫做调制.常用的调制方式有调幅和调频两种.让载波的振幅随着调制信号而变化的过程叫做调幅(如图 10-11(a,b,c)所示),使载波的频率随着调制信号而变化的过程叫做调频(如图 10-11(d)所示).由于调频波在传播过程中具有抗干扰性能力强和失真度小等特点,常用它发射电视伴音和调频立体声广播.

图 10-12 是以调幅方式调制的无线电广播的发射原理图.话筒将声音变成音频(低频)信号,经音频放大器放大后送入调制器,而高频信号振荡器中产生的载波也同时送入调制器.信号经调制以后再经高频放大,然后由发射天线向外发射.

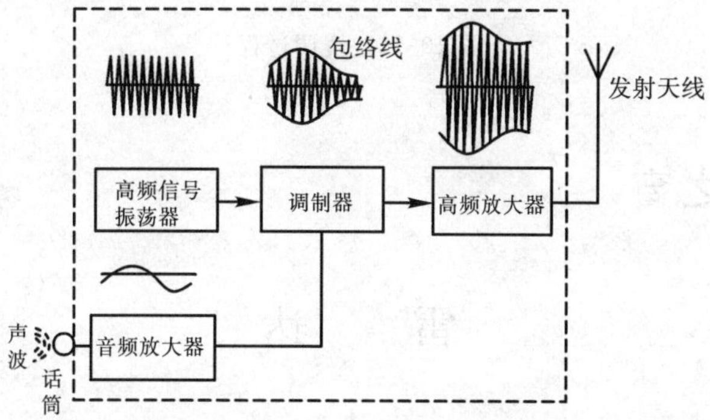


图 10-12　调幅与调频

**电磁波的接收**　每种电磁波在传播过程中如果遇到导体制成的天线,电磁感应会在天线中感应出与该电磁波频率相同的感应电流.然而,在如此众多的不同频率的电磁波中,怎样才能选取我们所需要的某种频率的电磁波(选台)呢?在无线电技术中,一般是采用电谐振来实现选台的.

与机械振动中的共振现象相似,当接收电磁波的振荡电路的固有频率与某一电磁波的频率相同时,该电磁波在电路中激起的感应电流最强,这种现象叫做电谐振,产生电谐振的过程叫做**调谐**.在收音机中,一般是用改变由电容和自感线圈组成的调谐电路中的可变电容器的容量来实现选台的(如图 10-13 所示).

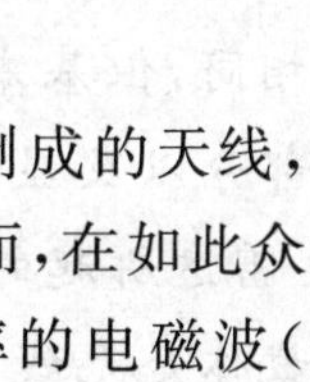

图 10-13　调谐电路

调谐电路中所得到的感应电流是经过调制的高频载波信号.从调制过的高频振荡信号中"取出"其运载的调制信号的过程中叫做**检波**(又称解调),显然检波是调制的逆过程.收音机中一般是利用二极管的单向导电性来实现检波的.图 10-14 是收音机接收无线电波过程的示意图.由天线和调谐回路中得到的要接收的某一频率的高频感应电流,经高频放大器放大后,送入检波器(二极管)中.高频电流经过二极管后就成为单向脉动直流,它既包含高频成分又包含低频(音频)成分

(高频电流的包络线).其中音频信号再经音频放大器放大后由扬声器或耳机还原成电台播出的声音.

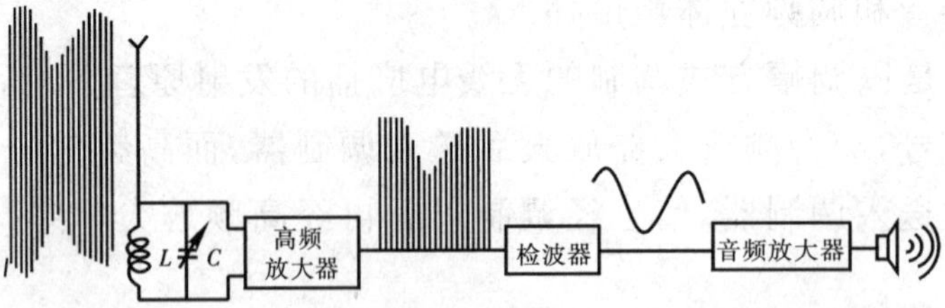


图 10-14 解调过程

## 科技之窗

# 雷 达

雷达是利用电磁波探测目标的电子设备.各种雷达的具体用途和结构不尽相同,但基本形式是一致的,包括:发射机、发射天线、接收机、接收天线,处理部分以及显示器.另外还有电源设备、数据录取设备、抗干扰设备等辅助设备.雷达所起的作用与眼睛和耳朵相似,当然,它不再是大自然的杰作,它的信息载体是无线电波.事实上,不论是可见光或是无线电波,在本质上是同一种东西,都是电磁波,传播的速度都是光速,差别在于它们各自占据的频率和波长不同.雷达设备的发射机通过天线把电磁波能量射向空间某一方向,处在此方向上的物体反射碰到的电磁波;雷达天线接收此反射波,送至接收设备进行处理,提取有关该物体的某些信息(目标物体至雷达的距离,距离变化率或径向速度、方位、高度等).

雷达测量距离实际是测量发射脉冲与回波脉冲之间的时间差,因电磁波以光速传播,据此就能换算成目标的精确距离.测量目标方位是利用天线的尖锐方位波束测量.测量仰角靠窄的仰角波束测量.根据仰角和距离就能计算出目标高度.测量速度是雷达根据自身和目标之间有相对运动产生的频率多普勒效应原理.雷达接收到的目标回波频率与雷达发射频率不同,两者的差值称为多普勒频率.从多普勒频率中可提取的主要信息之一是雷达与目标之间的距离变化率.当目标与干扰杂波同时存在于雷达的同一空间分辨单元内时,雷达利用它们之间多普勒频率的不同能从干扰杂波中检测和跟踪目标.

雷达的优点是白天黑夜均能探测远距离的目标,且不受雾、云和雨的阻挡，具有全天候、全天时的特点，并有一定的穿透能力. 因此，它不仅成为军事上必不可少的电子装备，而且广泛应用于社会经济发展(如气象预报、资源探测、环境监测等)和科学研究(天体研究、大气物理、电离层结构研究等). 星载和机载合成孔径雷达已经成为当今遥感中十分重要的传感器. 以地面为目标的雷达可以探测地面的精确形状，其空间分辨力可达几米到几十米，且与距离无关. 雷达在洪水监测、海冰监测、土壤湿度调查、森林资源清查、地质调查等方面也显示了很好的应用潜力.

### 练 习 10.3

1. $LC$ 振荡电路向外界发射电磁波必须具备什么条件?
2. 什么是调制? 调制有哪几种方式?
3. 接收电磁波的回路为什么要调谐? 收音机中是怎样实现调谐的?
4. 什么是检波? 为什么要进行检波?

## 10.4 波的干涉和衍射

**【现象与思考】** 你仔细听听乐队的演奏就会发现各种乐器的声音(如小号的高亢、贝司的浑厚等)清晰可辨，并未混为一团. 如果教室里有几个同学同时在说话，你当然也能分辨出来，不会混为一谈. 同时在教室的不同位置敲响两个同频率的音叉，你会发现在教室的某些地方音叉的声音特别响，而在有些地方则明显减弱. 你能解释上述这些现象吗?

**波的叠加原理** 两个或两个以上的波源产生的波，在同一介质中传播时，会发生什么样的现象呢? 每一列波的原有特性(振幅、频率、波长、振动方向等)会不会发生改变? 如图10-15所示，在静水池中 $S_1$、$S_2$ 两点各投入一个石块，它们将分别激起一列波纹. 这些波纹在水面传播时，彼此相遇，交叉而过，一点也不改变原来的特性. 乐队合奏或几个人同时谈话时，我们可以辨别出各种声音. 这些表明，在同一介质中各波源所激起的波的特性(频率、振幅、传播方向等)，并不因别的波同时存在而改变，这种性质叫做波的**独立传播原理**. 正因为波传播的独立性，当几列波同时传到空间某一点处相遇时，每列波都使相遇处的质点发生相应振幅的振动，因此相遇区域内质点的振动，就是各列波所引起的质点振动的合成．我们把这一规律称为波的**叠加原理**．

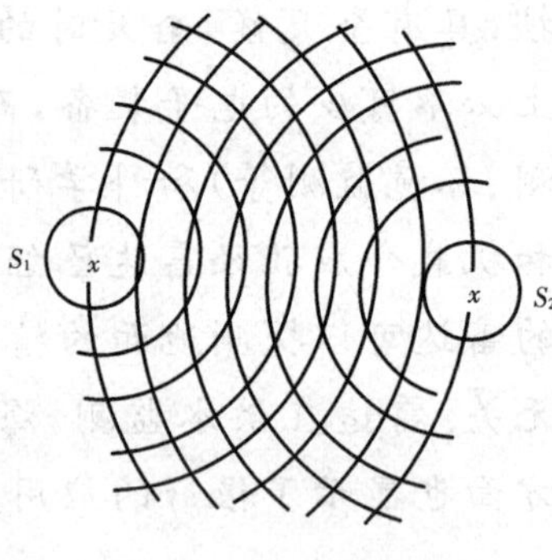

图 10-15　波的叠加

**波的干涉**　可以想象到，相遇区域里的一些质点的振动可能会加强，另一些质点的振动可能会减弱．若某时刻两列波的波峰相遇，或者是波谷相遇，质点的振动加强，会出现更大的波峰或者波谷；若波峰与波谷相遇，质点的振动减弱，会出现较小的波峰或波谷，甚至质点停止振动．一般来说，频率、振动方向都不相同的几列波相遇叠加时，情形是复杂的．下面我们讨论一种最简单的但最重要的情形，即两个频率相同，振动方向也相同的波源所发出的波的叠加．

把两根细金属丝固定在薄钢片上，两根金属丝的下端相隔一定距离，并刚好接触水面．当薄钢片上下振动时，带动两金属丝周期性接触水面，获得频率相同、振动方向相同的两个波源 $S_1$ 和 $S_2$，以及由 $S_1$，$S_2$ 组成的相干波源发出的相干波．①它们发出的同频率、同振动方向的水面波相遇后叠加，出现了有些地方振动始终加强，有些地方振动始终减弱的现象．图 10-16 显示某一时刻叠加的情形．

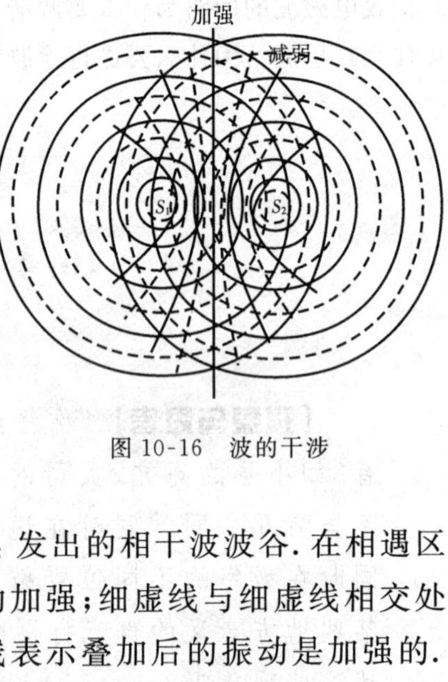

图 10-16　波的干涉

图中细实线表示某一时刻相干波源 $S_1$，$S_2$ 发出的相干波波峰，细虚线表示相干波源 $S_1$，$S_2$ 发出的相干波波谷．在相遇区域内，细实线相交处就是波峰与波峰相遇，振动加强；细虚线与细虚线相交处就是波谷与波谷相遇，振动也是加强．用粗实线表示叠加后的振动是加强的．而细实线与细虚线相交处就是波峰与波谷相遇，振动减弱．用粗虚线表示叠加后的振动是减弱的，可以看出，加强与减弱是相间分布的．

像这样频率、振动方向都相同的两列波叠加后使得介质中某些地方振动始终加强，而另一些地方振动始终减弱或完全抵消，形成稳定的加强区域和减弱区域的现象，称为波的干涉．图 10-17 是水面波干涉的照片．

① 相干波源，相干波——频率相同、振动方向也相同的两个(或两个)以上的波源互称为相干波源，相干波源发出的波称为相干波．

波的干涉现象是波动过程所独具的重要特征之一.因为只有波动的叠加,才能产生干涉现象,反之通过波的干涉特性,又可用来判断某种运动是否具有波动性.

图 10-17 水波干涉照片

**波的衍射** 波在向前传播过程中,绕过障碍物传播的现象,称为波的衍射现象,也叫做波的绕射.正因为这样,人们往往能隔着院墙、门、窗听见对方的声音.水面波还能绕过水面的小石与芦苇等小障碍物.

那么隔着大楼大声说话,为什么听不见?仔细观察水面波,当水面障碍物较大时,水面波的衍射现象就不明显.这说明波的衍射现象的产生是有条件的.在下面的分析中,所说障碍物的大小(几何尺度)是与波的波长相比较而言的.

在有波的水面,当障碍物的大小比波长大得多时,衍射现象不明显,波几乎按直线传播(如图 10-18(a)所示).减小障碍物,开始出现衍射现象(如图 10-18(b)所示).当障碍物很小时,波绕过障碍物传播,出现了明显的衍射现象(如图10-18(c)所示).

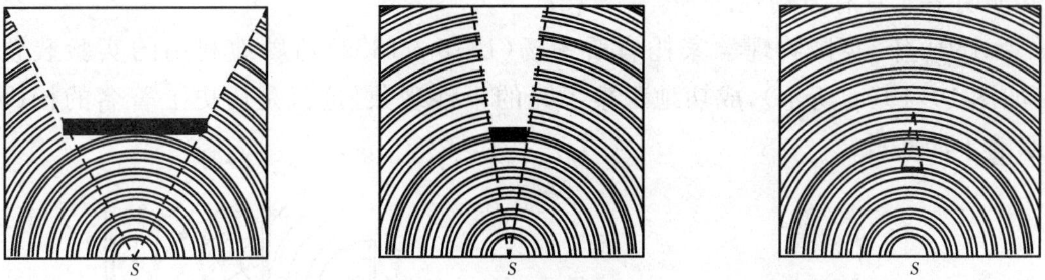


(a) (b) (c)

图 10-19 水面波的衍射

实验证明,只有当狭缝或障碍物的大小跟波的波长差不多或比波长小时,才能发生明显的衍射现象.波的衍射是波的又一重要特性.

## 练 习 10.4

1.生活中哪些现象是波的干涉和衍射现象.

2.波动具有哪两个重要特性?

3.两个振幅相等的相干波在空间传播,使空间中的某些区域振动互相抵消,波好像消失了.这与波传播的独立性是否矛盾?

4. 为什么我们能够听到各种频率的声音,而且能同时辨别各声波传来的方向?

5. 在两个相干波源连线的垂直平分线上的各点,两波叠加后的振动合成是否一定加强?

## 10.5 光的波动性

**【现象与思考】** 孩提时你一定吹过肥皂泡,那些吹出的泡泡不一会儿就会变得五彩缤纷、绚丽夺目了.你注意过没有,雨过天晴,路面上漂起的薄油层在日光下会出现彩色的光环.不知你体验过没有,夜晚眯着眼睛从眼睫毛中看电灯,也会看到许多光环或彩色条纹.人在大柱子或墙后说话,我们常常能闻其声而不见其人,这已是司空见惯的事了.诸如此类的现象都与光的什么性质有关呢?

**光的干涉** 干涉是波动特有的现象.如果我们能够观察到光的干涉现象,就证明了光具有波动性.

1801年,英国物理学家托马斯·杨(1773—1829)巧妙地利用的实验装置(如图10-19(a)所示),成功地观察了光的干涉现象,这就是历史上著名的杨氏双缝干涉实验.

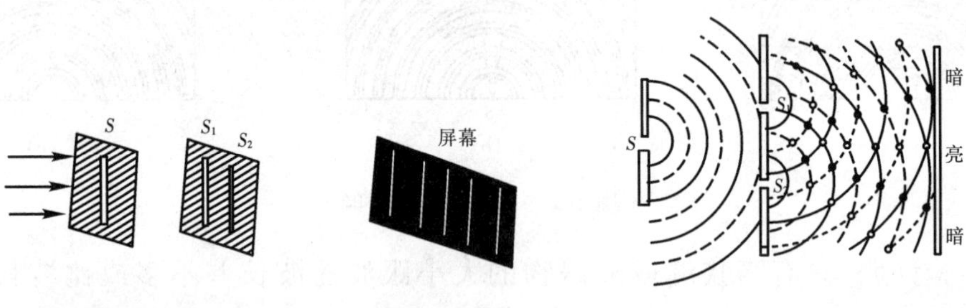


(a)　　(b)○表示加强●表示减弱

图10-19　杨氏双缝干涉

实验中让单色平行光照射狭缝$S$,通过$S$后的线状光源照射到与$S$平行且等距的狭缝$S_1$、$S_2$,穿过双缝后就成了两个完全相同的线状光源.在这两个线状光叠加的区域里放置光屏,屏幕上就会出现一幅由明暗相间且等距分布的条纹构成的稳定的图样(如图10-19(b)所示),其中条纹间距与光波的波长有关.像这样两列光波在空中相遇时,产生强弱相间稳定的光强分布,可观察到明暗相间条纹的现象,叫做**光的干涉**.光的干涉现象证实了光具有波动性,杨氏双缝干涉实验证明了光的波动说的正确性.

如果用白光(如阳光)来重复上述实验,由于白光是由单色光复合而成的,不同色光的波长不同,干涉时产生的条纹间距也不同,所以屏幕上就会出现彩色条纹.通过定量的研究可知,光波的波长越长,干涉条纹之间的距离越大,条纹的间距跟光波的波长成正比.在白光干涉图样中我们看到,红光的条纹间隔最大,紫光的条纹间隔最小.这说明在可见光中,红光的波长最长,紫光的波长最短.

实验和理论都说明,两个独立的光源如两盏电灯发出的光不会发生干涉.光源发出的一列光经过一定方式变成两列光,它们相遇时就会发生干涉,会发生干涉的两列光叫做**相干光**.两列相干光必须满足频率相同、振动方向相同等相关条件.

用薄膜也可以观察到光的干涉现象.比如,在酒精火焰里洒上一些食盐,使火焰发出黄光,用它照射近旁金属丝圈上的肥皂液薄膜(如图 10-20(a)所示).在薄膜上看到火焰的像由明暗相间的干涉条纹组成.这是由于薄膜在重力作用下形成了上薄下厚的楔形,火焰光从膜的前表面和后表面分别反射回来形成两列相干光.在薄膜的某些地方两列相干波恰好相位相同,使光波的振动加强形成黄色亮纹;在另一些地方恰好相位相反,使光波的振动互相抵消形成暗纹(如图 10-20(b)所示).

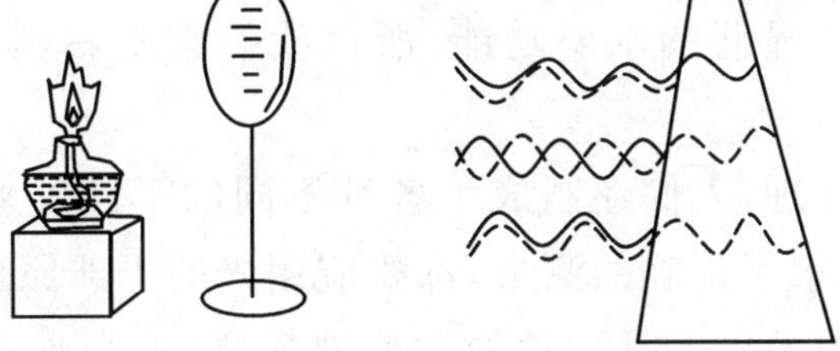

(a) (b)

图 10-20 薄膜上光的干涉现象

如果用白光照射肥皂液薄膜,薄膜上就会出现各种不同颜色的条纹.日常生活中看到水面上的薄油膜在日光照射下显出的彩色光带,沾上薄油污的玻璃在光照下出现的彩色花纹,都是光由薄油层上下两个表面发射回来的相干光互相叠加而产生的干涉现象.

光的干涉现象在精密测量和检验时有重要应用.例如检验工作表面的平整程度就常用干涉法.如图 10-21(a)所示,在被检查平面 $B$ 上放一透明的标准样板 $A$,在一端垫一薄片,使二者之间形成一个楔状的空气薄层.用单色光照射,从空气层上下两表面反射的光波产生干涉.如果被测表面是平的,那么空气薄层的厚度相同的点就位于一条直线上.因此产生的干涉条纹是一组平行直线(如图 10-21(b)所示).如果被测表面不平,干涉条纹就要发生弯曲.从干涉条纹的弯曲方向和程度还可以判断出被测表面凸或凹的情况(如图 10-21(c)所示).这种测量的精度高达 $10^{-8}$m.

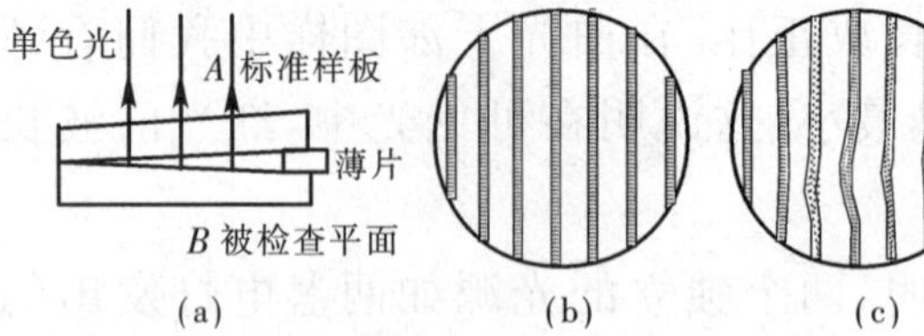


图 10-21　干涉的应用

摄影机、摄像机、潜望镜、电影放映机和照相机等光学仪器一般都由一些透镜、棱镜等光学元件组成.进入这些仪器的光在每个元件的表面上都要被反射掉一部分,一般只有 10%—20%的入射光能通过这些仪器.为提高光学仪器的透光能力,常在透镜等元件的表面涂上一层薄膜(常用氟化镁).当薄膜的厚度是入射光在薄膜中波长的 $\frac{1}{4}$ 时,在薄膜的上下两个表面的反射光恰好相互抵消(请想想,为什么?).由能量守恒可知,反射光减弱,透射光就增强了.这种薄膜称为增透膜(或称减反射膜).一般增透膜厚度的确定,应使人的视觉敏感的绿光,在垂直入射时的反射光被完全抵消,以增大绿光的透射.增透膜对红光和紫光的反射并没有显著的削弱功能.所以我们常常看到光学仪器的镜头大多是淡紫色的.

利用光的干涉原理,人们还制成了各种不同的干涉仪来精确测量长度,测定折射率等等.现在很多精确的测量,都要应用光的干涉原理.

**光的衍射**　衍射现象也是波动的主要特征之一.光具有波动性,必然也会在一定条件下发生衍射.

当光波遇到大小可以跟光的波长相比拟的障碍物或孔隙时,就会偏离直线传播,绕到障碍物背后去,这种现象叫做**光的衍射**.衍射时产生的明暗条纹或光环,叫衍射图样.

由于可见光的波长很小,一般物体的尺度远大于光的波长,因而通常不容易观察到显著的衍射现象.例如躲在大柱子或围墙后的人,我们能听见人的声音(声波波长较大,容易衍射过来),但不见其人(光无法绕过远大于其波长的障碍物).

我们可以用一些简便的方法观察到光的衍射现象.例如,眯起眼睛透过睫毛的缝隙或通过手指间的缝隙看远处的光源，可以看到光衍射形成的彩色光环. 隔着篦子、羽毛或布缝去看光源，也能看到类似的衍射现象. 在教室里，你可以透过两支紧并在一起与日光灯平行的铅笔中间的缝隙去看发光的日光灯，你会看到许多平行的彩色的衍射条纹.

由于光的衍射，物点通过光学仪器所成的像点，实际上是个小亮斑. 当两个物点相距很近时，它们的像点就可能重叠起来而难以分辨，这就是光学仪器的分辨能力受到一定限制的原因.

光的衍射现象使我们明白：光沿直线传播只是在光的波长比障碍物小得多的情况下的一种近似的规律. 当障碍物的大小可以和光的波长相比拟时，光偏离直线传播的衍射现象就十分明显了.

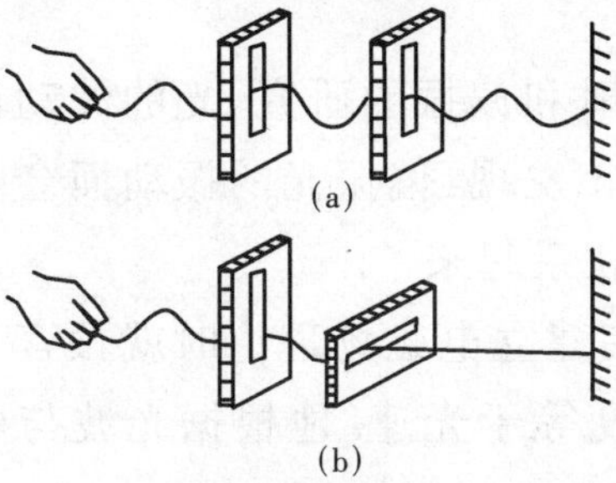

图 10-22 横波的偏振

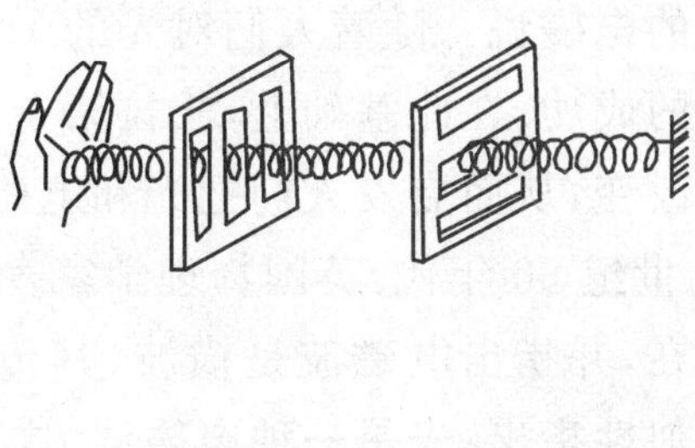
图 10-23 纵波不发生偏振

**光的偏振** 光是一种波，但它是横波还是纵波呢？我们先用机械波来说明横波和纵波的主要区别. 沿绳子传播的横波，如果在它传播的方向放上带有狭缝的木板，当狭缝的方向和绳的振动方向相同时，绳波才能顺利通过（如图 10-22(a)所示）. 如果狭缝的方向与振动方向垂直，绳波就不能通过了（如图 10-22(b)所示）. 这种现象叫做**横波的偏振**. 纵波不会发生偏振现象，因为它的振动方向和传播方向一致，不论狭缝方向如何它都能通过（如图 10-23 所示）.

根据上述原理，人们从一种叫做电气石的晶体上切下薄片制成偏振片（其作用与上述带缝的木板相似），用它来鉴别出光是横波.

如图 10-24 所示，先用偏振片 $A$ 对着太阳或灯光，并以入射光的方向为轴旋转 $A$ 片. 观察发现透射光的强度不随 $A$ 片的旋转改变. 这是因为太阳、电灯这些光源的光，是大量的原子彼此独立发出的，它包含着垂直于传播方向的

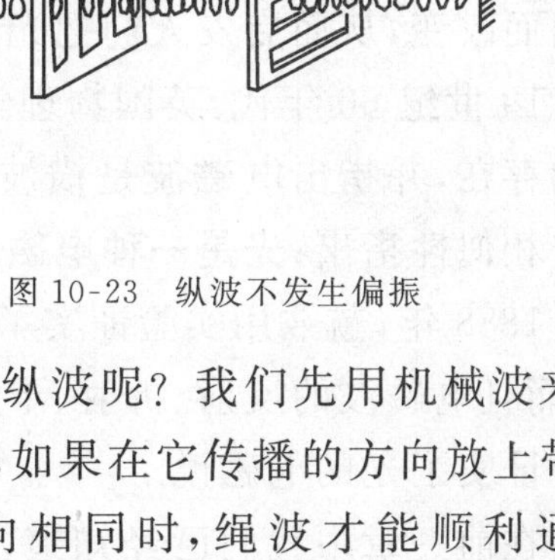

图 10-24 偏振光

各个方向振动的光，这种光叫做**自然光**. 偏振片只允许沿某一方向振动的光通过，这种只沿一个方向振动的光叫做**偏振光**. 当把 $A$ 固定，以入射光方向为轴旋转偏振片 $B$ 时，从 $B$ 透射过来的光的强度将发生周期性变化. 当 $B$ 片转到某一位置时，透射光最强（如图 10-24(a)所示），再由此位置转过 90°，透射光最弱，几乎看不见（如图 10-24(b)所示）. 实验说明，光会发生偏振，因此光波是横波.

偏振现象在实际生活、生产中有许多应用. 比如用人造偏振片制成的太阳镜能阻挡某一方向振动的光，使景物显得柔和浓重. 看立体电影时必须戴上用两个不同方向的偏振片制成的眼镜. 在化学、制药工业中利用偏振光通过某些物质的溶液，其振动方向会转过一定角度的旋光现象，来精确测定该物质的浓度等等.

**光的电磁说** 随着人们对光的干涉、衍射和偏振的研究，光的波动说获得了极大的成功. 在此基础上，法拉第于 1846 年发现：偏振光的振动面会随磁场作用而改变，从而启发人们把光和电磁现象联系起来了.

19 世纪 60 年代，英国物理学家麦克斯韦建立电磁场理论时就预言了电磁波的存在，并指出电磁波是横波，其传播速度等于光速. 他根据光波与电磁波这些相似性指出：**光是一种电磁波**. 这就是**光的电磁说**.

1888 年，赫兹用实验证实了电磁波的存在，测得电磁波的速度确实等于光速，而且电磁波的反射、折射、干涉、衍射、偏振规律跟光波完全相同，这就从实验上证实了光的电磁说.

在前一章中我们已经知道，一束白光通过狭缝投射到三棱镜上折射后在光屏上会形成红、橙、黄、绿、蓝、靛、紫依次排列的彩色光带. 我们把能引起视觉的光叫做**可见光**，白光通过棱镜形成的彩色光带叫做**可见光谱**.

光的波动理论告诉我们，光的颜色是由它的频率决定的. 可见光中各色光的频率和波长列于表 10-2 中.

**表 10-2**

| 光谱区域 | 频率($10^{14}$ Hz) | 在真空中的波长($10^{-10}$ m) |
|---|---|---|
| 红　光 | 3.9—4.8 | 7700—6220 |
| 橙　光 | 4.8—5.0 | 6200—5970 |
| 黄　光 | 5.0—5.2 | 5970—5770 |
| 绿　光 | 5.2—6.1 | 5770—4920 |
| 蓝-靛光 | 6.1—6.7 | 4920—4550 |
| 紫　光 | 6.7—7.7 | 4550—3900 |

人们通过对光谱的研究还发现，除可见光外，还存在着看不见的红外线、紫外线、伦琴射线等.

**红外线** 英国物理学家赫谢耳在1800年研究光谱中各种色光的热作用时，把灵敏温度计移到光谱的红光区域的外侧，它的温度上升得更高.这表明在可见光谱红端之外还存在一种频率比红光更低的看不见的射线——**红外线**.

红外线最显著的特点是热效应大，且波长比红光长，故容易发生衍射.利用红外线来加热物体、烘干油漆和谷物以及进行医疗等，质量好、效率高.例如，汽车外壳喷漆后，自然风干需要几十小时，而用红外线照射只需几十分钟，且红外线能透入油层内部，使内外受热均匀，避免出现裂痕和气泡等.利用红外线较易发生衍射的特点，人们用对红外线敏感的底片进行远距离摄影或高空摄影.

各种温度下的一切物体都不断地辐射红外线.利用灵敏的红外线探测器，可以吸收物体发出的红外线，然后经电子仪器对接收的信号处理后，就可感知物体的形状和特征.这种技术叫做**红外线遥感**.利用这一技术可以在飞机或卫星上寻找水源、勘测地热、预报天气、监测森林火情、估计农作物的长势和收成等.在现代战争中，人们利用红外线夜视镜、红外线瞄准器、红外线追踪导弹等来提高部队的战斗力.我们日常使用的电视机等家用电器的遥控器，就是对不同的按键发出不同的红外线脉冲，以达到自动选择频道、调节图像等控制目的.

**紫外线** 红外线的发现给人们以启示：在紫光外侧有没有看不见的射线呢？1801年德国科学家里特发现涂有氯化银的照相底片在紫光外侧被感光，从而断定在紫光外侧也存在着看不见的射线——**紫外线**.

紫外线最显著的性质是荧光作用强，在它的照射下能使许多物质发出荧光，利用这一作用人们制成了荧光灯.日光灯就是其中的一种，它的发光效率比白炽灯大2—3倍.农业上诱杀害虫用的黑光灯也是用紫外线来激发荧光物质发光的.纸币或商标上常含有防伪荧光油墨，经紫外线一照就可辨别它们的真伪.

紫外线的另一显著性质是化学效应强，很容易使感光纸感光.用紫外线照相能分辨出一些极细微的差别，刑侦部门常用它来分析指纹.

紫外线还具有较强的生理作用，它能使细胞脱水，达到杀菌消毒的目的.阳光中有大量的紫外线，人体适当照射阳光对健康有益.太强的紫外线对人的眼睛和皮肤有害.雪地能大量反射阳光中的紫外线，长时间呆在雪地里的人要戴墨镜以防止雪盲.电焊工电焊时必须戴上防护面罩和穿好工作服，以免电焊弧光中强烈的紫外线灼伤眼睛和皮肤.

**伦琴射线** 比紫外线频率更高的电磁波是伦琴射线.1895年,德国物理学家伦琴(1845—1923)发现,高速电子流射到某些固体表面上时,就有一种当时尚未得知的射线发射出来,人们只得把它叫做X光.这一发现使伦琴成为物理学诺贝尔奖第一位得主.后人为了纪念X光的发现者,把它叫做**伦琴射线**.

现代人们常用伦琴射线管来获得伦琴射线(如图10-25所示).伦琴射线管是一个高度真空的密封玻璃或陶瓷管(管内气压约为$10^{-6}$mmHg).阴极$K$通电加热后发射电子,电子经几万伏的电压作用后,高速轰击阳极(又称对阴极)$A$时,就有伦琴射线从阳极表面发射出来.伦琴射线有很强的透射能力,能使照相底片感光,也能激发许多物质发出荧光,对细胞有强烈的破坏作用.在医学上,常利用伦琴射线作人体透视或拍摄人体内部组织的照片.过量的伦琴射线照射会引起伤害,所以人们常用能吸收伦琴射线的铅板或铅玻璃来防止对人体的损害.在工业上,可利用伦琴射线来检查金属内部的裂纹、砂眼等缺陷以及提高焊缝的质量等.

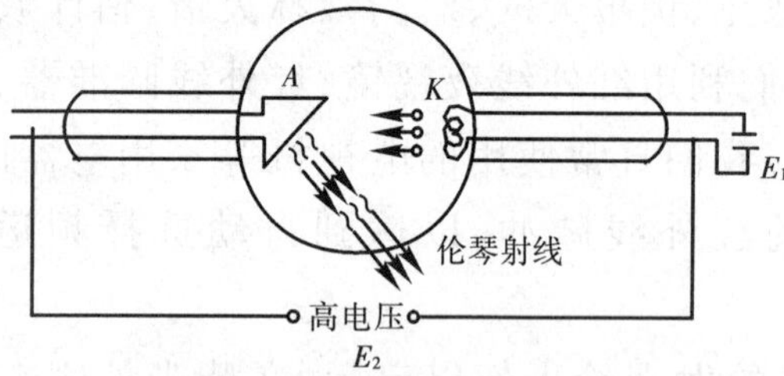


图10-25 伦琴射线

比伦琴射线频率更高的电磁波是$\gamma$射线,它是由放射性元素产生的,我们将在第11章中介绍.

**电磁波谱** 无线电波、红外线、可见光、紫外线、伦琴射线、$\gamma$射线按照波长(或频率)排列起来,就组成了范围非常广阔的电磁波谱(如图10-26所示).从图上可以看出,可见光是波长较短的电磁波,它仅占电磁波谱中很小的一部分.我们还清楚地看到,各种电磁波的波长(或频率)已经衔接起来并有所交叠.例如长波的红外线和无线电波的微波部分已经重叠,短波的紫外线已经进入伦琴射线的区域.可见,各种电磁波之间的区别并没有绝对意义.总体说来,从无线电波到$\gamma$射线都是本质相同的电磁波,这是它们的共性.但由于各自波长(或频率)的差异,又表现出不同的特性.例如,波长较长的无线电波很容易发生干涉、衍射现象,但对波长逐渐变短的可见光、紫外线、伦琴射线、$\gamma$射线,要观察它们的干涉、衍射现象,就越来越困难了,但对物体的穿透本领却随着频率的提高逐渐增强.

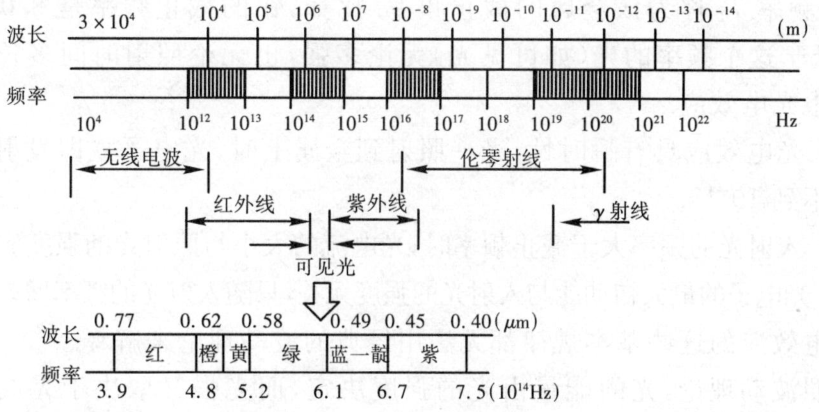


图 10-26 电磁波谱

**光电效应** 我们先看图 10-27 的演示实验. 让带负电的锌板与验电器连接(如图10-27(a)所示),验电器指针偏转一定的角度. 当用紫外线照射锌板时,验电器原先偏转的指针就闭合起来(如图 10-27(b)所示). 锌板所带的负电荷难道不翼而飞了吗? 这显然是紫外线照射引起的,光照是怎样引起这一效应的呢? 图 10-27 的实验表明锌板受到光照后失去了负电荷. 也就是说,光使电子从锌板表面逸出去了. 物体在光(包括不可见光)的照射下发射电子的现象,叫做**光电效应**,发射出来的电子叫**光电子**.

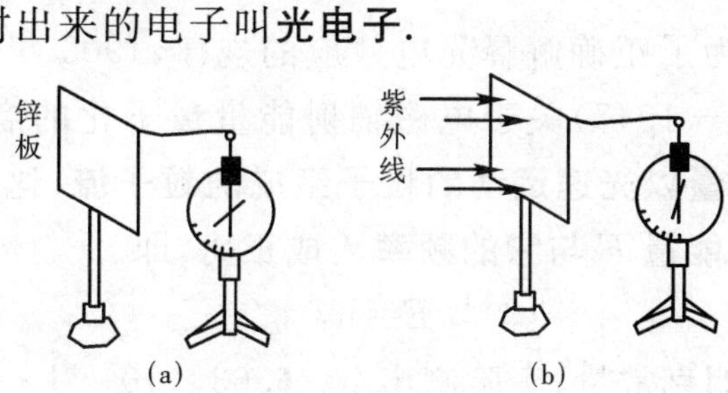


图 10-27 光电效应

1888 年,俄国物理学家斯托列托夫用图 10-28 所示的实验装置研究了光电效应的规律. 图中 $S$ 是一个抽成真空的玻璃容器,容器中装有阴极 $K$(金属板)和阳极 $A$,$C$ 为石英小窗,Ⓖ为电流计,Ⓥ为伏特计. 当光线透过石英小窗照射在阴极 $K$ 上时,它发射的光电子在电场作用下不断由阴极 $K$ 向阳极 $A$ 流动,形成的电流称为**光电流**.

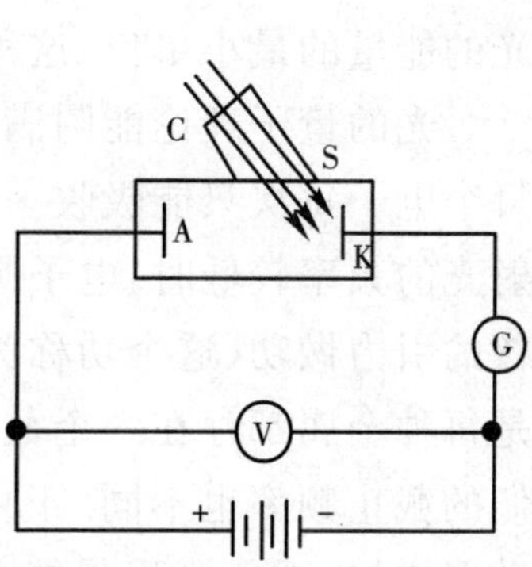


图 10-28 光电效应实验

从实验中得出了光电效应的基本规律如下:

(1) 对于每一种金属，只有高于某一频率 $f_0$ 的光照射时才能发生光电效应，这个频率 $f_0$ 称为该金属的截止频率. 比如，锌的截止频率是 $8.065\times10^{14}$ Hz，用低于这个频率的光(如可见光)无论多强，也无论照射时间多长，都无法使它产生光电效应.

(2) 光电效应具有瞬时性，光一照射到金属上时，光电子立即发射出来，时间相差不到 $10^{-9}$s.

(3) 入射光的频率大于截止频率时，光电流的大小与照射光的强度成正比.

(4) 光电子的最大初动能与入射光的强度无关，只随入射光的频率增大而增大.

光电效应的这些基本规律都无法用经典的波动理论来解释.

按照波动理论，光的能量由光的强度决定，而光强又取决于光波的振幅，与频率无关. 因此，不论光的频率如何，只要光的强度足够大或照射的时间足够长，都能使电子获得足够的能量从金属中逸出产生光电效应. 然而这和实验结果恰恰相反. 同样波动理论也无法解释光电子的最大初动能只与光的频率有关而与光强无关的事实. 产生光电效应的瞬时性也和波动理论尖锐矛盾. 把光看成是连续的电磁波，光电子要从光波中吸取足够的能量是需要一段时间的. 一束很弱的光波照射到物体上时，它的能量将分布在大量的原子上，怎样可能在极短的瞬间就把足够的能量集中在一个电子上使它从金属中飞出来呢？

**光的量子说** 为了正确解释光电效应的规律，1905 年爱因斯坦在德国物理学家普朗克(1858－1947)关于电磁辐射能量量子化的启发下，提出了光的量子学说：**光是由大量以光速运动的粒子组成的粒子流，这些粒子叫做光量子或光子. 每个光子的能量 $E$ 与它的频率 $f$ 成正比，**即

$$E=\mathrm{h}f \tag{10-5}$$

式中的 h 是普朗克常量，实验测出 $\mathrm{h}=6.63\times10^{-34}$ J·s. 按照光量子说的观点，频率为 $f$ 的光的能量只能是光子能量 $\mathrm{h}f$ 的整数倍，光子能量 $\mathrm{h}f$ 是这种光的能量的最小单位，这称为光的能量的量子化.

光的量子理论能圆满地解释光电效应. 当光照射到金属表面上时，金属中每个电子每次只能吸收一个光子的能量，不同频率的光子能量是不同的. 当照射光的频率较低时，电子吸收的一个光子的能量也较小，若不够克服金属原子核的引力做功(这个功称为逸出功)，它就不能逸出金属表面成为光电子. 这就是每种金属都存在一个截止频率的原因. 不同金属的逸出功是不同的，因此它们的截止频率也不同. 正由于电子是一次性地吸收一个光子的能量立刻使其动能增加，不需要积累能量的过程，因此光电效应具有瞬时性. 当照射光的强度增加时，单位时间内入射到金属表面的光子数目增加. 如果照射光频率高于

截止频率，也就使逸出的光电子数目增加，这就是光电效应中光电流与照射光强度成正比的原因.

**光电效应的应用** 利用光电效应可以制成各种光电器件，实现电信号和光信号非常迅速灵敏地相互转换，因此在科学技术领域中有着广泛的应用. 光电管就是常用的光电器件之一. 图 10-29 是一种光电管构造的示意图. 阴极 $K$ 是镀在抽成真空的玻璃泡[①]半球面内的金属氧化物薄层，它的截止频率很低，在可见光的照射下就会产生光电效应.

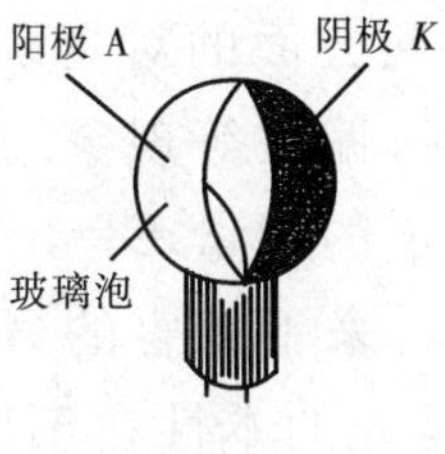


图 10-29 光电管

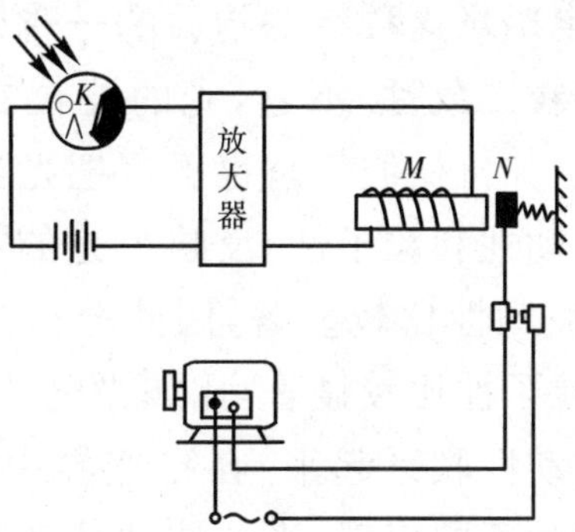


图 10-30 光电效应的应用

把光电管接到光控继电器的线路中（如图 10-30 所示），当光照射到光电管的阴极时，阴极发射的光电子被阳极吸收，在电路中形成电流. 电流被放大后，使电磁铁 $M$ 吸引衔铁 $N$. 当无光照射时，电路中没有电流，衔铁又被松开了. 把衔铁 $N$ 和一些控制机构相连接，就可以进行自动计数、自动报警、自动监测等. 例如我们在力学实验中使用的气垫导轨，就是靠光电门上的光电管自动计时和记数的.

光电管还被大量地使用在电影、电视、自动控制、无线电传真、光纤通信等科学技术领域中. 我们家庭使用的各种遥控器、录像机、激光唱机、激光影碟机中也都使用了光电管.

有些物体（主要是半导体）中的电子在光照下得到合适的能量，使它们挣脱了原子核的束缚成为自由电子但不逸出物体表面，这种现象叫做**内光电效应**. 当物体发生内光电效应时，其物理特性发生明显的变化. 利用这些材料可制成各种光敏电阻，它比真空光电管体积小、重量轻，常用于自动控制和光纤通信中. 两种不同半导体形成的 $PN$ 结受光照射时，由于内光电效应在结的两侧产生了电动势. 根据这个原理可制成各种光电池，把光能转换成电能.

---

① 有的光电管的玻璃泡里充有少量的惰性气体，如氩、氖、氦等.

**光的波粒二象性** 光的干涉、衍射现象充分表明了光的波动性，而光电效应又揭示了光的粒子性. 这是否意味着人类经过几百年的探索又退回到光的微粒说呢？不是的. 光子与实物粒子有本质的不同. 比如光子永远以光速运动，而这是任何实物粒子都不可能达到的速度. 光子说也不像微粒说那样与波动说水火不容，光子的能量 $hf$ 就与光波的频率密切相关. 可见，人类对光的认识过程，正是螺旋式上升的辩证过程. 光既具有波动性，又具有粒子性，任何人也无法只用其中一种观点去说明光的一切行为. 近代物理的理论和实验都已表明：**光是电磁场这种特殊物质的一种运动形式，它既有波动性，又有粒子性，叫做光的波粒二象性**. 不过，光的波粒二象性要求我们，既不可把光当成宏观观念中的波（如机械波等），也不可把光当成宏观观念中的微粒.

光的波动性和粒子性，反映了光的本性中矛盾两方面的对立统一. 光在传播过程中，波动性比较显著，因此会产生干涉、衍射、偏振等现象. 光与物质相互作用时，粒子性比较显著，比如光电效应现象. 光子的能量 $E=hf$，则把光的粒子性和波动性联系起来. 在自然界中，有些表面看来不相容的概念，有时只是同一事物的不同表现. 光的波动性和粒子性，正是光的本性在不同情况下的不同表现. 当然，人类对光的本性的认识尚未完结，还有待于进一步的探索和深化.

**【动手做实验】** 取两块平板玻璃，把它们小心地紧紧捏在一起（注意别让玻璃边缘划破手指），你会看到玻璃板面上有许多彩色花纹. 改变手指压力的大小，花纹的颜色和形状也随之改变. 请做做这个实验，并解释你所看到的现象.

## 科技之窗

### 传 感 器

传感器是一种物理装置或生物器官，能够探测、感受外界的信号、物理条件（如光、热、湿度）或化学组成（如烟雾），并将探知的信息传递给其他装置或器官.

**传感器的作用：**

人们为了从外界获取信息，必须借助于感觉器官. 而单靠人们自身的感觉器官，在研究自然现象和规律以及生产活动中是远远不够的. 为适应这种情况，就需要传感器.因此可以说，传感器是人类五官的延长，又称之为电五官.

传感器早已渗透到诸如工业生产、宇宙开发、海洋探测、环境保护、资源调查、医学诊断、生物工程、甚至文物保护等等极其广泛的领域.可以毫不夸张地说，从茫茫的太空，到浩瀚的海洋，以至各种复杂的工程系统，几乎每一个现代化项目，都离不开各种各样的传感器.

智能传感器已广泛应用于航天、航空、国防、科技和工农业生产等各个领域中.例如：它在机器人领域中有着广阔应用前景，智能传感器使机器人具有类人的五官和大脑功能，可感知各种现象，完成各种动作.在工业生产中，利用传统的传感器无法对某些产品质量指标（例如：黏度、硬度、表面光洁度、成分、颜色及味道等）进行快速直接测量并在线控制，而利用智能传感器可直接测量与产品质量指标有函数关系的生产过程中的某些量（如温度、压力、流量等）.

常将传感器的功能与人类5大感觉器官相比拟：光敏传感器——视觉；声敏传感器——听觉；气敏传感器——嗅觉；化学传感器——味觉；压敏、温敏、流体传感器——触觉.

传感器敏感元件可分类为：①物理类，基于力、热、光、电、磁和声等物理效应.；②化学类，基于化学反应的原理；③生物类，基于酶、抗体、和激素等分子识别功能.

通常据其基本感知功能可分为热敏元件、光敏元件、气敏元件、力敏元件、磁敏元件、湿敏元件、声敏元件、放射线敏感元件、色敏元件和味敏元件等十大类.

传感器的发展趋势主要是：采用新原理、开发新型传感器；大力开发物性型传感器（因为靠结构型有些满足不了要求）；传感器的集成化；传感器的多功能化；传感器的智能化(Smart Sensor)；研究生物感官，开发仿生传感器.

综上可见，传感器技术在发展经济、推动社会进步方面的重要作用，是十分明显的.世界各国都十分重视这一领域的发展.相信不久的将来，传感器技术将会出现一个飞跃，达到与其重要地位相称的新水平.

## 练 习 10.5

1. 什么是光的干涉和衍射现象？这些现象说明光的什么特性？
2. 蝉和蜻蜓薄而透明的翅膀在阳光的照耀下，为什么会呈现出美丽的彩色花纹？
3. 将自己的两个手指头并在一起，中间留一条与日光灯平行的缝，通过缝去看发光的日光灯.当你在让指缝由宽变窄的过程中，看到了些什么现象，并解释之.

4. 既然光和无线电波都是电磁波，为什么无线电波能绕过障碍物到达屋子里，而光波却不能？

5. 由光的波动理论可知，光的颜色是频率决定的，光在不同介质中传播时速度不同，但频率不变. 一束绿光从空气射入水中后，在水中还是绿色的吗？它的波长是增大还是减小？

6. 已知钠黄光的频率是 $5.1\times10^{14}$ Hz，使电子脱离钨表面所需做功 $7.2\times10^{-19}$ J. 用钠黄光照射金属钨能不能发生光电效应？

# 第 10 章小结

## 一、要求理解、掌握并能运用的内容

1. 机械波

机械振动在介质中的传播，波传播振动这种运动形式，波是能量传递的一种方式.

(1) 横波. 介质中的质点振动方向与波的传播方向相垂直，波形是波峰、波谷相间.

(2) 纵波. 介质中的质点振动方向与波的传播方向相平行，波形是密部、疏部相间.

(3) 波的周期（频率）与波源振动的周期（频率）相同，与传播的介质无关.

(4) 波速. 波在介质中传播的速度. 同一列波在不同介质中波速不同.

(5) 波长. 波在一个周期内传播的距离. 同一列波在不同介质中波长不同.

(6) 波长、波速和频率之间的关系：$v=f\lambda$

(7) 声波. 声源的振动在介质中的传播.

①可闻声波　频率为 $16-2\times10^4$ Hz

②次声波　频率低于 16Hz

③超声波　频率高于 $2\times10^4$ Hz.

2. 电磁振荡

电场与磁场作周期性交替变化，引起电场能与磁场能的周期性相互转换的现象. LC 振荡电路的固有周期、固有频率为 $T=2\pi\sqrt{LC}$，$f=\dfrac{1}{2\pi\sqrt{LC}}$.

3. 电磁波

(1) 电磁场. 周期性变化的电场和变化的磁场相互激发形成一个不可分割的统一体.

(2) 电磁波.电磁场在空间由近及远的传播形成电磁波.

(3) LC 振荡电路向外界发射电磁波必须具备的条件:

①振荡电路必须有足够高的频率.

②振荡电路必须是开放电路.

4.波的干涉

两列频率和振动方向都相同的波叠加后使介质中某些区域振动始终加强某些区域振动始终减弱,出现加强和减弱区域互相间隔的现象.

5.波的衍射

波绕过障碍物传播的现象.

6.光的本性

波粒二象性.

(1) 波动性.光是一种电磁波.

①光的干涉.两列频率相同、振动方向相同的光相遇,在相遇区域出现明暗相间条纹的现象.

②光的衍射 光在传播途中绕射到障碍物后区域的现象.

③光的偏振 光透过偏振片传播时受光的振动方向与偏振片的偏振化方向影响而发生的现象.光的偏振现象说明光是横波.

(2) 粒子性.光是由大量以光速运动的粒子组成的粒子流,这些粒子叫做光量子(光子).

①光子能量 $E=hf$.

②产生光电效应的条件:入射光子的能量不小于电子的逸出功.

(3) 光的本性.光是电磁场这种特殊物质的一种运动形式,它既有波动性,又有粒子性.

①光在传播过程中,波动性较显著.

②光与物质相互作用时,粒子性比较显著.

## 二、要求了解的内容

1.噪声的危害与控制

2.电磁波的接收

3.电磁波谱

4.光电效应的应用

# 第 10 章自测题

## 一、填空题

1. ________________叫做机械波. 机械波传播的是________和________，而________并不随波迁移. 振动方向和波的传播方向________的波叫横波，波的频率和波长的乘积为________.

2. 频率相同、振动方向相同的两列波叠加，使某些区域的振动始终加强、某些区域的振动始终减弱，并且振动加强和减弱的区域________，这种现象叫________，形成的条纹叫________.

3. LC 振荡电路中引起________能与________能的周期性相互转换的现象叫________，该电路向外界发射电磁波必须具备：(1)________，(2)________.

4. 光的干涉与衍射现象说明光是一种________，光的偏振现象则说明光是________，麦克斯韦理论认为光是________，而光电效应现象说明具有________性，某种金属能否发生光电效应取决于入射光的________.

5. 爱因斯坦的光量子理论认为：光是由大量以________的粒子组成的粒子流，这些粒子叫做光子. 每个光子的能量等于________.

6. 光既具有________性，又具有________性，因此光的本性是________. 光在传播过程中________性较显著，而在与物质相互作用时________性比较明显.

## 二、选择题

1. 关于机械波的以下说法中，正确的是：(　　)

(1)波动是指振动质点在介质中传播的过程；

(2)波动是传播能量的一种运动形式；

(3)波动的过程中，介质的质点仅在各自的平衡位置附近作振动，并未在波的传播方向上发生迁移；

(4)机械波在真空中也存在.

2. 光由真空射入水中，发生改变的物理量是：(　　)

(1)波长　　(2)频率　　(3)光速　　(4)无法确定

3. 下列光波中波长最短的是：(　　)

(1)红外线　　(2)紫外线　　(3)$\gamma$ 射线　　(4)$X$ 射线

4. 用红光和紫光分别测得同一凸透镜的焦距为 $f_1$ 和 $f_2$，则：(　　)

(1)$f_1 > f_2$　　(2)$f_1 < f_2$　　(3)$f_1 = f_2$　　(4)不能确定.

5. 有红光和绿光分别照射同一光电管，仅绿光照射时产生了光电流，这是因为：(　　)

(1)绿光比红光的强度大　　(2)绿光比红光的波长大

(3)绿光比红光的频率高　　(4)绿光照射的时间比红光长

三、计算题

1. 一列声波在空气中波长是 0.25 m，波速是 340 m/s. 当它以同一频率进入另一介质时，波长变成了 0.79 m，则它在这种介质中的传播速度是多少？
2. 地震时既有纵波又有横波. 已知某次地震时，地震波的纵波和横波在地表附近的传播速度分别为 5.0 km/s 和 3.0 km/s，地震观测站记录到地震的纵波和横波的到达时刻相差2.0 s，求震源距离观测站多远？
3. 我国第一颗人造地球卫星采用 20.009 MHz 和 19.995 MHz 频率的电磁波发回各种实验数据. 这两种电磁波的波长各为多少？
4. 一收音机的 LC 调谐回路中使用了可以从 15 pF—30 pF 之间连续变化的可变电容器. 要使该收音机能接收的最低频率为 1000 kHz，应配用自感量为多大的线圈？配好后该收音机能接收的最高频率为多少？
5. 使铯金属中的一个电子逸出其表面成为光电子至少需要 $3.0\times10^{-19}$ J 的能量. 现用波长为 0.59 $\mu$m 的光照射铯，能否发生光电效应？若有光电子逸出，则其逸出金属表面时最大的动能为多少？（提示：根据能量守恒定律，光电子的最大初动能和其逸出功之和应等于入射光子的能量）

# 第11章　近代物理

以牛顿定律和麦克斯韦电磁场理论为基础所建立起来的经典物理，发展到19世纪后半叶已经形成了十分完整的体系，并在实际应用中取得了巨大的成就.当时有人将此喻为物理学的大厦已构建完成，后人已没什么可做的了，物理学的天空已是晴空万里.然而，就在人们为经典物理取得的成就而欢欣鼓舞的时候，物理学的天空中却飘来了一片又一片新奇的云彩.在19世纪与20世纪之交，面对科学界的一系列重大发现(如放射性、电子的发现等)，经典物理遇到了不可克服的困难.经典物理的理论在这些现象中显得无能为力，经典理论完美无缺的神话开始破产.这些新的发现预示着物理学天空中暴风骤雨的来临，经典物理的大厦将受到新的洗礼.

1900年，德国物理学家普朗克首先提出了“能量子”的概念，接着德国物理学家爱因斯坦又提出了令世人震惊的相对论理论.这些标志着物理学新纪元的到来，由此开创了量子力学、相对论力学等近代物理学的新篇章.

本章我们将简要介绍放射性、原子和原子核的组成、核能及狭义相对论等近代物理学的基本知识.

## 11.1　光谱　原子模型

**【现象与思考】**　光是由物质发射出来的，不同的物质发射的光也不尽相同，例如钠发黄光而钾发紫光.这是否表明物质发出的光是携带着其内部结构信息的使者呢？我们能不能循着物质发光这一重要途径，来探索出物质内部的微观结构呢？

**光谱**　各种单色光按频率(或波长)的大小顺序排列的图样叫做**光谱**.炽

热的固体、液体和高压气体发出的光，经棱镜色散后形成了连续排列的光带，它包含了某范围内各种波长的光，叫做**连续光谱**. 如点亮的白炽灯的钨丝、炽热的钢水等都可以产生连续光谱. 炽热的稀薄气体所产生的光谱则是由一条条分立的亮线所组成，叫做**明线光谱**.

由物体发光直接产生的光谱叫做**发射光谱**. 显然，连续光谱和明线光谱都是发射光谱.

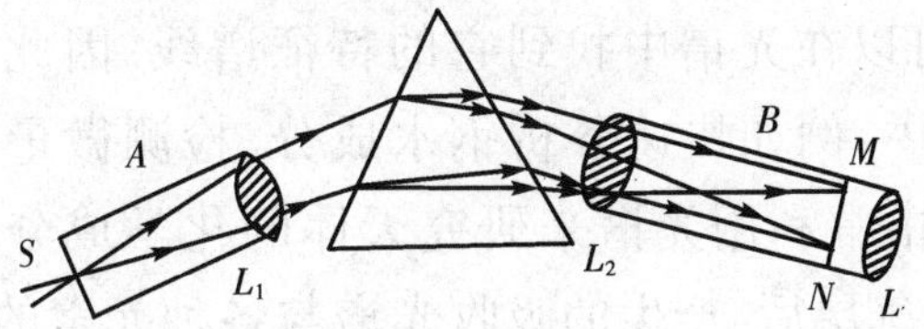


图 11-1　分光镜

观察光谱常用**分光镜**(如图 11-1 所示)，它是由平行光管 $A$、三棱镜 $D$ 和望远镜 $B$ 组成，宽度可调的狭缝 $S$ 位于凸透镜 $L_1$ 的焦点上. 光源发出的光经狭缝 $S$、$L_1$ 后成为平行光入射到棱镜 $D$ 上，经棱镜色散后不同颜色的光沿不同方向射出，再经凸透镜 $L_2$ 分别聚焦在屏 $MN$ 的不同位置上形成不同颜色的像(光谱)，通过目镜 $L_3$ 就可以看到放大了的光谱像. 如果在屏 $MN$ 位置放上感光板，就可以拍下光谱的像. 具有这种装置的光谱仪器叫做**摄谱仪**.

把食盐(NaCl)撒在酒精灯火焰上，食盐受热分解出钠气. 用分光镜可以看到，在暗淡的连续光谱的背景上，有两条靠得很近的黄色亮线，这就是有名的钠双线，是钠气发射的明线光谱中的两条谱线.

从大量的实验得知，每种元素都有区别于其他元素的独特的明线光谱. 元素不同，明线光谱也不同. 所以明线光谱又叫做**原子光谱**. 每种元素的原子只能发射具有其特征的某些波长的光，这些光谱的谱线就成为识别各种元素的标志，叫做原子的**特征谱线或标志谱线**.

让炽热的固体发出的白光通过温度较低的钠蒸气，用分光镜可观察到. 在连续光谱的背景上出现了两条挨得很近的暗线，这两条暗线恰好在钠气明线光谱中的钠双线的位置. 这说明钠蒸气吸收了通过它的白光中与它特征谱线波长相同的那些光，使白光连续光谱中出现了暗线.

进一步的实验表明，高温物体发出的白光(包含某范围内各种波长的光)通过每一种物质时，某些波长的光都会被该物质吸收掉，在连续光谱中出现一些由暗线(或暗带)所形成的光谱. 我们把连续光谱中某些波长的光被物质吸收后产生的光谱叫做**吸收光谱**. 吸收光谱中的暗线与该元素明线光谱中的明线在数目、位置上是对应的，这表明原子吸收的光恰与它能发射的光相同. 显然,吸收光谱中的谱线也同样是用来识别元素的特征谱线.

每种元素的原子都有自己的特征谱线,根据它们来对照某种材料的谱线结构,便可定性地分析出这种材料的化学成分.根据各元素特征谱线的强度还可定量地分析该元素含量的多少.这种利用光谱来确定物质化学成分及含量的方法叫做**光谱分析**.光谱分析有快速和灵敏度高的优点,用化学分析要几天才能完成的工作,用光谱分析只需几十分钟甚至几分钟.某种元素在物质中含量仅有 $10^{-13}$ kg,就可以在光谱中找到它的特征谱线.因此,光谱分析广泛应用于生产、科研等领域中.例如快速分析钢水成分、检测微量元素、检查半导体材料的纯度等.天文学中常利用光谱来研究天体的化学成分.太阳内部的强光经过温度较低的太阳大气层后,产生的吸收光谱与各种元素的特征谱线对照,人们了解到太阳大气中至少含有氢、氧、钠、钾等60多种元素.利用这唯一.来自其他星球的信使——光所带给人类的信息,大大开拓了我们认识宇宙的眼界.通过光谱分析,人类得知组成宇宙万千天体的元素和地球上的元素是一样的.

**原子核式模型**　1897年,英国物理学家汤姆逊(1856—1940)发现了电子,结束了人们千百年来认为原子不能再分的历史,拉开了人类认识原子世界的序幕.1911年,英国物理学家卢瑟福(1871—1931)在多年实验的基础上,提出了**原子核式结构模型**:原子中心有一个很小的核(仅占原子体积的亿万分之一),叫做**原子核**;原子的全部正电荷和几乎全部质量都集中在原子核里;电子在核外空间绕原子核旋转.电子绕核旋转正如行星绕太阳运转一样,因此卢瑟福的原子模型又叫原子的**行星模型**.原子核所带的单位正电荷数等于核外的电子数,所以整个原子是中性的.

卢瑟福的原子核式结构学说初步建立了原子结构的图景,但却与经典的电磁理论发生了矛盾.按照经典电磁理论,电子绕核旋转具有加速度,就要不断向外辐射电磁波,因而它的能量要逐渐减少,电子绕核运动的轨道半径也要随之减小,最终电子将沿着螺旋线的轨道落入原子核上使正负电荷中和,引起原子的"塌陷".但事实并非如此,原子是十分稳定的.丹麦物理学家玻尔(1885—1962)深信卢瑟福原子模型的正确,认为问题出在经典理论对它的说明上.他抓住原子光谱这一线索来揭开原子结构的奥妙.

**玻尔原子模型**　人们首先对最简单的氢原子进行研究.氢原子光谱在可见光区域内有四条明亮的谱线,分别为 $H_\alpha$,$H_\beta$,$H_\gamma$ 和 $H_\delta$,谱线间隔表现出了一定的规律性(如图11-2所示).瑞士中学教师巴尔末经过反复研究,找到了描述这一规律的公式[①]. 因而氢原子在可见光范围内的谱线系列称为巴尔末系. 当然,氢原子在可见光范围之外还有很多其他的谱线系.

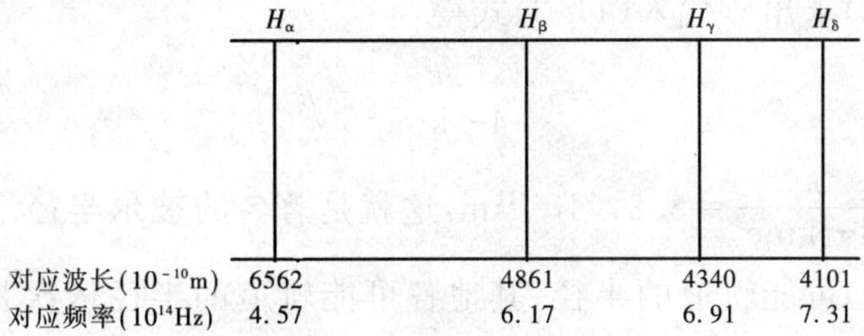


图 11-2 氢原子可见光谱

玻尔在对氢原子光谱进行深入细致的分析和计算后,注意到线状谱线的不连续性,把普朗克的量子理论创造性地运用到原子系统中. 1913 年,玻尔在卢瑟福原子模型的基础上提出了如下的假设:

**轨道量子化** 原子中电子绕核运动的轨道不是任意的,只有满足下列条件的轨道才是可能轨道:电子轨道半径 $r$ 与其动量 $mv$ 的乘积等于 $\mathrm{h}/2\pi$ 的整数倍,即

$$mvr=n\frac{\mathrm{h}}{2\pi},n=1,2,3,\cdots \tag{11-1}$$

式中的 h 是普朗克恒量,正整数 $n$ 叫做**量子数**.

**能量量子化** 电子在上述可能轨道上绕核运动时,原子并不向外辐射能量,即可能轨道半径 $r_n=nh/2\pi mv$ 一定时,原子能量 $E_n$ 也一定,这些状态称为**定态**,原子在定态上的能量叫做**原子的能级**. 显然原子的能级是不连续的,即原子的能量是量子化的.

**能级跃迁** 当原子中的电子从半径较大的轨道跳到半径较小轨道上运动时,原子就由较高能级 $E_n$ 变成较低能级 $E_m$ 多余的能量 $E_n-E_m$ 就以光子的形式辐射出去. 反之,若原子吸收某一能量等于 $E_n-E_m$ 的光子,那么原子就由较低能级 $E_m$ 变成较高能级 $E_n$. 因为频率为 $f$ 的光子能量为 h$f$,由能量守恒定律得

$$\mathrm{h}f=E_n-E_m. \tag{11-2}$$

原子由一个定态变成另一个定态,辐射或吸收一个光子的现象,叫做原子**能级的跃迁**.

氢原子中电子绕核旋转所需的向心力就是核对它的库仑力,即

---

① 巴尔末公式为 $\frac{1}{\lambda}=R(\frac{1}{2^2}-\frac{1}{n^2})$, $n=3,4,5\cdots$ 式中 $R$ 是值为 $1.096776\times10^7\,\mathrm{m}^{-1}$ 的恒量.

$$k\frac{e^2}{r^2}=\frac{mv^2}{r} \tag{11-3}$$

由式(11-1)求出 $v$ 代入(11-3)式得

$$r_n=n^2\ \frac{h^2}{4\pi^2 kme^2}=n^2 r_1 \tag{11-4}$$

式中 $r_1=\frac{h^2}{4\pi^2 kme^2}=5.3\times10^{-11}\text{m}$，这就是著名的**玻尔半径**. 它代表第一条(即离核最近的)可能轨道的半径，其他各可能轨道的半径依次是 $r_1$ 的 $2^2, 3^2, 4^2, \cdots, n^2$ 倍.

式(11-4)清楚地表明，氢原子中电子的轨道是分立的，原子的能级也是分立的. 电子离核越近($n$ 越小)，原子能级越低. 一般情况下，电子总在离核最近的轨道(半径为 $r_1$)上运动，这时氢原子能级 $E_1$ 最低，原子的这一状态叫做**基态**. 当原子吸收了能量，将从基态跃迁到较高能级，则电子也到较远的轨道上运动. 原子处于较高能级的状态叫做**激发态**. 根据玻尔假说的经典物理理论，适当选取零电势位置[①]，可求出氢原子基态能量(即电子的动能及电子和原子核的势能之和)为 $E_1=-13.53\text{eV}$，而原子在其他激发态的能量为

$$E_n=\frac{E_1}{n^2}, n=1,2,3,\cdots \tag{11-5}$$

整个氢原子的能级和电子轨道如图 11-3 所示.

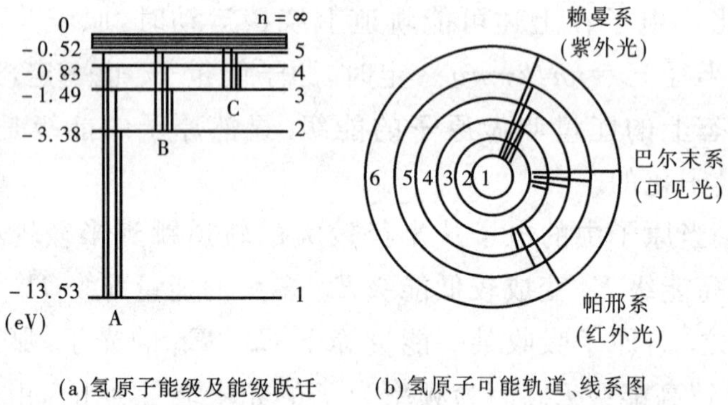


(a)氢原子能级及能级跃迁　　(b)氢原子可能轨道、线系图

图 11-3　氢原子能级和电子轨道

由于原子的能级是一定的、不连续的，跃迁只能在能级之间进行，因此原子只能辐射或吸收特定频率(或波长)的某些光，从而形成原子的特征谱线.

根据玻尔理论，可以计算出氢原子从高能级向第二能级跃迁时，所辐射的

① 氢原子的能量跟零电势能位置的选定有关. 我们这里选取的零电势能位置，使电子在离核无限远时原子的能级为零($E_\infty=0$). 所以，电子在其他任一可能轨道上时，氢原子的能级均为负值.

光子能量恰好是巴尔末系所对应的光子能量. 其他线系(如赖曼系、帕邢系等)也是氢原子从高能级向某一能级(如第一能级、第三能级等)跃迁的结果. 玻尔理论解释氢原子光谱获得了极大的成功. 但是用它来解释含有两个以上外层电子的较复杂的原子光谱时却遇到了很大的困难,理论计算与实验结果相差甚远,这就暴露了玻尔理论的局限性. 这个理论的成功之处在于它引入了量子概念,失败之处在于它没有完全摆脱经典理论的束缚,保留了许多经典物理概念. 在玻尔理论的基础上,人们又经过 10 年的努力,建立了量子力学. 量子力学是一种彻底的量子理论,它成功地解决了原子结构中的许多问题,成为研究微观粒子运动规律的基本理论.

**例题 11-1**　根据玻尔理论计算氢原子光谱的巴尔末系中 $H_\alpha$,$H_\beta$,$H_\gamma$ 的谱线频率.

**解**　由图 11-3 可知,巴尔末系光子能量是氢原子由高能级向第二能级跃迁时辐射出来的. 当氢原子从第三、四、五能级向第二能级跃迁时,辐射的光子能量分别为

$$E_\alpha = E_3 - E_2 = -1.49-(-3.38) = 1.89\text{eV}$$
$$= 3.02\times10^{-19}\text{J};$$

$$E_\beta = E_4 - E_2 = 2.55\text{eV} = 4.08\times10^{-19}\text{J};$$

$$E_\gamma = E_5 - E_2 = 2.86\text{eV} = 4.58\times10^{-19}\text{J};$$

由 $f=\dfrac{E}{\text{h}}$得 $H_\alpha$、$H_\beta$、$H_\gamma$ 的频率分别为

$$f_\alpha = E_\alpha/\text{h} = \frac{3.02\times10^{-19}}{6.63\times10^{-34}} = 4.56\times10^{14}\text{Hz};$$

$$f_\beta = E_\beta/\text{h} = \frac{4.08\times10^{-19}}{6.63\times10^{-34}} = 6.15\times10^{14}\text{Hz};$$

$$f_\gamma = E_\gamma/\text{h} = \frac{4.58\times10^{-19}}{6.63\times10^{-34}} = 6.91\times10^{14}\text{Hz};$$

计算结果与实验(图 11-2)符合得很好.

## 阅读材料

### 激　光

激光是 20 世纪以来,继原子能、计算机、半导体之后,人类的又一重大发明,被称为“最快的刀”、“最准的尺”、“最亮的光”和“奇异的激光”. 它的亮度为

太阳光的100亿倍. 世界上第一台激光器由美国休斯研究室的T·梅曼于1960年研制成功. 40多年来,激光技术得到了极为迅速的发展,它几乎遍及人类生活、生产及科学研究的各个领域. 激光是什么,它为什么如此的神通呢?这要从物质的发光谈起.

普通光源的发光是原子自发地从高能级向低能级跃迁时发出的,这种过程叫做自发辐射. 由于光源中大量原子各自进行自发辐射的过程互不相关,因此发出光的频率、振动方向以及传播方向等一般各不相同,这种光叫做自然光. 自然光向各个方向传播,它既不是严格的单色光,也不是相干光.

1917年,爱因斯坦从理论上指出,原子还有一种发光过程,那就是原子处于高能级 $E_n$ 时,恰好有能量 $hf=E_n-E_m(n>m)$ 的光子趋近,在它的激发(电磁场作用)下,原子就会辐射一个同样的光子而跃迁到低能级 $E_m$ 上,这种发光过程叫受激辐射. 受激辐射产生的光子和外来光子的频率、振动方向以及传播方向等完全相同. 它们在介质中传播时再引起其他原子受激辐射,这样光子会二变四、四变八地成倍增加,形成光子群. 这种在入射光影响下,大量原子受激辐射而发出的光叫做激光. 可见,激光形成的过程,也就是光放大的过程.

然而,在一般情况下光通过介质时非但得不到放大而且要减弱. 这是因为光通过介质时,有一个与受激辐射相反的光的吸收过程. 例如,当能量为 $hf=E_n-E_m$ 的光子与处于低能级 $E_m$ 的原子接近时,光子很可能被原子吸收,而使原子激发到能级 $E_n$ 上,使出射光减弱,这就是与受激辐射相反的光的吸收过程. 在通常情况下,介质中处于低能级 $E_m$ 的原子数总是大于处于高能级 $E_n$ 的原子数. 因此,从整体上来看,光的吸收过程总是胜过光的放大过程. 由此可见,要获得激光,必须使受激辐射的光放大过程胜过光吸收过程,这就必须使处于高能级上的原子数目大于处于低能级的原子数目. 这种状态叫做粒子数反转分布. 人们通过大量的实践,终于找到了粒子反转的一些物质,如红宝石、二氧化碳等,并制成了固体、气体和液体等数百种激光器,目前常用的有氦氖激光器等.

激光在单色性、方向性、相干性等许多方面大大优于普通光,使它在当代已成为发展最快的尖端技术之一. 利用激光单色性好的特征,可以把激光的波长作为长度标准,进行精密测量,在几米长度的测量中,精度可达0.1μm以内. 利用激光方向性的特点,可用于定位、导向、测距等. 例如,从地面向月球发出一束激光,测出它从发射到反射回发射点经过的时间 $t$,就可算出发射点到月球被测点间的距离($L=ct/2$),测量精度可达±15cm以内. 实际中按这一原理设计的激光测距仪就是一种激光雷达. 多用途的激光雷达不仅可以测量距离,而且能够测定目标的方位、运动的速度和轨迹,甚至能描绘出目标的形状,进行自动跟踪.所以激光雷达被广泛应用在导航、天文、气象、军事和人造卫星、宇宙飞船等方面.激光相干性好可用来进行全息照相,使照片的立体感非常强.人们正在利用激光的相干性研制彩色立体电视.激光与音乐相结合产生了一种新型艺术——彩色音乐,用它装饰的舞台将更加绚丽多姿,光彩夺目.激光的亮度高,是由于它能反能量高度集中地辐射出来.它可以在不到千分之一秒的时间内使物体被照处产生几千万度的高温,最难熔化的物质,在这一瞬间也被气化了.因此,激光束可用来打孔、焊接、切割等.医学上可用激光用"光刀",来切开皮肤、切除肿瘤等外科手术.激光手术出血少、愈合快、疗效高.在军事上可利用激光强大而又集中的能量,制成各种激光武器.激光武器具有无时间差、无后坐力、无污染、威力大和机动性好等特点.

目前,激光技术已经融入我们的日常生活之中了,在未来的岁月中,激光会带给我们更多的奇迹.可以预见,激光技术必将给人类带来更加光辉灿烂的美好前景.

## 练　习　11.1

1. 光谱分析的依据是什么？它具有哪些优点？
2. 试由玻尔理论说明吸收光谱中暗线的数目和位置与该元素发射光谱中明线的数目和位置相同的原因.
3. 原子的直径约为 $10^{-10}$ m,而原子核的直径约为 $10^{-15}$ m,若把原子比作地球大小(地球半径约为 $6.4\times10^{6}$ m),那么原子核的直径将有多大？
4. 大量氢原子被激发到第三能级后,它可能发出几种频率为多大的光谱线？
5. 为了使基态氢原子电离,要用波长多大的电磁波照射氢原子？如果氢原子处于 $n=4$ 的激发态时,情况又会怎样？

## 11.2　核反应　原子核的组成

**【现象与思考】**　1896 年,法国科学家贝克勒尔(1852—1908)意外地发现了一件怪事:他有个实验需要阳光照射,不巧一连几天没出太阳,他只好将照相底片用黑纸包好与铀盐一起放进抽屉里.过了几天他发现底片被感光了，是什么透过黑纸使照相底片感光的呢？难道是铀盐在作祟？它又是通过什么途径使黑纸包中的底片感光的呢？

**天然放射性** 贝克勒尔对上述现象经过分析确认，一定是铀放出某种射线透过黑纸使底片感光．这是人类认识原子核的复杂结构和它的变化规律的开端．在贝克勒尔发现铀能发出射线后不久，玛丽·居里（1867—1934）和她的丈夫皮埃尔·居里又发现了两种放射性更强的元素．玛丽为了纪念她的祖国波兰，把其中一种元素命为名钋（Po），另一种命名为镭（Ra）．

物质能自发产生射线的性质叫**天然放射性**；具有这种放射性的元素叫做**放射性元素**．原子序数大于 83 的天然存在的元素都具有放射性．

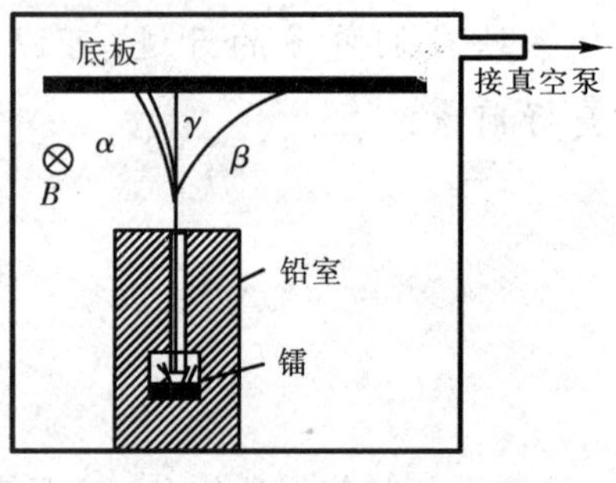


图 11-4　三种射线

放射性元素发出的射线究竟是什么呢？人们利用电场和磁场来研究放射性的性质．把放射性物质（如镭）放入具有窄孔的铅室中，射线只能从狭窄的孔道射出．当在铅室外加上如图 11-4 所示的磁场时，射线分成了三束．经过进一步的研究和分析，弄清了这三种射线的性质．向左方偏转的带正电叫做 $\alpha$ 射线，它是氦原子核（又称 $\alpha$ 粒子）组成的粒子流，电离作用很强，贯穿本领较小，在空气中只能飞行几厘米，一张薄纸也能把它挡住．向右方偏转带负电的叫 $\beta$ 射线，是高速的电子（又称 $\beta$ 粒子）流，电离作用较弱，贯穿本领较高，很容易穿透黑纸，甚至能穿透几毫米厚的铝板．不发生偏转的叫 $\gamma$ 射线，是波长比伦琴射线还短的电磁波，它的电离作用最弱，但贯穿本领最强，能穿透几十厘米厚的钢板．

有些放射性元素还会发出正电子束，正电子又称 $\beta^+$ 粒子．

大多数放射性元素通常只产生 $\alpha$ 射线和 $\beta$ 射线，往往也伴随着发出 $\gamma$ 射线．原子核发出 $\alpha$ 粒子或 $\beta$ 粒子后就变成另一种新的原子核了．这种原子核自发放出某种粒子而转变为新核的变化，叫做**原子核的衰变**．放出 $\alpha$ 粒子的变化叫 **$\alpha$ 衰变**，放出 $\beta$ 粒子的变化叫 **$\beta$ 衰变**．

射线是无法直接看到的，只能借助它与其他物质发生作用的现象来探测．威尔逊云室就是利用射线电离作用的一种探测器（如图 11-5 所示）．我们知道，蒸气遇冷凝结时要以尘埃或离子作为凝结核心，否则蒸汽不会凝结．在玻璃制成的容器内加入一些酒精或乙醚，使云室里充满它们的蒸汽．使活塞迅速向下移动，云室里气体因迅速膨胀而降低温度达到过饱和状态[①]. 这时室内若有射线(带电粒子)飞过，将使气体分子电离，产生的离子成了蒸气的凝结核心，于是蒸气在射线(粒子)经过的路线上形成一条雾迹，通过云室上的玻璃窗可观察或拍摄到这种径迹. 这种云室是英国物理学家威尔逊(1869－1959)于 1911 年发明的，因此叫威尔逊云室.

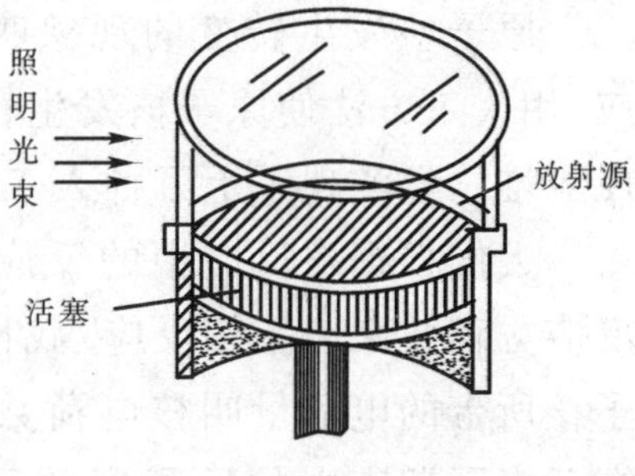


图 11-5 云室

用云室可以清楚地看出 $\alpha$ 射线和 $\beta$ 射线的径迹(如图 11-6 所示). $\alpha$ 粒子的质量大，而且电离本领大，因此它的径迹直而粗；$\beta$ 粒子质量很小且电离作用较弱，因此它的径迹细，而且有时发生弯曲；$\gamma$ 粒子则只能产生一些细碎的雾迹.

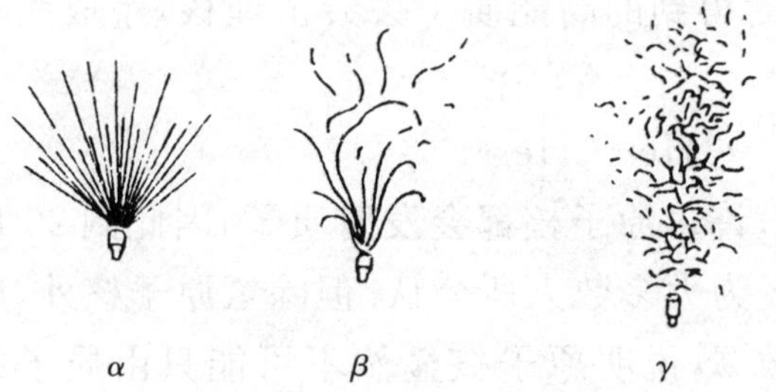


图 11-6 三种射线的径迹

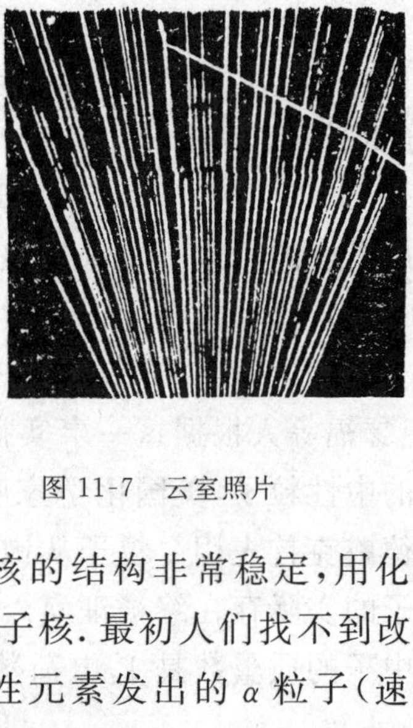

图 11-7 云室照片

**人工核反应** 除放射性元素外，一般原子核的结构非常稳定，用化学反应、加温、加压或加电磁场等方法都无法改变原子核. 最初人们找不到改变原子核的外界作用，直到 1919 年，卢瑟福用放射性元素发出的 $\alpha$ 粒子(速度达 $2\times10^7$ m/s)去轰击氮原子核，第一次用人工的方法使原子核发生了转变. 在实验中发现，$\alpha$ 粒子打到氮原子核后，从核中打出的新粒子是氢的原子核，称为质子，被打出质子的氮核转变为氧核. 英国物理学家布拉凯特在充氮的云室里反复做了这个实验，拍摄了两万多张云室照片，终于从 40 多万条 $\alpha$ 粒子径迹的照片中，发现了 8 条产生了分叉(如图 11-7 所示). 经过细致的分析得知，分叉中细长的是质子的径迹，另一条粗短的是新产生的氧核的径迹，$\alpha$ 粒子的径迹在轰击氮核后消失，表明它留在氧核里了. 可见，差不多要用 5000 个高速 $\alpha$ 粒子去轰击氮核时，才有一个同氮核发生相互作用，产生出质子来.

① 冷却到凝结温度以下的纯净蒸气仍不凝结成液体的状态叫做过饱和状态. 如果在这饱和气中掺入一些杂质，蒸汽就会以这些杂质为核心凝结起来.

原子核发生转变的现象叫做**核反应**. 衰变中原子核的转变称为**自发核反应**,用人工方法使原子核发生转变称为**人工核反应**. 人类利用各种加速器和核反应堆已经实现了上万种人工核反应.

人们根据核反应中的反应前后核电荷数和质量数守恒这一原理,常用核反应方程式来表示核反应. 我们用${}_{Z}^{A}X$来表示某元素 $X$ 的原子核,其中 $Z$ 是原子核所带的电荷量叫核电荷数(用基本电荷量的倍数 $Z$ 表示),也就是该元素在元素周期表中的原子序数;$A$ 表示原子核的质量数(把原子量取整数而得到). 例如 $\alpha$ 粒子表示为${}_{2}^{4}\mathrm{He}$,氮核表示为${}_{7}^{14}\mathrm{N}$等. 另外电子和正电子分别记为${}_{-1}^{0}\mathrm{e}$和${}_{1}^{0}\mathrm{e}$. 这样,铀核放出 $\alpha$ 粒子的自发核反应可表示为

$$ {}_{92}^{238}\mathrm{U} \longrightarrow {}_{90}^{234}\mathrm{Th} + {}_{2}^{4}\mathrm{He} $$

首次实现的人工核反应方程式为

$$ {}_{2}^{4}\mathrm{He} + {}_{7}^{14}\mathrm{N} \longrightarrow {}_{8}^{17}\mathrm{O} + {}_{1}^{1}\mathrm{H} $$

1932 年,人工首次用加速器加速后得到的高能质子去轰击锂核,生成两个 $\alpha$ 粒子的核反应方程为

$$ {}_{1}^{1}\mathrm{H} + {}_{3}^{7}\mathrm{Li} \longrightarrow {}_{2}^{4}\mathrm{He} + {}_{2}^{4}\mathrm{He} $$

**原子核的组成**　在人工核反应中,许多原子核都会发射质子,因此到 20 世纪 20 年代,原子核中包含着质子,已经为大多数人所公认. 但除氢原子核外,所有原子核的质量数 $A$ 都大于核电荷数 $Z$,说明原子核显然不可能只由质子组成. 卢瑟福等人根据这一事实推测,原子核内应当有一种质量与质子相等的不带电的中性粒子,美国化学家哈金斯给它取名为“中子”. 1932 年,英国物理学家查德威克首先用 $\alpha$ 粒子从铍中打出中子,从而使他的老师卢瑟福等人设想过的中子的实际存在终被证实.

中子的质量数是 1,电荷数为零,用${}_{0}^{1}n$表示,则发现中子的核反应方程为

$$ {}_{2}^{4}\mathrm{He} + {}_{4}^{9}\mathrm{Be} \longrightarrow {}_{6}^{12}\mathrm{C} + {}_{0}^{1}\mathrm{n} $$

中子的贯穿本领极高,能够穿透 10 cm－20 cm 的铅板,是激发核反应最好的“炮弹”. 由于中子的发现又导致了 60 年代中子星的发现和 70 年代中子弹的发明.

中子发现以后,德国的海森堡和前苏联的伊万宁柯都明确提出原子核由质子和中子组成的假设. 这种设想解决了很多在原子结构理论和实验研究中遇到的问题,所以很快得到了公认. 组成原子核的质子和中子统称为**核子**. 核子数等于原子核的质量数 $A$,核内的质子数等于核电荷数 $Z$,显然核内的中子数应为 $A-Z$. 对大多数元素来说,其原子核内的质子数都稍小于中子数.

原子核的直径不到 $10^{-15}$ m,带正电荷的质子和中子一起挤在如此之小的核内,它们之间的静电斥力是非常巨大的,但原子核并不破裂,通常还非常稳

定.这说明,在原子核里的核子之间还存在一种比静电力强得多的吸引力把核子紧紧地拉在一起,束缚在核内,这种力叫做核力.核力在质子和质子间、质子和中子间以及中子和中子间都存在,并且只能在极短的距离($2.0\times10^{-15}$ m)内起作用.超过了这个距离,核力就迅速减小为零,因此核力是一种短程力.质子和中子的半径约为$0.8\times10^{-15}$ m,可见每个核子也只能跟与它相邻的核子间才有核力的作用.核力与万有引力、电磁力的本质不大相同,目前尚在进一步深入研究之中.

核子在核力的作用下也不是简单地堆砌成一个原子核,在原子核内部还有着复杂的结构和变化.两个质子和两个中子常常更紧密地结合在一起,形成一个$\alpha$粒子,从某些元素的原子核中被抛射出来,这就是放射性元素的$\alpha$衰变.此外,在一定条件下一个中子可以变成一个质子并放出一个电子,这就是某些放射性元素发生$\beta$衰变的过程.可见在微观世界内同样存在着许多神秘而又有趣的运动和变化,吸引着人们不断去探索和研究.20世纪30年代以来,因为在这方面研究成就而获诺贝尔奖的物理学家就有30多位,其中有华裔物理学家杨振宁、李政道、丁肇中、朱隶文和崔琦.

**人工放射性**　1934年,约里奥·居里和伊丽芙·居里夫妇在用$\alpha$粒子轰击铝箔时,除探测到预料中的中子外,还意外地探测到了正电子.更意外的是,拿走$\alpha$粒子放射源后,铝箔虽然不再发射中子,但仍继续发射正电子,这是什么原因呢?原来,铝核被$\alpha$粒子击中后发生了下面的反应:

$$^{27}_{13}\mathrm{Al}+^{4}_{2}\mathrm{He}\longrightarrow^{30}_{15}\mathrm{P}+^{1}_{0}\mathrm{n}$$

反应生成物$^{30}_{15}\mathrm{P}$具有放射性,它像天然放射性元素一样发生衰变,衰变中放出正电子$^{0}_{1}\mathrm{e}$:

$$^{30}_{15}\mathrm{P}\longrightarrow^{30}_{14}\mathrm{Si}+^{0}_{1}\mathrm{e}$$

$^{30}_{15}\mathrm{P}$与自然界中稳定的磷($^{31}_{15}\mathrm{P}$)相比,它们的质子数(核电荷数)相同,质量数不同,即中子数不同,但它们具有相同的化学性质,因此摆在元素周期表的同一位置,称为**同位素**.

所有的化学元素都有自己的同位数,有的是天然的,有的是人工制造的.天然元素的同位素大部分比较稳定.例如最轻的元素氢,其天然存在的同位素有$^{1}_{1}\mathrm{H}$和$^{2}_{1}\mathrm{H}$(氘)两种.$^{2}_{1}\mathrm{H}$虽然只占氢元素的0.02%,却是非常重要的一种同位素.通过核反应,还能产生氢的另一种同位素$^{3}_{1}\mathrm{H}$(氚),这种同位素具有放射性.我们把像$^{30}_{15}\mathrm{P}$和$^{3}_{1}\mathrm{H}$这样不稳定的具有放射性的同位素,叫做**放射性同位素**.利用人工核反应制造出的元素的放射性,叫做人工放射性.自然界中天然放射性同位素仅50多种,而人工制造的放射性同位素已达2000多种,每种元素都有了放射性同位素.

## 阅读材料

# 玛丽·居里

迄今为止,世界上最杰出的女科学家当推玛丽·居里(居里夫人).1867年玛丽出生于波兰华沙,当时的华沙处在沙俄的统治之下.她自小受父亲爱国思想的影响,立志苦学本领来报效祖国.虽然家境贫寒,她却在法国靠勤工俭学完成了学业.在法兰西大学理学院学习期间,为了专心钻研,她放弃了姐姐家里较舒适的条件,独自住在别人放东西的小阁楼里.为了节省电费和烤火费,她冒着严寒去附近的图书馆读书.寒冷的夜晚她只好把所有的衣服甚至椅子也堆到床上来抵御严寒.她的用餐十分简单,以致造成了严重的营养不良,多次因过度劳累而晕倒.

在法国物理学家贝克勒尔发现铀能发出射线后不久,玛丽·居里和她的丈夫皮埃皮·居里经过反复研究后发现了两种放射性更强的新元素.玛丽报效祖国的愿望终于实现了,她在1898年7月18日向法国科学院报告其中一种新元素的发现时自豪地说:"假如这种新元素将来能被证实的话,我想叫它钋(Po),用以纪念我的祖国——波兰."

为了寻找有力的证据来说服当时科学界中存在的"原子核不能再分"的观点,她和丈夫决心从大量的沥青矿中提炼出只有百分之一含量的镭来.要提炼1克镭的化合物,需用90T固体化学药品、100T液体化学药品、400T矿石和800T水,可见提炼工作异常繁重和艰苦.他们在难避风雨又没有通风设备的小板棚里烟熏气呛达4年之久.没有助手和设备,他们靠自己的双手用火炉和搅拌棒,历尽艰辛提炼出了1mg的氯化镭.此后他们又花了3年时间提炼出了纯金属镭,测出镭的原子量为225u.

居里夫妇为科学奋不顾身的探索精神和取得的辉煌成就为世人所敬佩,人们尊称他们为镭的父母,他们双双获得了科学的最高奖——诺贝尔奖.在居里不幸遇车祸而英年早逝后,居里夫人继续研究放射性,并于1911年再度获得诺贝尔奖.

居里夫妇的发现彻底否定了"原子是不能再分的最小微粒"的观点,开创了原子核物理研究的新纪元,促进了原子时代的到来.居里夫人不愧为放射性科学的奠基人之一.

玛丽·居里为祖国和人类的科学事业无私奉献的精神和高尚的品质令世人折服.她发现的放射性元素医治和减轻了千百万个癌症病人的痛苦,她自己却因科研中受放射线的过度辐射而死于血癌(1934 年). 生前她拒绝用镭去换取个人的巨额财富,而把镭的秘密公布于众,她说:"镭是全人类的财富,镭应为全人类带来幸福."时至今日,居里夫人的精神仍是我们全人类最宝贵的财富.

## 练　习　11.2

1. 何为放射性? $\alpha,\beta,\gamma$ 三种射线的主要特征分别是什么?
2. 镭自发衰变为氦和氡. 为什么认为镭是一种元素而不是氦和氡的一种化合物?
3. 写出钍($^{230}_{90}Th$)发生 $\alpha$ 衰变的核反应方程式.
4. 写出钫($^{223}_{87}Fr$)发生 $\beta$ 衰变的核反应方程式.
5. 分别写出质量数为 12,13,14,15,16 的氮核的符号.
6. 完成下列核反应方程式:
   (1) $^{15}_{7}N+^{1}_{1}H\longrightarrow ^{12}_{6}C+(\quad)$
   (2) $(\quad)+^{4}_{2}He\longrightarrow ^{17}_{8}O+^{1}_{1}n$
   (3) $^{2}_{1}H+^{3}_{1}H\longrightarrow(\quad)+^{1}_{0}n$
   (4) $^{9}_{4}Be+^{4}_{2}He\longrightarrow ^{12}_{6}C+(\quad)$

## 11.3　核　能

**【现象与思考】** 我们司空见惯的太阳,每秒钟辐射出大约 $3.8\times10^{26}$ J 的能量,这相当于 100 万吨煤燃烧所放出的能量. 地球仅接收了其中的二十亿分之一,就已使地面温暖,四季轮回,形成风云雨露,使万物生机盎然. 几十亿年来太阳时刻不停地向宇宙空间辐射如此巨大的能量,源于何处? 它还能维持多久? 你思考过这些问题吗?

**核能**　现代科学研究告诉我们,太阳的能量是其内部原子核反应所产生的. 像各种化学反应吸收或释放能量一样,核反应过程中也伴随着能量的释放或吸收. 从能源的角度看,我们把原子核在核反应中释放的能量叫做**核能**. 又称**原子能**.

核能比各种化学能大得多. 例如,一个中子和一个质子结合成一个氘核释放的能量高达 2.22 MeV,比一个碳原子在燃烧过程中释放的化学能大 55 万倍.为什么核子在结合成原子核时会释放出如此巨大的能量呢？物理学家们经过反复深化地研究，终于从能量和质量的关系中找到了答案.

**质能方程** 1905 年，爱因斯坦根据狭义相对论原理指出：物体的质量 m 是它的能量 $E$ 的量度，即

$$E=mc^2 \tag{11-6}$$

式中的 $c$ 是光速，这就是著名的**质能关系式**，简称为**质能方程**.它指出了能量和质量之间的相互联系，也说明了能量守恒定律和质量守恒定律是同一自然规律的两个方面.根据质能方程可知，物体具有的能量跟它的质量之间存在着简单的正比关系.物体的质量增大了能量也增大，质量减小了能量也减小.当物体的质量变化 $\Delta$m 时，其能量将变化 $\Delta E=\Delta \text{ mc}^2$.

实验发现，任何原子核的质量总是小于组成它的核子的总质量，两者的差额叫做**质量亏损**.例如，氘核的质量 $m_D=2.018553u$（$u$ 是原子质量单位，$1u=1.660566\times10^{-27}$ kg)，而质子的质量 $m_p=1.007276u$，中子质量 $m_n=1.008665u$，一个质子和一个中子结合成氘核过程中的质量亏损为

$$\begin{aligned}\Delta m&=(m_p+m_n)-m_D\\&=0.002388u=3.965\times10^{-30}\text{ kg}.\end{aligned}$$

根据质能方程求得它们释放的核能为

$$\Delta E=\Delta \text{ mc}^2=3.57\times10^{-13}\text{ J}=2.23\text{ MeV}.$$

计算结果与实验事实相当符合，无数的实验已充分证实了质能方程的正确性，它是核能开发利用的理论依据.

**原子核的结合能** 核子结合成原子核时会出现质量亏损，根据质能关系式，它总要释放出一定的能量；而把原子核的各个核子拆散开来则至少要吸收同样多的能量.我们把这个能量叫做**原子核的结合能**.利用质能方程可以计算出所有原子核的结合能.表 11-1 中列出了一些原子核的结合能.

**表 11-1**

| 原子核 | $\Delta E$(MeV) | (MeV) | 原子核 | $\Delta E$(MeV) | (MeV) |
|---|---|---|---|---|---|
| $^2_1H$ | 2.223 | 1.111 | $^{14}_7N$ | 104.631 | 7.474 |
| $^3_1H$ | 8.478 | 2.826 | $^{15}_7N$ | 115.471 | 7.698 |
| $^4_2He$ | 28.288 | 7.072 | $^{16}_8O$ | 127.581 | 7.974 |
| $^6_3Li$ | 31.982 | 5.330 | $^{19}_9F$ | 147.752 | 7.776 |
| $^7_3Li$ | 39.231 | 5.604 | $^{20}_{10}Ne$ | 160.596 | 8.030 |
| $^9_4Be$ | 58.132 | 6.459 | $^{23}_{11}Na$ | 186.497 | 8.109 |
| $^{10}_5B$ | 64.729 | 6.473 | $^{24}_{12}Mg$ | 198.21 | 8.259 |
| $^{11}_5B$ | 76.189 | 6.926 | $^{56}_{26}Fe$ | 492.20 | 8.789 |
| $^{12}_6C$ | 92.133 | 7.678 | $^{238}_{92}U$ | 1802.27 | 7.573 |
| $^{13}_6C$ | 97.087 | 7.468 | | | |

**平均结合能**　原子核的结合能与它的核子数(质量数)的比值叫做核子的**平均结合能**.它就是核子结合成原子核时,每个核子平均释放出的能量,也就是把原子核拆开成单个核子时,每个核子平均吸收的能量.平均结合能越大,原子核就越难拆开,所以平均结合能的大小反映了原子核的稳定程度.原子核中核子的平均结合能随原子核质量数的变化规律如图11-8所示.

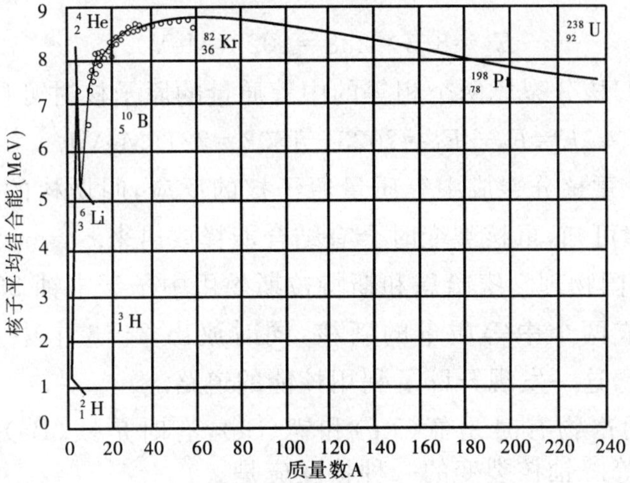


图 11-8　平均结合能

由平均结合能曲线可以看出,质量数较小的轻核和质量数较大的重核的平均结合能较小.中等质量原子核的平均结合能较大,质量数 50—60 之间的原子核,平均结合能最大,约为 8.6MeV.这就给人们一个启示,如果能实现把重核分裂成两个中等质量的核,或把轻核聚合成较重的核,每个核子将释放出一定的能量,这就是利用原子核能的理论依据.

**例题 11-3**　中子质量 $m_n=1.008665u$,质子质量 $m_p=1.007276u$,氦核的质量 $m_a=4.001597u$.根据质量亏损计算氦核的结合能和核子的平均结合能.

**解**　氦核由两个质子和两个中子组成,其质量亏损为

$$\Delta m=2(m_p+m_n)-m_a$$
$$=4.031882u-4.001597u=0.030285u,$$
$$\Delta E=\Delta mc^2$$
$$=0.030285\times1.660566\times10^{-27}\times(3.0\times10^8)^2/1.60\times10^{-13}$$
$$=28.288(\text{MeV}).$$

每个核子的平均结合能为 28.288/4=7.072(MeV).

**例题 11-4**　假如铀 238 能分裂成两个相等的中等质量的原子核时,大约能释放出多少能量?

**解** 铀 238 的平均结合能为 7.573MeV，92 个质子和 146 个中子构成一个$^{238}_{92}U$核时可释放的能量为

$$E_1=7.573\times(92+146)=1802(\text{MeV}).$$

如果用同样多的质子和中子构成两个质量数为 119 的中等质量的原子核时，由图 11-8 可看出，每个核子约平均释放出 8.5MeV，所有核子释放的总能量为

$$E_2=8.5\times238=2023(\text{MeV}).$$

所以，当$^{238}_{92}U$核分裂成两个相等的中等质量的原子核时可释放出

$$E=E_2-E_1=2023-1802=221(\text{MeV}).$$

**重核裂变** 重核分裂成中等质量原子核的反应，叫做核的**裂变**．由平均结合能的分布规律可知，重核裂变时会有结合能释放出来．

1938 年，德国物理学家哈恩和斯特拉斯曼用中子轰击铀 235 的原子核时，发现铀核分裂成两个中等质量的新核，同时放出 2－3 个中子，并释放了约 200MeV 的能量，这一发现开辟了利用核能的道路．

铀核裂变的产物有时是氙（Xe）和锶（Sr），有时是钡（Ba）和氪（Kr）或锑（Sb）和铌（Nb）等．①铀核裂变的一种核反应是

$$^{235}_{92}U+^{1}_{0}n\longrightarrow^{141}_{56}Ba+^{92}_{36}Kr+3\,^{1}_{0}n$$

在该反应中，质量亏损约 0.2153$u$，释放的能量达 201MeV．如果 1kg 的铀全部裂变释放出的核能，约相当于 2500t 优质煤完全燃烧时放出的化学能．

**链式反应** 铀核裂变时放出的 2－3 个中子，若引起其他铀核裂变再产生更多的新的中子，这样就使核裂变连续地进行下去，这种过程叫做**链式反应**（如图11-9所示）．实验得知，为了使链式反应容易发生，最好是利用纯铀 235．

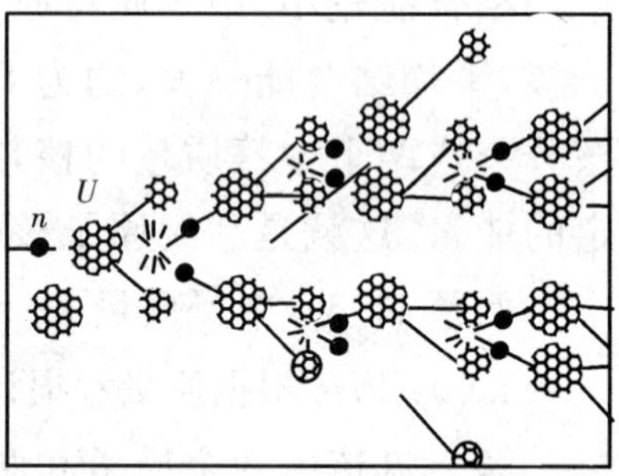

图 11-9　链式反应

要维持链式反应，铀块的体积还要足够大．因为原子核非常小，若铀块的体积不够，中子可能没与铀核相碰就跑到铀块之外了．能够产生链式反应的铀块的最小体积叫做它的**临界体积**．相应的质量叫做**临界质量**．铀的临界质量约为 1kg．原子弹就是利用纯铀 235（或钚 239、铀 233 等）超过临界体积时产生快速链式反应这一原理制成的．它能在百分之一秒内引起强烈的爆炸，释放出惊人的能量．

**核反应堆** 要使裂变的核能用于和平建设，必须控制裂变核反应的速度，

① 我国物理学家钱三强和何泽慧还发现了铀核裂变成三或四个新核的现象，不过这种机会比较少．

使核能比较平稳地释放出来．为此人们建立了**核反应堆**来控制核反应的速度．核反应堆的燃料是天然铀或浓缩铀[①]．核反应堆中有的采用石墨，有的采用重水作为中子的减速剂．因为这些减速剂不吸收中子，快中子与它们多次碰撞后速度变慢，使铀 235 能有效地俘获慢中子产生裂变，以保证链式反应顺利进行．同时用能大量吸收中子的镉棒或硼棒插入原子堆的深浅来控制反应的速度．为防止原子辐射，反应堆外修建了很厚的混凝土防护层，用来屏蔽射线．图 11-10 是重水型反应堆的示意图，重水既作为减速剂又作为冷却剂．反应堆中原子裂变释放的核能，大部分转变为热能，由冷却剂带出反应堆．利用这些热能产生的蒸汽可推动汽轮机带动发电机发电，这就是核能发电原理．核电站的功率可高达数百万 kW．一座 10 万 kW 的核电站每天只消耗几千克铀，而同样功率的火力发电站，每天则需要几千吨煤．目前世界上已有30 多个国家建立了 400 多座核电站．我国自行设计制造的第一座核电站——秦山核电站，装机容量 30 万 kW，已于 1991 年并网发电．1993 年 8 月，我国目前最大的广东大亚湾核电站两只 90 万 kW 发电机组已并网发电．20 世纪末，我国已拥有 4 座核电站，600 万 kW 的核电，成为世界上核电发展最快的国家．

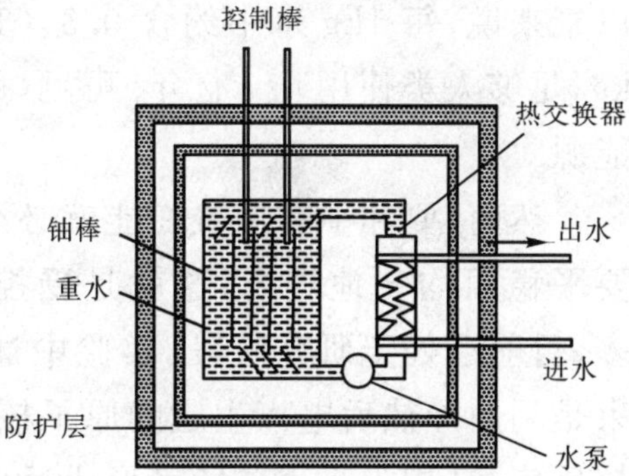

图 11-10　反应堆

核反应堆除用来发电外，还可作为舰艇的动力源，也可用来提供中子源，生产放射性同位素和生产核燃料钚 239 等．

**轻核聚变**　较轻的原子核聚合成较重原子核的反应叫做**聚变**．例如，氘核和氚核聚变时生成一个氦核，同时释放出 17.6MeV 的能量，每个核子平均释放 3MeV 以上的能量，是铀核裂变时核子平均释放能量的 3 倍多．这个聚变的核反应方程为

$$_{1}^{2}H+_{1}^{3}H\rightarrow _{2}^{4}He+_{0}^{1}n$$

由于原子核均带正电，那么如何克服核之间的静电斥力，使它们彼此靠近到 $10^{-15}$m 以内，从而在核力的作用下发生聚变呢？常用的办法是将原子核加热到几百万度的高温，使原子核具有足够的动能，在相互碰撞中克服静电斥力，相互接近到核力作用范围以内而发生聚变．这种在超高温下发生的核反应，叫做**热核反应**．氢弹就是利用原子弹爆炸时产生的超高温，使氘和氚发生

① 天然铀或浓缩铀中铀 235 的含量仅占 2%－4%，由裂变生产的速度很大的快中子很容易被天然铀或浓缩铀中的铀 238 俘获而不发生裂变，只有慢中子才更容易被铀 235 俘获，产生裂变．

快速热核反应,在极短的时间内释放出巨大的能量,其威力比原子弹更大.

据探测,太阳表面的温度只有 6000℃左右,但其内部的温度却高达几千万摄氏度,在那里激烈地进行着热核反应.在自然界中,许多像太阳这样的恒星都是靠其内部进行的热核反应来产生无比巨大的能量向周围辐射的.据科学家们预测,太阳发光已近 50 亿年,它还能像目前这样发光 50 亿年以上.

核聚变释放的能量多,对环境污染小,且地球上热核反应物质非常丰富.以氘来说,每 1kg 水中约含 $0.3\times10^{-4}$kg,地球上的江河湖海中含有氘达 $10^{17}$ kg,足够人类使用几十亿年.可见,聚变能将是人类取之不尽、用之不竭的理想能源.

然而,要和平利用聚变能就必须设法控制热核反应的速度,使之能根据需要平稳而均匀地进行,这就是**受控热核反应**.这种技术比控制裂变要困难得多,目前还处于研究阶段.实验中通常采用磁约束和惯性约束两种办法.磁约束是利用加热后电离生成的原子核在磁场中的偏转运动来约束住它们进行热核反应.这相当于用磁场来形成反应容器,因为地球上目前还没有任何材料做成的容器能承受几千万度的超高温.惯性约束技术是用高能量的激光束迅速地加热因惯性未来得及飞散的氘氚靶丸,使它们进行适度的热核反应.这项技术是我国核物理专家王淦昌和前苏联的巴索夫各自独立提出的.

我国自行设计制造的第一个受控热核聚变实验装置"中国环流一号"(中型托卡马克装置)于 1984 年 9 月在四川乐山建成.1993 年 10 月,中国科学院等离子体所在合肥建成了世界上最先进的受控热核聚变装置——大型超导托卡马克 HT-7,这标志着我国在受控热核聚变研究中已跻身世界最先进的行列.科学家们预计,在 21 世纪中叶,人类可以实际应用受控热核聚变能.那时,一辆水箱装满水的小汽车,配备一台微型聚变反应堆,就能行驶成千上万里,这神话般的技术是多么诱人啊!到那时所谓的能源危机将不复存在了.

## 阅读材料

### 一、爱因斯坦

艾伯特·爱因斯坦 1879 年 3 月 14 日出生于德国乌耳姆一个经营电器作坊的家庭.他是犹太民族也是全人类最杰出的物理学家,是 20 世纪最伟大的自然科学家.他在家庭的影响下,从小就对科学产生了浓厚的学习兴趣.优良的品行、正确的方法、酷爱思考的习惯和长期艰苦的努力,使爱因斯坦获得了非凡的成就.他对物理学的贡献是多方面的、超乎寻常的,其中最突出的是建立了相对论.

1905 年,26 岁的爱因斯坦在科学史上创造了史无前例的奇迹,一年中在三个不同的领域作出了四个有划时代意义的贡献:他用光量子假说解释了光电效应现象而获得了物理学诺贝尔奖;他用分子运动理论给出了布朗运动的理论解释,揭开了自布朗以来已达 80 年未能解开的谜底;他还提出了震惊科学界的狭义相对论和质能相当论.

爱因斯坦凭着丰富的想象力和远见卓识,顽强地坚持他认为正确的观点——尽管这些观点在常人看来是多么的稀奇古怪和深奥莫测.在异常艰难的抽象理论的研究中,他以惊人的顽强毅力屡次三番闯过难关,于 1916 年完成了划时代的广义相对论,创立了一种崭新的宇宙观.

相对论的提出是物理学思想的一场重大革命,它否定了牛顿的绝对时空观,从本质上修正了由狭隘经验建立起来的时空观,更深刻地揭示了时间和空间的本质属性;同时也发展了牛顿力学,把牛顿力学概括为相对论力学在低速运动状态时的一个特例.面对如此辉煌的成就,荣誉纷至沓来,一时间,爱因斯坦和相对论在西方成了家喻户晓的名词.在有人认为相对论的建立使牛顿在历史上的光芒被抹掉时,爱因斯坦却以公正的科学态度客观地指出:在牛顿时代,牛顿的道路,是一位具有最高思维能力和创造力的人所能发现的唯一.的道路;牛顿所创造的概念,至今仍然指导着我们的物理学思想.

1933 年,希特勒和他的纳粹党徒统治了德国,他们以"劣等种族应为优秀的日耳曼血缘的人腾出生存空间"等为口号,残酷地打击、迫害犹太人,即使是在全世界享有盛誉的爱因斯坦也未免劫难.他的所有财产被没收,连德国国籍也被取消,他成了一个没有祖国的人.爱因斯坦被迫离开德国,逃到法国、比利时.为摆脱纳粹的跟踪,后又逃到了英国,最后接受了美国新泽西州普林斯顿高级研究院授予的终身教授职位的邀请,1940 年他加入了美国国籍.

像许多科学家一样,爱因斯坦酷爱音乐,自幼年起就是一个不一般的小提琴手.晚年的爱因斯坦在普林斯顿过着安宁的生活,他在研究院工作,并在他那简朴的家中以拉小提琴自娱.1955 年 4 月 18 日,爱因斯坦在普林斯顿逝世,终年 76 岁.人们遵照他的遗嘱,将骨灰撒在永远对人保密的地方,为的是不使任何地方成为圣地.他生来不是为了掠夺和破坏,而是为了探索和贡献.正如他同时代的科学家们评价的那样:"在我们这一代物理学家中,爱因斯坦的地位始终在最前列,他现在是而且将来也还是人类宇宙中头等光辉的一颗巨星."

# 二、我国的核物理学家

1964 年 10 月 16 日，我国第一颗原子弹爆炸成功，从此打破了超级大国的核垄断. 1967 年 6 月 17 日，我国又成功地爆炸了第一颗氢弹. 这一声声震天动地的惊雷，宣告了中国人民以先进的核科学技术和强大的国防力量自立于世界民族之林.

自 50 年代起，为了加强我国的国防，使中国人民永远不再任人欺凌，钱三强、王大珩、王淦昌、程开甲、朱光亚、邓稼先、郭永怀、彭恒武、王承书、张沛霖等一大批核物理学家为我国核武器的研制做出了巨大的贡献. 他们为了我国原子核科学和国防核工业的发展，隐姓埋名，默默无闻地忘我工作，使我国在较短的时间内就完成了打破大国核垄断的重大工程. 他们的功勋永远铭刻在中国人民心中的丰碑上. 这里仅介绍其中三位.

钱三强(1913—1992)1913 年 10 月 16 日生于浙江省吴兴县，是我国著名的物理学家“三钱”(钱学森、钱三强、钱伟长)之一. 他毕业于清华大学物理系，赴法留学期间，师从于世界著名物理学家约里奥·居里夫人. 他在原子核物理学领域中做出了许多重要贡献. 1938—1939 年，他与约里奥·居里合作，用中子打击铀和钍得到了放射性镧同位素. 1944 年，他首先从理论和实验上确定了 50000eV 以下的中低能电子的射程与能量的关系. 1946—1948 年，他与何泽慧等合作，发现了铀核裂变时机会很少的三分裂和四分裂现象. 他根据实验分析研究得出这些现象中能量与角分布等关系，从实验和理论两方面作出了全面论述，经过几十年的考验，目前已经得到了公认.

1948 年，他放弃了国外优厚的待遇和优越的条件毅然回到了祖国，为新中国培养了一批研究原子核科学的人才，并建立了研究基地. 1955 年起他参加了我国原子能事业的建立、组织和领导工作，为我国原子能事业的建设和发展做出了杰出的贡献.

王淦昌(1907—1999)1907 年 5 月 28 生于江苏省常熟县，1929 年毕业于清华大学，受业于叶企孙、吴有训. 他于 1930 年提出用云室研究 $\alpha$ 粒子轰击铍的实验，但因德国导师的反对未能实现. 可 1 年后，英国的查德威克就用这种实验发现了中子. 1941 年，他提出探测中微子的方法被美国物理学家阿伦采用，并用实验证实了他的预言. 他在粒子物理方面的另一重大贡献就是发现反西格马负超子($\bar{\Sigma}^-$)，这是他在自己制造的丙烷气泡室里，从 4 万张照片中找到的. 超子反粒子的发现，证实了任何粒子都有反粒子的预言. 1964 年，他独立于前苏联的巴索夫,提出用激光惯性约束产生聚变的设想,近年来在这方面的研究取得了一些进展.

1960年,他回国后领导了原子弹的研制工作.在西北高原和大荒漠上的实验室和试验场中,他和研究人员一起同甘共苦,夜以继日地工作,为我国核科学发展做出了重大的贡献.

"文革"中,面对"四人帮"的迫害,他毫不屈服.1976年,"天安门事件"前夕,他在广场献上了悼念周恩来总理的花圈,并署了自己的名字.这种正义、勇敢的行为同他在原子核科学中的成就一起,赢得了广大人民的敬仰和爱戴.

邓稼先(1924—1986)是我国优秀的核物科学家.他与世界著名的物理学家杨振宁先生幼年是好友,留美时又是同窗,后学成回国.他与王淦昌、程开甲、朱光亚等科学家一起组织和领导了我国核武器的研究、设计和试验等工作,是我国国防核工业的奠基者和开拓者之一.为了尽快发展我国的核科学,他在极端艰苦的条件下,默默无闻地奋斗了几十年,终因长期呕心沥血,积劳成疾,于1986年7月29日病逝.他"鞠躬尽瘁,死而后已"的高尚品格和对祖国的无限热爱以及对我国核物理科学的卓越贡献,将永垂青史.

## 练　习　11.3

1. 质量亏损是一部分质量消失了吗?这与质量守恒相矛盾吗?
2. 爱因斯坦的相对论认为,质量和能量是相互联系的.试由质能方程求出1$u$的质量对应于多少兆电子伏特的能量.
3. 一个中子和一个质子结合成氘核时以电磁波($\gamma$射线)辐射出的能量为2.22MeV,试求出该辐射场的质量$m$.
4. 我国秦山核电站的功率为30万千瓦,如果1克铀235完全裂变时产生的能量为$8.2\times10^{10}$焦,并且假定所产生的能量都变成了电能,那么每年(365天)要消耗多少铀235?

# 第11章小结

### 一、要求理解、掌握并能应用的内容

1. 光谱

各种单色光按频率(或波长)的大小顺序排列的图样叫做光谱.

(1) 连续光谱.连续排列的光带,它包含了某范围内各种频率的光.

(2) 明线光谱.由一条条分立的谱线组成.每种元素区别于其他元素独

特的明线光谱又叫原子光谱，其光谱的谱线叫做原子的特征谱线或标志谱线.

2. 原子核式模型

原子中心有一个很小的核(原子核)，原子的全部正电荷和几乎全部质量都集中在原子核里，电子在核外空间绕原子核旋转.

3. 玻尔原子模型

(1) 轨道量子化. 原子中电子绕核运动的轨道只有满足 $mvr=n\frac{h}{2\pi}$ $(n=1,2,3,\cdots)$ 条件的才是可能轨道.

(2) 能量量子化. 对应一定的可能轨道原子的能量 $E_n$ 也一定，这些状态称为定态，这些能量值叫原子的能级.

(3) 能级跃迁. 原子由一个定态变成另一个定态，辐射或吸收一个光子的现象，叫做原子能级的跃迁. 能级跃迁中能量关系为 $hf=E_n-E_m$.

4. 天然放射性

(1) 放射性元素. 具有放射性的元素，原子序数大于 83 的天然存在的元素都具有放射性.

(2) 三种射线及特征.

$\alpha$ 射线：氦核($^4_2He$)粒子流、电离作用强、贯穿本领小；

$\beta$ 射线：带负电的电子流、电离作用较弱、贯穿本领较强；

$\gamma$ 射线：光子流、电离作用弱、贯穿本领强.

5. 原子核

(1) 组成. 由质子和中子组成

(2) 核子. 组成原子核的质子和中子.

(3) 核力. 使原子核内的核子聚合在一起的短程力.

(4) 核反应方程. 表示核反应的方程式.

① 质量守恒. 核反应前所有原子核的质量数之和等于核反应后所有新核的质量数之和.

② 电荷守恒. 核反应前的电荷数之和等于核反应后的核电荷数之和.

6. 放射性同位素

具有相同质子数和不同中子数的一类原子总称为同位素，其中有放射性的称为放射性同位素. 自然界中天然放射性同位素仅 50 多种，而人工制造的放射性同位素已达 2000 多种，每种元素都有放射性同位素.

7. 核能

核反应中释放出的能量.

(1) 质量亏损. 原子核的质量与组成该核的全部核子的总质量之差.

(2) 质能方程. $E=mc^2$.

(3) 结合能. 核子结合成原子核时释放出的能量.

(4) 平均结合能. 原子核的结合能与其核子数之比.

(5) 裂变. 重核分裂成中等质量原子核的核反应.

(6) 聚变. 较轻原子核聚合成较重原子核的核反应.

## 二、要求了解的内容

1. 放射性同位素的半衰期
2. 放射性同位素的应用
3. 核反应堆
4. 核能的和平利用

# 第11章自测题

## 一、填空题

1. 由物质发出的光直接产生的光谱叫做________光谱，它包括________光谱和________光谱.
2. 每种元素都有区别于其他元素的独特的________光谱，它成为识别各种元素的标志，又叫做________谱线或________谱线.
3. 原子核是由________和________组成的. $^{69}_{28}Ni$ 中质子数为________，中子数为________.
4. $^{232}_{90}Th$经过________次 $\alpha$ 衰变和________次 $\beta$ 衰变才变成$^{208}_{82}Pb$.
5. 原子核中的质子和中子是由__________力而紧紧结合在一起的，该力是一种________力.

## 二、选择题

1. 太阳光谱中有许多暗线，这是因为：(　　)

(1)太阳内部缺少这些暗线所对应的元素；

(2)太阳大气层中缺少这些暗线所对应的元素；

(3)太阳大气层中含有这些暗线所对应的元素；

(4)地球大气层中含有这些暗线所对应的元素.

2. 根据玻尔假设，氢原子无论是吸收能量还是辐射能量，能量值都不是任意的，而应该是：(　　)

(1)小于原子发生跃迁的两个能级的能量差；

(2)等于原子发生跃迁的两个能级的能量差；

(3)大于原子发生跃迁的两个能级的能量差；

(4)与原子发生跃迁的两个能级的能量差无关.

3. 处于量子数 $n=4$ 的激发态的一群氢原子能发出几种频率的光谱线：(　　)

(1)2 种；　　(2)4 种；　　(3)6 种；　　(4)8 种

4. 氢原子从 $E_1=-13.53\text{eV}$ 的能级跃迁到 $E_3=-1.49\text{eV}$ 的能级上时必须吸收的能量为：(　　)

(1)$-12.04\text{eV}$；　(2)$12.04\text{eV}$　(3)$-13.53\text{eV}$；　(4)$-1.49\text{eV}$.

5. 在图 11-11 中，画出了放射性元素放射出的 $\alpha,\beta,\gamma$ 三种射线在电场或磁场中的轨迹，正确的图是哪个：(　　)

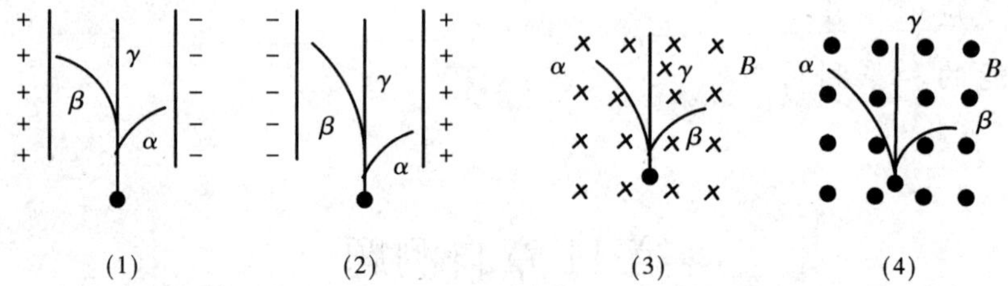


图 11-11

## 三、计算题

1. 氢原子第 4 能级 $E_4=-0.85\text{eV}$，第 1 能级 $E_1=-13.53\text{eV}$. 氢原子在这两个能级之间跃迁所发出(或吸收)的光子的频率和波长是多少？

2. 一个铀 235 原子核裂变时约放出 200MeV 的能量，那么 1kg 铀完全裂变时能释放出多少能量？它相当于多少煤燃烧放的能量？(煤的燃烧值为 $2.94\times10^7\text{J/kg}$)

3. 完成下列核反应方程式：

(1) ${}^{4}_{2}\text{He}+{}^{27}_{18}\text{Ar}\longrightarrow(\quad)+{}^{1}_{1}\text{H}$

(2) ${}^{11}_{5}\text{B}+{}^{4}_{2}\text{He}\longrightarrow(\quad)+{}^{1}_{0}\text{n}$

(3) ${}^{13}_{6}\text{C}+{}^{2}_{1}\text{H}\longrightarrow(\quad)+{}^{1}_{0}\text{n}$

(4) ${}^{27}_{13}\text{Al}+(\quad)\longrightarrow{}^{24}_{11}\text{Na}+{}^{4}_{2}\text{He}$

# 实 验

## 实验的任务和要求

### 一、物理实验课的作用和任务

物理学说到底是一门实验科学，物理规律的发现，物理理论的建立都是以严格的物理实验为基础，同时还要经受实验的验证. 因此，学习物理课，就要认真地学好物理实验.

物理学的原理、实验方法和实验仪器已广泛地运用到现代科学技术和生产的各个领域，因此，对于未来从事生产、管理或继续学习的同学们来说，学习必备的物理实验知识，掌握基本实验技能是十分重要的.

通过物理实验的学习，还要培养实事求是的科学态度，培养认真仔细和一丝不苟的工作作风，培养善于观察、勤于思考、勇于探索的精神，培养爱护公物，遵守纪律的优良品质.

物理实验还是同学们进校后遇到的第一门实验课. 它还担负着为后继课打好实验基础的重任.

物理实验教学的任务：

一是学习物理实验的基本知识、基本方法，培养实验技能. 其中包括：

(1)对实验结果、观察到的现象、测量的数据能正确地记录，并能对实验结果进行分析，写出实验报告.

(2)弄懂实验的基本原理，熟悉一些物理量(如长度、时间、质量、密度、温度、电阻、电压和电流等)的测量方法.

(3)熟悉常用仪器及测量工具的基本结构原理，掌握其使用方法.

二是通过实验加深对物理概念和规律的认识.

三是通过实验培养学生严格的、科学的工作态度，严谨的工作作风及良好的实验习惯.

## 二、物理实验的基本程序

1. 实验前的预习

为了在规定时间内，高质量地完成实验任务，学生一定要做好实验前的预习，预习时应以理解实验原理，搞清实验内容和实验方法为主.必要时应根据实验的要求预先画好记录数据的表格.

2. 实验操作

进入实验室，首先应听老师介绍实验原理、仪器的调整方法、使用注意事项，然后根据实验要求和步骤，调整仪器，做好测量准备.

测量时，要根据仪器的精度认真记录数据，注意观察实验现象.两人同做一个实验时，做到既分工又协作，共同完成好实验.测量完毕后，数据要给教师检查，经教师认可后，整理好仪器方可离开实验室.

3. 实验报告

实验报告是实验工作的总结.要用简明的形式将实验报告完整而准确地表达出来，要求文字通顺、字迹端正、图表规矩、结果正确.

实验报告包括下面几部分内容：

(1)实验名称.

(2)实验目的.

(3)实验仪器，列出主要仪器及其型号、规格或精度.

(4)实验原理：说明要简要，列出主要公式，画出电路图或光路图等.

(5)实验记录和数据处理：将测得的数据整理并根据要求计算出最后结果，必要时对所得的数据进行误差分析.

(6)实验结果：最后的结果应包括测量值、误差和单位.如果实验是为了观察某一物理现象或验证某一物理规律，可扼要地写出实验结论.还可以谈谈实验的心得体会.

## 三、实验室规则

(1)实验前要认真预习，做到心中有数.

(2)实验时严格遵守操作规程，注意安全，爱护仪器.在弄清注意事项和操作方法之前不要乱动仪器.

(3)实验室要保持肃静和整洁，不得大声喧哗.

(4)迟到或没有预习者不得入实验室进行实验.

(5)有问题应及时报告教师.

(6)电学实验在电路连接好后要经教师检查同意后，方可接通电源.

# 实验的误差和有效数字简介

## 一、测量及其分类

物理实验大致可以包括两方面内容:定性地观察物理现象和定量地测量物理量的大小.

测量是人类认识和改造物质世界的重要手段之一.通过测量,人们可以对客观事物获得数量的概念.通过归纳和分析,总结出规律.为了进行测量,必须规定一些标准单位,如在国际单位制中,规定长度的单位为米,时间的单位为秒,质量的单位为千克,电流强度的单位为安培等.

所谓测量是借助仪器把待测物理量的大小用某一选定的单位表示出来,其倍数即为物理量的数值.测量值应由数值和单位组成.

根据获得测量结果的方法不同,测量可分为两大类:

1. 直接测量

能够利用仪器直接读出物理量的测量值的测量,称为直接测量,相应的物理量称为直接测量量.例如,用米尺测量物体的长度,用电流表测量电路中的电流等.

2. 间接测量

在多数情况下,借助于一定的函数关系,由直接测量量通过计算而获得待测物理量,这种测量称为间接测量.相应的物理量称为间接测量量.例如,测量铜柱的密度时,我们可以用米尺量出它的高 $h$ 和直径 $d$,再用天平称出它的质量 $M$,则铜柱密度由式 $\rho=\frac{M}{V}=4M/\pi d^2 h$ 求得,$M$、$h$ 和 $d$ 是直接测量量,而密度 $\rho$ 则是间接测量量.

## 二、误差及其分类

某物理量客观存在的值称为真值.由于测量仪器的不完善,测量理论的近似、环境变化等因素的影响,甚至物理量本身的起伏,待测量值和真值之间总是存在一定的差异,这一差异称为误差.

如果用 $x_0$ 表示真值,用 $x$ 表示测量值,则误差的数学表达公式为

$$\Delta = x - x_0$$

测量误差的大小反映了认识与客观实际偏离的程度.

真值无法精确得到.因此误差不仅不能完全避免而且也不能完全确定.误差只能通过各种方法加以估计.

误差按照其性质和产生的原因可分为两大类:系统误差和偶然误差.

1. 系统误差

系统误差表现为测量结果总是向一个方向偏离.它的大小几乎不变或者呈某种变化规律.例如,某尺子刻度偏大,那么用它测量物体长度,测量值总是偏小,而且偏小的百分比每次都几乎一样.

产生系统误差的主要原因大体来自以下的因素:

仪器误差:由于仪器制造的缺陷,使用不当或者仪器未经很好校准所造的误差.例如天平不等臂、温度计刻度不均匀等.

理论方法误差:实验所依据的理论和公式的近似性,实验条件或测量方法不能满足理论公式所要求的条件等引起的误差.实验中忽略了摩擦、散热、电表的内阻等引起的误差都属于这一类.

个人误差:由于测量者本身的生理特点或因有习惯所带来的误差.例如反应速度的快慢、分辨能力的高低、读数的习惯等.

系统误差的原因通常是可以被发现的,并可以通过修正、改进加以排除或减小.

2. 偶然误差

偶然误差是指由于某些偶然或不确定因素所引起的误差.它表现为每次测量值相对于真值呈现无规则的涨落.在相同条件下,对同一物理量作多次测量,其测量值有时偏大,有时偏小,当测量次数足够多时,这种偏离引起的误差服从统计规律;在多次测量的数据中,离真值近的出现次数多,离真值远的出现次数少.当测量次数趋于无限多时,偶然误差的代数和趋向于零.因此,增加测量次数对减小偶然误差是有利的.

## 三、算术平均值与误差的估算

1. 多次测量的平均值及误差

为了减小偶然误差,在可能的情况下,总是采用多次测量,将多次测量的算术平均值作为测量的结果.如果在相同条件下对某物理量 $X$ 进行了 $n$ 次重复测量,其测量值分别为 $x_1, x_2, x_3, \cdots, x_n$,用 $\overline{x}$ 表示平均值,则

$$\overline{x}=\frac{1}{n}(x_1+x_2+x_3+\cdots+x_n)=\frac{1}{n}\sum_{i=1}^{n}x_i$$

根据误差的统计理论,在一组 $n$ 次测量的数据中,算术平均值 $\overline{x}$ 最接近于真值,称为测量的最佳值或近真值.

在这种情况下,测定值的误差可以这样估算:

设各测量值 $x_i$ 与平均值 $\overline{x}$ 的差为 $d_i$,$i=1,2,3\cdots,n$,即

$$d_1 = x_1 - \overline{x}, d_2 = x_2 - \overline{x}, \cdots, d_n = x_n - \overline{x}$$

则误差为

$$\Delta x = \frac{1}{n}(|d_1| + |d_2| + |d_3| + \cdots |d_n|)$$

$$= \frac{1}{n}\sum_{i=1}^{n} |d_i|$$

最后，我们把多次测量值的结果表示为

$$x = \overline{x} \pm \Delta x$$

式中 $x$ 为测定值；$\overline{x}$ 是多次测量数据的算术平均值，代表最佳测定值；$\Delta x$ 为误差，代表多次测量数据的分散程度；±号表示每次测量值可能比 $\overline{x}$ 大一些，也可能比 $\overline{x}$ 小一些.

2. 绝对误差与相对误差

上式中的 $\Delta x$ 是以绝对数值来表示测定值的误差的，称为绝对误差. 但为了评价一测量结果的优劣，还需要看测量量本身的大小. 为此，引入相对误差的概念.

相对误差的定义为

$$E_r = \frac{\Delta x}{\overline{x}}$$

相对误差也可用百分数来表示，即

$$E_r = \frac{\Delta x}{\overline{x}} \times 100\%$$

故又称为百分误差. 为了说明相对误差的意义，下面举一个例子. 例如测出两个电压分别为 $u_1 = (250 \pm 5)\text{V}$，$u_2 = (50 \pm 5)\text{V}$，则其相对误差分别为

$$E_{u_1} = \frac{\Delta u_1}{u_1} \times 100\% = \frac{5}{250} \times 100\% = 2\%$$

$$E_{u_2} = \frac{\Delta u_2}{u_2} \times 100\% = \frac{5}{50} \times 100\% = 10\%$$

两者绝对误差相同. 但相对误差后者是前者的 5 倍，显然，前者的测量比较准确.

**例题**　将某一物体的长度测量 5 次，测得的测量值分别为 $x_1 = 3.41\text{cm}$，$x_2 = 3.43\text{cm}$，$x_3 = 3.45\text{cm}$，$x_4 = 3.44\text{cm}$，$x_5 = 3.42\text{cm}$，则平均值

$$\overline{x} = \frac{1}{5}(3.41 + 3.43 + 3.45 + 3.44 + 3.42)\text{cm} = 3.43(\text{cm})$$

各次测量的差的绝对值为

$$|d_1| = |3.41 - 3.43|\ \text{cm} = 0.02\text{cm}$$

$$|d_2| = |3.43 - 3.43|\ \text{cm} = 0.00\text{cm}$$

$$|d_3|=|3.45-3.43|\text{ cm}=0.02\text{cm}$$
$$|d_4|=|3.44-3.43|\text{ cm}=0.01\text{cm}$$
$$|d_5|=|3.42-3.43|\text{ cm}=0.01\text{cm}$$

误差为

$$\Delta x=\frac{1}{n}\sum_{i=1}^{n}|d_i|=\frac{1}{5}(0.02+0.00+0.02+0.01+0.01)=0.01(\text{cm})$$

测量值可表示为

$$x=\bar{x}\pm\Delta x=(3.43\pm0.01)(\text{cm})$$

相对误差为

$$E_L=\frac{\Delta x}{\bar{x}}=\frac{0.01}{3.43}\times100\%=0.3\%$$

3. 单次测量的误差估算

在物理实验中,常常遇到条件不许可,或测量准确度要求不高等原因,对一个物理量的直接测量只进行了一次.这时,在正确使用仪器与读数的前提下单次测量值 $x_{测}$ 就被当作测量的最佳值,测量误差用仪器误差 $\Delta x_{仪}$ 表示,测量结果写成:

$$x=x_{测}\pm\Delta x_{仪}$$

仪器误差一般注明在产品说明书或仪器铭牌上.如仪器误差没有给出,对有游标的量具和非连续读数的数字仪表等 $\Delta x_{仪}$ 取最小分度值;对连续读数的仪器,$\Delta x_{仪}$ 取最小分度值的一半.

## 四、有效数字及其运算规则

1. 有效数字

如上所述,用实验仪器直接测量的数值都含有一定的误差,因此,测得的数据只能是近似数.由这些近似数通过计算而求得的间接测量值也是近似数.显然,几个近似数的运算不可能使运算结果更准确些,而只会是增大其误差.因此近似数的表示和计算都有一些规则,以便确切地表示记录和运算结果的近似性.

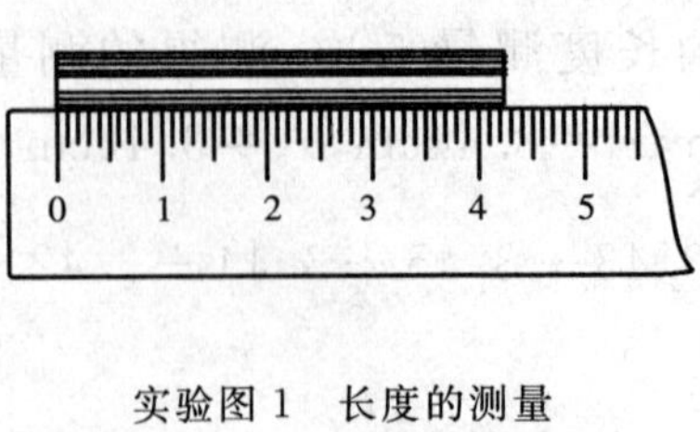


实验图1 长度的测量

从仪器上读出的数字,通常都要尽可能估计到仪器最小刻度线的下一位.

以实验图 1 用米尺测量钢棒的长度为例. 我们可以读出 4.26cm，4.27cm 或 4.28cm，前二位数“4.2”可以从米尺上直接读出来，是可靠数字，而第三位数是测量者估读出来的，估读的结果因人而异. 因此这一位数是有疑问的，称为可疑数字. 由于第三位数已可疑，在它以下各位数的估计已无必要. 我们把仪器上读出的数字包括最后一位可疑数字，通通记录下来，称为有效数字. 有效数字包括从仪器上直接读出的可靠数字和最后一位可疑数字，而且也只有最后一位数字是可疑数字. 前述钢棒长度的测量值为三位有效数字，可记成 4.26 cm，或 4.27 cm，或 4.28 cm.

书写有效数字时必须注意“0”的位置. 例如某物体重量为 0.802000 kg，第一个“0”不表示有效数字，它的出现是因为选用的单位大，数值就小了的缘故. 如果用克作单位，则物体重量为 802.000 g，前面这个“0”就没有. 数中和数后面“0”都是有效数字，少记一个就不能反映实验数据的确切程度及可疑数字的位置. 为了避免混淆，并使记录和计算方便，通常按照数字的科学计数法将上式例写成

$$8.02000 \times 10^{-1}\ \text{kg} 或 8.02000 \times 10^{2}\ \text{g}$$

就是说，在小数点前取一位有效数字. 采用不同单位而引起数值上的不同，就可用乘以 10 的不同次幂来表示. 如 125.2 ms 可写成 $1.252 \times 10^{-1}$ s；0.007050 m 为可以写成 $7.050 \times 10^{-3}$ m 等.

有些仪器，例如数字式仪表或游标卡尺，是不可能估计出最小刻度以下一位数字的，那么我们就不去估计，而把直接读出来的数字记录下来，仍然认为最后一位数字是可疑的，因为在数字式仪表中，最后一位数总有误差，游标卡尺的情况也是如此.

2. 有效数字的运算规则

进行有效数字运算时遵循的几个原则：

a. 可靠数字与可靠数字相运算，其结果均为可靠数字.

b. 可靠数字与可疑数字相运算，或可疑数字之间的运算，其结果均为可疑数字.

c. 运算结果一般只保留一位可疑数字，其余的尾数一般可采用四舍五入的原则.

d. 在运算中，准确数（实验的次数），常数（如 $\pi$、$g$），数字显示式仪器所显示的数字，无理数（如$\sqrt{2}$）及常系数（如 2，$\frac{1}{2}$）等有效数字位数可能认为是无限制的，运算中有效数字取多少位，要以其他量的有效数字来定.

有了这些原则，就可以分析总结几种简单的运算法则.

(1)有效数字的加、减.

我们通过下面两个例子的运算，了解一下加、减运算中有效数字的取法.

$$\begin{array}{r} 13.0\overline{5} \\ 309.\overline{2} \\ +)\quad 3.78\overline{5} \\ \hline 326.\overline{035} \end{array} \qquad\qquad \begin{array}{r} 381.2\overline{9} \\ -)\quad 18.\overline{3} \\ \hline 362.\overline{9}\,\overline{9} \end{array}$$

计算时，我们在可疑数字上方加一横线，以便与确切数字相区别. 在相加的结果 326.035 中，由于第四位数“0”已为可疑数字，其后的两位数便无意义. 按照四舍五入的原则，本例应写成 326.0，有效数字为四位. 同理，相减的结果应为 363.0，有效数字为四位.

(2)有效数字的乘、除.

我们通过下面两个例子的运算，了解一下乘、除运算中有效数字的取法.

$$\begin{array}{r} 15.6\overline{3} \\ \times)\quad 4.\overline{2} \\ \hline \overline{3}\,\overline{1}\,\overline{2}\,\overline{6} \\ 62\overline{5}\,\overline{2} \\ \hline 6\overline{5}.\overline{6}\,\overline{4}\,\overline{6} \end{array} \qquad\qquad \begin{array}{r} 7.8\overline{5}\,\overline{6} \\ 5.0\overline{3}\;\sqrt{39.5\overline{2}} \\ 35\overline{2}\,\overline{1} \\ \hline 4\overline{3}\,\overline{1}\,\overline{0} \\ 40\overline{2}\,\overline{4} \\ \hline \overline{2}\,\overline{8}\,\overline{6}\,\overline{0} \\ \overline{2}\,\overline{5}\,\overline{1}\,\overline{5} \\ \hline \overline{3}\,\overline{4}\,\overline{5}\,\overline{0} \\ \overline{3}\,\overline{0}\,\overline{1}\,\overline{8} \\ \hline \overline{4}\,\overline{3}\,\overline{2}\,\overline{0} \end{array}$$

在运算中，可疑数字只保留一位，其后面的可疑数字是没有意义的. 上面的两个例子的结果分别为 66 和 7.86，有效数分别为二位和三位. 从两个例子中可以看出，两个量相乘(或除)的积(或商)，其有效数字与诸因子中有效数字位数最少的相同. 这个结论可以推广到多个量相乘除的运算中去.

(3)乘方、开方的有效数字.

不难证明，乘方、开方的有效数字与其底的有效数字位数相等.

以上这些结论，在一般情况下是成立的，但也有例外. 如果我们了解有效数字的意义和可疑数字取舍的原则，是不难处理的.

## 习 题

1. 以下各数据为几位有效数字？

(1)真空中的光速 $2.9979\times10^8$ m/s；

(2)地球的平均半径 6371.22 km；

(3)芜湖地区的重力加速度为 $g=9.794\ \text{m/s}^2$.

2. 读出实验图 2 中杆长的测量数值(分别用 mm,cm,m 作单位表示).

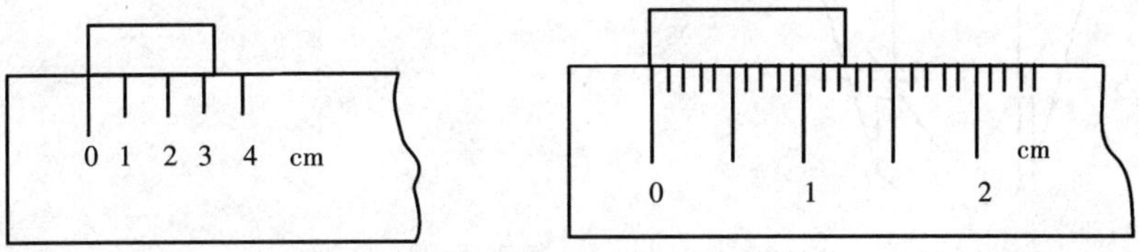


实验图 2

3. 不要计算,说出下列各题的计算结果应取几位有效数字？

(1)$20.23\times0.21$；　　(2)$\frac{1}{4}\pi\times(2.0)^2$；　　(3)$25.65\div1.5$.

4. 改正以下错误(口答)：

(1)2.8 m＝280 cm＝2800 mm；　　(2)32.1＋3.726＝35.826；

(3)26.25－3.926＝22.324；　　(4)10.1＋1.531＝11.631；

(5)69.68－55.8448＝13.835.

5. 什么叫系统误差、偶然误差、绝对误差和相对误差？

# 实验 1　长度的测量

**实验目的：**

1. 学习正确使用游标卡尺和千分尺测量长度.

2. 学习单次测量和多次测量误差的估算.

3. 练习有效数字的运算和正确表示测量结果.

**实验原理：**

1. 游标卡尺

**构造**　游标卡尺是一种测量长度较精密的量具,它的构造如实验图 1-1 所示.主要由主尺、游标(亦称副尺)以及测脚构成.上测脚是用来测量物体的内部尺寸,下测脚用来测量物体的外部尺寸,深度尺用来测量槽或孔的深度,锁紧螺钉用来固定游标.

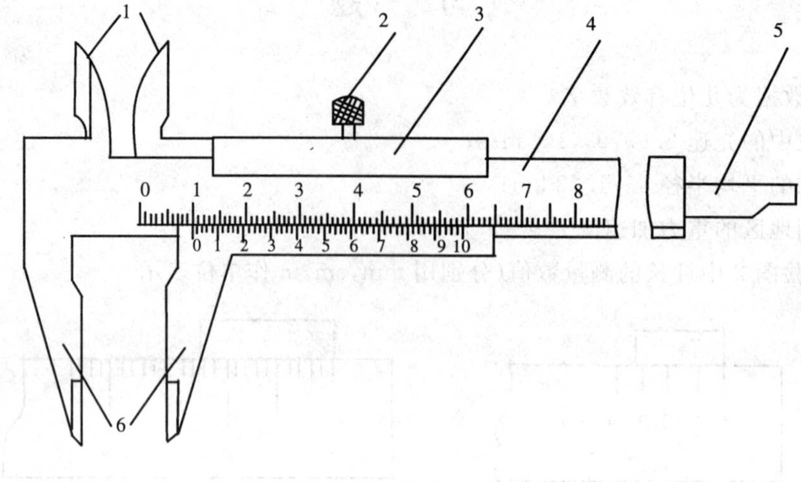


1. 上测脚　2. 锁紧螺钉　3. 游标(副尺)　4. 主尺　5. 深度尺　6. 下测脚

实验图 1-1

**游标精度**　常用的游标有两种,一种是 20 分度,其精度为 0.05 mm;另一种是 50 分度,其精度为 0.02 mm. 现以 50 分度的游标卡尺为例,说明其精度原理. 如实验图 1-2(a)所示,主尺的最小分格为 1 mm,游标的长度为 49 mm,分为 50 格,每格长度为 0.98 mm,因此主尺每一格(1 mm)与游标每格长度(0.98 mm)之差为 0.02 mm,这一差值称为游标卡尺的精度.

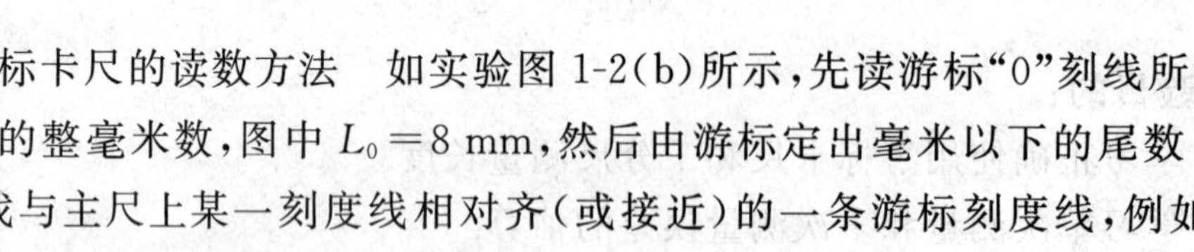


实验图 1-2　0.02 mm 游标卡尺的刻线和读数原理

游标卡尺的读数方法　如实验图 1-2(b)所示,先读游标"0"刻线所对主尺的左边的整毫米数,图中 $L_0 = 8$ mm,然后由游标定出毫米以下的尾数 $\Delta L$. 为此,寻找与主尺上某一刻度线相对齐(或接近)的一条游标刻度线,例如:图中是第 20 条游标刻度线.

$$\Delta L = 0.02\ \text{mm} \times 20 = 0.40\ \text{mm}$$

因此,被测物体长度

$$L = L_0 + \Delta L = (8 + 0.40)\text{mm} = 8.40\ \text{mm}$$

由此可见,被测物体长度 $L$ 的表达式为:

$$L = (L_0 + K \times \text{精度})\text{mm}$$

式中，$L_0$ 代表游标“0”刻度线左侧主尺的毫米数，$K$ 代表与主尺上任一刻度线重合的游标尺上某一刻度线的序号.

在使用游标卡尺测量时，首先应使卡尺的两脚紧密结合，然后看游标与主尺的“0”刻线是否对齐.再用拇指向右移动游标到某一位置，卡住被测物体，读出测量数据.

2. 螺旋测微计

螺旋测微计，也称螺纹千分尺.它是比游标卡尺更精密的仪器，在实验室中常用它来测小球的直径、金属丝的直径和薄板的厚度等，其准确度至少可达0.01 mm.

螺旋测微计的主要部分是测微螺旋(实验图1-3)，它由一根精密的测微螺杆(5)和螺母套管(10)(其螺距是0.5 mm)组成，测微螺杆(5)的后端还带一个具有50个分度的微分筒(8).当微分筒(8)相对于螺母套管(10)转过一周时，测微螺杆(5)就会在螺母套管(10)内沿轴线方向前进或后退0.5 mm.同理，当微分筒(8)转过一个分度时，测微螺杆(5)就会前进或后退$\frac{1}{50}$(即0.01 mm).因此，从微分筒(8)转过的刻度就可以准确地读出测微螺杆(5)沿轴线移动的微小长度.为了读出测微螺杆(5)移动的毫米数，在固定套管(7)上刻有毫米分度标尺.

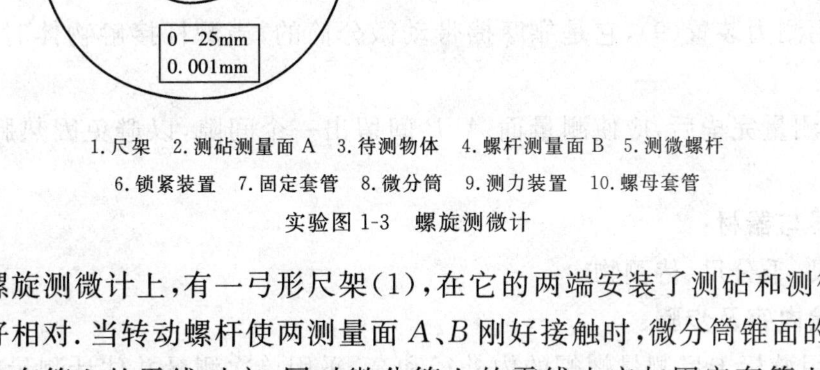


1.尺架　2.测砧测量面A　3.待测物体　4.螺杆测量面B　5.测微螺杆
6.锁紧装置　7.固定套管　8.微分筒　9.测力装置　10.螺母套管

实验图1-3　螺旋测微计

在螺旋测微计上，有一弓形尺架(1)，在它的两端安装了测砧和测微螺杆，它们正好相对.当转动螺杆使两测量面$A$、$B$刚好接触时，微分筒锥面的端面就应与固定套管上的零线对齐，同时微分筒上的零线也应与固定套管上的水平准线对齐，这时的读数是0.000 mm，见实验图1-4(a).

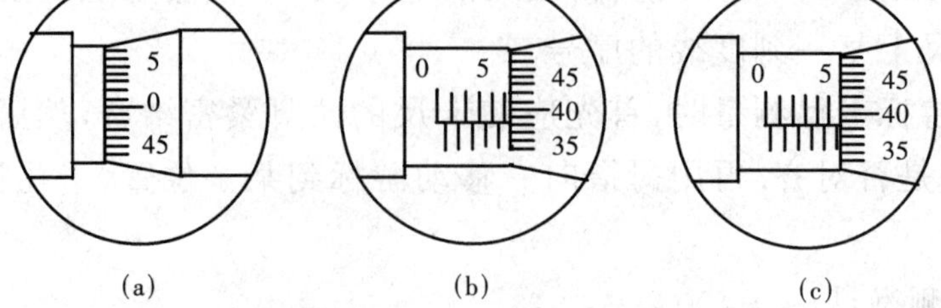


实验验图 1-4　螺旋测微计的读数

测量物体尺寸时，应先将测微螺杆(5)退开，把待测物体(3)放在测量面 $A$ 与 $B$ 之间，然后轻轻转动测力装置(9)，使测杆和测砧的测量面刚好与物体接触，这时在固定套管(7)的标尺上和微分筒锥面上的读数就是待测物体的长度. 读数时，应从标尺上读整数部分(读到半毫米)，从微分筒上读小数部分(估计到最小分度的十分之一，即千分之一毫米)，然后两者相加. 例如，实验图 1-4(b)中的读数是 5.383 mm；实验图 1-4(c)中的读数是 5.883 mm. 二者的差别就在于微分筒端面的位置，前者没有超过 5.5 mm，而后者超过了 5.5 mm.

测微螺旋的装置，在很多精密仪器上都能见到，它们的螺距可能是不一样的，通常有 0.5 mm 和 1 mm 的，也有 0.25 mm 的. 在微分筒上的分度也不同，上面三种螺旋的微分筒分度，一般是 50 分度、100 分度和 25 分度. 使用测微螺旋以前，应先考查螺杆、螺距和微分筒分度，确定读数关系.

螺旋测微计是精密仪器，使用时必须注意下列各项：

(1)测量前应检查零点读数. 零点读数，就是当测量面 $A$、$B$ 刚好接触时标尺上和微分筒上的读数. 如果零点读数不是零，就应将数值记下来. 进行测量时，测出的读数应减去这一零点读数. 如果零点读数是负值，在测量时同样要减去(实际上就是加上这个绝对值).

(2)测量面 $A$、$B$ 和被测物体间的接触压力应当微小. 因此，旋转微分筒时，必须利用测力装置(9)，它是靠摩擦带动微分筒的，当测杆接触物体时，它会自动打滑.

(3)测量完毕后，应使测量面 $A$、$B$ 间留出一个间隙，以避免因热膨胀而损坏螺纹.

**仪器与器材：**

卡尺、千分尺、待测物.

**实验内容及步骤：**

1. 用游标卡尺测量螺帽的内外径和高. 采用单次测量并估计测量的误差.
2. 用千分尺测量钢球的直径 D.

选择不同的部位分别测量五次，计算 $\overline{D}$ 和 $\overline{\Delta D}$. 写出测量结果表达式.

**数据记录与计算：**

1. 测量螺帽

仪器__________ 分度值__________ mm 单位_____________ cm

| 测量项目 | $D$(内径) | $d$(外径) | $H$(高) |
|---|---|---|---|
| 读 数 | | | |
| 误 差 | $\Delta D=$ | $\Delta d=$ | $\Delta H=$ |

2. 测量小钢球

仪器________ 分度值________ mm 零点读数 $D_0=$__________ mm

| 测量次数 | 1 | 2 | 3 | 4 | 5 | 平均值 |
|---|---|---|---|---|---|---|
| 直读数 $D'$ | | | | | | / |
| $D'-D_0$ | | | | | | $\overline{D}=$ |
| $\Delta D$ | | | | | | $\overline{\Delta D}$ |

$D=\overline{D}\pm\overline{\Delta D}=$______________

**思考题：**

在多次测量中，计算出算术平均误差有时可能小于仪器误差，这时测量结果怎么表示？（提示：根据误差宁大勿小原则，应取仪器误差）.

**附:实验报告范例**

## 物理　实验报告

班级:　　姓名:　　序号:　　同组者:　　成绩:

**实验题目:**长度的测量

**实验目的:**

1. 了解游标卡尺、千分尺的构造原理,并学习正确使用游标卡尺和千分尺测量长度.

2. 学习单次测量和多次测量误差的估算.

3. 练习有效数字的运算和正确表示测量结果.

**仪器与器材:**

游标卡尺、千分尺、待测物.

**实验原理:**

1. 游标卡尺.

游标上有 $m$ 个分格,它的总长与主尺上 $(m-1)$ 个分格的总长相等.设主尺每个分格长度为 $x$,游标上每个分格的长为 $y$,则有

$$(m-1)x=my$$

或

$$x-y=\frac{x}{m}$$

$(x-y)$ 称游标的最小读数,即分度值.主尺的最小刻度为 mm,m=20,则这种游标的分度值为 $\frac{1}{20}$ mm=0.05mm,称为 20 分度游标卡尺;如果 m=50,则分度值为 $\frac{1}{50}$ mm=0.02mm,称为 50 分度游标卡尺,这是常用的一种.

2. 千分尺.

千分尺上测微螺旋的螺距为 0.5 mm,因此微分筒每旋一周,测微螺杆就同时或进或退 0.5 mm;而每旋一格,它们进或退 0.5/50=0.01 mm,可见千分尺的分度值是 0.01 mm,再下一位还可以再估计到 0.001 mm.

**实验内容:**

1. 用游标卡尺测量圆形螺帽的内外径和高.采用单项测量并估计测量的误差.

2. 用千分尺测量钢球的直径,测五次,计算 $\overline{D}$、$\overline{\Delta D}$,写出正确表达式.

**数据记录与计算:**

1. 测量螺帽.

仪器:游标卡尺、分度值 0.02mm、单位 cm

| 测量项目 | $D$(内径) | $d$(外径) | $H$(高) |
|---|---|---|---|
| 读数 | 2.412 | 1.440 | 1.602 |
| 误差 | $\Delta D=0.002$ | $\Delta d=0.002$ | $\Delta H=0.002$ |

实验报告(续)

2. 测量小钢球.

仪器:千分尺,分度值 0.01mm,零点读数 $D_0=+0.017$mm

| 测量次数 | 1 | 2 | 3 | 4 | 5 | 平均值 |
|---|---|---|---|---|---|---|
| 直读数 $D'$ | 10.310 | 10.329 | 10.312 | 10.327 | 10.316 | / |
| $D'-D_0$ | 10.293 | 10.312 | 10.295 | 10.310 | 10.299 | 10.302 |
| $\Delta D$ | 0.009 | 0.010 | 0.007 | 0.008 | 0.003 | 0.006 |

**测量结果:**

$D=(10.302\pm0.006)$ mm

**问题讨论:**

## 实验 2　固体密度的测定

**实验目的:**

1. 学习有规则形状物体的密度测定.
2. 熟悉物理天平的构造原理,学会正确的使用方法.
3. 巩固游标卡尺的正确使用.

**实验原理:**

根据物质密度的定义 $\rho=\frac{m}{V}$,分别测定圆柱体的质量 $m$ 和体积 $V$,算出其密度.

**仪器与器材:**

物理天平、卡尺,金属圆柱体.

**实验内容及步骤:**

1. 学习调整

使用前要认真了解物理天平的构造和使用方法.天平的正确使用可以归纳为四句话:调水平;调平衡;左称物;常止动.

2. 用游标卡尺测出圆柱体的长度和直径.

3. 计算圆柱体的密度,并与公认值比较,计算出相对误差.

**数据记录与计算：**

**金属圆柱体密度的测定**　　　　**卡尺精度：**________ mm

| 次　数 | 圆柱体长度 $L$ (cm) | 圆柱体直径 $D$ (cm) | 体　积 ($cm^3$) | 质量(g) | $\rho$ ($g/cm^3$) |
|---|---|---|---|---|---|
| 1 | | | $V=\frac{\pi}{4}D^2L$ | | |
| 2 | | | | | |
| 3 | | | | | |
| 平均值 | | | | | |

圆柱体密度的公认值：

$$\rho_{公} =$$

$$E = \frac{\rho - \rho_{公}}{\rho_{公}} \times 100\% =$$

**思考题：**

1. 你所用的物理天平的感量是多少？
2. 怎样调节物理天平？

**附**

# 物 理 天 平

物理天平是常用的称量质量的仪器，它是根据等臂杠杆的原理制成的，其外形如实验图 2-1 所示. 天平上装有水准气泡或铅垂线，用作调节物理天平的底板水平. 横梁两侧的刀口，各悬挂一个称盘，左边是物盘，右边是砝码盘. 横梁下面固定一个指针，当横梁摆动时，指针尖端就在支柱下方的标度盘前左右摆动. 横梁的升降，由抬降旋钮控制. 横梁两端的平衡螺母在调平时使用. 横梁上还有游码，用于 1 g 以下的称衡. 游码由横梁左端移到右端一般共移 50 小格，则每移动 1 小格就代表右盘中增加了 0.02 g 砝码. 物理天平的感量(或称量的最小质量)为 0.02 g，称量(允许称量的最大质量)常为 200 g.

**天平的调节和称量**

1. 底座调平. 调节天平的底座螺丝，使支柱上的铅垂线与尖端对准或使气泡位于水准器的正中央.

2. 横梁平衡. 将游码移动到横梁左端的零线上，旋动抬降旋钮使横梁上升，观察指针是否"停"在标尺的中点，如果不在中点，则用平衡螺母来调节，使指针在标尺的中点左右摆动的刻度相同即可，无需一定要使指针静止在标尺的中点. 注意每次调节前必须旋动抬降旋钮使横梁下降，调节后再使横梁上升，观察是否达到平衡，以免磨损刀口；称量时，放置被测物体或加减砝码调节平衡时也必须这样做，这是使用天平的一条重要规则.

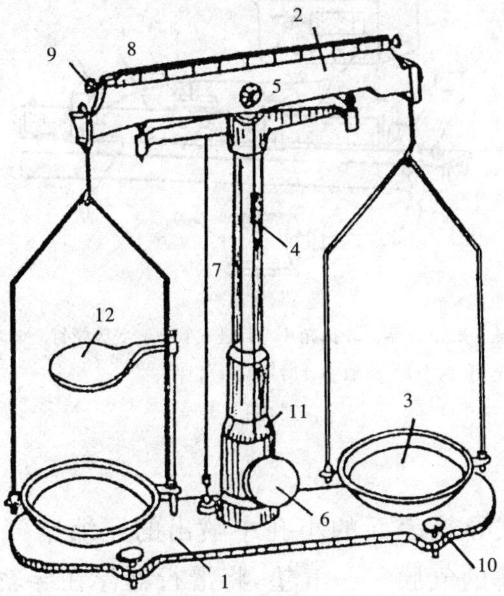


1. 底座　2. 横梁　3. 称盘　4. 指针　5. 刀口　6. 横梁抬降旋钮　7. 重垂线　8. 游码
9. 平衡螺母　10. 底座螺丝　11. 标度盘　12. 支架

实验图 2-1　物理天平

3. 称量. 左盘中放置待测物体，右盘中放置砝码，轻轻旋动抬降旋钮使横梁上升，注意天平向哪边倾斜，根据天平的倾斜情况，酌情增减砝码，再调节游码，直到天平平衡. 当天平平衡时，待测物体的质量就等于右盘中砝码的总质量加上横梁上游码位置的读数. 取放砝码应用镊子.

## 实验 3　气垫导轨的调整和使用

**实验目的：**

1. 了解气垫导轨的原理、构造和使用方法.
2. 学会使用数字计时器计时的方法.
3. 练习调平导轨、观察匀速直线运动.

**仪器和器材：**

气垫导轨、数字毫秒计，气源.

气垫导轨

气垫导轨的形式很多，但其结构都包括了导轨、滑行器(滑块)、光电门、气源等组成部分(实验图 3-1),现说明其原理、构造和使用方法.

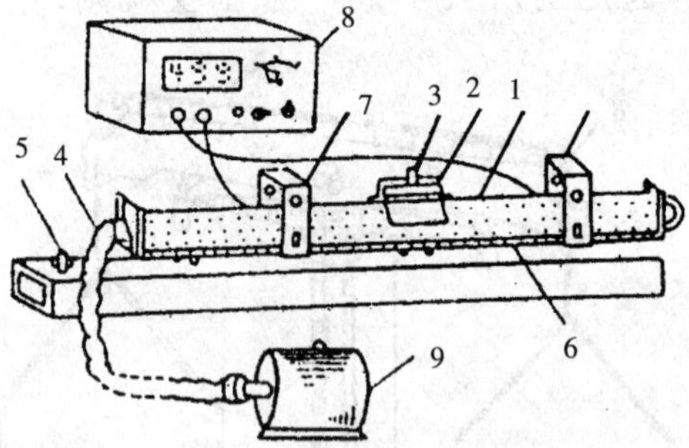


1.导轨 2.滑行器 3.挡光片 4.进气管 5.底脚螺钉 6.米尺
7.光电门(两个) 8.数字计时器 9.气源

实验图 3-1

**实验原理:**

气垫导轨利用从导轨表面的小孔中喷出的压缩空气,使导轨表面和滑行器之间形成一层很薄的气膜——气垫,将滑行器浮在导轨上,从而消除了接触摩擦,提高了实验精度.它和数字计时器、气源配合使用,可做许多力学实验,且误差较小,是目前较为理想的力学实验仪器.

结构:它主要由导轨、滑行器及光电门等组成.

(1)导轨:系一长为 1.5－2.0 m 的金属空腔,其一端封闭,另一端为进气孔.导轨工作面上均匀分布着喷气小孔.压缩空气从气源经导轨工作面上的小孔喷出气流.轨面上部或前侧装有标尺,导轨下面有 3 个调节螺钉,用来调节导轨在纵、横方向的水平度.

(2)滑行器:系由 15－20 cm 长的铝合金型材制成.它是在导轨上运动的物体,共有二件或三件,其上可装挡光框(杆、片),挡光框有一定的挡光宽度,称为计时宽度,用来测量滑行器通过光电门的时间.此外,滑行器上还可安装弹簧,附加砝码等.

(3)光电门:它是计时装置的传感器,由聚光灯泡和光敏元件(光敏二极管或光电管)组成,与计时器配合可实现光电转换计时.

数字计时器

数字计时器是一种精度较高的数字显示式计时仪器,它可用来计时和计数等.现以 JSJ-3 型数字毫秒计为例,说明其主要构造和使用方法.本机的面板控制布局如实验图 3-2 所示.

该计时器采用光控计时,它以光敏元件受光照与不受光照作为计时器的“停”、“计”控制,称光控计时.只要将控制推键 5 拨向“光控”位置即可实现光控.每台数字毫秒计配有两套光电门.

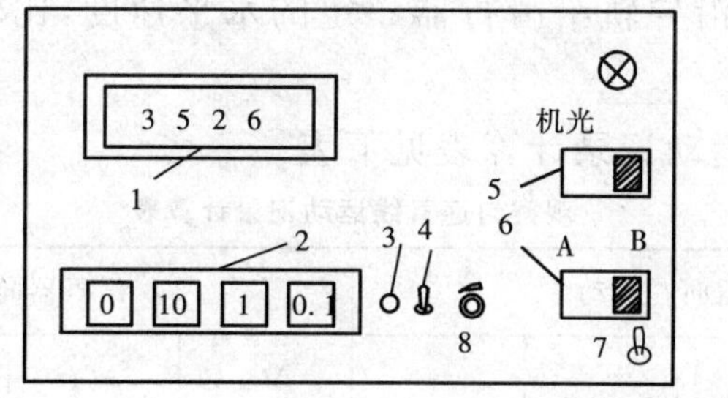


1.显示窗　2.时基讯号　3.手动复零　4.自动、手动选择开关　5.机、光控制推键　6.计时方式推键　7.电源开关　8.延时旋钮

实验图 3-2　JSJ-3 型数字毫秒计前面板

(1)光控方式:置计时方式推键 6 于 $A$ 档,数码管显示的是一次挡光时间,对任一光电门,遮光即"计",露光即"停";置 $B$ 挡时,数码管显示的是连续两次遮光的时间间隔,即无论左、右任一光电门,只要首次遮光就开始计时,第二遮光就停止计时.

(2)时基信号有 1 ms、0.1 ms 和 0.01 ms 三种.若数字显示为 3526,而时基信号选为 0.01 ms,则读作 0.03526 s,即 $3.526\times10^{-2}$ s;若时基信号选为 0.1 ms,则读作 0.3526 s,即 $3.526\times10^{-1}$ s.时基选定后,只要按下相应的时基按键即可.

(3)数字复零(也称清"0")有自动复零和手动复零两种方式.采用手动复零须按手动复零按钮后,数码管的显示方全部为零.

(4)延时旋钮 8,起调整清"0"的延迟时间的作用.

**实验内容及步骤:**

观察匀速直线运动.

1. 参照实验图 3-1 连好装置:在滑行器上装上遮光片,将两光电门插头插进光电输入插口内,置光控计时开关于 $B$,将电源接线两端插头分别插入电源插口和电源插座(交流 220V),打开毫秒计电源开关(实验图 3-2 中 7).

2. 静态调平:调整支承螺钉 5,使导轨至水平(目测),给导轨送气,将滑行器轻轻地放在导轨上,微调支承螺钉至滑行器在导轨上呈平衡态(任意位置都能处于静止或缓慢地往复游动)时,即可认为导轨已调至水平.

3. 动态调平:将滑行器移至导轨左端,然后给滑行器以一定的初速度(用力勿猛),使滑行器在导轨上往返运动.

时基信号取 1ms,复零方式为自动或手动,并将延时旋钮旋至适当位置,使滑行器单程运动中通过两个光电门的时间 $\Delta t_1$、$\Delta t_2$ 均能清晰显示.若 $\Delta t_1=\Delta t_2$,

或它们之差不大于 1ms,可认为滑行器的运动是匀速运动.

4. 从导轨右端沿导轨给滑行器一定的水平速度,比较滑行器通过两光电门的时间.

观察匀速直线运动记录计算表见下表.

**观察匀速直线运动记录计算表**

| 滑行器向右运动 | | | | 滑行器向左运动 | | | |
|---|---|---|---|---|---|---|---|
| $\Delta t_1$ (ms) | $\Delta t_2$ (ms) | $v_1$ (m/s) | $v_2$ (m/s) | $\Delta t'_1$ (ms) | $\Delta t'_2$ (ms) | $v'_1$ (m/s) | $v'_2$ (m/s) |
| | | | | | | | |
| | | | | | | | |
| | | | | | | | |

**注意事项:**

1. 气垫导轨是一种高精度仪器,它的几何精度直接影响实验结果,故使用过程中切忌碰撞、重压、以免变形. 尤其是滑行器,不能掉到地上或桌面上,否则会导致实验不能正确进行.

2. 导轨和滑行器二者必须良好配合,故使用时要先通气,再把滑行器轻放在导轨上,使用完毕,先取下滑行器,再关气源.

3. 气源使用 15—20 min,需停机休息几分钟,切忌连续长时间运转,以免损坏气源电机.

## 实验 4　用气垫导轨测匀加速直线运动的瞬时速度和加速度

**实验目的:**

1. 学习在气垫导轨上测量运动物体的瞬时速度和加速度的方法.

2. 巩固瞬时速度和加速度的概念.

3. 学习气垫导轨的调节和使用.

**实验原理:**

1. 质点在某一时刻(或位置)的速度,叫做这一时刻(或位置)的瞬时速度. 实际测量中,是用包括该时刻(或位置)在内的足够短时间内的平均速度来代替这一时刻(或位置)的瞬时速度的. 这里的"足够短"是受仪器精度限制的. 本实验用比值$\dfrac{\Delta x}{\Delta t}$来代替滑行器通过光电门时的瞬时速度. 式中 $\Delta x$ 是滑行器上挡光框(或两挡光杆)的挡光宽度,$\Delta t$ 是挡光框通过光电门所经过的时间.

2. 如实验图 4-1 所示,当导轨左端高于右端时,滑行器将向右做匀加速直线运动.测出滑行器通过第一、第二光电门的瞬时速度 $v_1$、$v_2$ 及滑行器由光电门 1 运动到光电门 2 的时间 $t$,由公式 $a=\frac{v_2-v_1}{t}$ 算出滑行器的加速度.

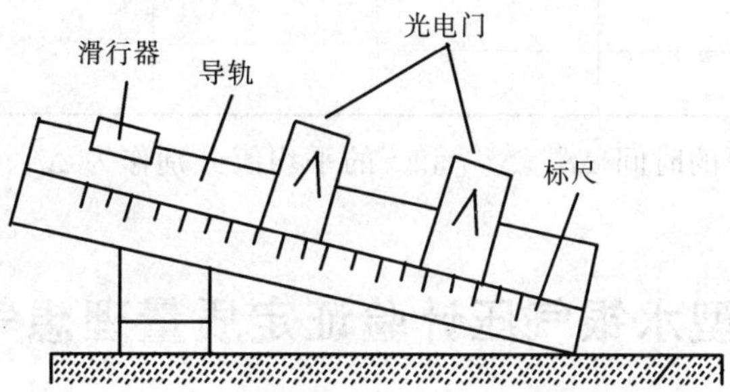


实验图 4-1

**仪器和器材:**

导轨,气源,数字计时器等.

**实验内容及步骤:**

1. 按计时器的使用方法,把光电门插头插入计时器面板上输入插座Ⅰ、Ⅱ内,并将各开关放在正确位置,经教师检查无误后,打开电源开关,检查计时器是否正常计时.

2. 先给导轨送气,后把滑行器放在轨面上.旋动调平螺钉,将导轨调至水平.

3. 在导轨左端调平螺钉下垫入适当厚度的垫片,滑行器即可由左向右做匀加速直线运动.

4. 以导轨侧面的标尺为坐标轴,两光电门分别置于 $x_1$ 和 $x_2$($x_2-x_1$ 的值可在 50—60cm 之间,根据导轨的长度决定),将滑行器移至导轨左端适当位置 $x_0$,使滑行器由静止开始释放,先后读出滑行器上挡光框通过两光电门的时间 $\Delta t'_1$ 和 $\Delta t'_2$,重复三次,每次都从同一点 $x_0$ 释放滑行器,将以上数据填入下表中.

5. 在滑行器上装上一根遮光片(杆),把滑行器移至 $x_0$ 由静止释放之,测出滑行器在两光电门间运动的时间,重复三次,将数据填入下表中.

**记录与计算**

挡光框计时宽度

| $\Delta t'_1$ (s) | $\Delta t'_2$ (s) | $\Delta t'$ (s) | $v_1=\frac{\Delta x}{\Delta t_1}$ (m/s) | $v_2=\frac{\Delta x}{\Delta t_2}$ (m/s) | $a=\frac{v_2-v_1}{t}$ (m/s²) |
|---|---|---|---|---|---|
| 1 | | | | | |
| 2 | | | | | |
| 3 | | | | | |

说明:取三次测得的时间 $\Delta t'_1$、$\Delta t'_2$ 和 $t'$的平均值分别作为 $\Delta t_1$、$\Delta t_2$ 和 $t$.

## 实验5 用小型水银气压计验证定质量理想气体状态方程

**实验目的:**

1. 验证理想气体状态方程.
2. 学会使用气压计测量大气压强.
3. 学习测定和计算封闭容器中气体压强的方法.

**实验原理:**

一定质量的理想气体,在状态变化过程中,它的压强和体积和乘积跟绝对温度的比始终保持不变,即:

$$\frac{PV}{T}=常数$$

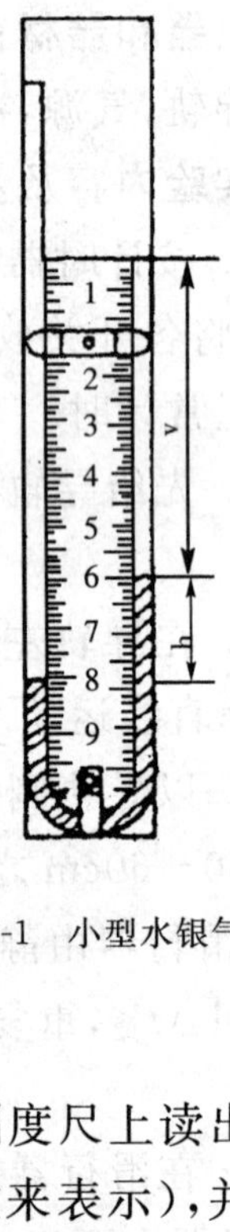

实验图 5-1 小型水银气压计

**仪器与器材:**

小型水银气压计(闭端有一段被水银封在里面的气柱,如实验图 5-1),温度计,气压计(共用),热水壶,大烧杯.

**实验内容及步骤:**

1. 把小型水银气压计竖直插入装有冷水的烧杯中,从刻度尺上读出管内气柱长的毫米数(气体柱的体积 $V$ 可以用它的长度的毫米数来表示),并测出左、右两边闭开两管中水银面的高度差 $h$. 用气压计测出当时的大气压强 $H$.
2. 用温度计量出冷水的温度 $t$,也就是气体柱的温度.
3. 把烧杯中的冷水换成温水,重复步骤 1、2.
4. 把烧杯中的温水换成热水,再重复上面的实验.

将以上数据填入下表.

当时的大气压强 $H=$ ________ mmHg

| 实验次数 | 气柱体积 $V$（长度毫米数） | 水银面的高度差 $h$(mmHg) | 气柱压强 $p=H\pm h$(mmHg) | 气柱温度 $t$（℃） | $PV/T$ 值 |
|---|---|---|---|---|---|
| 1 | | | | | |
| 2 | | | | | |
| 3 | | | | | |

比较每次的 $PV/T$ 的值,可以得出结论.

**注意事项:**

1. 温度计的读数应认真估计,它对实验结果影响较大.
2. 水银有毒,切勿溢出.
3. 玻璃仪器应轻取轻放,切忌把温度计当搅拌器使用.

# 实验6　电阻的串联和并联

**目的：**

1. 研究两个电阻串联时总电阻与分电阻的关系、总电压与分电压的关系；
2. 研究两个电阻并联时总电阻与分电阻的关系、总电流与分电流的关系；
3. 学会按电路图正确连接电路；
4. 学会正确使用直流安培计、直流伏特计、电阻箱和滑线变阻器.

**原理：**

1. 串联电路总电阻等于各分电阻之和，总电压等于各分电压之和，即 $R=R_1+R_2$、$U=U_1+U_2$；
2. 并联电路总电阻的倒数等于各分电阻的倒数之和，总电流等于各分电流之和，即

$$\frac{1}{R}=\frac{1}{R_1}+\frac{1}{R_2}, I=I_1+I_2.$$

**仪器与器材：**

直流安培计，直流伏特计，滑线变阻器，电阻箱，蓄电池，电键，导线.

**步骤：**

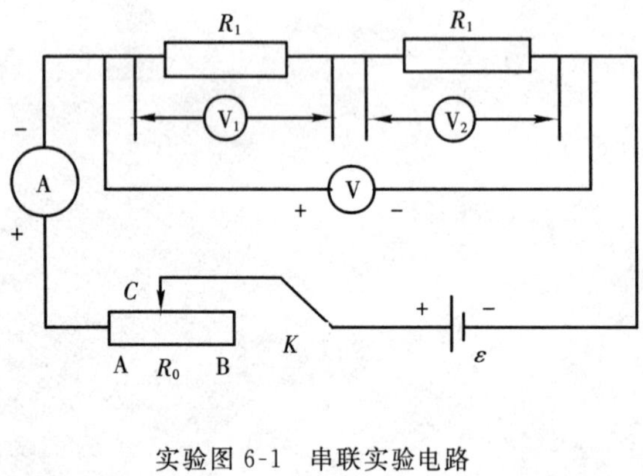


实验图6-1　串联实验电路

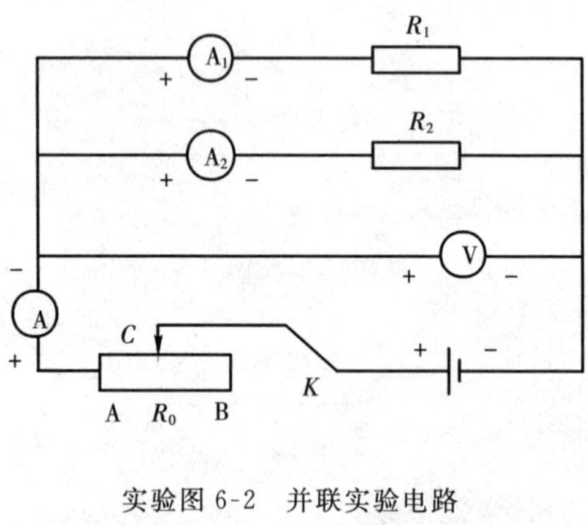


实验图6-2　并联实验电路

1. 按图示6-1连接电路，先将变阻器的阻值调到最大位置，通电后，根据安培计和伏特计的量值，适当调节变阻器阻值，读出电流 $I$ 和电压 $U$、$U_1$ 和 $U_2$ 记入表内.

2. 调节变阻器，改变电路中的电流，再做一次.

3. 按图示6-2连接电路，先将变阻器的阻值调到最大位置，通电后，读出电压 $U$，电流 $I_1$、$I_2$ 和 $I$，记入表内.

4. 调节变阻器，改变 $B$、$C$ 间的电压，再做一次.

记录与计算：

1. 电阻串联时，$R_1=$________ Ω，$R_2=$________ Ω.

| $U$(V) | $U_1$(V) | $U_2$(V) | $I$(A) |
|---|---|---|---|
| | | | |
| | | | |

计算总电阻 $R=\dfrac{U}{I}$，并比较 $R$ 与 $R_1+R_2$，$U$ 与 $U_1+U_2$. 通过比较计算得出结论.

2. 电阻并联时，$R_1=$________ Ω，$R_2=$________ Ω.

| $U$(V) | $I$(A) | $I_1$(A) | $I_2$(A) |
|---|---|---|---|
| | | | |
| | | | |

计算总电阻 $R=\dfrac{U}{I}$，比较 $\dfrac{1}{R}$ 与 $\dfrac{1}{R_1}+\dfrac{1}{R_2}$，$I$ 与 $I_1+I_2$. 通过计算比较得出结论.

## 实验 7 (1) 扩大电流表的量程

**目的：**

1. 学习扩大电流表量程的基本方法；

2. 熟悉电流表的构造原理.

**原理：**

内阻为 $R_g$ 的电流表(微安表)，它的满刻度电流 $I_g$ 很小，用此表测量较大的电流之前，需要扩大它的电流量程. 扩大量程的方法是：在电流表(微安表)两端并联电阻 $R_f$，如图 7-1 所示，使超过满刻度电流 $I_g$ 的那部分电流从 $R_f$ 流过，$R_f$ 称为分流电阻. 选用不同阻值的分流电阻 $R_f$，可以得到不同量程的电流表.

在实验图 7-1 中，当微安表满度时，通过扩程后电流表的电流为 $I_g$. 根据并联电路的特征有

$$I_gR_g=(I-I_g)R_f$$

所以

$$R_f=(I_g/I-I_g)R_g$$

如果微安表的内阻 $R_g$ 已知(一般由实验室给出),则按照所需电流表的量程 $I$,由 $R_f=(I_g/I-I_g)R_g$ 可算出分流电阻 $R_f$ 的阻值.

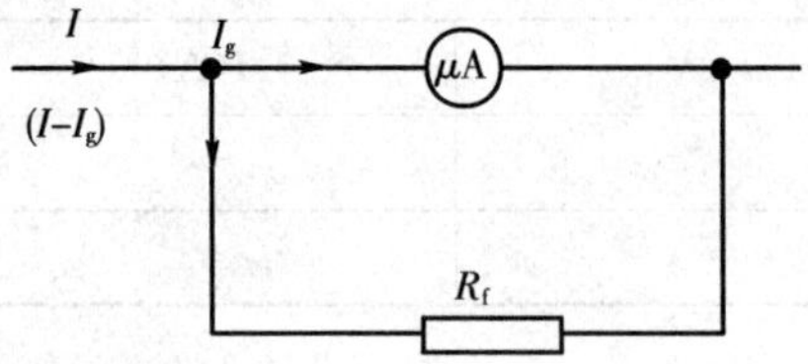


实验图 7-1　扩大电流表的量程

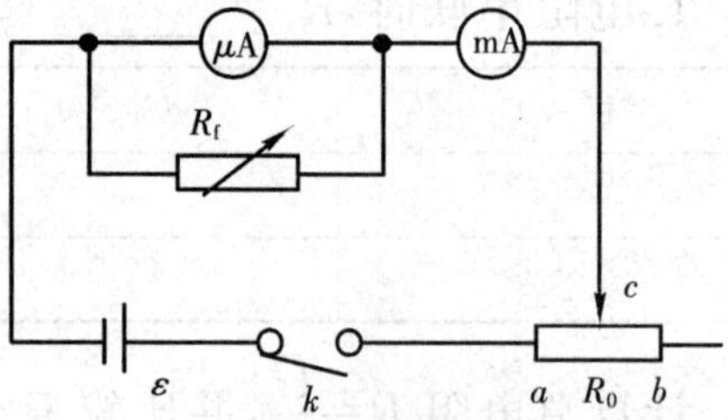


实验图 7-2　扩大电流表的量程

**仪器:**

待改装的微安表,旋转式电阻箱,直流稳压电源,滑线变阻器,作比较用的标准毫安表等.

**步骤:**

将量程为 100μA 的电流表扩程至 10mA.

1. 根据 $R_f=(I_g/I-I_g)R_g$ 试算出分流电阻 $R_f$ 的阻值. 式中 $R_g$ 由实验室给出.

2. 依照图 7-2 接好线路(开关 $K$ 断开). 其中分流电阻为电阻箱,$R_0$ 为滑线变阻器,用来改变总电流的大小,$E$ 为电源.

3. 将电阻箱的旋钮拨至 $R_f$ 的理论值,合上开关 $K$,调节滑线变阻器 $R_0$,使标准表指示数为 10 mA,此时表头指示数应正好是满刻度. 如果有所偏离,可适当调节 $R_f$,使电流表的量程符合设计值.

4. 将分流电阻 $R_f$ 的理论值、实验值分别记入下表中.

记录与计算:

| 满度电流 $I_g$ (μA) | 扩大后量程 (mA) | 内阻 $R_g$ (Ω) | 扩大内阻 $R_g$(Ω) | | 相对误差 $\frac{R_{理}-R_{实}}{R_{理}}$ |
|---|---|---|---|---|---|
| | | | 理论值 | 实验值 | |
| | | | | | |

## 实验 7　(2)把电流表改装成电压表

**目的:**

1. 把电流表改装成电压表;

2. 学会把滑线变阻器当作电位器使用.

**原理:**

内阻为 $R_g$ 的电流表,若通过满程电流 $I_g$,则电流表的满程电压 $U_g=I_gR_g$,因此,直流电流表可以对直流电压进行测量. 通常 $R_g$ 的数值不大,所以电流表测量电压的量程也很小. 为了测量较高的电压,应在电流表上串联分压电阻 $R_f$,如实验图 7-3 所示,使超过电压量程的那部分电压 $U_f$ 降在电阻 $R_f$ 上. $R_f$ 称为扩程电阻. 串入不同阻值的扩程电阻,就可以得到不同量程的电压表.

在图 7-3 中,设改装后电压表总电压为 $U$. 当电流表指针满刻度时,$R_f$ 两端的电压为 $U_f=I_g\times R_f=U-U_g$,于是有 $R_f=\dfrac{U-U_g}{I_g}=\dfrac{U}{I_g}-R_g$

根据所需电压表的量程 $U$ 和电流表的内阻 $R_g$,由上式可算出分压电阻 $R_f$ 的阻值.

**仪器与器材:**

待改装的微安表,电阻箱,直流稳压电源,滑线变阻器,作比较用的电压表、开关等.

**步骤:**

将量程为 100μA 的电流表改装成量程为 10V 的电压表.

1. 根据上式算出分压电阻 $R_f$ 的阻值,式中 $R_g$ 由实验室给出.

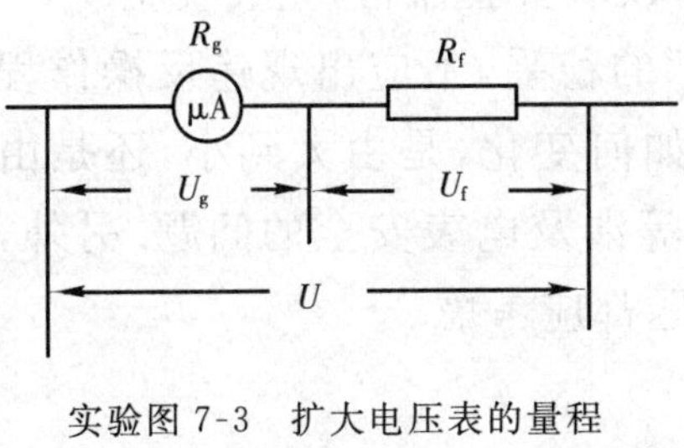


实验图 7-3 扩大电压表的量程

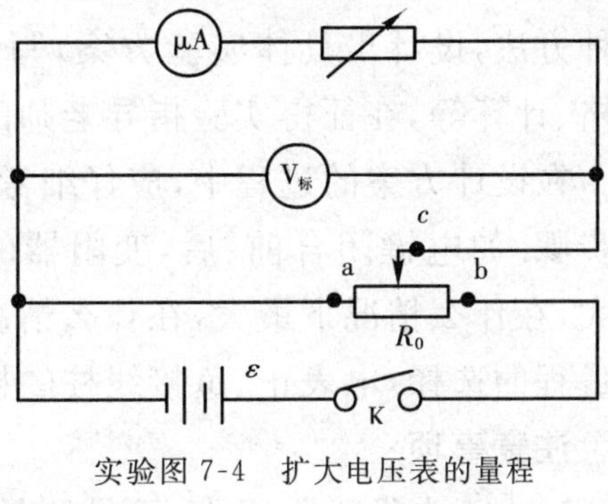


实验图 7-4 扩大电压表的量程

2. 依照图 7-4 接好电路. 其中分压电阻用电阻箱,$R_0$ 为变阻器,ε 为电源.

3. 将电阻箱的旋钮拨到分压电阻 $R_f$ 的理论值,变阻器 $R_0$ 的滑动触头 $c$ 移至 $a$ 端,合上开关 K,移动 $c$,使标准电压表的指示为 10V,此时电流表的指示数应正好满刻度. 如果有所偏离,可适当调节 $R_f$,使改装表的量程符合设计值.

4. 将分压电阻 $R_f$ 的理论值、实验值分别记入下表中.

记录与计算：

| 满度电流 $I_g$ ($\mu$A) | 扩大后量程 (V) | 内阻 $R_g$ ($\Omega$) | 扩大内阻 $R_g$($\Omega$) | | 相对误差 $\frac{R_{理}-R_{实}}{R_{理}}$ |
|---|---|---|---|---|---|
| | | | 理论值 | 实验值 | |
| | | | | | |

## 实验8　测定电源的电动势和内电阻

**目的：**

1. 巩固全电路欧姆定律；

2. 测定干电池的电动势和内电阻；

3. 自行设计实验，提高实验能力.

本实验是以全电路欧姆定律 $E=U+Ir$ 为依据的电学实验，目的在于测量电源的电动势和内电阻，为此，我们可以采用多种方法实现这一测量. 例如，(1) 采用一个安培计和电阻箱；(2) 采用一个伏特计、安培计和变阻器；(3) 采用一个伏特计和电阻箱以及其他器材来测定电源电动势和内阻. 请自行选定一种方法，设计出具体实验方案，写出原理、仪器、步骤(含线路图)、记录数据表格、计算等，在征得实验指导老师的同意后，领取实验器材，完成实验.

在设计方案的过程中，应仔细考虑“步骤”的稳妥，不应出现违反操作程序的步骤. 如电键闭合前、后，变阻器的阻值应如何变化，是由大到小，还是由小到大，在什么情况下最大，在什么情况下最小等涉及电表安全的问题. 另外，电表量程的选择，电表正、负接线柱的接法等问题都应考虑.

**注意事项：**

1. 由于电源内阻很小，不易测量，建议对电源串联一个 10Ω－15Ω 的电阻当作电源的内阻进行测量.

2. 实验中电流勿调得太大，并且通电时间要尽量短，每次读电流或电压值时要快，读完数值立即断电. 此外，还要注意电流不得超过电阻箱或滑动变阻器的额定电流值.

# 实验 9　用伏安法测导体电阻

**目的：**

1. 掌握用伏安法测电阻的方法；

2. 加深对欧姆定律和电阻的串、关联特性的理解；

3. 测量电阻时，知道电流表在什么情况下采用外接法、什么情况下采用内接法. 了解电表内阻对测量准确程度的影响.

**原理：**

根据欧姆定律，导体中的电流跟电压成正比，其比值就是导体的电阻

$$R=U/I$$

因此测出导体上的电压、电流，然后由欧姆定律就可以算出被测电阻的电阻值.

用伏安法测电阻时，电表有两种基本的连接方法：如实验图 9-1 所示是电流表内接，如实验图 9-2 所示是电流表外接. 由于电流表和电压表总有一定的内阻，所以这两种接法都不能同时测准电压和电流.

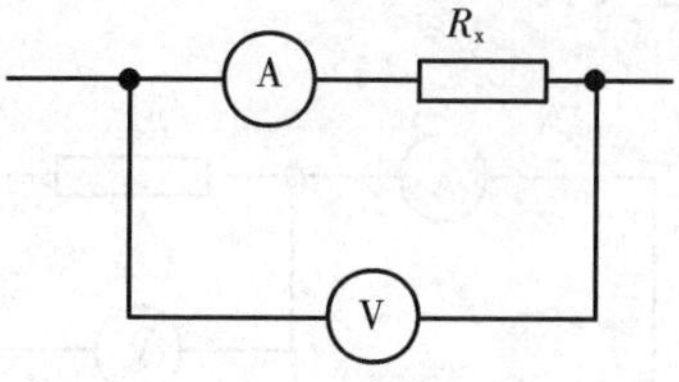


实验图 9-1　电流表内接法

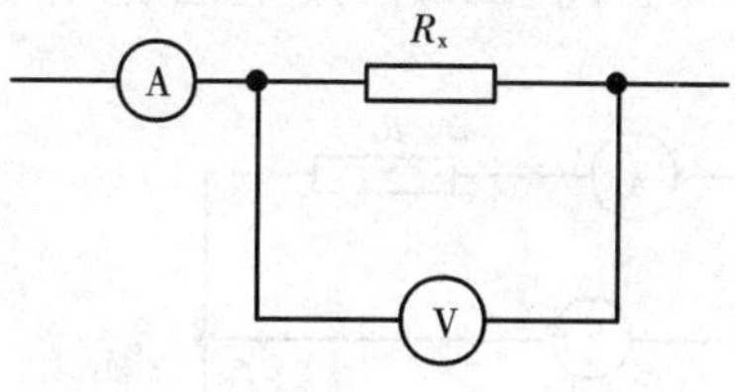


实验图 9-2　电流表外接法

在图 9-1 中，电流表测的是流过待测电阻 $R_X$ 的电流 $I$，而电压表测出的是待测电阻和电流表两端的总电压 $U=U_X+U_A=IR_X+IR_A$，$R_A$ 是电流表的内阻. 用两电表指示值按欧姆定律直接计算，则待测电阻的计算值：

$$R=U/I=R_X+R_A$$

显然，电流表内接带来的百分误差为

$$\frac{R-R_X}{R_X}\times 100\%=\frac{R_A}{R_X}\times 100\%$$

如果 $R_A$ 远小于 $R_X$，电流表内接带来的误差就可以忽略. 在这种条件下，测量电阻往往用电流表内接法.

在实验图 9-2 中，电压表测出的是待测电阻 $R_X$ 两端的电压 $U$，而电流表测出的是待测电阻和电压表的总电流 $I$，它比 $R_X$ 中的实际电流大.

用两电表指示值，按欧姆定律直接计算的电阻将小于待测电阻 $R_X$，经理论计算，电流表外接带来的百分误差为

$$\frac{R_X}{R_V}\times 100\%$$

如果 $R_X$ 远小于 $R_V$，电流表外接带来的误差就可以忽略. 在这种条件下，测量电阻往往用电流表外接法.

**仪器与器材：**

直流毫安表和直流电压表，直流电源，被测电阻（电阻箱或标准电阻）两个，一个阻值较大（约 200Ω）作为 $R_{X1}$，一个阻值较小（约 50Ω）作为 $R_{X2}$，开关，滑线变阻器，导线. 实验时取 $R_{X1}\approx 100R_A$，$R_{X2}\approx R_V/100$

**步骤：**

1. 将 $R_{X1}$ 按实验图 9-3 所示连接好电路，变阻器 $r$ 滑动头先调至右端，使电压表 $V$ 读数最小. 通电后，根据电流表和电压表的量程，适当调节变阻器的阻值，由电流表读出电表 $I$，由电压表读出电压 $U$，记入表 9-1 中.

2. 将 $R_{X2}$ 代替 $R_{X1}$，按上法读出 $I$ 和 $U$，记入表 9-1 中.

3. 将 $R_{X1}$ 按实验图 9-4 所示根据电流表和电压表的量程，适当调节变阻器的阻值，由电流表读出电表 $I$，由电压表读出电压 $U$，记入表 9-2 中.

4. 将 $R_{X2}$ 代替 $R_{X1}$，按上法测出 $I$ 和 $U$，记入表 9-2 内.

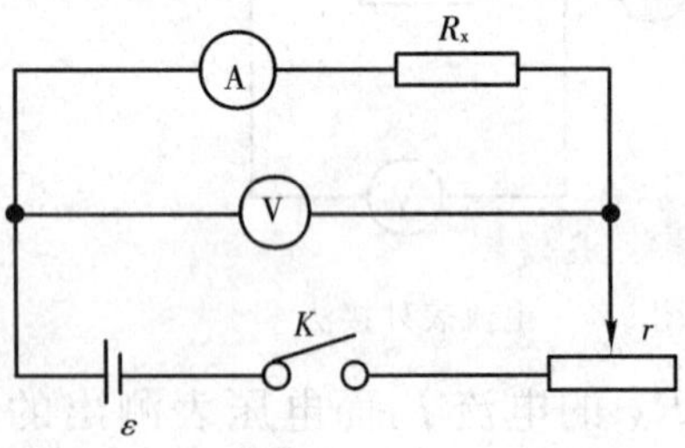


实验图 9-3　电流表内接法

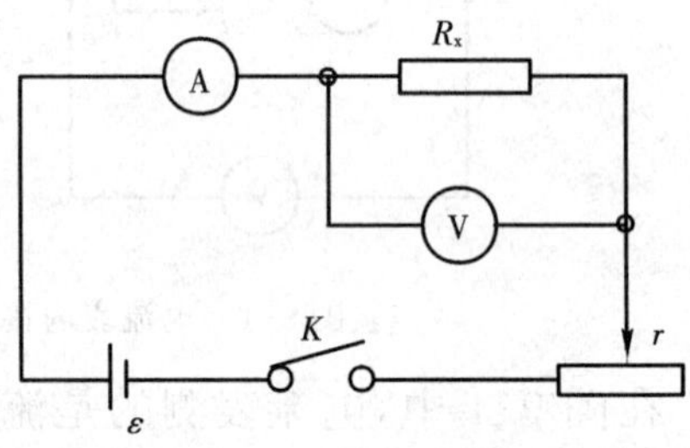


实验图 9-4　电流表外接法

记录与计算：

**实验表 9-1　电流表内接**

| 待测电阻 $R_X$ | $I$(mA) | | | $U$(V) | | $R_X$ 计算值 | $R_X$ 的标准值（Ω） | 百分误差 |
|---|---|---|---|---|---|---|---|---|
| | 量程 | 读数 | 内阻 $R_A$(Ω) | 量程 | 读数 | $R_X=U/I$（Ω） | | |
| $R_{X1}$ | | | | | | | | |
| $R_{X2}$ | | | | | | | | |

**实验表 9-2 电流表外接**

| 待测电阻 $R_X$ | $I$(mA) | | $U$(V) | | | $R_X$ 计算值 | $R_X$ 的标准值 (Ω) | 百分误差 |
|---|---|---|---|---|---|---|---|---|
| | 量程 | 读数 | 量程 | 读数 | 内阻 $R_A$(Ω) | $R_X=U/I$(Ω) | | |
| $R_{X1}$ | | | | | | | | |
| $R_{X2}$ | | | | | | | | |

# 实验 10 楞次定律的研究

**目的:**

1. 观察和研究电磁感应现象;

2. 分析、归纳、判断感应电流方向的规律——楞次定律;

3. 应用楞次定律进行有关判断.

**原理:**

当闭合线圈原磁通量增加时,依据实验所确定的感应电流方向,分析其磁场对原磁通量的增加产生什么作用;同样,当闭合线圈中原磁通量减少时,仍依据感应电流的方向分析其磁场对原磁通量的减少产生什么作用. 然后综合归纳出闭合线圈中原磁通量变化时,感应电流磁场对原磁通量变化的作用规律——楞次定律.

**仪器与器材:**

原、副线圈(附铁芯),磁针,条形磁铁,灵敏电流计(零点在中间),导线,一节电池,电键,电阻等.

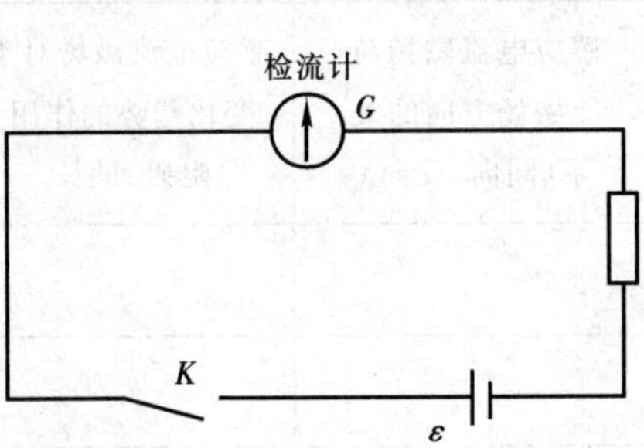


实验图 10-1 检流计通电电路

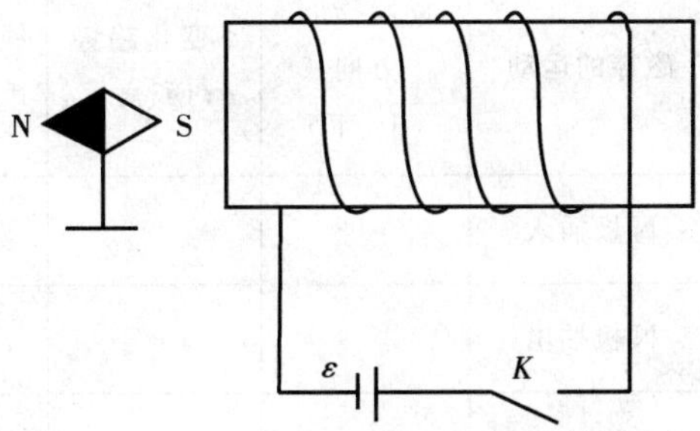


实验图 10-2 判断线圈绕制方向电路

**步骤:**

1. 查明灵敏电流计指针转动方向和电流流入方向的关系,按实验图 10-1

所示把灵敏电流计、电池、电键和电阻(约10K)串联,观察电流从左(或)右接线柱流入电流计时,指针是左偏还是右偏,并记入实验表10-1中.

实验表 10-1

| 电流流入端 | 左接线柱流入 | 右接线柱流入 |
| --- | --- | --- |
| 电流计指针偏转 | | |

2.辨认线圈导线的缠绕方向,原、副线圈一般都有"标志线"标志导线绕行方向,请依据右手螺旋法则,利用磁针 $N$ 极偏转方向判断通电线圈绕行方向是否与其"标志"线吻合(如图10-2所示),然后仿本图形式画出线圈绕行方向.

3.研究判断感应电流方向的规律

(1) 按实验图10-3连接副线圈 $L_2$ 和灵敏电流计 $G$.

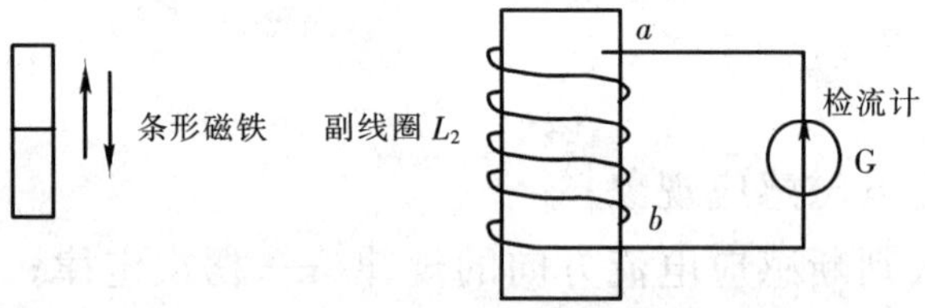


实验图10-3 研究条形磁铁和线圈相对运动时的感应电路

①将N极插入,从检流计指针偏向确定感应电流的方向.

②将N极抽出,从检流计指针偏向确定感应电流的方向.

③将S极插入再抽出,从检流计指针偏向确定感应电流的方向.

④依据右手螺旋法则分别确定上述几种情况感应电流的磁场方向.并比较出它们和原磁场方向的关系(同向或反向),进而分析感应电流的磁场对原磁通变化趋势的作用.

将以上确定、分析的结果记入表10-2中.

实验表 10-2

| 磁棒的运动 | 原磁场的方向(上、下) | φ变化趋势(增、减) | 线圈内感应电流的方向 | 感应电流磁场与原磁场方向的关系(同向、反向) | 感应电流磁场对φ变化趋势的作用(阻碍、助长) |
| --- | --- | --- | --- | --- | --- |
| N极插入 | | | | | |
| N极抽出 | | | | | |
| S极插入 | | | | | |
| S极抽出 | | | | | |

(2) 按实验图 10-4 所示将原线圈 $L_1$ 放在副线圈 $L_2$ 中并连接线路，观察通断电键 $K$ 时的电磁感应现象.

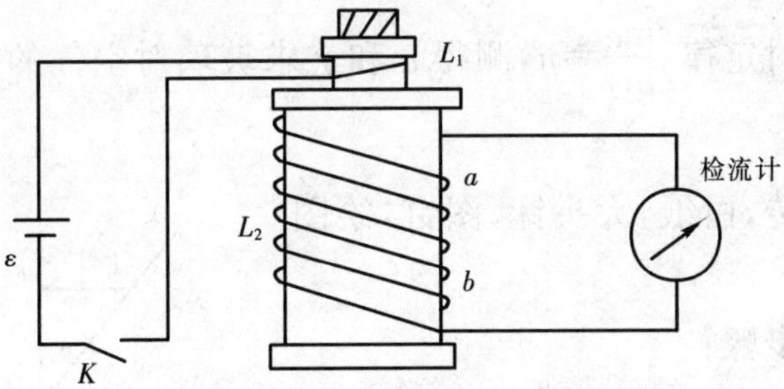


实验图 10-4　研究原、副线圈电磁感应电路

①$K$ 接通的瞬间，从检流计指针的偏转方向确定出感应电流的方向.

②$K$ 断开的瞬间，从检流计指针的偏转方向确定出感应电流的方向.

③改变原线圈中的电流方向，重复①，②确定感应电流的方向.

④依据右手螺旋定则，分析所得结果，记录在表 10-3 中.

**实验表 10-3**

| 电键 $K$ 的瞬时状态 | 原磁场的方向（上、下） | $\phi$ 变化趋势（增、减） | 副线圈内感应电流的方向 | 感应电流磁场与原磁场方向的关系（同向、反向） | 感应电流磁场对 $\phi$ 变化趋势的作用（阻碍、助长） |
|---|---|---|---|---|---|
| 接通瞬间 | | | | | |
| 断开瞬间 | | | | | |
| 电流反向接通 | | | | | |
| 电流反向断开 | | | | | |

记录、分析和总结

依据实验表 10-2、10-3 的结果，进行归纳和总结，得出感应电流磁场对原磁通量的变化所起作用的共同规律，即为楞次定律.

结论：________________________________________________________________________________________.

## 实验 11　测定玻璃的折射率

*方法一：用插针法求玻璃的折射率*

**实验目的：**

1. 测定玻璃的折射率；

2. 加深对折射定律的理解.

**实验原理:**

根据光的折射定律$\frac{\sin\alpha}{\sin\gamma}=n$,测得$\alpha$和$\gamma$求玻璃对空气的折射率.

**仪器与器材:**

长方形玻璃砖,白纸,大头针,图钉,绘图板,绘图仪器.

**实验内容及步骤:**

1. 用图钉把白纸钉在绘图板上,把玻璃砖平放在纸的中央.

2. 在白纸上画出空气与玻璃两个平行分界面上的两条直线$AB$和$CD$(如实验图11-1所示),此后不要再变动玻璃砖的位置.

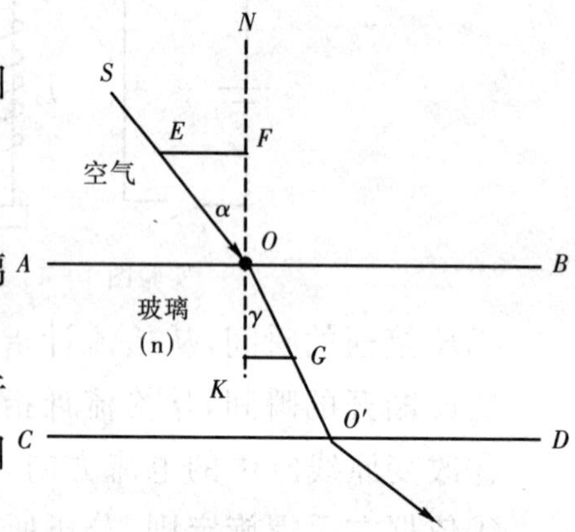


实验图 11-1

3. 通过$AB$上的一点$O$作法线$NO$,在$O$点垂直于纸面插一根大头针,并在$NO$线左边附近任意一点$S$,也垂直于纸面插一根大头针.把$SO$当作入射光线方向.

4. 在$CD$边一侧,水平方向透过玻璃砖观看$S$、$O$的像.左右移动头部,改变观察方向,使$S$、$O$的像重合在一起.此时,在$CD$线上一点$O'$及$CD$线外一点$S'$上,各插一根大头针,使$O'$、$S'$两针与$S$、$O$的像都在同一直线上.

5. 拿开玻璃砖,连接$SO$,$OO'$及$O'S'$,那么,$SO$是入射线,$OO'$是玻璃中的折射线,$O'S$是在空气中的折射线.

6. 在$SO$及$OO'$上截取$OE=OG$,并作$EF$及$GK$垂直于$NO$,则得

$$\sin\alpha=\frac{EF}{OE},\sin\gamma=\frac{GK}{OG}=\frac{GK}{OE}$$

所以
$$n=\frac{\sin\alpha}{\sin\gamma}=\frac{EF}{OE}\Big/\frac{GK}{OE}=\frac{EF}{GK}$$

7. 量出$EF$和$GK$的长度,计算玻璃对空气的折射率,将结果记在自行设计的表中.

8. 改变入射角$\alpha$,再做两次实验,然后分别求出玻璃对空气的折射率,将结果记录下来.

方法二、用读数显微镜求玻璃的折射率

**实验目的:**

1. 测定玻璃的折射率;

2. 掌握光的折射定律;

3. 学会读数显微镜的使用方法.

**实验原理:**

实验图 11-2 表明由空气中观察透明介质(如玻璃)中的某物 S 时,其像 S′ 的位置比 S 的位置升高了 L,这是由光的折射决定的.

由图 11-2 可知:$\angle OS'O' = \angle\alpha$

$$\angle OSO' = \angle\gamma$$

所以 $\sin\alpha = \dfrac{OO'}{S'O'}, \sin\gamma = \dfrac{OO'}{SO'}$

于是 $n = \dfrac{\sin\alpha}{\sin\gamma} = \dfrac{OO'}{S'O'} \Big/ \dfrac{OO'}{SO'} = \dfrac{SO'}{S'O'}$

当 $\gamma$ 很小,即从竖直方向向下看物 $S$ 时,得 $S'O' \approx S'O$ 及 $SO' = SO$

则 $n = \dfrac{SO'}{S'O'} = \dfrac{t}{t-L}$

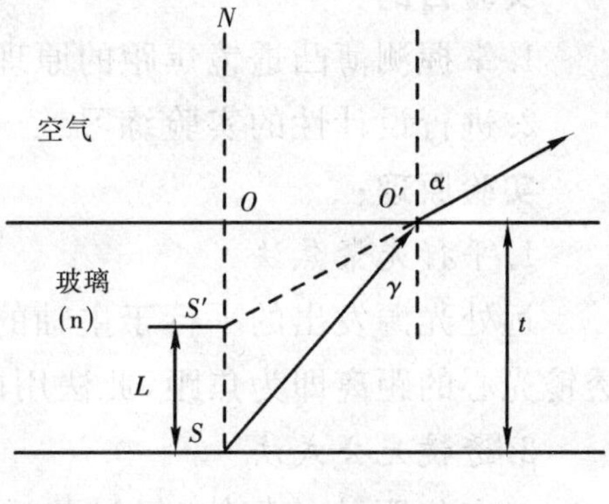

实验图 11-2

其中 $t$ 为玻璃的厚度,因此测出 $t$ 和 $L$,就可由上式计算出玻璃的折射率.

**仪器与器材:**

玻璃砖,游标卡尺,读数显微镜,白纸.

**实验内容及步骤:**

1. 把白纸贴在水平桌面上,纸上画一黑点.将读数显微镜竖直旋转,使物镜对准黑点.调节镜筒的高度,使在目镜中能清晰地看到黑点的像,此时记下显微镜标尺上的读数 $R_s$.

2. 用玻璃砖压住黑点,这时从目镜中看到黑点的像是模糊不清的.调节镜筒的高度,使从目镜中再次清晰地看到黑点的像,记下此时显微镜标尺的读数 $R's$.于是有 $L=R's-Rs$.

3. 用游标卡尺测出玻璃砖的厚度 $t$,代入 $n=\dfrac{t}{t-L}$,即可算出玻璃的折射率 $n$.

4. 按上述步骤再做两次,并分别求出 $n$ 的值,记入下表中.

记录与计算:

| 实验次数 | $Rs$(cm) | $R's$(cm) | $L=R's-Rs$ | $t$(cm) | 玻璃折射率 $n$ |
|---|---|---|---|---|---|
| 1 | | | | | |
| 2 | | | | | |
| 3 | | | | | |

求出 $n$ 的平均值.

# 实验 12　测定凸透镜的焦距

**实验目的：**

1. 掌握测薄凸透镜焦距的原理和方法；

2. 进行设计性的实验练习.

**实验原理：**

1. 平行光聚焦法

远处光源发出的平行于主轴的光经透镜折射后，会聚到一点，会聚光点到透镜光心的距离即为焦距，此法用以迅速地粗测焦距.

2. 透镜光公式法

放在焦距外的物体，经过凸透镜折射后，将成像在另一侧，测出物距 $u$ 和像距 $v$ 代入公式：

$$\frac{1}{u}+\frac{1}{v}=\frac{1}{f} \text{ 或 } f=\frac{uv}{u+v}$$

即可算出透镜的焦距，实验中要求光源中心、透镜中心、像屏中点共轴（即等高）. 由于透镜光心不易确定，故此实验误差较大.

3. 共轭法（移动透镜二次成像法）

当物和屏的距离大于 4 倍焦距，且保持一定时，由于物、像共轭关系，透镜在物、屏之间移动可以有两处分别使屏上得到放大或缩小的清晰倒像（如实验图 12-1 所示）.

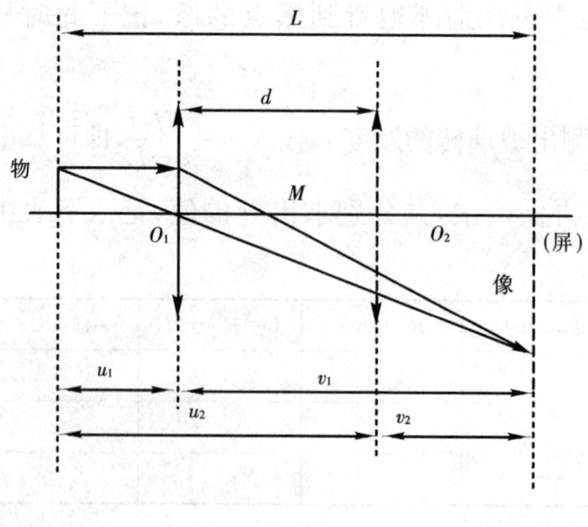


实验图 12-1

由图 12-1 知，因为共轭关系，在两次成像时，有如下关系

$$u_1 = v_2 \text{ 及 } u_2 = v_1$$

于是，$L=u_1+v_1$ 及 $d=v_1-v_2=v_1-u_1$. 将上两式相加和相减，可得

$$v_1 = \frac{L+d}{2} \text{ 及 } u_1 = \frac{L-d}{2}$$

将 $u_1$ 及 $v_1$ 代入公式，整理后得到

$$f = \frac{L^2-d^2}{4L}$$

根据上式即能求得焦距. 这个方法的优点是 $L$ 和 $d$ 可以精确测量，避免了在测量 $u$ 和 $v$ 时，由于透镜光心位置估计不准确所带来的误差，从而提高了焦距测量的精度.

**仪器与器材：**

凸透镜，光具座，透镜夹，光源或光源箱，光屏

**实验内容及步骤：**

1. 依据原理，粗测凸透镜焦距

把凸透镜对准太阳或远处灯（它们的光可以认为是平行的），在透镜的另一侧放置光屏，调节透镜到屏的位置，直至在屏上的光斑（像）最小时为止. 这里光斑在透镜的焦点附近. 因此，透镜到屏的距离就是透镜焦距的近似值，可用米尺测出.

注意，在实际测量时，由于实像清晰度的判断受主观因素的影响，总不免有一定的误差，故常采用左、右逼近法读数. 先使透镜由左向右移动. 当像刚清晰时停止，记下透镜位置的读数，再使用透镜由右向左移动，在像清晰时又可读得一数，取这两个数的平均值作为成像清晰时凸透镜的位置.

2. 共轭法测凸透镜焦距

(1) 如实验图 12-1 所示，在光具座上放置光源与光屏，使它们之间的距离 $L$ 大于焦距近似值的 4 倍，而且光源与屏的中心都在透镜主轴上.

(2) 移动透镜. 当光屏上出现清晰的放大像和缩小像时，记录透镜所在的位置 $O_1$、$O_2$ 的读数（用左、右逼近法读数）. 测出 $O_1$、$O_2$ 的距离 $d$. 利用上述公式算出透镜的焦距 $f$.

(3) 三次改变 $L$ 测出相应的 $d$，并求出各次的 $f$ 值，将 $L,d,f$ 各值记入下表中.

| 实验次数 | $L$（cm） | $d$（cm） | $f=$（cm） |
|---|---|---|---|
| 1 | | | |
| 2 | | | |
| 3 | | | |

**记录与计算：**

1. 用粗测法测得薄凸透镜的焦距 $f=$________ cm.

2. 用共轭法测焦距，求焦距的平均值得________ cm.

# 附录　部分习题参考答案

## 第1章　匀变速运动

**练习 1.1**

4. 路程 700 m，位移 500 m　方向北偏西 53.1°

**练习 1.2**

3. 500 s　　4. 12.5 倍　　5. 汽车 16.67 m，飞机 187.5 m

7. (1) 2.5 m/s　(2) 5.5 m/s　(3) 4 m/s

**练习 1.3**

3. 39.6 km/h　　4. 4 m，性能符合要求　　5. 25 s

6. AB 段匀速运动；OA 段匀加速运动，$0.5\ m/s^2$；BC 段匀减速运动，$-\frac{1}{3}\ m/s^2$；450 m.

**练习 1.4**

2. 19.6 m　　3. 19.8 m/s，2 s　　4. 45 m，20 m/s，24.5 m　　5. 58.8 m，2 s

**练习 1.5**

4. 0.4 m　　5. 84 m/s

**自测题**

一、填空题

1. 360 s　　450 s　　2. 二　三　二　　3. 405 m

4. 90 cm/s　　70 cm/s　　280 cm　　85 cm

5. $-2\ m/s^2$　45 m　　6. 2 m/s　$2\ m/s^2$　7 m　10 m/s　9 m/s　5 m/s

二、选择题

1. (4)；　2. (4)；　3. (2)；　4. (2,4)；　5. (1)；　6. (3)；

7. (2,4)；　8. (1,3)；　9. (1,2,3)；　10. (3).

三、计算题

1. 路程 18 km，位移 10 km　　2. 15.6 m/s　　3. $\frac{2(n-1)x}{(n+1)t^2}$.

4. $4\ m/s^2$　4 m/s　6 m/s　　5. 27 m. 图略

## 第2章　牛顿运动定律

**练习 2.1**

1. 重力 117.6 N　拉力 12 N　支持力 105.6 N　　6. 9.8 N.

**练习 2.2,练习 2.3　略**

**练习 2.4**

4. 6 N　　5. 6 $m/s^2$　　6. 10 $m/s^2$.

**练习 2.5　略**

**练习 2.6**

4. −4 kg·m/s　−400 N 选子弹初速度方向为正方向.

5. (1) 1.25 kg·m/s　−1.5 kg·m/s；

(2) −2.75 kg·m/s　选网球初速度方向为正方向；　(3) 0.09 s.

8. $mv$　与射出的粒子动量方向相反.

**自测题**

二、选择题

1. (1,3)；　2. (2)；　3. (3)；　4. (2)；　5. (3,4)；　6. (2,3).

三、计算题

1. $\frac{(n-1)v_0G}{Fg}$.　　2. $9.6\times10^5$ N　$9.6\times10^5$ N.　　3. 10 $m/s^2$.

4. 1.2 N.　　5. 0.148 $m/s^2$.　　6. 21.8 N.

## 第 3 章　机械能

**练习 3.1**

3. 51 km/h.　　4. 5000 J.　　5. 49 kw.　　6. 船受到的阻力大　2∶9.

**练习 3.2**

2. 子弹的功能 2496 J　人的动能 270 J.　　3. 400 m/s.

4. 800 N　方向竖直向上.　　5. $223\times10^6$　J.

**练习 3.3**

4. $\sqrt{2gus}$　$mgus$.　　5. 80 J.

6. 36000 J,21000 J,重力势能的大小是相对的,重力势能的改变量是绝对的.

**练习 3.4**

5. 19.6 m.　　6. 392 J.　　7. $\sqrt{2gR}$.

**练习 3.5**

3. 0.1 m/s　−0.1 m/s.　　4. −7.3 m/s　−0.33 m/s　选向右为正方向.

**自测题**

一、填空题

1. 150 J　30 W.　　2. 200 J　200 W.　　3. $\sqrt{n}$倍.　　4. $\frac{1}{2}$.　　5. $\frac{v_0^2}{2g}$.

6. $mgh-\frac{1}{2}m(v^2-v_0^2)$.　　7. 10　9.

二、选择题

1. (4)；　2. (3)；　3. (4)；　4. (2,4,5)；

5. (2,4,6)；　6. (1,2)；　7. (2)；　8. (3).

三、计算题

1. (1) 5 s　(2) 10 N　(3) 4 m　(4) 0.8 m/s.

2. 24500 N　减速，增大牵引力.　3. 15 m/s.

4. (1)$5\times10^5$ J　(2)$4.5\times10^5$ J　(3)$5\times10^4$ J.

5. (1)−5.84 J　(2)0.07.

6. (1)9.8 m　(2)13.1 m　(3)6.5 m.　7. 4 m/s.

# 第4章　周期运动

**练习 4.1**

3. $1.26\times10^{-3}$ m/s　$1.57\times10^{-5}$ m/s.　4. $7.27\times10^{-5}$ rad/s　5. $3\times10^2$ m/s.

5. 41.87 rad/s.

**练习 4.2**

5. 305.75 N　方向向下.

**练习 4.3**

2. $1.07\times10^{-3}$ N.　3. 9.19 m/s$^2$.　4. $2\times10^{30}$ kg.　5. 192 N.

**练习 4.4**

2. $6.9\times10^{23}$ kg.　3. $7.5\times10^3$ m/s　99 min.

4. (1)86400 s　(2)$35912\times10^3$ m　(3)$3.08\times10^3$ m/s.

**练习 4.5**

5. 15.8 N/m.　6. 0.32 N　1.6 m/s$^2$　0.7 s　1.43 Hz.

**自测题**

二、选择题

1. (4)；　2. (1,3,6)；　3. (1)(b),(2) (a),(3) (d)；

4. (2)；　5. (2)；　6. (2,3)；　7. (1) (b),(2) (d),(3) (a).

三、计算题

1. $7.3\times10^{-5}$ rad/s　404 m/s　$2.94\times10^{-2}$ m/s$^2$.　2. 5.7 rad/s.

3. 4.04 m/s.

4. (1)$\frac{4\pi^2}{T^2}R$　(2)$\frac{4\pi^2R^3}{GT^2}$.　5. 0.794 s.

# 第5章　气体　液体　热力学能

**练习 5.1(略)**

**练习 5.2**

3. $1.05\times10^4$ m.

4. $P_a=8.67\times10^4$ $P_a$;$P_b=1.13\times10^5$ $P_a$;　$P_c=1.13\times10^5$ $P_a$;$P_d=8.67\times10^4$ $P_a$.

5. $1.0\times10^5$ $P_a$;$1.07\times10^5$ $P_a$;$9.33\times10^4$ $P_a$

**练习 5.3**

3. $P_2=4.2\times10^5$ $P_a$.　　4. 16∶1.

**练习 5.4**

5. 2095 J;2095 J.

**练习 5.5**

3. 2004 J;放热.　　4. $2.0\times10^3$ s.　　5. $3.3\times10^5$ 度.

**自测题**

一、填空题

2. $10^{-10}$;斥;引;忽略.　　4. 开尔文;相同;−273.15;310.15.

5. 250.　　8. $1.67\times10^5$

二、选择题

1. (4);　2. (1);　3. (1);　4. (4);　5. (3);　6. (4);

7. (2)、(4);　8. (1).

三、计算题

1. $3.3\times10^{-10}$ m.　　2. 120 L.　　3. (略)

## 第 6 章　静电场

**练习 6.1**

1. $625\times10^{18}$个.　2. 略.　3. 6F;$\frac{1}{4}$F.

4. $8.85\times10^{-12}(C^2/N\cdot m^2)$

5. $8.64\times10^{-3}$(N);$3.6\times10^{-4}$(N);斥力.

6. 约 $4.5\times10^{-5}$(N)　7. 0;270(N),方向指向 $q_2$

**练习 6.2**

1. 300(N/C);指向 $Q$;没有变化;略.

2. $3.6\times10^3$(N/C);指向点电荷 $Q$;$7.2\times10^{-6}$(N);背离 $Q$.

3. 略

4. 负电荷;$1.57\times10^{-10}$(C)

**练习 6.3**

1. 略　2. 略

3. $U_{AB}=-200$(V);$V_B=200$(V)

4. (1)C、B、A;(2)−20(V);(3)$-1.0\times10^{-7}$J.

**练习 6.4**

1. 图略;$V_A>V_B$;$E_A<E_B$.　2. 错.

3. 电势不同的等势面不能相交;略

4. 电场力做功相等；电场力做功与路径无关.

5. $U_{AB}=6.0\times10^2$(V)；$U_{BC}=9.0\times10^2$(V)；$U_{AC}=1.5\times10^3$(V).

6. (1) $U_{AB}=-400$(V)；$V_A=-400$(V)；(2) $E=8.0\times10^4$(V/m).

**练习 6.5**

1. $1.0\times10^{-5}$(C)；$2.0\times10^{-5}$(C).　　2. $1.15\times10^{-8}$(C).

3.

| | 电容 | 电势差 | 电量 | 电场强度 |
|---|---|---|---|---|
| 1 | 减小 | 不变 | 减小 | 减小 |
| 2 | 增大 | 不变 | 增大 | 不变 |
| 3 | 减小 | 增大 | 不变 | 不变 |
| 4 | 增大 | 减小 | 不变 | 减小 |

4. (1)2000(V)；(2)$2.0\times10^5$(V/m)；(3)$3.2\times10^{-14}$(N)；(4)2000(eV).

**自测题**

1. 略　2. 略　3. 略　4. 略　5. $\frac{1}{4}$倍；场强不变.　6. (4).　7. $9.0\times10^{-8}$(N).

8. $5.0\times10^{16}$(N/C)；电势能减少 $8.0\times10^{-5}$(J)；$U_{AB}=-5.0\times10^{14}$(V).

9. $U_{AB}=-300$(V)；$V_A=-300$(V)；

10. 电场力对点电荷做功；$3.2\times10^{-19}$(J)；电子的电势能减少 $3.2\times10^{-19}$(J).

11. $4.0\times10^{-3}$(m).

## 第 7 章　恒定电流

**练习 7.1**

1. 略.　2. $9.375\times10^{18}$(个).　3. 40V　4. 不可以.　5. 约 20(A)

**练习 7.2**

1. $U_2=80$(V)；$U=100$(V)

2. $R_2=25(\Omega)$；$I_2=0.4$(A)

3. 约 $1.0\times10^{-3}(\Omega)$；$1.49\times10^4(\Omega)$

4. $U_2=U_3=6$(V)；$U_1=24$(V)；$I_1=0.8$(A)；$I_3=0.2$(A)；$R_1=30(\Omega)$.

5. 空载时 $U_f=4$(V)；接上负载时 $U_f=3$(V).

**练习 7.3**

1. 约 4.5(A)；250(W)

2. 1210(Ω)；484(Ω)

3. (1)220(W)；(2)热功率 8(W)；转化为机械能的功率为 212(W).

4. 0.48(kWh)；0.45(kWh).

**练习 7.4**

1. 0.5(A)　　2. 1.9(V)　　3. 2(V)和 0.1(Ω)

**练习 7.5**

1. 0.6(Ω)

2.$Q$接通　$U_{ab}=8(V)$,$U_{cd}=0$;$Q$断开　$U_{ab}=9(V)$,$U_{cd}=5(V)$

3.(1)电源总功率32(W)　(2)电源输出功率28(W)　(3)$P_1=20(W)$　$P_2=8(W)$

**练习7.6**

1.2(A)　　2.1.25(A)　　3.10(个)

**自测题**

1.略　　2.略　　3.略　　4.略　　5.略

6.(a)$I_1=0.2(mA)$　$I=1.2(mA)$　(b)$I=2(mA)$　$U=2(V)$

(c)$R=6(\Omega)$　(d)$I_1=\frac{6}{11}mA$;　$I_2=\frac{3}{11}mA$;　$I_3=\frac{2}{11}mA$

7.略　　8.2(V)　　9.2(A)和$\frac{8}{3}$(A)

10.(1)1∶2;1∶2　(2)3∶2

## 第8章　磁场　电磁感应

**练习8.1**　略

**练习8.2**

1.(1)、(2)　　2.$1.0\times10^{-2}(Wb)$

3.(1)0.3(T)　(2)0.03(Wb)　(3)0

**练习8.3**

1.(3)　　(4)　　2.略　　3.略　　4.略　　5.略　6.1.2(J)

**练习8.4**

1.(1)×　　(2)√　　(3)√　　2.略

3.提示:利用磁场或静电场

4.负电荷;2.5cm

5.$\frac{E_{KP}}{E_{K\alpha}}=\frac{1}{4}$;$\frac{T_P}{T_\alpha}=\frac{1}{2}$

6.(1)电场力水平向左;洛仑兹力水平向右

(2)$3.0\times10^5(m/s)$

(3)没有影响

**练习8.5**

1.略　　2.略

3.$E=20(V)$;$I=2.0\times10^{-2}(A)$

4.12(V)

5.(1)0.1(V),与原电流方向相反.

(2)没有自感电动势.

(3)0.2(V),与原电流方向相同.

**自测题**

1.略　　2.略　　3.略　　4.略　　5.0.2(N)　　6.略　　7.略　　8.略

9. 增强磁场.　　10. 略　　11. 略

12. (1) $1.2\times10^{-3}$(A)；　(2) $1.44\times10^{-4}$(N)；　(3) $1.44\times10^{-4}$(N)

## 第 9 章　光的折射与应用

**练习 9.1**

1. 略　2. 略　3. 1.33.　4. (1) 1.414; (2) $2.12\times10^{8}$m/s.　5. 35.4°

**练习 9.2**

1. 略　2. 略　3. 48.6°.　4. 1.75m.　5. 1.5.

**练习 9.3(略)**

**练习 9.4**

1. 略　2. 略　3. 1.7 倍.　4. 4cm; 3.96cm.　5. 5cm; 0.33 倍.

**练习 9.5(略)**

**自测题**

一、填空题

1. 甲; 45°.　2. $\sin\theta$.　3. 略　4. 略　5. 越小; 25; 1′.

二、选择题

1. (2); (3)　2. (3)　3. (2); (4)

三、计算题

1. 略; 45.7°.　2. 略.　3. 略; 26.7cm.　4. 10m.　5. 略.

## 第 10 章　波动

**练习 10.1**

1. 2. 3. 4. 略　5. 0.67 个.　6. 1074.4m/s.

**练习 10.2**

2. $1.55\times10^{7}$ Hz　3. 1.5m.

**练习 10.5**

6. $E=3.4\times10^{-19}$ J.　$E<W$，不能发生光电效应.

**自测题**

一、填空题(略).

二、选择题

1. (2); (3)　2. (1); (3)　3. (3)　4. (1)　5. (3)

三、计算题

1. 1074.4 m/s.

2. 15 km.

3. 14.99 m; 15.004 m.

4. 1183.2 H; 1195 Hz.

5. $3.4\times10^{-9}$ J; 能发生光电效应; $0.4\times10^{-19}$ J.

# 第 11 章　近代物理

**练习 11.1**

3. 128 m.

4. $2.9\times10^{15}$ Hz; $4.5\times10^{14}$ Hz; $2.4\times10^{15}$ Hz.

5. $9.2\times10^{-8}$ m; $1.47\times10^{-6}$ m.

**练习 11.2**

3. $^{230}_{90}\mathrm{Th}\rightarrow^{4}_{2}\mathrm{He}+^{226}_{88}\mathrm{Ra}$.

4. $^{223}_{87}\mathrm{Fr}\rightarrow^{0}_{-1}\mathrm{e}+^{223}_{88}\mathrm{Ra}$.

**练习 11.4**

2. 931.5MeV.

3. $3.21\times10^{-30}$ kg.

4. $1.15\times10^{2}$ kg.

**自测题**

一、填空题

3. 质子;中子;28;41.

4. 6;4.

二、选择题

1. (3)　　2. (2)　　3. (3)

4. (2)　　5. (3)

三、计算题

1. $3.06\times10^{15}$ Hz; $9.8\times10^{-18}$ m.

2. $8.19\times10^{13}$ J; $2.79\times10^{6}$ kg.

3. $^{30}_{19}\mathrm{K}$; $^{14}_{7}\mathrm{N}$; $^{14}_{7}\mathrm{N}$; $^{1}_{0}\mathrm{n}$